U0143599

普通高等教育"十一五"国家级规划教材
高等学校工程创新型"十二五"规划计算机教材

计算机网络安全与防护

（第2版）

闫宏生　王雪莉　杨　军　等编著

電子工業出版社
Publishing House of Electronics Industry
北京・BEIJING

内 容 简 介

本书是普通高等教育“十一五”国家级规划教材的修订版和总参通信部精品课程教材。主要介绍计算机网络安全基础知识、网络安全体系结构、远程攻击与防范，以及密码技术、信息认证技术、访问控制技术、网络病毒与防范、防火墙、网络安全扫描技术、网络入侵检测技术、安全隔离技术、电磁防泄漏技术、蜜罐技术、虚拟专用网技术、无线局域网安全技术、信息隐藏技术，同时还介绍了网络安全管理和计算机网络战的概念、特点、任务和发展趋势。全书内容广泛，注重理论联系实际，设计了 11 个实验，为任课教师免费提供电子课件。

本书适合普通高等院校计算机、信息安全、通信工程、信息与计算科学、信息管理与信息系统等专业本科生和硕士研究生使用。

图书在版编目（CIP）数据

计算机网络安全与防护/闫宏生等编著. —2 版. —北京：电子工业出版社，2010.11
高等学校工程创新型“十二五”规划计算机教材
ISBN 978-7-121-12077-0

Ⅰ. ①计… Ⅱ. ①闫… Ⅲ. ①计算机网络—安全技术—高等学校—教材 Ⅳ. ①TP393.08

中国版本图书馆 CIP 数据核字（2010）第 205896 号

策划编辑：童占梅
责任编辑：童占梅
印　　刷：
装　　订：北京京师印务有限公司
出版发行：电子工业出版社
北京市海淀区万寿路 173 信箱　邮编　100036
开　　本：787×1 092　1/16　印张：18　字数：456 千字
印　　次：2010 年 11 月第 1 次印刷
印　　数：4 000 册　　定价：29.00 元

凡所购买电子工业出版社图书有缺损问题，请向购买书店调换。若书店售缺，请与本社发行部联系，联系及邮购电话：（010）88254888。

质量投诉请发邮件至 zlts@phei.com.cn，盗版侵权举报请发邮件至 dbqq@phei.com.cn。

服务热线：（010）88258888。

前 言

2003 年 9 月，中共中央办公厅印发的《国家信息化领导小组关于加强信息安全保障工作的意见》（中办发 27 号）中，提出要在 5 年内建设国家信息安全保障体系，实现其目标就是大力增强国家信息安全的保障能力，特别是要积极跟踪、研究和掌握国际信息安全领域的先进理论、前沿技术和发展动态，抓紧开展对信息技术产品漏洞、后门的发现研究，掌握核心安全技术，提高关键设备装备能力，促进我国信息安全技术和产业的自主发展。除此之外文件明确规定把信息安全人才培养作为加强国家信息安全保障的一项重要任务。信息安全人才是国家建设信息安全保障体系和社会信息化健康发展的重要保证，而教材建设又是人才培养中一项十分重要的环节。

2007 年 8 月，在电子工业出版社的大力支持下，我们编写的《计算机网络安全与防护》教材被教育部选为普通高等教育“十一五”国家级规划教材正式出版；2008 年 11 月，以该书为主教材建设的《信息网络安全防护》课程被总参通信部评为首批精品课程；2009 年 3 月，该书获湖北省第六次高等教育优秀研究成果教材类二等奖。出版三年多来，得到许多高等院校同仁和学生的支持、鼓励和厚爱，先后印刷 3 次，许多读者还给我们写来热情洋溢的信件，提出了许多宝贵的意见和建议，使我们深受感动和鼓舞，在此谨向他们表示衷心的敬意和感谢。

网络安全技术发展十分迅速，原教材已不能准确反映网络安全领域的发展前沿，今年以来，我们组织人员对原教材内容进行了梳理论证，提出了修订意见，并取得了出版社的支持，在对原有内容进行适当修订的基础上，增加了近年来发展迅猛的**无线局域网安全技术和信息隐藏技术**的介绍，使之更具时代特色。全书内容广泛，注重理论联系实际，**设计适量习题和 11 个实验，并提供电子课件**。任课老师可通过华信教育资源网（http://www.hxedu.com.cn）免费注册下载课件。

教材修订版由解放军通信指挥学院军队信息化建设教研室组织编写，学院通信与信息系统学科带头人闫宏生教授担任主编，对全书进行审校并修订了第 1，2，9，10，11 章，王雪莉副教授修订了第 4，6 章，杨军、肖孟、樊月波、陈刚等同志分别修订了第 3，5，7，8 章。

本书在修订和出版过程中，得到了电子工业出版社的大力支持和指导；学院及燕丽教授在百忙之中审阅了全书，并提出了许多建设性意见；学院周绍荣院长、沈建忠副院长以及训练部刘建国部长等都对教材修订工作非常关注，提出了许多好的建议；硕士研究生赵德生、刘俊杰等同志协助制作了部分教学课件，在此一并表示衷心感谢。

作者联系方式：yanhs@public.wh.hb.cn。

编著者

于武汉 • 解放军通信指挥学院

第 1 版前言

随着信息技术的迅速发展，计算机网络在改变和影响着人们的工作、生活方式和观念的同时，也极大地改变着现代战争的形态和面貌。黑客攻击、病毒侵袭、电磁泄漏等，无时无刻不在威胁着我国民用和军用信息系统的安全。因此，计算机网络安全与防护已成为影响社会稳定和国家安全的战略性问题。

本书在总结近年来教学经验的基础上，对 2002 年 7 月由军事科学出版社出版的同名专著进行改编，针对普通高等院校信息管理、信息安全等专业本科生和硕士研究生的特点，一方面在内容上根据网络安全技术的最新发展进行了修订；另一方面也增加了部分实验和习题，力求通俗易懂、深入浅出、理论联系实际。本书入选了普通高等教育“十一五”国家级规划教材。

本书首先介绍了计算机网络安全基础知识、网络安全体系结构及远程攻击与防范的基本手段，然后重点介绍了密码技术、信息认证技术、访问控制技术、网络病毒与防范、防火墙、网络安全扫描技术、网络入侵检测技术、安全隔离技术、电磁防泄漏技术、蜜罐技术、虚拟专用网技术等，最后阐述了网络安全管理的内容，分析了计算机网络战的概念、特点、任务和发展趋势，向读者展现了与其他网络安全方面书籍不同的特点。全书涉及内容十分广泛，各院校可根据需要在内容、重点和深度方面予以取舍，学时可安排 60～100 小时。为方便教师使用，我们还制作了电子课件并免费提供下载。本书适合普通高等院校计算机、信息安全、通信工程、信息与计算科学、信息管理与信息系统等专业本科生和硕士研究生使用。

本书由通信指挥学院军队信息化建设教研室组织编写，闫宏生副教授担任主编，对全书进行审校并编写了第 1，2，9，10，11 章，王雪莉副教授编写了第 4，6 章，杨军、何立新、樊月波、陈刚等同志分别编写了本书第 3，5，7，8 章。

本书在申报和出版过程中，得到了电子工业出版社的大力支持和指导；学院通信与信息系统专业首席专家及燕丽教授在百忙之中审阅了全书，并提出了许多建设性意见；硕士研究生李灿对书稿进行了认真校对；本科生朱琳琳、孙婷、邵平、侯赫等在毕业设计期间协助制作了部分教学课件，在此一并表示衷心感谢。

网络安全技术被人们称为“高科技中的高科技”，“博大精深”，发展又十分迅速，编写组人员现有水平有限，很难全面、准确地将其全貌反映出来，疏漏甚至错误之处在所难免，恳请广大读者不吝指正。

作者联系方式：yanhs@public.wh.hb.cn。

编著者

2007 年 6 月

目　录

第1章 绪　论

据中国互联网信息中心的调查报告，2009 年年底我国网民规模已达到 3.84 亿人，普及率达 28.9%，中国互联网呈现出前所未有的发展与繁荣。快速发展的计算机网络在给人们带来极大便利的同时，其安全问题更加凸显。如不及时采取积极有效的应对措施，必将影响我国信息化的深入持续发展，对我国经济社会的健康发展带来不利影响。进一步加强网络安全工作，创建一个健康、和谐的网络环境，需要我们不断深入研究，坚持积极防御、综合防范的原则，建立稳固的网络安全保障体系。

1.1 计算机网络安全面临的挑战

自互联网问世以来，资源共享和信息安全一直作为一对矛盾体存在着，计算机网络资源共享的进一步加强所伴随的信息安全问题也日益突出，各种计算机病毒和网上黑客对互联网的攻击越来越猛烈，网站遭受破坏的事例不胜枚举。

1991 年，美国国会总审计署宣布，在海湾战争期间，几名荷兰少年黑客侵入美国国防部的计算机，修改或复制了一些与战争相关的敏感情报，包括军事人员、运往海湾的军事装备和重要武器装备开发情况等。

1994 年，格里菲斯空军基地和美国航空航天局的计算机网络受到两名黑客的攻击。同年，一名黑客用一个很容易得到的密码发现了英国女王、梅杰首相和其他几位军情五处高官的电话号码，并把这些号码公布在互联网上。美国一名 14 岁少年通过互联网闯入我国中科院网络中心和清华大学的主机，并向系统管理员提出警告。

1998 年，国内各大网络几乎都不同程度地遭到黑客的攻击，8 月，印尼事件激起中国黑客集体入侵印尼网点，造成印尼多个网站瘫痪。与此同时，国内部分站点遭到印尼黑客的报复。同年，美国国防部宣称黑客向五角大楼网站发动了“有史以来最大规模、最系统性的攻击行动”，打入了政府许多非保密性的敏感计算机网络，查询并修改了工资报表和人员数据。

1999 年 5 月，美国参议院、白宫和美国陆军网络，以及数十个政府网站都被黑客攻陷。

2000 年 2 月，在 3 天时间里，黑客使美国数家顶级互联网站——雅虎、亚马逊、电子港湾、CNN 陷入瘫痪。同年 2 月 8 日至 9 日，我国门户网站新浪网遭到黑客长达 18 小时的袭击，其电子邮箱系统完全陷入瘫痪。

2001 年，从 4 月 30 日晚开始，由中美撞机事件引发的中美网络黑客大战的战火愈烧愈烈。短短数天时间，国内有逾千家网站被黑，其中近半数为政府（.gov）、教育（.edu）及科研（.ac）网站。11 月 1 日，国内网站新浪网被一家美国黄色网站攻破，以致沾染“黄污”。

最近几年，各领域的计算机犯罪和网络侵权等，无论数量、手段，还是性质、规模，都已经到了令人咂舌的地步。

2007 年 1 月初，一个名为“熊猫烧香”的病毒肆虐网络。它可以使中毒计算机出现蓝屏、频繁重启以及系统硬盘中数据文件被破坏等现象，造成国家直接和间接经济损失达到76 亿元人民币。

2009 年 5 月 19 日，由于暴风影音网站的域名解析系统受到网络攻击出现故障，导致电信运营商的服务器收到大量异常请求而引发拥塞，我国江苏、安徽、广西、海南、甘肃、浙江等省份出现罕见断网故障。6 月 25 日，搜狗发动了有史以来最大黑客攻击，导致腾讯所有的服务器全部瘫痪，所有的腾讯产品均无法使用。7 月 7 日，韩国总统府、国防部、外交通商部等政府部门和主要银行、媒体网站同时遭分布式拒绝服务(DDoS)攻击，瘫痪时间长达4 小时，据统计共有 12000 台韩国境内的计算机和 8000 台韩国境外的计算机被病毒攻击，2 万台计算机沦为“肉鸡”。

2010 年 1 月 12 日，全球用户访问百度公司网站（baidu.com）出现异常，网站无法登录。

根据国家互联网应急中心对部分木马和僵尸程序的抽样监测结果，2009 年我国境内被木马程序控制的主机 IP 数量为 26.2 万个，境外有近 16.5 万个主机地址参与控制这些计算机，其中来自美国（16.61%）排名第一；被僵尸程序控制的主机 IP 数量为 83.7 万个，境外有 1.9 万个主机地址参与控制这些计算机，其中来自美国（22.34%）排名第一；被篡改网站数量各月累计达 4.2 万个，其中政府网站（gov.cn）被篡改数量各月累计达 2765 个，其中不乏省部级政府部门网站。实施网页篡改攻击的前 20 位黑客中，有一半以上来自境外。

而美国 Symantec 公司（注：全球最大的网络安全公司）在 2008 年互联网安全威胁报告中指出，网络攻击源的数量美国居世界第一位，占世界总量的 25%；位于美国的僵尸控制服务器数量居世界首位，占世界总量的 33%，这个数字远远超出世界上任何其他国家；“钓鱼网站”数量有 43%位于美国。

由于我国大部分网民缺乏网络安全防范意识，且各种操作系统及应用程序的漏洞不断出现，我国已经成为最大的网络攻击受害国。加之CPU 芯片、操作系统、数据库和网关软件等大多依赖进口，支持互联网世界域名分配和解析的13 台互联网域名根服务器全部设在以美国为代表的西方国家手里，这些因素使我国网络的安全性能大大降低，网络处于被窃听、干扰、监视和欺诈等多种安全威胁中，网络安全极度脆弱，互联网安全形势非常严峻。

1.2 威胁计算机网络安全的主要因素

从技术角度上看，Internet 的不安全因素，一方面由于它是面向所有用户的，所有资源通过网络共享；另一方面它的技术是开放和标准化的。因此，Internet 的技术基础仍是不安全的。从威胁对象讲，计算机网络安全所面临的威胁主要分为两大类：一是对网络中信息的威胁；二是对网络中设备的威胁。从威胁形式上讲，自然灾害、意外事故、计算机犯罪、人为行为、“黑客”行为、内部泄露、外部泄密、信息丢失、电子谍报、信息战、网络协议中的缺陷等，都是威胁网络安全的重要因素。从人的因素考虑，影响网络安全的因素还存在着人为和非人为两种情况。

（1）人为情况包括无意失误和恶意攻击。①人为的无意失误。操作员使用不当，安全配置不规范造成的安全漏洞，用户安全意识不强，选择用户口令不慎，将自己的账号随意转告他人或与别人共享等情况，都会对网络安全构成威胁。②人为的恶意攻击。可以分为两种，一种是主动攻击，它的目的在于篡改系统中所含信息，或者改变系统的状态和操作，它以各种方式有选择地破坏信息的有效性、完整性和真实性；另一种是被动攻击，它在不影响网络正常工作的情况下，进行信息的截获和窃取，分析信息流量，并通过信息的破译获得重要机密信息，它不会导致系统中信息的任何改动，而且系统的操作和状态也不被改变，因此被动攻击主要威胁信息的保密性。这两种攻击均可对网络安全造成极大的危害，并导致机密数据的泄露。

（2）非人为因素主要指网络软件的“漏洞”和“后门”：网络软件不可能是百分之百的无缺陷和无漏洞的，如 TCP/IP 协议的安全问题。然而，这些漏洞和缺陷恰恰是黑客进行攻击的首选目标，导致黑客频频攻入网络内部的主要原因就是相应系统和应用软件本身的脆弱性和安全措施的不完善。另外，软件的“后门”都是软件设计编程人员为了自便而设置的，一般不为外人所知。但是一旦“后门”洞开，将使黑客对网络系统资源的非法使用成为可能。

虽然人为因素和非人为因素都可能对网络安全构成威胁，但是相对物理实体和硬件系统及自然灾害而言，精心设计的人为攻击威胁最大。因为人的因素最为复杂，人的思想最为活跃，不可能完全用静止的方法和法律、法规加以防护，这是计算机网络安全所面临的最大威胁。

要保证信息安全就必须设法在一定程度上消除以上种种威胁，学会识别这些破坏手段，以便采取技术、管理和法律手段，确保网络的安全。需要指出的是，无论采取何种防范措施都不可能保证网络的绝对安全。安全是相对的，不安全才是绝对的。

1.3 计算机网络安全的本质

计算机网络安全是指利用网络管理控制和技术措施，保证在一个网络环境里，信息数据的保密性、完整性、可用性、可控性和抗抵赖性受到保护。网络安全防护的根本目的是防止计算机网络存储、处理、传输的信息被非法使用、破坏和篡改。计算机网络安全的内容应包括两方面，即硬安全（物理安全）和软安全（逻辑安全）。

1. 硬安全

硬安全指系统设备及相关设施受到物理保护，免于破坏、丢失等，也称系统安全。保障硬安全的目的是，保护计算机系统、网络服务器、打印机等硬件实体和通信链路免受自然灾害、人为破坏和搭线攻击；验证用户的身份和使用权限，防止用户越权操作；确保计算机系统有一个良好的电磁兼容工作环境；建立完备的安全管理制度，防止非法进入计算机控制室和各种偷窃、破坏活动的发生。

硬安全主要包括环境安全、设备安全和媒体安全三个方面：①环境安全是指对系统所在环境的安全保护，如区域保护和灾难保护；②设备安全主要包括设备的防盗、防毁、防电磁信息辐射泄漏、防止线路截获、抗电磁干扰及电源保护等；③媒体安全包括媒体数据的安全及媒体本身的安全。为保证计算机系统的硬安全，除网络规划和场地、环境等要求之外，还要防止系统信息在空间的扩散。

2. 软安全

软安全包括信息完整性、保密性、可用性、可控性和抗抵赖性，也称信息安全。软安全的范围要比硬安全更广泛，它包括信息系统中从信息的产生直至信息的应用这一全过程。

如果非法用户获取系统的访问控制权，从存储介质或设备上得到机密数据或专利软件，或者为了某种目的修改了原始数据，那么网络信息的保密性、完整性、可用性、可控性和真实性将遭到严重破坏。如果信息在通信传输过程中，受到不同程度的非法窃取，或者被虚假的信息和计算机病毒以冒充等手段充斥最终的信息系统，使得系统无法正常运行，造成真正信息的丢失和泄露，会给使用者带来经济或政治上的巨大损失。

综上所述，保护网络的信息安全是最终目的。从某种程度上说，网络安全的本质就是信息安全。随着信息技术的发展与应用，信息安全的内涵也在不断延伸，从最初的信息保密性发展到信息完整性、可用性、可控性和抗抵赖性，进而又发展为“攻（攻击）、防（防范）、测（检测）、控（控制）、管（管理）、评（评估）”等多方面的基础理论和实施技术。

1.4 计算机网络安全策略

安全策略是指在一个特定的环境里，为保证提供一定级别的安全保护所必须遵守的规则。通常，计算机网络安全策略模型包括建立安全环境的三个重要组成部分。

（1）严格的法规。安全的基石是社会法律、法规与手段，这部分用于建立一套安全管理标准和方法，即通过建立与信息安全相关的法律、法规，使非法分子慑于法律，不敢轻举妄动。

（2）先进的技术。先进的安全技术是信息安全的根本保障，用户对自身面临的威胁进行风险评估，决定其需要的安全服务种类，选择相应的安全机制，然后集成先进的安全技术，形成全方位的安全系统。

（3）有效的管理。各网络使用机构、企事业单位应建立相应的信息安全管理办法，加强内部管理，建立审计和跟踪体系，提高整体信息安全意识。

网络安全策略是指在一个网络中对安全问题采取的原则，包括对安全使用的要求，以及如何保护网络的安全运行。制定网络安全策略首先要确定网络安全要保护什么，在这一问题上一般有两种截然不同的描述原则：一种是“一切没有明确表述为允许的都被认为是禁止的”；另一种是“一切没有明确表述为禁止的都被认为是允许的”。对于网络安全策略，一般采用第一种原则来加强对网络安全的限制。对于少数公开的试验性网络可能会采用第二种较宽松的原则，在这种情况下一般不把安全问题作为网络的一个重要问题来处理。

在确定了描述原则后，网络安全策略所要做的是确定网络资源的职责划分。网络安全策略要根据网络资源的职责确定哪些人允许使用某一设备，对每一台网络设备要确定哪些人能够修改它的配置；更进一步要明确，授权给某人使用某网络设备和某资源的目的是什么，他可以在什么范围内使用，并确定对每一设备或资源，谁拥有管理权，即可以为其他人授权，使其他人能够正常使用该设备或资源，并制定授权程序。

关于用户的权利与责任，在网络安全策略里中需要指明用户必须明确了解他们所用的计算机网络的使用规则。其中包括是否允许用户将账号转借给他人，用户应当将他们自己的口令保密到什么程度；用户应在多长时间内更改他们的口令，对其选择有什么限制；希望由用户自身提供备份还是由网络服务提供者提供备份。在关于用户的权利与责任中还会涉及电子邮件的保密性和有关讨论组的限制。在电子邮件组织（E1ectronic Mail Association）发表的白皮书中指出，Internet 中每个计算机网络都要有策略来保护职员与用户的隐私。事实上，网络安全策略中所能达到的一定只是用户希望达到绝对稳私与网络管理人员为诊断、处理问题而收集用户信息的一个折中。安全策略中必须明确在什么情况下网络管理员可以读用户的文件，在什么情况下网络管理员有权检查网络上传送的信息。

另外，网络安全策略还应说明网络使用的类型限制。定义可接受的网络应用和不可接受的网络应用，要考虑对不同级别的人员给予不同级别的限制，但一般的网络安全策略都会声明每个用户都要对他们在网络上的言行负责。所有违反安全策略，破坏系统安全的行为都是被禁止的。在大型网络的安全管理中，还要确定是否要为特殊情况制定安全策略，例如是否允许某些组织（如 CERT 安全组）来试图寻找系统的安全弱点。对于此问题，对来自网络本身之外的请求，一般的回答是否定的。

在网络安全策略中，在确定对每个资源管理授权者的同时，还要确定他们可以对用户授予什么级别的权限。如果没有资源管理授权者的信息，就无法掌握哪些人在使用网络。对于主干网络中的关键通信资源，对其可授权范围应尽可能小，范围越小就越容易管理，相对也就越安全。同时，还要制定对用户授权过程的设计，以防止对授权职责的滥用。网络安全策略中可以明确每个资源的系统级管理员，但在网络的使用中，难免会遇到用户需要特殊权限的时候。其中一种最好的处理办法是尽量只分配给用户能够完成任务所需的最小权限。另外，网络安全策略中还要包含对特殊权限进行监测统计的部分，如果对授予用户的特殊权限不可统计，就难以保证整个网络不被破坏。

在明确网络用户、系统管理员的安全责任，正确利用网络资源要求的同时，还要准备检测到安全问题或系统遭受破坏时所采取的策略。对于发生在本网络内部的安全问题，要从主干网向地区网逐级过滤、隔离。地区网要与主干网形成配合，防止破坏蔓延。对于来自整个网络以外的安全干扰，除了必要的隔离与保护外，还要与对方所在网络进行联系，以进一步确定消除安全隐患。每一个网络安全问题都要有文档记录，包括对它的处理过程，并将其送至全网各有关部门，以便预防和留作今后进一步完善网络安全策略的资料。

网络安全策略还要包括本网络对其他相连网络的职责，如出现某个网络告知有威胁来自我方网络。在这种情况下，一般不会给予对方权利，让其到我方网络中进行调查，而是在验证对方身份的同时，自己对本方网络进行调查、监控，做好相互配合。最后，网络安全策略最终一定要送到每一个网络使用者手中。对付安全问题最有效的手段是教育，提高每个使用者的安全意识，从而提高整体网络的安全免疫力。网络安全策略作为向所有使用者发放的手册，应注明其解释权归属何方，以免出现不必要的争端。

1.5 计算机网络安全的主要技术措施

不同环境和应用中的计算机网络安全有不同的含义和侧重，相应的技术措施也各不相同。例如：①运行系统的安全主要是保证信息处理和传输系统的安全，侧重于保证系统正常运行，避免因为系统的崩溃和损坏而对系统存储、处理和传输的信息造成破坏和损失，避免因电磁泄漏而产生信息泄露，干扰他人或受他人干扰。②系统信息的安全包括用户口令鉴别、用户存取权限控制、数据存取权限、方式控制、安全审计、安全问题跟踪、计算机病毒防治和数据加密等措施。③信息传播的安全是信息传播后果的安全，通过信息过滤等措施，侧重于防止和控制非法、有害信息的传播，避免公用网络上大量自由传输的信息失控。④信息内容的安全，侧重于保护信息的保密性、完整性和抗抵赖性，避免攻击者利用系统的安全漏洞进行窃听、冒充、诈骗等有损于合法用户的行为，本质上是保护用户的利益和隐私。

实际上，网络安全技术措施及相对应的控制技术种类繁多并相互交叉。虽然没有完整统一的理论基础，但是在不同场合下，为了不同的目的，这些技术确实能够发挥出色的功效。目前普遍采用的措施有：利用操作系统、数据库、电子邮件、应用系统本身的安全性，对用户进行权限控制；在局域网的桌面工作站上部署防病毒软件；在 Intranet 系统与 Internet 连接处部署防火墙；某些行业的关键业务在广域网上采用较少位数的加密传输，而其他行业在广域网上采用明文传输等。如图 1.1 所示，以某军事信息网络为例，揭示了信息系统中常用的网络安全技术措施，具体技术将在后续章节中详细分析。

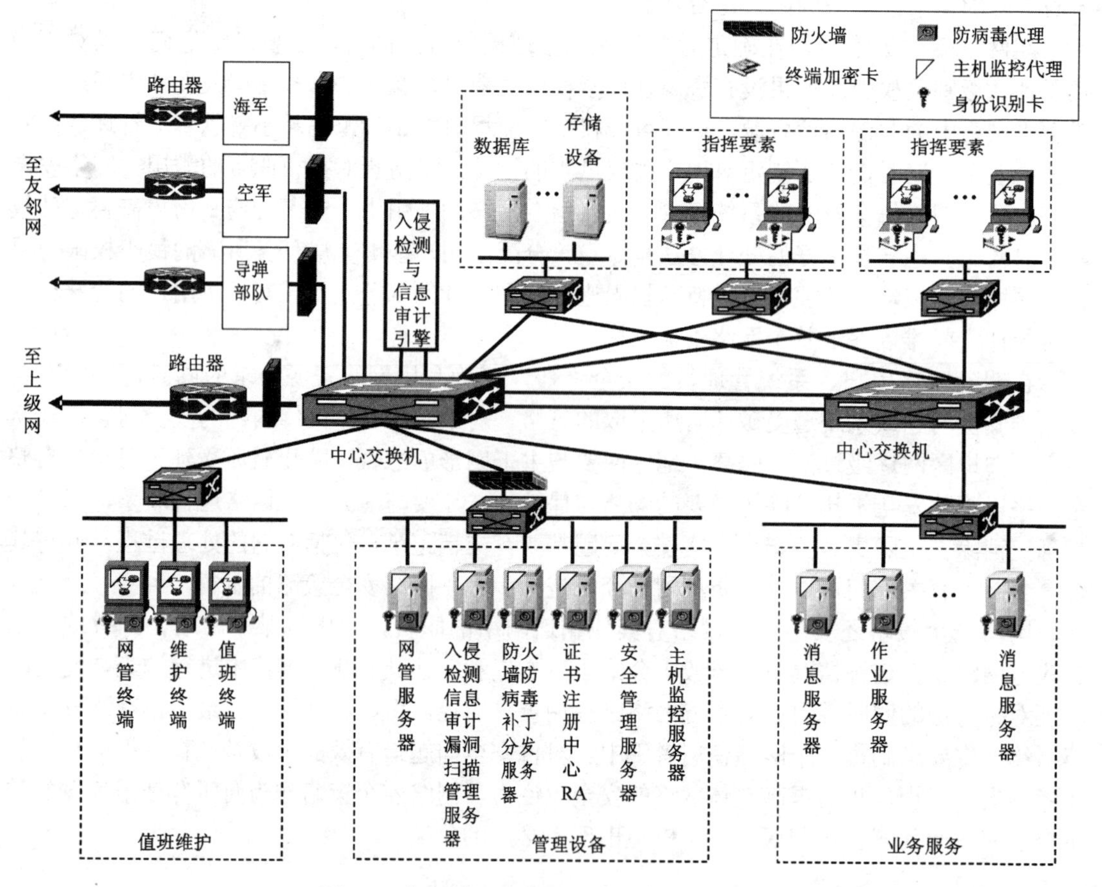

图 1.1 信息系统中常用的网络安全技术措施

本 章 小 结

本章首先分析了近年来计算机网络安全面临的挑战和主要威胁，介绍了计算机网络安全的概念，然后概要介绍了计算机网络安全的管理策略和主要技术措施，使读者对计算机网络安全建立整体认识。主要包括以下内容。

1. 威胁计算机网络安全的主要因素

计算机网络安全所面临的威胁从对象讲主要可分为两大类：一是对网络中信息的威胁；二是对网络中设备的威胁。从形式上讲，自然灾害、意外事故、计算机犯罪、人为行为、“黑客”行为、内部泄露、外部泄密、信息丢失、电子谍报、信息战、网络协议中的缺陷等，都是威胁网络安全的重要因素。

2. 计算机网络安全的本质

计算机网络安全是指利用网络管理控制和技术措施，保证在一个网络环境里，信息数据的保密性、完整性、可用性、可控性和抗抵赖性受到保护。计算机网络安全包括两个方面，一是网络的系统安全；二是网络的信息安全。而保护网络的信息安全是最终目的。

3. 计算机网络安全策略

网络安全策略是指在一个网络中对安全问题采取的原则，包括对安全使用的要求，以及如何保护网络的安全运行。这里着重讨论制定网络安全策略需要重点关注的问题。

4. 计算机网络安全的主要技术措施

网络安全技术措施及相对应的控制技术种类繁多并相互交叉，本章通过一个实例建立了初步认识。

习　题　1

1.1　威胁计算机网络安全的主要因素有哪些？

1.2　简述计算机网络安全的内涵。

1.3　计算机网络安全包括哪两个方面？

1.4　什么是计算机网络安全策略？

1.5　制定计算机网络安全策略需要注意哪些问题？

1.6　计算机网络安全的主要技术措施有哪些？

第2章　计算机网络安全体系结构

研究计算机网络安全体系结构的目的，就是将普遍性安全体系原理与网络自身的实际相结合，形成满足网络安全需求的安全体系结构。计算机网络是指地理上分散布置的多台独立计算机通过通信线路互相连接所构成的网络，进一步说，还包括由大量计算机、数据库和通信线路构成的、提供各种信息服务的大型信息网络，包括多个相同或不同类型网络组成的网络系统。为叙述方便，本书中所称网络均特指计算机网络。

网络安全体系结构的形成主要是根据所要保护的网络资源，对资源攻击者的假设及其攻击的目的、技术手段及造成的后果来分析所受到的已知的、可能的和该网络有关的威胁，并且考虑到构成网络各部件的缺陷和隐患共同形成的风险，然后建立网络的安全需求。网络安全体系结构的目的，则是从管理和技术上保证安全策略得以完整准确地实现，安全需求全面准确地得以满足，包括确定必需的安全服务、安全机制和技术管理，以及它们在网络上的合理部署和关系配置。

2.1　网络安全体系结构的概念

2.1.1　网络体系结构

所谓体系结构（Architecture），对于不同的对象，含义不尽相同。这里讨论的是计算机网络体系结构。在网络中，计算机与计算机之间的通信是机器与机器之间的通信，其不同于人与人之间通信的最大特点是必须对所传递信息的符号格式、传送速率、差错控制、含义理解等，预先作出明确严格的统一规定或约定，成为共同承认和遵守的规则，才能保证信息传递的可靠和有效，并在传递完成后得到相应的正确处理。这些为进行网络中的信息交换而建立的共同规则、标准或约定，称为网络协议（Protocol）。在网络的实际应用中，计算机系统与计算机系统之间的互联、互通、互操作过程，一般都不能只依靠一种协议，而需要执行许多种协议才能完成。全部网络协议以层次化的结构形式所构成的集合，就称为网络体系结构。

目前，网络体系结构大致可以分为三类。第一类是国际标准化组织（ISO）制定的开放系统互联/参考模型（OSI/RM，Open System Interconnection/Reference Model）。这一体系结构虽然尚缺乏成熟的产品，未真正走向实用，但具有重要的指导作用，受到广泛的重视。第二类是有关行业成为既成事实的标准，已得到相当普遍的接受，典型代表如著名的 TCP/IP 协议体系结构。而第三类，就是各生产厂商自己制定的协议标准。下面以开放系统互联/参考模型（OSI/RM）为例进行分析。

开放系统互联/参考模型（OSI/RM）是一种 7 层结构，如图 2.1 所示。它把网络通信功能划分为 7 个层次，每一层次实现一种相对独立的功能。完成这些功能的硬件或软件模块，都称为该层的功能实体，简称实体。每一层次所完成的功能，就是为其上一层次提供的服务。上下相邻层次的实体之间，为了保证正常工作而做的约定称为接口。同一层次的实体之间，为了相互配合完成本层次功能而做的约定就是网络协议。

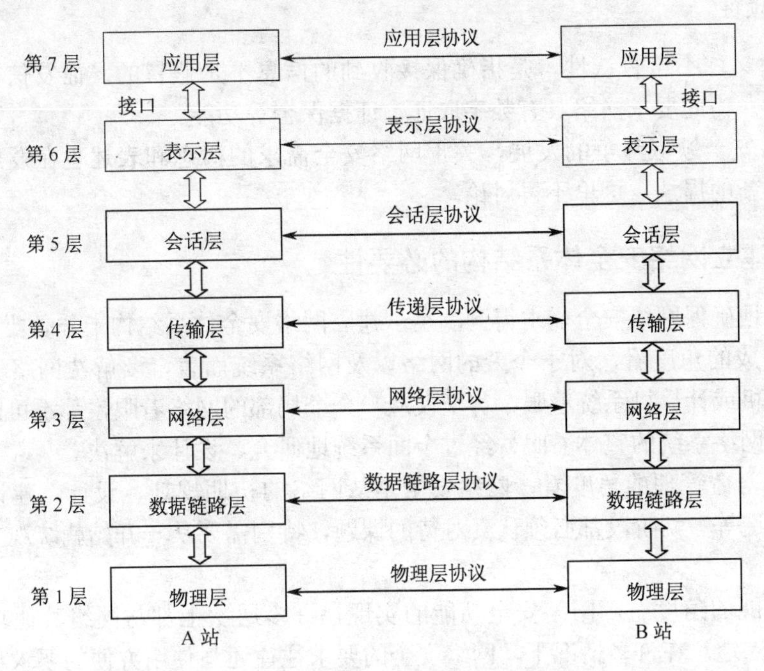

图2.1 开放系统互联/参考模型（OSI/RM）

2.1.2 网络安全需求

本书第 1 章阐述了网络安全面临的威胁，针对这些威胁，通常将网络安全的需求表述为如下5个主要方面。

1．保密性

保密性是指确保非授权用户不能获得网络信息资源的性能。为此要求网络具有良好的密码体制、密钥管理、传输加密保护、存储加密保护、防电磁泄漏等功能。

2．完整性

完整性是指确保网络信息不被非法修改、删除或增添，以保证信息正确、一致的性能。为此要求网络的软件、存储介质，以及信息传递与交换过程中都具有相应的功能。

3．可用性

可用性是指确保网络合法用户能够按所获授权访问网络资源，同时防止对网络非授权访问的性能。为此要求网络具有身份识别、访问控制，以及对访问活动过程进行审计的功能。

4．可控性

可控性是指确保合法机构按所获授权能够对网络及其中的信息流动与行为进行监控的性能。为此要求网络具有相应的多方面的功能。

5. 抗抵赖性

抗抵赖性又称不可否认性，是指确保接收到的信息不是假冒的，而发信方无法否认所发信息的性能。为此要求网络具有数字取证、证据保全等功能。

随着网络安全领域斗争的发展，关于网络安全需求的概念和表述也在发展之中，已经陆续出现若干新的提法，这里不再讨论。

2.1.3 建立网络安全体系结构的必要性

为了有效地确保网络安全需求得到满足，建立网络安全体系结构十分必要。

从网络构成的角度看，对于今天的网络以及网络系统而言，要解决网络安全问题，仅从一个个计算机或计算机系统着眼，甚至仅从一个个局部的网络着眼，都不可能达到目的。必须从网络或网络系统的整体着眼，经过全面系统地研究、设计来解决。

从网络全寿命管理的角度看，网络安全是从网络的初期规划、设计、建设，直到其运行、维护、改造等一切阶段都必须认真对待的课题，特别需要从一开始就统观全程、统筹解决。

从网络功能的角度看，网络安全功能的实现在许多层次上都与网络其他功能的实现密切关联、相互渗透。在许多情况下，网络安全的要求往往还与使用方便的要求相互矛盾。因此必须从一开始就将网络安全问题纳入网络建设总体的顶层设计进行全面规划，使网络安全功能作为网络整体功能不可分割的组成部分，在网络研制、建设、维护、改造等各个阶段，都能同步、协调地解决。要对网络的通信协议与网络的安全保密协议进行一体化设计，实现网络的通信管理与网络的安全保密管理一体化设计，以及网络的通信设备与网络的安全保密设备一体化设计。由此达到网络整体功能（包括安全功能）的全面最佳实现。

综上分析可以看出，只有建立科学的网络安全体系结构，并把它作为网络体系结构的一个组成部分，用以指导网络的顶层设计，才能从网络的建设开始，直到其运行、维护、改造等一切阶段，在保证网络整体建设和运行效果最佳的同时，确保网络安全要求得到充分的落实。

2.1.4 网络安全体系结构的任务

基于上述对网络安全体系结构的需求，作为一般手段的网络安全体系结构，其任务并不是为任何具体的网络提供具体的网络安全方案，而是提供有关形成网络安全方案的方法和若干必须遵循的思路、原则和标准。它给出关于网络安全服务和网络安全机制的一般描述方式，以及各种安全服务与网络体系结构层次的对应关系。

所谓网络安全服务是指为实现网络的安全功能所需提供的各种服务，如数据保密、访问控制等；而安全功能是指为达到安全策略目标所必须具备的功能，如前面讲述网络安全需求时所提到的各种功能。所谓网络安全机制是指为提供网络安全服务所需的各种技术措施，如加密、数字签名等。

由于网络安全体系结构是网络体系结构的一个组成部分，而网络体系结构的结构形式是层次化的，因此某一给定的安全服务应该按规定配置在网络体系结构的某一层或某几层，由相应层的相应安全机制来实现；而对于网络体系结构中某一给定的层，应配置有相应的网络安全服务和网络安全机制。

当运用网络体系结构的方法对给定的网络进行顶层设计时，要依据对网络所受威胁的充分分析、最高决策者确定的安全策略及对风险的科学评估，形成针对给定网络的网络安全体系结构，对给定网络所必需具备的网络安全服务和网络安全机制予以明确描述，指明必须在网络的哪些部位，配置哪些安全服务和安全机制，并规定如何进行安全管理。

2.2 网络安全体系结构的内容

世界上现有的网络体系结构种类很多。实际上，重要的网络安全体系结构也不止一种，它们的任务、作用和基本思路大致相同，但具体内容有若干差异。下面介绍三种重要的网络安全体系结构。

2.2.1 开放系统互联安全体系结构（OSI 安全体系结构）

前面已经介绍过国际标准化组织（ISO）制定的开放系统互联/参考模型（OSI/RM）。该网络体系结构于 1983 年形成正式文件，即著名的 ISO 7498 国际标准。OSI/RM 的突出特点在于它的开放性，而开放性要求往往是对安全性不利的。为此，ISO 有关机构拟制了相应的网络安全体系结构建议草案。1989 年，ISO 正式颁布了采纳该建议内容的 ISO 7498—2 国际标准，作为 ISO 7498 国际标准的一个补充文件。这个 ISO 7498—2 就是开放系统互联安全体系结构，简称 OSI 安全体系结构。它以 OSI/RM 的 7 层结构为基础，是制定最早、影响广泛、具有重要指导意义的网络安全体系结构。

OSI 安全体系结构的核心内容是：以实现完备的网络安全功能为目标，描述了 6 类安全服务，以及提供这些服务的 8 类安全机制和相应的 OSI 安全管理，并且尽可能地将上述安全服务配置于开放系统互联/参考模型（OSI/RM）7 层结构的相应层。由此形成的 OSI 安全体系结构的三维空间表示，如图 2.2 所示，图中空间的三维分别代表安全机制、安全服务及 OSI 协议层。

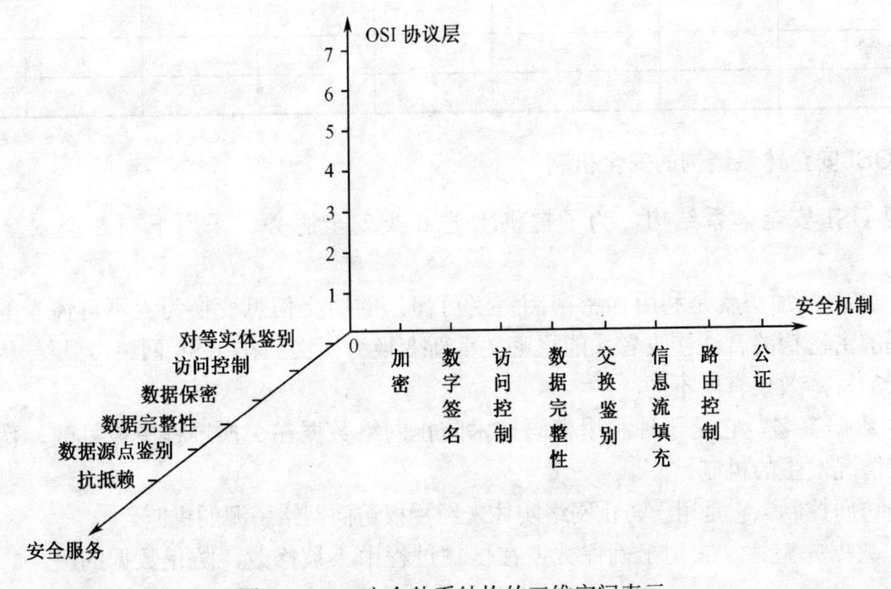

图 2.2 OSI 安全体系结构的三维空间表示

1．OSI 安全体系结构的安全服务

OSI 安全体系结构描述的 6 类安全服务及其作用见表 2.1。

表 2.1　OSI 安全体系结构描述的 6 类安全服务及其作用

序 号	安 全 服 务	作　用
1	对等实体鉴别	确保网络同一层次连接两端的对等实体身份真实、合法
2	访问控制	防止未经许可的用户访问 OSI 网络的资源
3	数据保密	防止未经许可暴露网络中数据的内容
4	数据完整性	确保接收端收到的信息与发送端发出的信息完全一致，防止在网络中传输的数据因网络服务质量不良而造成错误或丢失，并防止其受到非法实体进行的篡改、删除、插入等攻击
5	数据源点鉴别	由 OSI 体系结构的第 N 层向其上一层即第（N+1）层提供关于数据来源为一对等（N+1）层实体的鉴别
6	抗抵赖，又称不容否认	防止数据的发送者否认曾经发送过该数据或数据中的内容，防止数据的接收者否认曾经收到过该数据或数据中的内容

以上所述的 6 类安全服务，是配置在 OSI/RM 7 层结构的相应层中来实现的。表 2.2 列举了 OSI 安全体系结构中安全服务按网络层次的配置。表中有符号“√”处，表示在该层能提供该项服务。

表 2.2　OSI 安全体系结构中安全服务按网络层次的配置

安全服务	网络层次						
	物理层	数据链路层	网络层	传输层	会话层	表示层	应用层
对等实体鉴别			√	√		√	
访问控制			√	√		√	√
数据保密	√	√	√	√		√	√
数据完整性			√	√		√	
数据源点鉴别			√	√		√	√
抗抵赖						√	

2．OSI 安全体系结构的安全机制

按照 OSI 安全体系结构，为了提供上述 6 类安全服务，采用下列 8 类安全机制来实现：

（1）加密。加密就是利用加密密钥将“可懂”的明文信息变换为“不可懂”的密文，只有掌握解密密钥的合法接收者才能将密文重新变换为明文。在 OSI 网络 7 层结构的不同层次进行加密，效果有所不同。

（2）数据签名。它是一种利用密码技术防止网络数据在交换过程中被篡改、伪造或事后否认等情况发生的机制。

（3）访问控制。它是用于防止网络实体未经授权访问网络资源的机制。

（4）数据完整性。它用于确保数据在传输过程中不被修改，防止数据的丢失、重复或假冒。

（5）交换鉴别。它是一种用信息交换方式确认实体身份的机制，可以综合使用多种技

术和方法来完成。

（6）信息流填充。它用于在网络中连续发送随机序列码流，使网络不论忙时或闲时信息流变化都不大，从而防止网络窃听者通过对网络中信息流流量与流向的分析获取敏感信息。

（7）路由控制。它是为网络中数据传输提供选择安全路由能力的机制。

（8）公证。它用于防止网络中信息发送者与接收者任一方事后抵赖，以及当数据在传输过程中丢失、迟延、被篡改时，用于判明责任和进行仲裁。

安全机制是用来实现和提供安全服务的，但给定一种安全服务，往往需要多种安全机制联合发挥作用，而某一种安全机制，往往又为提供多种安全服务所必需。表 2.3 指明了 OSI 安全体系结构中安全机制与安全服务的对应关系。表中有符号“√”处，表示该安全机制支持该安全服务。

表 2.3　OSI 安全体系结构中安全机制与安全服务的对应关系

安全服务	安全机制							
	数据加密	数据签名	访问控制	数据完整性	交换鉴别	信息流填充	路由控制	公证
对等实体鉴别	√	√			√			√
访问控制			√					
数据保密	√					√	√	
数据完整性	√	√		√				
数据源点鉴别	√	√						
抗抵赖		√		√				√

2.2.2　美国国防部目标安全体系结构与国防信息系统安全计划

美国国防部为了使其所有信息系统的安全配置具有充分的一致性、有效性和互操作性，由国防信息系统局（DISA）与国家安全局（NSA）合作开发了国防部目标安全体系结构（DGSA），并载入了 1996 年国防信息系统局发布的、为国防信息基础设施（DII）提供详细发展蓝图的信息管理技术体系结构框架（TAFIM）3.0 版，为其中的第 6 卷。该体系结构（DGSA）从发展角度提供了安全结构的全貌，是一个通用的体系框架，用于开发特定任务网络或信息系统包含各项安全业务在内的安全体系结构。它没有提供技术规范，但详细规定了安全原则和目标安全能力，充分考虑了信息的互通性、实现方法和技术应用的渐进性、积木结构的灵活性，同时充分考虑了安全、保密、抗毁、全球定位/定时、敌我识别等军事需求及有关的基本设计准则。其目的在于指导网络安全的开发工作，期望使美国国防部所有的网络，不论新旧，不论是战略或战术层次的网络，不论是语音、数据或视频图像业务的网络，在安全策略、配置和结构上，经过 30 年的磨合、趋同，最终统一到这个全军统一的、具有多级安全目标的安全体系结构上来。以此为背景，美国国防部早在 1992 年就制定了“21 世纪构想——国防信息系统安全计划”（DISSP）。这一庞大的计划包括 5 个目的和 8 项任务，是一个为达到上述目标，实现向目标安全体系结构（DGSA）过渡的计划。

1. DISSP 的 5 个目的

（1）保证国防部对 DISSP 的利用和管理；

（2）将所有的网络和信息系统高度自动化，以便使用；

（3）确保网络和信息系统的有效性、安全性、可互操作性；

（4）促进国防信息系统的协调、综合开发；

（5）建立能使各个国防机构、各军种，以及北约和美国的盟国的所有网络和信息系统彼此之间具有良好互操作性的安全结构。

2. DISSP 的 8 项任务

（1）确定一个统一、协调的网络安全策略；

（2）开发全美国防网络和信息系统安全结构；

（3）开发基于上述安全结构的网络安全标准和协议；

（4）确定统一的网络安全认证标准；

（5）开发先进的网络安全技术；

（6）建立网络和信息系统的开发者、实现者与使用者之间的有效协调；

（7）制定达成预定目的的过渡计划；

（8）将有关信息及时通报供应商。

3. DISSP 提供的安全体系结构及其特点

DISSP 提供的安全体系结构框架可用如图 2.3 所示的三维空间模型来表示。图中空间的三维分别代表：网络安全特性与部分操作特性、网络与信息系统的组成部分、OSI 网络结构层及其扩展层。

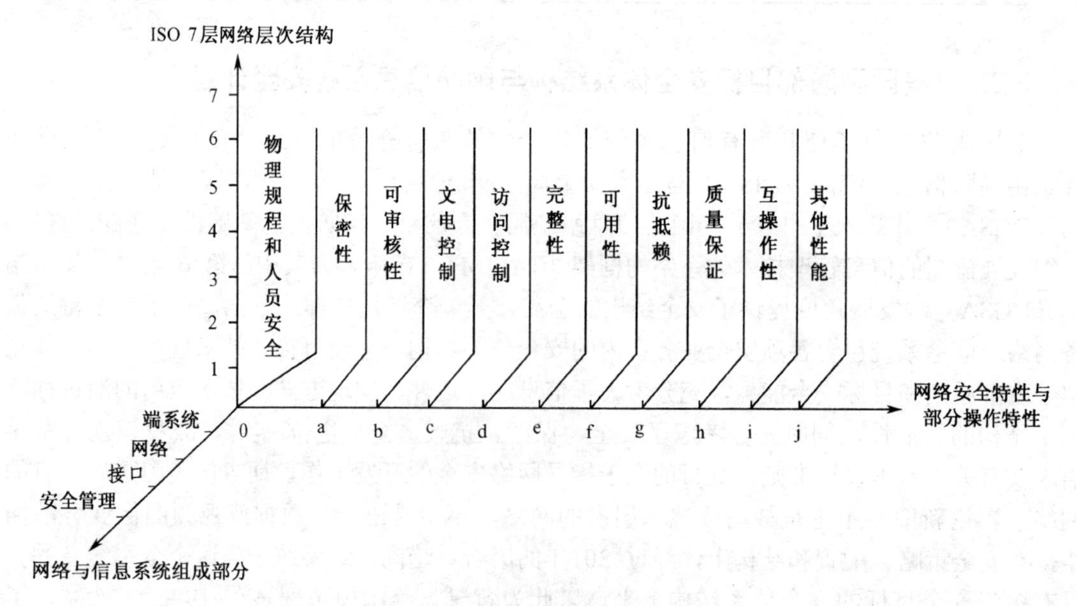

图 2.3　DISSP 的安全体系结构框架

与 OSI 安全体系结构（ISO 7498—2）相比，DISSP 安全体系结构具有如下特点：

（1）从最高层着眼，统筹解决全部国防网络与信息系统的安全问题，不允许任何下属层次各自为政并分别建立自己的安全体系。

（2）把网络与信息系统的组成简化归结为 4 个部分，即端系统、网络、接口和安全管理。这样便于网络与信息系统的管理人员与安全体系设计人员之间的协商与协作，便于安全策略的落实和安全功能的完善。这是该安全体系结构的一大创新。

（3）在网络安全特性中增列了“物理、规程和人员安全” 特性，第一次将有关安全的法律、法令、规程及人事管理等工作都纳入安全体系结构，使安全问题能够更有效地全面统筹解决。

（4）把在网络安全体系受到局部破坏或功能降低情况下，仍能继续工作且受敌危害最小的特性，列为要求的安全特性。

（5）从多个角度，特别强调了在确保网络安全性的同时，保证网络具有足够的互操作性。

以上 5 个特点表明，DISSP 提供的安全体系结构，其内容与 OSI 安全体系结构（ISO 7498—2）相比有许多重大的扩充和改进，它的进一步发展和具体化，值得认真关注。

2.2.3 基于 TCP/IP 的网络安全体系结构

TCP/IP 是传输控制协议/网际协议（Transmission Control Protocol/Internet Protocol）的英文缩写。经过多年的演变发展，今天 TCP/IP 体系结构已经成为 Internet 所采用的网络协议，成为全世界应用最广泛的网络体系结构。TCP/IP 体系结构虽然不同于 OSI 体系结构，不是国际标准化组织（ISO）所制定的标准，但已被全世界公认为一种具有很大影响的事实上的标准。所以，研究它的安全体系结构具有重要的现实意义。

TCP/IP 体系结构也是一种分层结构，其中的每一层，都对应于 OSI 体系结构的某一层或某几层。具体对应关系见表 2.4。

表 2.4　TCP/IP 体系结构与 OSI 体系结构的对应关系

<table>
<tr><th colspan="4">TCP/IP 体系结构</th><th>OSI 体系结构</th></tr>
<tr><td rowspan="3">应用层</td><td colspan="3" rowspan="3">FTP（文件传输协议）
Telnet（远程登录协议）
SMTP（简单邮件传输协议）
SNMP（简单网络管理协议）</td><td>应用层（AL）</td></tr>
<tr><td>表示层（PL）</td></tr>
<tr><td>会话层（SL）</td></tr>
<tr><td>传送层</td><td colspan="3">TCP（传输控制协议）、UDP（用户数据报文协议）</td><td>传输层（TL）</td></tr>
<tr><td rowspan="2">互联网层</td><td>路由协议</td><td>IP（网际协议）</td><td>ICMP（网络互联控制报文协议）</td><td rowspan="2">网络层（NL）</td></tr>
<tr><td colspan="3">ARP（地址解析协议）、RARP（反向地址解析协议）</td></tr>
<tr><td rowspan="2">网络接口层</td><td colspan="3" rowspan="2">不指定</td><td>数据链路层（DLL）</td></tr>
<tr><td>物理层（PHL）</td></tr>
</table>

既然 TCP/IP 体系结构与 OSI 体系结构之间存在如上的对应关系，因此就可以将 ISO 7498—2，即 OSI 安全体系结构中配置于各层次的各种安全服务与安全机制，逐一映射到 TCP/IP 体系结构的相应层次，从而得到基于 TCP/IP 的网络安全体系结构。在该安全体系结构中，安全服务按网络层次的配置情况见表 2.5。表中有符号“√”处，表示在该层能提供该项服务。

表 2.5　基于 TCP/IP 的网络安全体系结构中安全服务按网络层次的配置

安全服务	TCP/IP 体系结构层次			
	网络接口层	互联网层	传输层	应用层
对等实体鉴别		√	√	√
访问控制		√	√	√
数据保密	√	√	√	√
数据完整性		√	√	√
数据源点鉴别		√	√	√
抗抵赖				√

对于上述基于 TCP/IP 的网络安全体系结构，近年来国外一些研究机构还根据实际的需要，进行了不断的扩展和增强。

2.3　网络安全协议与标准

2.3.1　网络安全协议与标准的基本概念

前面已指出，网络体系结构是全部网络协议的集合，而协议是网络的同一层次实体之间，为了相互配合完成本层次功能而作出的约定。所以，协议是网络体系结构的最终体现形式。对于网络安全体系结构而言，它的基本构成成分和最终体现形式就是网络安全协议。显然，为了达到保证网络安全的目的，必须采用各种网络安全技术及一系列的网络安全管理措施，而这些技术和措施的实现，一般都离不开各有关实体之间严格的相互配合，因此也就离不开网络安全协议。既然网络安全协议必须由网络的所有用户共同遵循，所以它也就是一种标准。

2.3.2　网络安全协议与标准举例——美军 JTA 信息系统安全标准

美军由国防信息系统局牵头，集中各军兵种专家，在信息管理技术体系结构框架（TAFIM）指导下，开发了名为联合技术体系结构（JTA）的文件。该体系结构规定了一组全军共用的强制性信息技术标准和指南，作为美国国防部各种新建、升级的信息网络 C^4I 系统的“建设法规”。JTA 作为一个庞大的标准集，包括 5 个方面强制执行的标准，其中之一便是信息系统安全标准。JTA 的信息系统安全标准本身又包括 4 个方面的标准。

1．信息处理安全标准

（1）应用软件实体安全标准。例如，1985 年颁布的“可信计算机系统评估准则”（TCSEC）（DOD 5200.28—STD），1991 年颁布的“可信数据库管理系统说明”（NCSC—TG—021）等。TCSEC 是一个广泛用于评估计算机系统安全性的标准，将在 2.4.1 节中进一步介绍。

（2）应用平台实体安全标准。包括关于数据管理服务的标准，以及关于操作系统服务安全的标准。后者又包括安全审计与报警标准及鉴别安全标准等。

2. 信息传送安全标准

（1）终端系统安全标准。主要指主机安全标准，包括安全算法方面的标准，如美国国家标准与技术协会（NIST）1994 年颁布的“联邦信息处理标准（FIPS）出版物 186，数字签名标准”；安全协议方面的标准，如 1989 年颁布的“安全数据网络系统密钥管理协议”（SDN.903）；评估准则安全标准，如 1987 年颁布的“可信网络说明”（NCSC—TG—005）等。

（2）网络安全标准。主要指互联网安全标准，如 1995 年颁布的军用标准“通用安全标记”（MIL—STD—2045—48501）等。

此外还有传输媒体安全标准，但这方面的强制性标准目前尚未制定。

3. 信息建模与信息安全标准

这方面的强制性标准目前也尚未制定。

4. 人-计算机接口（HCI）安全标准

例如，1994 年颁布的“国防部人-计算机界面格式指南”等。

除了以上所列的体系结构框架外，还有大量的强制性安全标准正在制定和形成之中。

2.4 网络安全的评估

任何网络的安全性都涉及如下三个层次或环节的问题：

一是基础层次上各种硬件、软件产品的安全性；

二是与网络系统设计、安装、建设有关的安全性；

三是与网络管理有关的安全性。

在这三个层次或环节上，都需要有能够对安全性进行评估的标准。目前，许多国家和国际标准化组织都在积极开展制定此类标准的工作。现有的安全评估标准中，主要有美国的“联邦政府信息技术安全性准则”（FCITS）及其前身“可信计算机系统评估准则”（TCSEC）、欧洲 4 国（英、法、德、荷）制定的“信息技术安全性评估准则”（ITSEC）、加拿大的 CTCPEC、国际标准化组织的通用标准（CC）以及我国制定的“计算机信息系统安全等级保护划分准则”等。本书仅简要介绍“可信计算机系统评估准则”和我国的“计算机信息系统安全等级保护划分准则”。

2.4.1 美国的“可信计算机系统评估准则”

美国国家计算机安全中心（NCSC）于 1983 年形成了 DOD 标准“可信计算机系统评估准则”（TCSEC，Trusted Computer System Evaluation Criteria）并发布施行，1985 年进行了修订。因该标准出版时封面为橘红色，通常被称为“橘皮书”。它起初仅仅应用于美国政府和军方的计算机系统，后来其影响逐渐扩展到商业领域，目前已经成为得到广泛公认的事实上的标准，许多公司都以专门的标记标明其产品按该标准规定所属的安全级别。

“橘皮书”将计算机系统的安全等级分为 4 个档次 8 个等级，在安全策略、责任、保证、文档等 4 个方面共设定了 27 条评估准则。不同的计算机信息系统可以此为依据，按系统的实际需要和可能，从中选取具有不同安全保密强度的安全等级标准。现将该标准的 4 个档次 8 个安全等级，由低到高依次简述如下。

1. D档

D档为无保护档级，是安全等级的最低档。其主要特征是没有专门的安全保护，此档只有一个级别，即D级。

D级：安全保护欠缺级。凡经评估，达不到C1及其以上安全等级的计算机系统均列入此级。这一等级的计算机系统，没有访问控制机制，对于来自任何用户的访问，没有任何身份认证措施与访问权限控制。早期商业领域的计算机系统往往属于这一安全等级。

2. C档

C档为自主保护档级。此档又分两个安全等级，共同特征是采用了自主访问控制机制。C档的两个安全等级由低到高依次为C1级和C2级。

C1级：自主安全保护级。采用普通的自主访问控制机制，主要特征是能将用户与数据隔离，针对多个协作用户在同一敏感级别上处理数据的工作环境，由用户自主地确定如何控制对属于自己的资源所进行的访问，达到保护用户自身资源安全的目的。例如，早期的UNIX计算机系统就属于这一安全等级。

C2级：受控访问保护级。采用比C1级更为精细的自主访问控制机制。相对于C1级，增加了安全事件审计功能，能够跟踪每一个主体对每一个客体的每一次访问或访问企图，加上若干其他措施，使用户的行为具有个体独自的可查性。C2级是军用计算机系统所能采用的最低安全级别，也常用于金融系统。

3. B档

B档为强制保护档级。此档又分为3个安全等级，共同特征是采用强制访问控制机制。B档的3个安全等级由低到高依次为B1级、B2级和B3级。

B1级：有标记的安全保护级。所谓有标记的安全保护（Labeled Security Protection），是指对每一个受控的客体都加有标明其安全级的标记，保护系统就据此在客体被访问时进行相应的控制。B1级的访问控制机制是采取对受控客体加标记的方式实现强制访问控制，但也支持有限的用户自主访问控制功能。

B2级：结构化保护级。所谓结构化保护（Structured Protection），是指在设计上把系统内部结构化地划分成若干大体上相互独立而明确的模块，并按最小特权原则进行管理。所谓最小特权原则，就是当系统中的某一主体执行授权任务时，只授予它为完成任务所必需的最小权利，从而保证任何一个人都不可能享有对计算机系统进行操纵和管理的全部权利。B2级将强制访问控制扩展到计算机系统的全部主体和全部客体，并且通过分析发现和消除能够造成信息泄露的隐蔽信道和安全漏洞。

B3级：安全域保护级。所谓安全域保护（Security Domain Protection），是指用户的程序或操作被限定在某个安全域之内，而对安全域之间的访问实行严格控制。为了更充分地体现最小特权原则，B3级要求专设安全管理员，使系统管理员、系统操作员、安全管理员三者的职能分离，以保证人为因素对计算机系统安全的威胁减到最小。B3级还具有更强的审计功能，不仅能记录危害安全的事件，还能发出报警信号。实际上，就安全功能而言，B3级已经达到了目前的最高等级。

4．A档

A 档为验证保护档级。此档又分两个安全等级，由低到高依次为 A1 级和超 A1 级。它们共同的特征是，在系统设计阶段就能够对预期的安全功能进行严格的验证。

A1 级：经验证的设计保护级。所谓经验证的设计保护（Verified Design Protection），是指计算机系统的设计必须通过数学的形式化证明方法加以验证，以证明其确实具有预期的安全功能。就 A1 级所具有的安全功能本身而言，是和 B3 级相同的。由于 A1 级的整个要求极高，目前达到这一要求的实际系统是很少的。

超 A1 级：验证实现级。所谓验证实现，是指对安全实现的验证进入代码级，只有当设计说明接近于实际实现的代码时，才能达到对预期安全功能实现成功的验证。

B3 级、A1 级和超 A1 级，都属于最高的安全等级，相应地对成本的要求也高，只有极其重要的应用场合才采用。

“可信计算机系统评估准则”（TCSEC）的制定与颁布施行原本是针对单个计算机系统的，由于一切计算机网络或信息网络都建立在单机系统的基础之上，所以当我们研究网络安全的评估问题时，TCSEC 作为得到广泛公认的事实上的标准，仍然值得加以重视。然而如果仅有 TCSEC 这类针对单机系统的标准，要解决计算机网络或信息网络安全的评估问题，又确实是远远不够的。正是基于这样的背景，美国国防部的国家计算机安全中心又制定并出版了 TCSEC 的三个解释性文件，它们分别是可信网络解释、计算机安全子系统解释及可信数据库解释。至此，形成了美国计算机系统及网络的安全评估标准系列——“彩虹系列”（Rainbow Series）。

2.4.2 我国的“计算机信息系统安全等级保护划分准则”

“计算机信息系统安全等级保护划分准则”是我国计算机信息系统安全等级保护系列标准的核心，是实行计算机信息系统安全等级保护制度建设的重要基础。该标准将信息系统划分为 5 个安全等级，分别为用户自主保护级、系统审计保护级、安全标记保护级、结构化保护级和访问验证保护级，从第 1 级到第 5 级安全等级逐级增高，高级别安全要求是低级别要求的超集。计算机信息系统安全保护能力随着安全保护等级的增高，逐渐增强。

具体每级的要求如下。

1．第 1 级，用户自主保护级

本级的计算机信息系统可信计算基通过隔离用户与数据，使用户具备自主安全保护的能力。它具有多种形式的控制能力，对用户实施访问控制，即为用户提供可行的手段，保护用户和用户组信息，避免其他用户对数据的非法读/写与破坏。

2．第 2 级，系统审计保护级

与用户自主保护级相比，本级的计算机信息系统可信计算基实施粒度更细的自主访问控制，它通过登录规程、审计安全性相关事件和隔离资源，使用户对自己的行为负责。

3．第 3 级，安全标记保护级

本级的计算机信息系统可信计算基具有系统审计保护级的所有功能。此外，还提供有关

安全策略模型、数据标记以及主体对客体强制访问控制的非形式化描述；具有准确地标记输出信息的能力；消除通过测试发现的任何错误。

4．第4级，结构化保护级

本级的计算机信息系统可信计算基建立在一个明确定义的形式化安全策略模型之上，它要求将第3级系统中的自主和强制访问控制扩展到所有主体与客体。此外，还要考虑隐蔽通道。本级的计算机信息系统可信计算基必须结构化为关键保护元素和非关键保护元素，其接口也必须明确定义，使其设计与实现能经受更充分的测试和更完整的复审。加强了鉴别机制；支持系统管理员和操作员的职能；提供可信设施管理；增强了配置管理控制。系统具有相当强的抗渗透能力。

5．第5级，访问验证保护级

本级的计算机信息系统可信计算基满足访问监控器需求。访问监控器仲裁主体对客体的全部访问。访问监控器本身是抗篡改的；必须足够小，能够分析和测试。为了满足访问监控器需求，计算机信息系统可信计算基在其构造时，排除那些对实施安全策略来说并非必要的代码；在设计和实现时，从系统工程角度将其复杂性降低到最小程度。支持安全管理员职能；扩充审计机制，当发生与安全相关的事件时发出信号：提供系统恢复机制。系统具有很高的抗渗透能力。

本章小结

本章讨论了建立计算机网络安全体系结构的必要性，介绍了开放系统互联安全体系结构、美国国防部目标安全体系结构和基于 TCP/IP 的网络安全体系结构三种网络安全体系结构的主要内容，以美军 JTA 信息系统安全标准为例，对网络安全的协议与标准进行了剖析，最后介绍了网络安全的评估标准。主要包括以下内容。

1．网络安全体系结构的概念

从介绍网络体系结构入手，分析了网络安全需求，建立计算机网络安全体系结构的必要性，网络安全体系结构的任务。

2．网络安全体系结构的内容

通过对比分析，介绍了开放系统互联安全体系结构、美国国防部目标安全体系结构和基于 TCP/IP 的网络安全体系结构三种网络安全体系结构的主要内容和各自的特点。

3．网络安全的协议与标准

协议是网络的同一层次实体之间、为了相互配合完成本层次功能而作出的约定。协议是网络体系结构的最终体现形式。

JTA 信息系统安全标准本身又包括4个方面的标准，即信息处理安全标准、信息传送安全标准、信息建模与信息安全标准、人-计算机接口（HCI）安全标准。

4. 网络安全的评估

在现有的安全评估标准中，主要有美国的“联邦政府信息技术安全性准则”（FCITS）及其前身“可信计算机系统评估准则”（TCSEC）、欧洲 4 国（英、法、德、荷）制定的“信息技术安全性评估准则”（ITSEC）、加拿大的 CTCPEC、国际标准化组织的通用标准（CC）以及我国制定的“计算机信息系统安全等级保护划分准则”等。

习　题　2

2.1 解释网络安全体系结构的含义。

2.2 网络安全有哪些需求？

2.3 网络安全体系结构的任务是什么？

2.4 开放系统互联安全体系结构提供了哪几类安全服务？

2.5 说明开放系统互联安全体系结构的安全机制。

2.6 与 OSI 安全体系结构相比，DISSP 提供的安全体系结构具有哪些特点？

2.7 分析 TCP/IP 安全体系结构各层提供的安全服务。

2.8 JTA 信息系统安全标准包括哪 4 个方面的标准？

2.9 美国 NCSC 的“可信计算机系统评估准则”将计算机系统的安全等级分为哪些档和等级？

2.10 我国制定的“计算机信息系统安全等级保护划分准则”将信息系统划分为哪些安全等级？

第3章 远程攻击与防范

远程攻击是指通过远程登录秘密进入他人的计算机进行一些非授权行为，如窃取数据、进行破坏等活动，也就是人们常说的黑客行为。在美军1995年9月举行的“网络勇士1995”演习中，一名参演上尉军官用一台从商店买来的普通计算机和调制解调器，进入了海军舰队的网络系统，并控制了该舰队的一艘艘军舰，而舰队司令对此却一无所知。

另外比较典型的事件还有麦金农入侵美国军方计算机系统案例。麦金农是英国北伦敦伍德·格林市的一名失业计算机工程师。他对UFO、外星人等神秘现象异常痴迷，深信所有和外星人有关的证据都被美国军方当作最高机密隐藏起来了。为了寻找有关证据，在2001年2月到2002年3月短短13个月的时间内，他用自己的计算机成功入侵万里之外的97套美军机密计算机系统。麦金农成功攻入美国军方的计算机后，大肆浏览机密文件，复制机密内容，在找不到需要的UFO绝密档案后，恶作剧地使美国军方的计算机系统瘫痪，他曾经进入美国弗吉尼亚州梅尔堡军事基地的计算机，删除了该计算机上1300个军方用户账号。

麦金农的黑客手段其实并不高明，他通常利用一些从互联网上下载的黑客软件对美军数以千计的计算机端口进行扫描，以发现可能的安全漏洞；或者利用最简单的密码猜解手段，获得进入美军计算机系统的口令，继而进行远程遥控。但就是凭借这些“入门级”功夫，麦金农屡屡得手。2001年“9·11”恐怖袭击后的第12天，他令一个位于新泽西州的美海军武器基地网络内300台计算机瘫痪长达一周，导致美军大西洋舰队无法正常得到武器装备和补给。2002年初，美军在首都华盛顿的一个“关键军事区”计算机网络系统，又一度因他的攻击而被迫全部关闭。美军甚至一度担心，入侵黑客可能是来自“基地”组织的恐怖分子。

黑客是如何进行远程攻击的？应该怎样防范？这就是本章要讨论的内容。

3.1 远程攻击的步骤和手段

远程攻击的攻击对象是攻击者还无法控制的计算机，或者说，远程攻击是指专门攻击除攻击者自己计算机以外的计算机，无论被攻击的计算机与攻击者是处于同一子网还是千里之遥。攻击者的目标各不相同，有的是政府和军队，有的是银行，还有的是企业的信息中心，但他们攻击的过程及攻击的手段却有着一定的共同性。

3.1.1 远程攻击的一般步骤

进行网络攻击是一件步骤性很强的工作，也是很耗费时间的事情。有些攻击者为了攻破某个目标，会连续几十小时甚至上百小时对其进行攻击。不要以为黑客轻轻松松地就把一个网站的主页给换掉了，其实在这之前和这个过程中有许多事情要做。

1. 准备攻击

（1）确定攻击目的

在进行一次完整的攻击之前，首先要确定攻击要达到什么样的目的，即给对方造成什么样的后果。常见的攻击目的有破坏型和入侵型两种。

破坏型攻击指的只是破坏攻击目标，使其不能正常工作，而不能随意控制目标系统的运行。破坏型攻击的主要的手段是 DOS（Denial Of Service）攻击，即拒绝服务攻击。DOS 攻击有很多实现方法，一般是利用操作系统、应用软件或网络协议存在的漏洞，导致其不能正常工作。但有的 DOS 攻击不利用任何系统漏洞，只是发出超大量的服务请求，使攻击目标忙于应付，无法再接受正常的服务请求。

另一类常见的攻击目的是入侵型攻击。这种攻击是要获得一定的权限来达到控制攻击目标的目的。应该说，这种攻击比破坏型攻击更普遍，威胁性也更大。因为黑客一旦获得攻击目标的管理员权限就可以对此目标主机做任意动作，包括进行破坏性质的攻击。此类攻击一般也是利用目标主机操作系统、应用软件或网络协议存在的漏洞进行。当然还有另一种造成此种攻击的原因就是密码泄露，攻击者靠猜测或不停地试验来得到目标主机的密码，然后用和真正的管理员一样的方式对目标主机进行访问。

（2）收集信息

除了确定攻击目的之外，攻击前的最主要工作就是收集尽量多的关于攻击目标的信息。这些信息主要包括目标的操作系统类型及版本、目标提供哪些服务、各服务器程序的类型与版本及相关的社会信息。

要攻击一台机器，首先要确定它正在运行的操作系统是什么，因为对于不同类型的操作系统，其系统漏洞有很大区别，攻击的方法也完全不同，甚至同一种操作系统的不同版本的系统漏洞也是不同的。要确定一台机器的操作系统一般是靠经验，但有些机器的某些服务显示信息会泄露其操作系统的类型和版本。例如，通过使用软件 GetOS 可以获得这类信息，如图 3.1 所示。

```
选定 命令提示符

D:\tool>getos 192.168.1.234

------------------------------------------------------------
 THCsmbgetOS v0.1 - gets group, server and os via SMB
      by Johnny Cyberpunk (jcyberpunk@thc.org)
------------------------------------------------------------

[*] Connecting Port 139....
[*] Sending session request....
[*] Sending negotiation request....
[*] Sending setup account request....
[*] Successful....

Remote OS:
----------
WORKGROUP
Windows Server 2003 5.2
Windows Server 2003 3790 Service Pack 1


D:\tool>_
```

图 3.1　利用软件 GetOS 获取操作系统信息

那么根据经验就可以确定这个机器上运行的操作系统为 Windows Server 2003，但这样确定操作系统类型是不准确的，因为有些网站管理员为了迷惑攻击者会故意更改显示信息，造成假象。

还有一种不是很有效的方法，诸如查询 DNS 的主机信息（不是很可靠）来看登记域名时的申请机器类型和操作系统类型，或者使用社会工程学的方法来获得，或者利用某些主机开放的 SNMP 公共组来查询。

另外一种相对比较准确的方法是利用网络操作系统里的 TCP/IP 堆栈作为特殊的“指纹”

来确定系统的真正身份。因为不同的操作系统在网络底层协议的各种实现细节上略有不同，可以通过远程向目标发送特殊的信息包，然后通过返回的信息包来确定操作系统类型。还有就是检查返回包里包含的窗口长度，这项技术根据各个操作系统的不同的初始化窗口大小来唯一确定它们。利用这种技术进行信息收集的工具很多，比较著名的有 Nmap，X-Scan 等。

获知目标提供哪些服务及各服务程序的类型、版本同样非常重要，因为已知的漏洞一般都是针对某一服务的，这里所说的提供服务是指我们通常提到的端口。例如，一般 TELNET 在 23 端口，FTP 在 21 端口，WWW 在 80 端口，这只是一般情况，网站管理员完全可以按自己的意愿修改服务所监听的端口号。

另外需要获得的信息就是一些与计算机本身没有关系的社会信息，如该网站所属公司的名称、规模，网络管理员的生活习惯、电话号码等。这些信息看起来与攻击一个网站没有关系，实际上很多黑客都是利用了这类信息攻破网站的。

进行信息收集可以用手工进行，也可以利用工具来完成，完成信息收集的工具叫做扫描器。用扫描器收集信息的优点是速度快，可以一次对多个目标进行扫描。

这里介绍一款国内很优秀的由著名的网络安全组织"安全焦点"（http://www.xfocus.net）出品的扫描工具 X-Scan，目前其最高版本为 V3.3。它采用多线程方式对指定 IP 地址段（或单机）进行安全漏洞检测，支持插件功能。扫描内容包括远程服务类型、操作系统类型及版本、各种弱口令漏洞、后门、应用服务漏洞、网络设备漏洞、拒绝服务漏洞等 20 多个大类。图 3.2 为其操作界面。

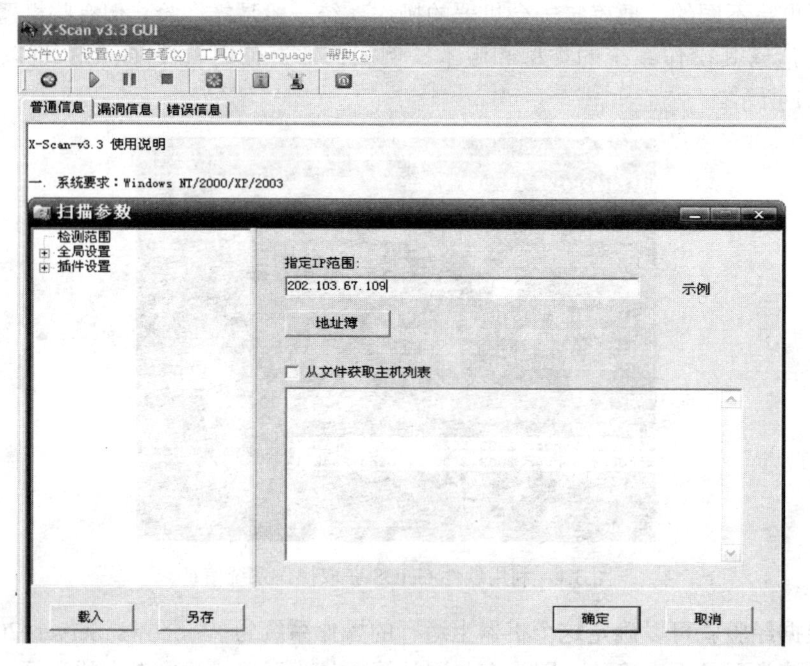

图 3.2　X-Scan 的操作界面

2. 实施攻击

（1）获得权限

当收集到足够的信息之后，攻击者就开始实施攻击。破坏型攻击，只需要利用工具发动攻击即可。而入侵型攻击，往往要利用收集到的信息，找到其系统漏洞，然后利用该漏洞获取一定的权限。有时获得了一般用户的权限就足以达到修改主页等目的了，但作为一次完整的攻击必须要获得系统最高权限。

能够被攻击者所利用的漏洞不仅包括系统软件设计上的安全漏洞，也包括由于管理员配置不当而造成的漏洞。大多数攻击成功的范例还是利用了系统软件本身的漏洞。造成软件漏洞的主要原因在于编制该软件的程序员缺乏安全意识。当攻击者对软件进行非正常的调用请求时，会造成缓冲区溢出或对文件的非法访问。其中利用缓冲区溢出进行的攻击最为普遍，据统计 80%以上成功的攻击都是利用了缓冲区溢出漏洞来获得非法权限的。

无论作为一个黑客还是一个网络管理员，都需要掌握尽量多的系统漏洞。黑客需要用它来完成攻击，而管理员需要根据不同的漏洞来实施不同的防御措施。最多、最新的漏洞信息可以在一些知名的黑客站点和网络安全站点中找到。

（2）扩大权限

系统漏洞分为远程漏洞和本地漏洞两种，远程漏洞是指黑客可以在别的机器上直接利用该漏洞进行攻击并获取一定的权限。这种漏洞的威胁性相当大，黑客的攻击一般都是从远程漏洞开始的。但是利用远程漏洞获取的不一定是最高权限，而往往只是一个普通用户的权限，也就没有办法达到攻击目的。这时就需要配合本地漏洞来扩大获得的权限，常常是扩大到系统管理员的权限。

只有获得了最高的管理员权限之后，才可以做诸如网络监听、消除痕迹之类的事情。要完成权限的扩大，不但可以利用已获得的权限在系统上执行利用本地漏洞的程序来得到，还可以放一些木马之类的欺骗程序来获取管理员密码。

3. 善后工作

（1）修改日志

如果攻击者完成攻击后立刻离开系统而不做任何善后工作，那么他的行踪将很快被细心的系统管理员发现，因为所有的网络操作系统一般都提供日志记录功能，会把系统上发生的动作记录下来。所以为了自身的隐蔽性，黑客一般都会把自己在日志中留下的痕迹抹掉。

要想了解黑客抹掉痕迹的方法，首先要了解常见的操作系统的日志结构、工作方式及存放位置。攻击者在获得系统最高管理员权限之后就可以随意修改系统上的文件了，包括日志文件，所以一般黑客想要隐藏自己的踪迹的话，就会对日志进行修改。最简单的方法当然就是删除日志文件了，但这样做虽然避免了真正的系统管理员根据 IP 追踪到自己，但也明确无误地告诉了管理员，系统已经被入侵了。所以最常用的办法是只对日志文件中有关自己的那一部分进行修改。

管理员想要避免日志系统被修改，应该采取一定的措施，例如，用打印机实时记录网络日志信息。但这样做也有弊端，黑客一旦了解到你的做法就会不停地向日志里写入无用的信息，使得打印机不停地打印日志，直到所有的纸用光为止。所以比较好的避免日志被修改的方法是把所有日志文件发送到一台比较安全的主机上，即使用 Loghost。即使这样也不能完全避免日志被修改，因为黑客既然能攻入这台主机，也很可能攻入 Loghost。

只修改日志是不够的，因为百密必有一疏，即使自认为修改了所有的日志，仍然可能会留下一些蛛丝马迹。例如，安装了某些后门程序，运行后也可能被管理员发现。所以黑客高手可以通过替换一些系统程序的方法来进一步隐藏踪迹。

（2）留下后门

一般黑客都会在攻入系统后为了下次再进入系统时方便而留下一个后门。后门程序一般是指那些绕过安全性控制而获取对程序或系统访问权的程序方法。在软件开发阶段，程序员常常会在软件内创建后门程序以便可以修改程序设计中的缺陷。但是，如果这些后门被其他人知道，或是在发布软件之前没有删除后门程序，那么它就成了安全风险，容易被黑客当成漏洞进行攻击。在这里，后门是指攻击者入侵之后为了以后能方便地进入该计算机而安装的一类软件，它强调的是隐蔽性。

3.1.2 远程攻击的主要手段

网络攻击的主要手段也是随着计算机及网络技术的发展而不断发展的，主要有缓冲区溢出、口令破解、网络侦听、拒绝服务攻击、欺骗攻击等。下面介绍几种特定类型的攻击。

1. 缓冲区溢出攻击

缓冲区溢出（Buffer Overflow）是一个非常普遍和严重的程序设计错误或漏洞（Bug），存在于各种操作系统、协议软件和应用软件中。缓冲区溢出攻击是指一种系统攻击的手段，通过向程序的缓冲区写超出其长度的内容，造成缓冲区的溢出，从而破坏程序的堆栈，使程序转而执行其他指令，以达到攻击的目的。

缓冲区是内存中存放数据的地方。在程序试图将数据放到计算机内存中的某一位置，但没有足够空间时会发生缓冲区溢出。缓冲区是程序运行时计算机内存中的一个连续的块，它保存了给定类型的数据。问题随着动态分配变量而出现，为了不用太多的内存，一个有动态分配变量的程序在程序运行时才决定给变量分配多少内存。如果程序在动态分配缓冲区放入太多的数据就会发生缓冲区溢出。一个缓冲区溢出应用程序使用这个溢出的数据将汇编语言代码放到计算机的内存中，通常是产生 System 权限的地方。单单的缓冲区溢出，并不会产生安全问题。只有将溢出送到能够以 System 权限运行命令的区域才行。这样，一个缓冲区溢出利用程序将能运行的指令放在了有 System 权限的内存中，从而一旦运行这些指令，就是以 System 权限控制了计算机。

缓冲区溢出攻击最常见的方法是通过使某个特殊程序的缓冲区溢出转而执行一个 Shell，通过 Shell 的权限可以执行高级的命令。如果这个特殊程序具有 System 权限，攻击成功者就能获得一个具有 System 权限的 Shell，就可以对系统为所欲为了。如图 3.3 所示为使用溢出程序后，得到的远程主机的一个 Shell。

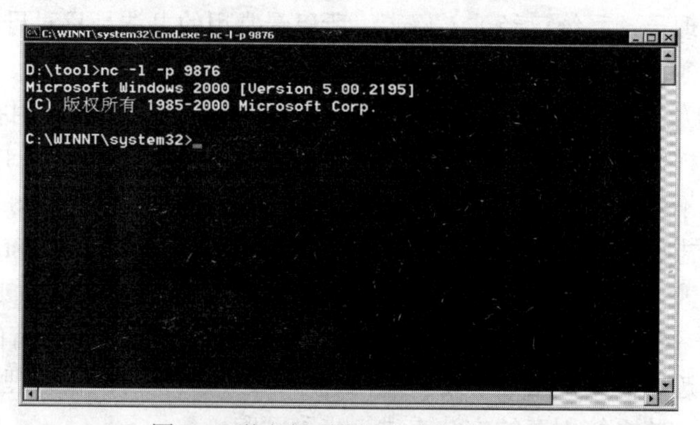

图 3.3 溢出得到的远程主机的 Shell

缓冲区溢出攻击的最终目的是为了获得系统的最高权限。

2. 口令破解

口令破解又称口令攻击，是指运用各种软件工具和安全漏洞，破解网络合法用户的口令或避开系统口令验证过程，然后冒充合法用户潜入网络系统，夺取系统的控制权。

口令破解是远程攻击的重要手段之一，口令是网络安全防护的第一道防线，绝大部分网络入侵事实上都要突破这一关。黑客攻击目标时常常把破译普通用户的口令作为攻击的开始。由于网络上的用户习惯于采用一些英语单词或自己的姓名作为口令，攻击者首先设法找到主机上的用户账号，然后就采用字典穷举法来破解密码。这种方法的原理是，通过一些程序自动地从计算机字典中取出一个单词，作为用户的口令输入给远端的主机，尝试进入系统。如果口令错误，则按顺序取出下一个单词进行下一次尝试，并且一直循环执行下去，直到找到正确的口令，或者字典的全部单词试完为止。因为整个过程由计算机程序来自动完成，在较短的时间内就可以把字典内的所有单词都试一遍。例如，LetMeIn 是这类程序的典型代表，还有一些综合扫描工具也具备这个功能。

如果上述方法不能奏效，攻击者就会仔细寻找目标的薄弱环节和漏洞，伺机夺取目标中存放口令的文件，一旦取得了口令文件，黑客就会用专门破解加密算法的程序来破解口令。这类程序的典型代表是由@Stake 公司出品的 LC5。其运行后的界面如图 3.4 所示。

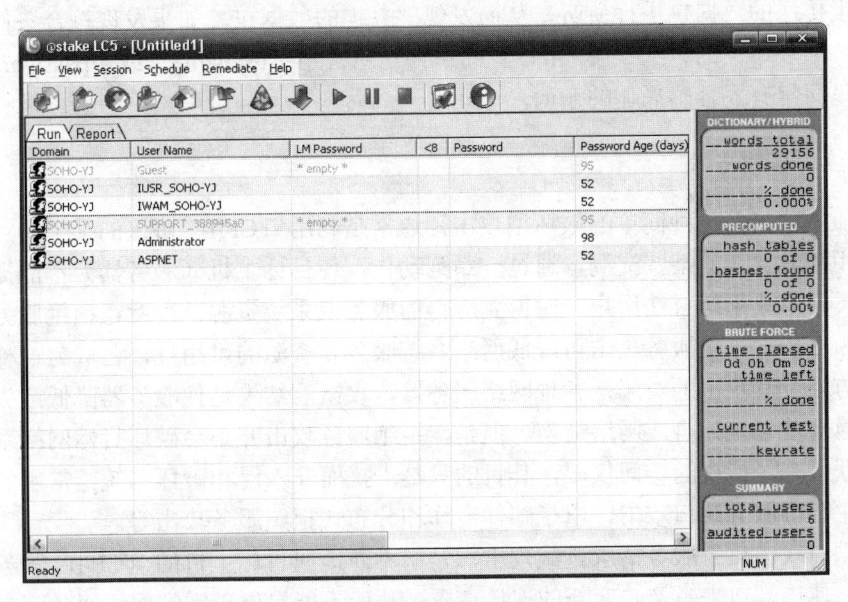

图 3.4　LC5 的运行界面

此外，攻击者还可以针对口令的传输进行攻击。在网络环境中，往往需要远程对用户进行身份认证，此时需要被验证方提供用户名和口令等认证信息，在验证程序将用户的输入通过网络传送给远程服务器的过程中，攻击者可能通过网络截获到相应数据，从而获取目标系统的账号和口令。此类攻击的典型代表主要有“网络钓鱼”攻击、嗅探攻击、键盘记录攻击、重放攻击等。

3. 网络侦听

网络侦听是指在计算机网络接口处截获网上计算机之间通信的数据。它常能轻易地获得用其他方法很难获得的信息，如用户口令、金融账号（信用卡号、账号、身份证号等）、敏感数据、低级协议信息（IP 地址、路由信息、TCP 套接字号）等。

网络侦听一般都采用 Sniffer 这种工具来进行，可以监视网络的状态、数据流动情况及网络上传输的信息。当信息以明文形式在网络上传输时，就可以使用网络监听方式来进行攻击了。将网络接口设置在监听模式，便可以将网上传输的源源不断的信息截获。黑客们常常用它来截获用户的口令。

由于数据在网络上是以帧为单位传输的，帧通过特定的称为网络驱动程序的软件进行成型，然后通过网卡发送到网线上，在网络上的所有计算机都可以通过网卡捕获到这些帧，一般情况下，如果不是属于自己的数据就放弃掉，如果是则存储并通知系统已经接收到数据。Sniffer 就是根据这个原理来进行侦听的，它把网卡的属性设置为混杂（Promiscuous）模式，这时就可以接收在网络上传输的每一个信息包。基于 Sniffer 这样的模式，可以分析各种信息包并描述网络的结构和使用的机器，由于它接收任何一个在同一网段上传输的数据包，因此就存在着捕获密码、秘密文档等一些没有加密的各种信息的可能性。因此当一个黑客成功地攻陷了一台主机并拿到系统权限后，往往会在这台机器上安装 Sniffer 软件，对以太网设备上传送的数据包进行侦听，从而发现感兴趣的数据包。如果发现符合条件的包，就把它存到一个 Log 文件中去。通常设置的条件是包含字“usename”或“password”的包，这样的包里面常有黑客感兴趣的东西。

4. 拒绝服务攻击

拒绝服务攻击是一种简单的破坏型攻击，通常是利用 TCP/IP 协议的某个弱点，或者是系统及应用软件存在的某些漏洞，通过一系列动作，使目标主机（服务器）不能提供正常的网络服务，即阻止系统合法用户及时得到应得的服务或系统资源。因此，拒绝服务攻击又称为服务阻断攻击。拒绝服务攻击可降低网络系统服务和资源的可用性，已成为一种常用的主动式攻击方法。其攻击的对象是各种网络服务器，攻击的结果是使服务器降低或失去服务能力，严重时会使系统死机或网络瘫痪。但是，拒绝服务攻击并不会破坏目标网络系统数据的完整性或获得未经授权的访问权限，其目的只是干扰而非入侵和破坏系统。常用的拒绝服务攻击手段主要有服务端口攻击、电子邮件轰炸和分布式拒绝服务攻击等。

服务端口攻击属于服务请求过载攻击，是指不断地向目标主机的 TCP/IP 服务端口发出连接请求，使该端口来不及响应新的连接请求，从而不能提供正常的网络服务而崩溃。它相当于不停地打某人的电话，使其线路始终处于忙状态，以致连正常的电话也打不进去。

电子邮件轰炸实质上就是自动地、不停地向目标电子邮件信箱发送地址不详、信息量庞大、充满了乱码或根本没有意义的恶意电子邮件，一方面使目标电子邮件信箱挤爆，同时消耗目标电子邮件服务器大量的处理器时间，占用大量的网络带宽，导致网络阻塞，严重时甚至造成目标电子邮件服务器死机。

分布式拒绝服务攻击是目前破坏型网络攻击的主要表现形式之一，一般采用三层客户-服务器结构，这种结构常被称为僵尸网络（BotNet）。与其他分布式概念类似，在分布式拒绝服务攻击中，攻击者利用成千上万个被“控制”节点，向受害节点发动大规模的协同式拒绝服务攻击，同时用一股拒绝服务洪流冲击受害节点，使其因过载而崩溃。

5. 欺骗攻击

欺骗包括社会工程学的欺骗和技术欺骗，社会工程学利用受害者的心理弱点、本能反应、好奇心、信任、贪婪等进行欺骗和攻击，令人防不胜防。美国著名黑客凯文·米特尼克写了一本如何利用社会工程学进行网络攻击的书——《欺骗的艺术》，社会工程学并不等同于一般的欺骗，可以说即使是最警惕、最小心的人也难免遭受高明的社会工程学手段的伤害。

在这里主要介绍技术上的欺骗。欺骗攻击就是将一台计算机假冒为另一台被信任的计算机进行信息欺骗。欺骗可发生在 TCP/IP 网络的所有层次上，几乎所有的欺骗都破坏网络中计算机之间的信任关系。欺骗作为一种主动攻击，不是进攻的结果，而是进攻的手段，进攻的结果实际上就是信任关系的破坏。通过欺骗建立虚假的信任关系后，可破坏通信连接中正常的数据流，或者插入假数据，或者骗取对方的敏感数据。欺骗攻击的方法主要有 IP 欺骗、DNS 欺骗和 Web 欺骗三种。

（1）IP 欺骗是利用主机之间基于 IP 地址的信任关系来进行的，一个合法的 TCP 连接还需要有一个客户-服务器双方共享的唯一序列号作为标识和鉴别。初始序列号一般由随机数发生器产生，但问题出在很多操作系统在实现 TCP 连接初始序列号的方法中，所产生的序列号并不是真正随机的，而是一个具有一定规律、可猜测或计算的数字。这里简要介绍它的过程。首先假定已经找到攻击目标主机及被其信任的主机。攻击者为了进行 IP 欺骗，要做以下工作：使得被信任主机丧失工作能力（如通过拒绝服务攻击），同时采样目标主机发出的 TCP 序列号，猜测出它的数据序列号。然后伪装成被信任主机，同时建立起与目标主机基于地址验证的应用连接。如果成功，攻击者就可以放置一个系统后门，以后就可以按正常的方法再次登录该主机。

（2）DNS 欺骗相对 IP 欺骗而言要简单一些，DNS（Domain Name Server）即域名服务器，网络中提供的各种服务都是基于 TCP/IP 协议的，要进行通信必须获得对方的 IP 地址，而这是通过 DNS 来实现的。可以说，DNS 是互联网上其他服务的基础。DNS 欺骗是这样一个过程：假定用户 user1 想要访问域名为 sacrifice.com 的网站，他会向 DNS 请求解析 sacrifice.com，也就是向 sacrifice.com 的 DNS 询问 sacrifice.com 的 IP 地址。如果黑客冒充 sacrifice.com 的 DNS 给 user1 一个虚假的 IP 地址，那么 user1 就连接不上 sacrifice.com，对于 sacrifice.com 而言，它遭到了 DNS 欺骗攻击，因为用户根本连接不上它的域名。

（3）Web 欺骗是一种电子信息欺骗，攻击者在其中创造了整个 Web 世界的一个令人信服但完全是假的副本。假的 Web 看起来十分逼真，它拥有相同的网页和链接。然而，攻击者控制着假的 Web 站点，这样受攻击者浏览器和 Web 之间的所有网络信息完全被攻击者所截获，其工作原理就好像是一个过滤器。攻击者可以观察或修改任何从受攻击者到 Web 服务器的信息，同样地，也控制着从 Web 服务器至受攻击者的返回数据，攻击者能够监视受攻击者的网络信息，记录他们访问的网页和内容。当受攻击者填写完一个表单并发送后，这些数据将被传送到 Web 服务器，Web 服务器将返回必要的信息，但攻击者完全可以截获并加以使用。这意味着攻击者可以获得用户的账户和密码。在得到必要的数据后，攻击者可以通过修改被攻击者和 Web 服务器之间任何一个方向上的数据，来进行某些破坏活动。

3.2 远程攻击的防范

网络技术在不断发展，远程攻击和防范正如矛与盾，两者的较量也许永远不会结束。防范远程攻击，不但要在技术层面上做好工作，而且要在管理层面上采取相应的措施。

3.2.1 防范远程攻击的管理措施

1. 使用系统最高的安全级别

在选择网络操作系统时，要求其提供最高安全等级。本书第 2 章介绍过“橘皮书”的有关内容，“橘皮书”使计算机系统的安全性评估有了一个标准。美国国家计算机安全中心于 1987 年出版了《可信网络指南》，该书从网络安全的角度出发，解释了准则中的观点，使得该书与《可信计算机系统的评价准则》一起成为网络安全等级标准的重要文献。

网络操作系统的安全等级是网络安全的根基，如根基不好则网络安全先天不足，在此之上的很多努力将无从谈起。例如，有的网络采用的 UNIX 系统，安全级别太低，只有 C1 级，而网络系统安全起码要求 C2 级。

因此，高安全等级的系统是防范远程攻击的首选。

2. 加强内部管理

为了对付内部产生的黑客行为，要在安全管理方面采取措施。

（1）必须慎重选择网络系统管理人员，对新职员的背景进行调查，网络管理要害岗位人员调动时要采取相应的防护措施（如及时更换系统口令）。

（2）确保每个职员都了解安全管理制度，如掌握正确设置较复杂口令的要求，分清各岗位的职责，有关岗位之间要能互相制约。

（3）企业与员工签订著作权转让合同，使有关文件资料、软件著作权和其他附属资产权归企业所有，以避免日后无法用法律保护企业利益不受内部员工非法侵害。

（4）将部门内电子邮件资料及 Internet 网址划分保密等级。

（5）定期改变口令，使自己遭受黑客攻击的风险降低。一旦发现自己的口令不能进入计算机系统，应立即向系统管理员报告，由管理员来检查原因。系统管理员也应定期运行一些破译口令的工具来尝试，若有用户的口令密码被破译出来，说明这些用户的密码过于简单或有规律可循，应尽快通知他们及时更正密码。

（6）加强技术管理，可以通过加强用户登录的安全性、使用用户自定义的桌面配置和实施用户安全策略来实现。

3. 修补系统漏洞

必须认识到任何系统都是有漏洞存在的，网络管理员应当及时堵上已知的漏洞并及时发现未知的漏洞。

首先，必须认真设置网络操作系统，并定期检查以防被黑客钻了空子。例如：

（1）为系统管理员和备份操作员建立特殊账户，使黑客难以猜出系统管理员和备份操作员的账户。

（2）关闭系统管理员远程访问能力，只允许系统管理员直接访问控制台。

（3）未经许可不得重装系统，因为重装系统会覆盖原来的系统设置，获取系统级特权。

（4）避免系统在注册对话框中显示最近一次注册用户名。

（5）注意设置好默认值，系统管理特权绝不使用默认，对关键目录，应将其默认值权限设为“只读”。

（6）合理配置 FTP（文件传输协议），确保必须验证所有的 FTP 申请。

其次，可以使用检测工具发现漏洞。采取攻击型的安全检测手段，可以作为网络系统的最后一道安全防线。可以采用一些网络安全检测工具，以攻击方式而不是防卫方式对网络进行测试性侵入，找出现行网络中的弱点，提醒管理员如何堵住这些漏洞。此外，系统管理员要经常访问黑客站点和网络安全站点，以获取最新的漏洞信息。

3.2.2 防范远程攻击的技术措施

防范远程攻击的主要技术措施有防火墙、数据加密、入侵检测技术等。

1. 防火墙技术

防火墙被用来保护计算机网络免受非授权人员的骚扰与黑客的入侵。这些防火墙尤如一道护栏隔在被保护的内部网与不安全的非信任网络之间，如图 3.5 所示。

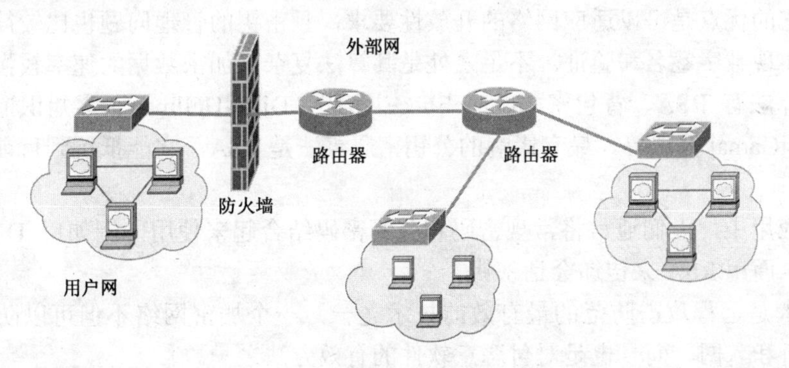

图 3.5 防火墙的结构

防火墙可以是非常简单的过滤器，也可能是精心配置的网关，但它们的原理是一样的，都是监测并过滤所有内部网和外部网之间的信息交换，防火墙保护着内部网络敏感的数据不被偷窃和破坏，并记录内外通信的有关状态信息日志，如通信发生的时间和进行的操作等。新一代的防火墙甚至可以阻止内部人员将敏感数据向外传输。防火墙通常是运行在一台单独计算机之上的一个特别的服务软件，它可以识别并屏蔽非法的请求。例如，一台 WWW 代理（Proxy）服务器，使用者的 Web 访问请求都间接地由它进行处理，这台服务器会验证请求发出者的身份、请求的目的地和请求内容。如果一切符合要求的话，这个请求会被送到目标 WWW 服务器上。当目标 WWW 服务器处理完这个请求后并不会直接把结果发送给请求者，它会把结果送到代理服务器，代理服务器会按照规定检查这个结果是否违反了安全规则。当这一切检查都通过后，结果才会真正地送到请求者的手里。

总之，防火墙是增加计算机网络安全的手段之一，只要网络应用存在，防火墙就有其存在的价值。

2. 数据加密技术

数据在网络上传输时很容易被黑客以各种方法截获，这样就很容易造成一些机密信息泄露，给整个网络的安全造成隐患。因此数据加密作为一项基本技术已经成为所有通信安全的基石，数据在加密以后即使被黑客截获也不会造成机密泄露的问题。要实现数据加密技术，可以在通信的三个不同层次上实现：链路加密、节点加密和端到端加密。

数据加密是以各种各样的加密算法来具体实现的，它以很小的代价提供很强的安全保护。在多数情况下，数据加密是保证信息机密性的唯一方法。据不完全统计，到目前为止，已经公开发表的各种加密算法有几百种。通常把用来加密数据的另一类数据叫做密钥，如果按照收发双方密钥是否相同来分类，可以将加密算法分为常规密码算法和公钥密码算法。

常规密码体制中，收发双方采用相同的密钥，加密密钥和解密密钥是相同或等价的。这种密码体制的优点是有很强的保密强度，加密算法简便、高效，密钥简短，破译极其困难，能经受住时间的检验和攻击，但其密钥必须通过安全的途径传送。密钥的管理成为系统安全的最重要的因素。比较著名的常规密码算法有美国的 DES 密码及其变形、欧洲的 IDEA 密码、以代换密码和转轮密码为代表的古典密码等。在常规密码中影响最大的是 DES 密码。

公钥密码体制的收信方和发信方使用不同的密钥，而且几乎不可能从加密密钥推导出解密密钥。它的优点是可以适应网络的开放性要求，且密钥的管理问题也比较简单，尤其是可以方便地实现数字签名和验证。不足之处是其算法复杂，加密数据的速率较慢。比较常用的公钥密码算法有 RSA、背包密码、McEliece 密码、Diffe-Hellman、零知识证明的算法、椭圆曲线、ElGamal 算法等。最有影响的公钥密码算法是 RSA，它能抵抗到目前为止的所有密码攻击。

在实际应用中，人们通常将常规密码和公钥密码结合起来使用，例如用 DES 或 IDEA 来加密信息，而用 RSA 来传递会话密钥。

加密技术是远程攻击防范的最有效的技术之一，一个加密网络不但可以防止非授权用户的搭线窃听和入网，而且也是对付恶意软件的有效方法之一。

3. 入侵检测技术

目前的黑客资料和入侵工具充斥网络，攻击成功的案例也越来越多，仅仅是被动地进行防御已难以保证网络的安全。入侵检测是一种防范远程攻击的重要技术手段，它能够对潜在的入侵动作做出记录，并且能够预测攻击的后果。入侵检测的功能是用实践性的方法扫描分析网络系统，检查报告系统存在的弱点和漏洞，建议采取补救措施和安全策略。

入侵检测系统（IDS，Intrusion Detection System）就是这种能对潜在的入侵行为做出记录和预测的智能化、自动化的软件或硬件系统。按照检测功能的不同，入侵检测系统分为网络入侵检测系统（NIDS）、系统完整性校验系统（SIV）、日志文件分析系统（LFM）、欺骗系统（DS）等几种。

网络入侵检测系统通过对网络中传输的数据包进行分析，从而发现可能的恶意攻击企图。典型的例子是在不同的端口检查大量的 TCP 连接请求，以此来发现 TCP 端口扫描的攻击企图。网络入侵检测系统既可以运行在仅仅监视自己端口的主机上，也可以运行在监视整个网络状态的处于混杂模式的 Sniffer 主机上。

系统完整性校验系统用来校验系统文件，查看系统是否已经被黑客攻破且更改了系统原文件并留下了后门。系统完整性校验系统不仅可以校验文件的完整性，还可以对其他组件（如 Windows 注册表）进行校验。为了能够更好地找到潜在的入侵迹象，这类软件往往需要使用者有系统的最高权限。不足之处是这类软件一般没有实时报警功能，因此无法保证检测的可靠性。

日志文件分析系统通过分析网络服务产生的日志文件来获得潜在的恶意攻击企图。和网络入侵检测系统类似，这类软件寻找日志中的暗示攻击企图的模式来发现攻击行为。一般是通过分析 HTTP 服务器日志文件寻找黑客扫描 CGI 漏洞的行为。

欺骗系统通过模拟一些著名漏洞并提供虚假服务来欺骗入侵者以达到追踪入侵者的目的，一般称为蜜罐（Honey Pot）。如果对付经验不是特别丰富的黑客，可以完全不使用任何软件就可以达到欺骗目的。例如，重命名 Windows 上的 Administrator 账号，然后设立一个没有任何权限的虚假账号让黑客来攻击，一旦中计，攻击者的行为就会被记录下来。

尽管入侵检测系统在防范远程攻击中起着无法替代的作用，然而它也不能完全冻结黑客的入侵。随着科技的进步，黑客进行攻击的手段越来越多，也越来越巧妙，因此入侵检测系统也必须不断地“学习”和完善更新。

本章小结

本章主要介绍了远程攻击的步骤和手段及如何防范远程攻击两个方面的内容。首先介绍了远程攻击的一般步骤与远程攻击的主要手段。远程攻击的防范主要介绍了管理和技术两个层面的措施。只有充分了解攻击的过程与手段，才能更好地进行防范。主要包括以下内容。

1. 远程攻击的一般步骤

（1）准备攻击：主要工作包括确定攻击目的、收集信息。

（2）实施攻击：首先获得权限，然后配合本地漏洞来扩大获得的权限，常常是扩大至系统管理员的权限。

（3）善后工作：通过修改日志、留下后门等手段隐藏踪迹并为后续攻击提供方便。

2. 远程攻击的主要手段

主要介绍了缓冲区溢出攻击、口令破解、网络侦听、拒绝服务攻击、欺骗攻击等主要攻击手段。

3. 防范远程攻击的管理措施

（1）使用系统最高的安全级别。

（2）加强内部管理。

（3）修补系统漏洞。

4. 防范远程攻击的主要技术措施

简要介绍了防火墙技术、数据加密技术、入侵检测技术等防范远程攻击的主要技术措施。

实 验 3

实验 3.1 综合扫描

1. 实验目的

通过使用综合扫描工具，扫描系统的漏洞并给出安全性评估报告，加深对各种网络和系统漏洞的理解。同时，通过系统漏洞的入侵练习，增强读者在网络安全方面的防护意识。

2. 实验原理

综合扫描工具是一种自动检测系统和网络安全弱点的程序。其工作原理是，首先获得主机系统在网络服务、版本信息、Web 应用等方面的相关信息，然后采用模拟攻击的方法，对目标主机系统进行攻击性的安全漏洞扫描，如测试弱口令等，如果模拟攻击成功，则视为漏洞存在。此外，也可以根据系统事先定义的系统安全漏洞库，对系统可能存在的、已知的安全漏洞逐项进行扫描和检查，按照规则匹配的原则将扫描结果与安全漏洞库进行对比，如满足匹配条件，则视为漏洞存在。

3. 实验环境

两台预装 Windows 2003/XP 的计算机，通过网络连接，安装 X-Scan 3.3 软件。

4. 实验内容

（1）扫描主机漏洞。
（2）扫描弱口令和开放端口。

5. 实验提示

X-Scan 3.3 的运行界面如图 3.6 所示。参数设置如图 3.7 所示。

实验 3.2 缓冲区溢出攻击

1. 实验目的

通过实验掌握缓冲区溢出的原理；通过使用缓冲区溢出攻击软件模拟入侵远程主机；理解缓冲区溢出的危害性；理解防范和避免缓冲区溢出攻击的措施。

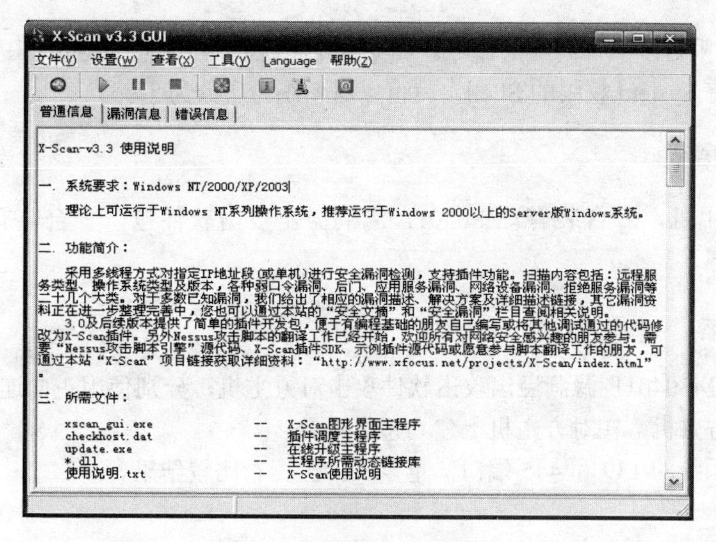

图 3.6　X-Scan 3.3 运行界面

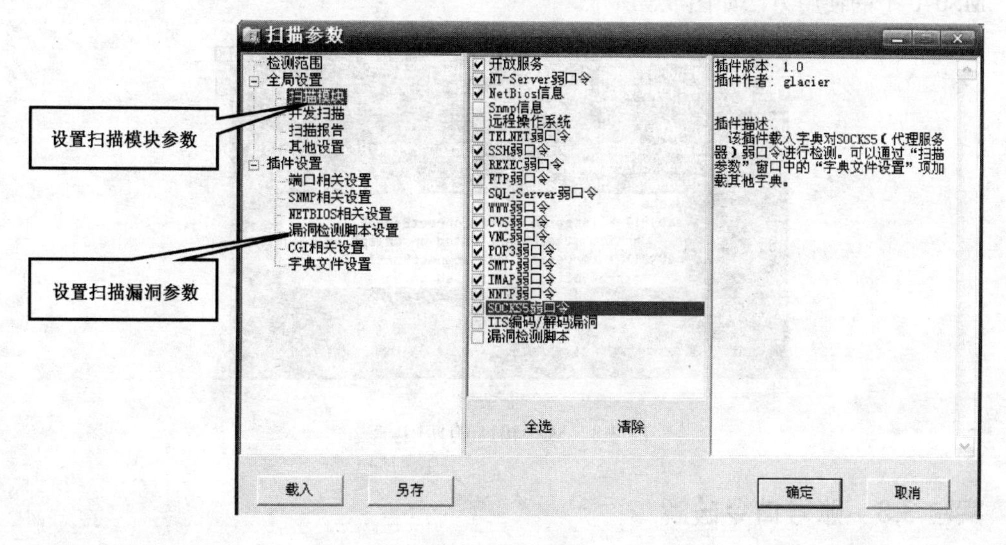

图 3.7　参数设置

2. 实验原理

缓冲区是内存中存放数据的地方。在程序试图将数据放到计算机内存中的某一位置，但没有足够空间时会发生缓冲区溢出。缓冲区是程序运行时计算机内存中的一个连续的块，它保存了给定类型的数据。问题随着动态分配变量而出现。为了不用太多的内存，一个有动态分配变量的程序在程序运行时才决定给变量分配多少内存。如果程序在动态分配缓冲区放入太多的数据就会发生缓冲区溢出。一个缓冲区溢出应用程序使用这个溢出的数据将汇编语言代码放到计算机的内存中，通常是产生 System 权限的地方。单单的缓冲区溢出，并不会产生安全问题。只有将溢出送到能够以 System 权限运行命令的区域才行。这样，一个缓冲区溢出利用程序将能运行的指令放在了有 System 权限的内存中，一旦运行这些指令，就是以 System 权限控制了计算机。

缓冲区溢出攻击最常见的方法是通过使某个特殊程序的缓冲区溢出转而执行一个 Shell，

通过 Shell 的权限可以执行高级的命令。如果这个特殊程序具有 System 权限，攻击成功者就能获得一个具有 System 权限的 Shell，就可以对系统为所欲为了。

3. 实验环境

两台学生用机，一台装有 MS04011 漏洞溢出攻击软件包，一台装有 Windows 2000 Server SP3 系统。

4. 实验内容

（1）使用 MS04011 漏洞溢出攻击软件攻击对方主机，分别使用正向连接和反向连接两种方式连接对方主机，在对方主机上建立超级用户。

（2）关闭系统的 139 和 445 端口，重复（1），查看比较结果。

5. 实验提示

MS04011 的使用方法如图 3.8 所示。

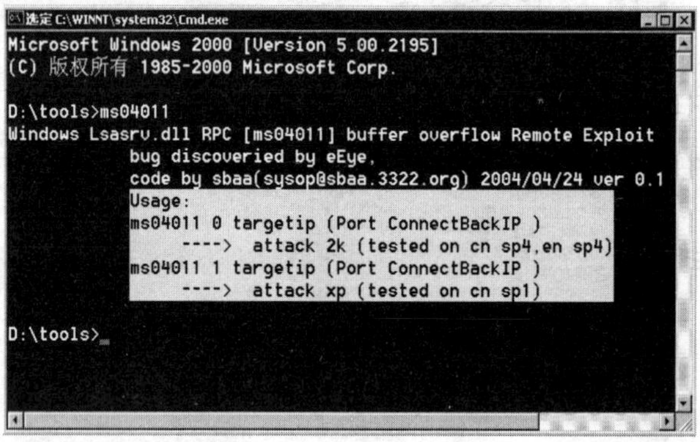

```
选定 C:\WINNT\system32\Cmd.exe
Microsoft Windows 2000 [Version 5.00.2195]
(C) 版权所有 1985-2000 Microsoft Corp.

D:\tools>ms04011
Windows Lsasrv.dll RPC [ms04011] buffer overflow Remote Exploit
               bug discoveried by eEye,
               code by sbaa(sysop@sbaa.3322.org) 2004/04/24 ver 0.1
               Usage:
               ms04011 0 targetip (Port ConnectBackIP )
                    ----> attack 2k (tested on cn sp4,en sp4)
               ms04011 1 targetip (Port ConnectBackIP )
                    ----> attack xp (tested on cn sp1)

D:\tools>_
```

图 3.8　MS04011 的使用方法

实验 3.3　账号口令破解

1. 实验目的

通过密码破解工具（LC5）的使用，了解账号口令的安全性，掌握安全口令的设置原理，以保护账号口令的安全。

2. 实验原理

系统用户账号、密码、口令的破解主要是基于密码匹配的破解方法，最基本的有两个，穷举法和字典法。穷举法将字符和数字按照穷举的规则生成口令字符串，进行遍历尝试。字典法则用口令字典中事先定义的常用字符去尝试匹配口令。口令字典可以自己编辑或由字典工具生成，里面包含了单词或数字的组合。

在 Windows 操作系统中，用户账户的安全管理使用了安全账号管理器（SAM，Security Account Manager）机制，用户和口令经过加密 Hash 变换后以 Hash 列表形式存放在 %SystemRoot%\System32 下的 SAM 文件中。使用 LC5（L0phtCrack 5.0）就是通过破解这个

SAM 文件来获得用户名和密码的。

3. 实验环境

两台预装 Windows 2000/XP 的计算机，通过网络连接，安装 LC5 软件。

4. 实验内容

（1）事先在主机内建立用户 test，密码分别设为空密码、123456、security、security123，使用 LC5 进行破解测试。

（2）各自设置 test 密码为较为复杂的密码（字符与数字组合，不超过 7 位），通过网络连接获取对方 SAM 文件，使用 LC5 进行破解测试。

5. 实验提示

导入（Import）密码数据如图 3.9 所示。

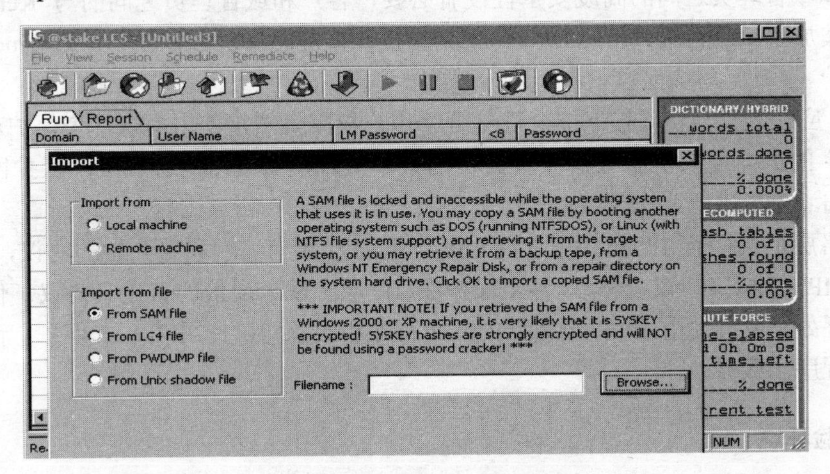

图 3.9 导入（Import）密码数据

破解后的结果如图 3.10 所示。

此列为用户名　　此列为密码

Domain	User Name	LM Password	<8	Password	Password Age (days)
YJ	ACTUser				79
YJ	add1	ADD	x	add	7
YJ	asdf111	* empty *	x	* empty *	2
YJ	ASPNET				79
YJ	bobo	BOBOLOVE		bobolove	7
YJ	cbdg	ASDFGH	x	asdfgh	7
YJ	chengang	XXGC2005		xxgc2005	7
YJ	Guest	QWER123456		qwer123456	26
YJ	IUSR_YJ	ACUDVAQ???????			6
YJ	IWAM_YJ				6
YJ	refine	REED1211		reed1211	5
YJ	SQLDebugger	* empty *			79
YJ	TsInternetUser	???????IB91UM2			0
YJ	tsinternetusers	6688	x	6688	7
YJ	xxx111	HACKER	x	hacker	2

图 3.10 破解后的结果

实验 3.4　IPSec 策略配置

1. 实验目的

通过实验，了解 Windows 系统安全机制，学会 IPSec 策略的配置方法，了解如何通过指派 IPSec 策略来加强系统的安全性，防范远程攻击。

2. 实验原理

当把计算机归组到组织单位时，可以将 IPSec 策略只指派给需要 IPSec 的计算机。它还允许指派适当的安全级，以免过度的安全性。在这种情况下，Active Directory 存储所有计算机的 IPSec 策略。

客户和域管理员之间的高度安全性没有必要，客户和域管理员之间的与 Kerberos 有关的交换已被加密，并且从 Active Directory 到成员计算机的 IPSec 策略传输受 Windows LDAP 安全性保护。

IPSec 应在这里与访问控制安全性结合。用户权限仍然是使用安全性来保护对任何“最高安全性”的“高度安全服务器”所提供的共享文件的必要部分。IPSec 保护网络级的通信，使攻击者不能破解或修改数据。

在网络层上执行的 IPSec 保护 TCP/IP 协议簇中所有 IP 和更高层的协议，如 TCP、UDP、ICMP、Raw（协议 255），甚至保护在 IP 层上发送通信的自定义协议。保护此层信息的主要好处是所有使用 IP 传输数据的应用程序和服务均可使用 IPSec 保护，而不必修改这些应用程序和服务。

3. 实验环境

两台预装 Windows 2003/XP 的计算机，通过网络连接。

4. 实验内容

（1）配置“ping 策略”，内容为不允许任何计算机 ping 本机，在命令行下进行测试，比较指派策略和不指派策略的结果。

（2）配置“端口策略”，内容为阻止 139 和 445 端口，互相访问对方的默认共享，比较指派策略和不指派策略的结果。

5. 实验提示

在“管理工具”中打开“本地安全设置”窗口，如图 3.11 所示。

在“操作”菜单中选取“创建 IP 安全策略”，根据向导提示，按照实验内容创建并配置 IP 安全策略规则，如图 3.12 所示。

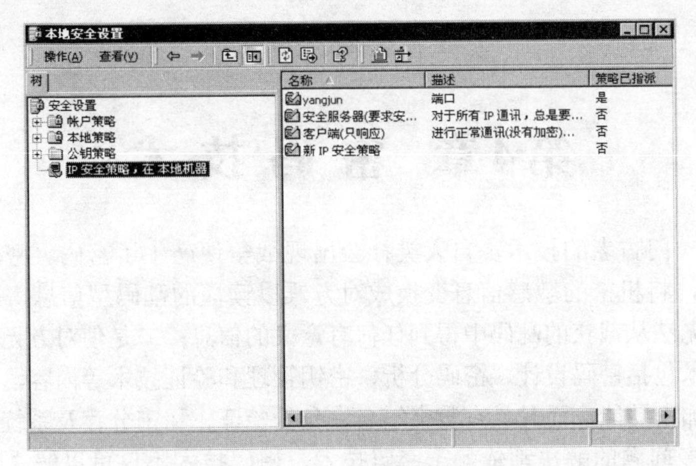

图 3.11 本地安全设置

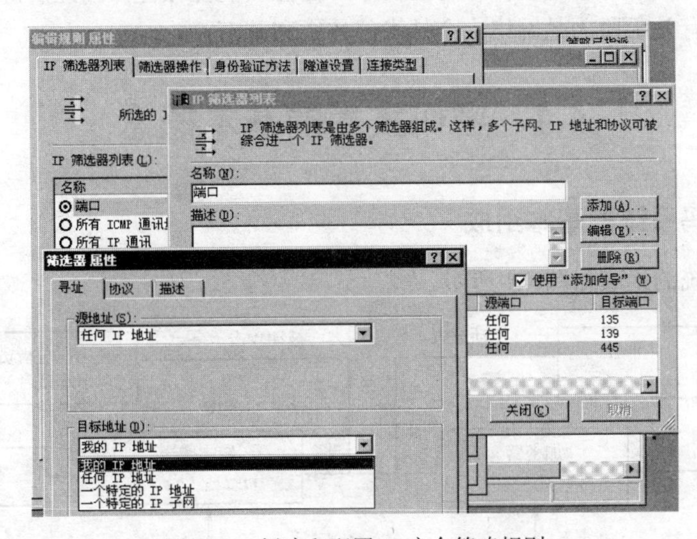

图 3.12 创建和配置 IP 安全策略规则

习 题 3

3.1 远程攻击通常的步骤是什么？

3.2 列举常用服务端口号，如 Web 服务、FTP 服务、TELNET 服务、终端服务、DNS 服务等。

3.3 缓冲区溢出攻击的原理是什么？

3.4 本地权限提升是如何进行的？

3.5 按照实现技术分类，防火墙分为哪几类？各有什么特点？

3.6 试配置瑞星防火墙安全规则：允许某个网段的某特定 IP 地址的机器访问，禁止此网段其他机器访问。

第4章　密 码 技 术

密码技术是一门古老的技术，自人类社会出现战争便产生了密码。密码技术通过对信息的变换或编码，将机密的敏感信息变换成对方难以读懂的乱码型信息，以此达到两个目的：一是使对方无法从截获的乱码中得到任何有意义的信息；二是使对方无法伪造任何乱码型信息。密码技术包括密码设计、密码分析、密钥管理和验证技术等内容，不仅具有保证信息机密性的信息加密功能，而且具有数字签名、身份验证、秘密分存及系统安全等功能。

网络安全许多问题的解决都依赖于密码技术，密码技术不仅可以解决网络信息的保密性，而且还可以解决信息的完整性、可用性、可控性及抗抵赖性，因此，密码技术是保护网络信息安全的最有效手段，是网络安全技术的核心和基石。

4.1　密码技术的基本概念

4.1.1　密码系统的基本组成

典型密码系统的组成如图 4.1 所示。

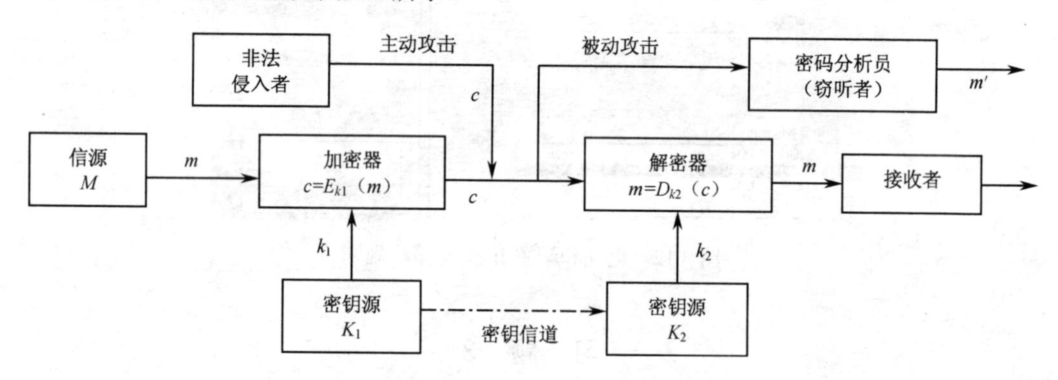

图 4.1　典型密码系统的组成

由图 4.1 可见，一个典型的密码系统可以用数学符号描述如下：

$$S = \{M, C, K, E, D\}$$

式中，M 是明文空间，表示全体明文的集合。明文是指加密前的原始信息，即那些需要隐藏的信息，有时又用 P（Plaintext）表示。对于给定的明文用小写 m 表示。

C 是密文空间，表示全体密文的集合。密文是指明文被加密后的信息，一般是毫无识别意义的字符序列，对于给定密文用小写 c 表示。

K 是密钥或密钥空间。密钥是指控制加密算法和解密算法得以实现的关键信息，可分为加密密钥和解密密钥，两者既可相同也可不同，一般由通信双方掌握。若加、解密钥相同，该密钥必须通过安全信道传送或在接收端用密钥发生器产生与发送端相同的密钥。

E 是加密算法，D 是解密算法，又称加密变换和解密变换。密码算法是指明文和密文之间的变换法则，其形式一般是计算某些量值或某个反复出现的数学问题的求解公式，或者是相应的程序。解密算法是加密算法的逆运算（或称逆变换），并且其对应关系应是唯一的。从数学角度看，可将算法视为常量，可以公开；而将密钥视为变量，应予以保密。

现代密码学的一个基本原则是：一切秘密寓于密钥之中。在设计密码系统时，总是假定密码算法是公开的，真正需要保护的是密钥，所以在分发密钥时，必须特别小心，只对数据加密，而通过不安全通道传送密钥不会起到保密的作用。

一个密码系统的主角有发送方、接收方和破译者。其加密过程如下：

① 在发送方，首先将给定明文 m，利用加密器 E 及加密密钥 k_1，将明文加密成密文

$$c=E_{k_1}(m) \tag{4.1}$$

② 然后将 c 利用公开信道送给接收方；

③ 接收方在收到密文后，利用解密器 D 及解密密钥 k_2，将 c 解密成明文

$$m=D_{k_2}(c)=D_{k_2}(E_{k_1}(m)) \tag{4.2}$$

在密码系统中假设有破译者在公开信道中。破译者并不知道解密密钥 k_2，但欲利用各种方法得知明文 m，或者假冒发送方发送一条伪造信息让接收者误以为真。

通常破译者会选定一个变换函数 h，对截获的密文 c 进行变换，得到的明文是明文空间的某一个元素 m'：

$$m'=h(c) \tag{4.3}$$

注意，一般 $m'\neq m$。

因此，为了保护信息的保密性，抗击密码分析，密码系统应满足下述要求：

（1）系统即使达不到理论上是不可破的，即 $p_r\{m'=m\}=0$，也应该是实际上不可破译的。这就是说，从截获的密文或某些已知明文、密文对要确定密钥或任意明文在计算上是不可行的。

（2）加密算法和解密算法适用于所有密钥空间的元素。

（3）系统便于实现和使用方便。

（4）系统的保密性不依赖于对加密体制或算法的保密，而依赖于密钥。这是著名的 Kerckhoff 原则。

4.1.2 密码体制分类

密码体制一般是指密钥空间和相应的加密运算的结构，同时也包含明文信源与密文的结构特征。这些结构特征是构造加密运算和密钥空间的决定性因素。密码体制从原理上可分为两类，即单钥密码体制和双钥密码体制。

1. 单钥密码体制

单钥密码体制的加密密钥和解密密钥相同，或者虽然不相同但是由其中的任意一个可以很容易推导出另一个，也叫对称密码体制或秘密密钥密码体制。单钥密码系统如图 4.2 所示。

单钥密码体制的保密性主要取决于密钥的安全性，必须通过安全可靠的途径（如信使传送）将密钥送至接收端。如何产生满足保密要求的密钥是这类体制设计和实现的主要问题。另一重要问题是如何将密钥安全可靠地分配给通信对方。这在网络通信条件下更为复杂，包括密钥的产生、分配、存储、销毁等多方面的问题，统称为密钥管理。这是影响系统安全的重要因素，即使密码算法再好，若密钥管理问题处理不好，也很难保证系统的安全保密。

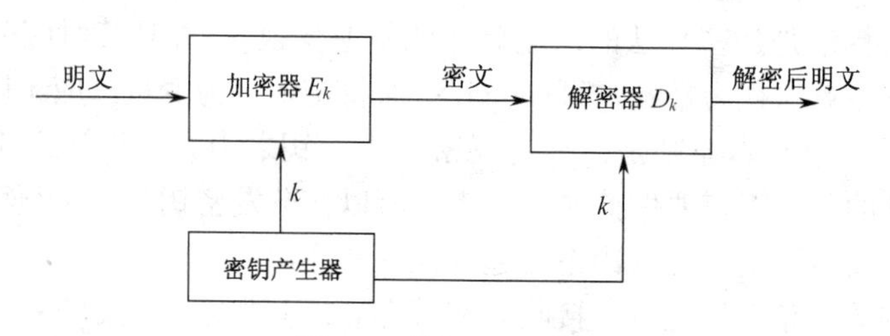

图 4.2　单钥密码系统

单钥密码体制对明文消息加密有两种方式：一是明文消息按字符（如二元数字）逐位加密，称为流密码（或序列密码）；另一种是将明文消息分组（含有多个字符），逐组进行加密，称为分组密码。

（1）序列密码体制

序列密码体制是军事、外交及商业场合使用的主要密码技术之一，也是各种密码体制中研究最为成熟的体制。

其主要原理是：以明文的位为加密单位，用某一个伪随机序列作为加密密钥，与明文进行“模 2 加”运算，获得相应的密文序列。这样即使对于一段全“0”或全“1”的明文序列，经过序列密码加密后也会变成类似于随机噪声的乱数据流。在接收端，用相同的随机序列与密文序列进行“模 2 加”运算后便可恢复明文序列，序列密码体制的基本形式如图 4.3 所示。

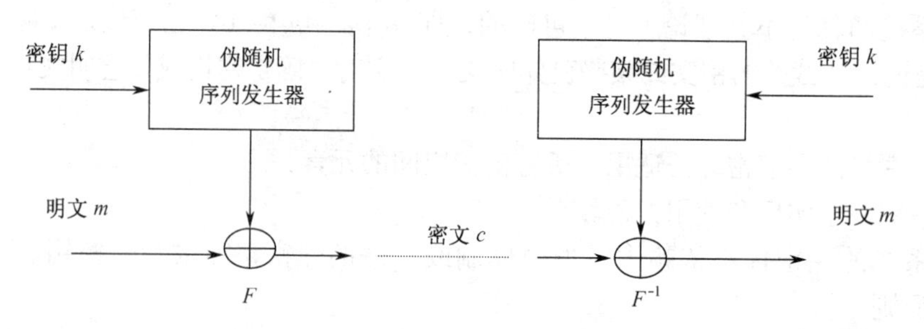

图 4.3　序列密码体制的基本形式

这种体制的优点是加/解密可以完全采用相同的算法实现，每一位数据的加密都与消息的其余部分无关，如果某一码元发生错误，不影响其他码元，即错误扩散小。此外它还具有速度快、实时性好、利于同步、安全程度高等优点。

由于序列密码算法的安全强度完全决定于所产生的伪随机序列的好坏。因此设计序列密码的关键问题是伪随机序列发生器的设计。当移位寄存器的阶数大于 100 阶时，才能保证系统必要的安全。

（2）分组密码

分组密码是在密钥的控制下一次变换一个明文分组的密码体制。它把一个明文分组空间映射到一个密文分组空间，当密钥不变时，对相同的明文加密就得到了相同的密文。

在进行加密时，首先将明文序列以固定长度进行分组，具体每组的长度由算法设计者确定，每一组明文用相同的密钥和加密函数进行运算。设其中一组 m 位的明文数据为 $X=(x_0, x_1, \cdots, x_{m-1})$，密钥为 $K=(k_0, k_1, \cdots, k_{L-1})$，在密钥 K 的控制下变换成一组 n 位的密文数据 $Y=(y_0, y_1, \cdots, y_{n-1})$。分组密码加、解密过程如图 4.4 所示。

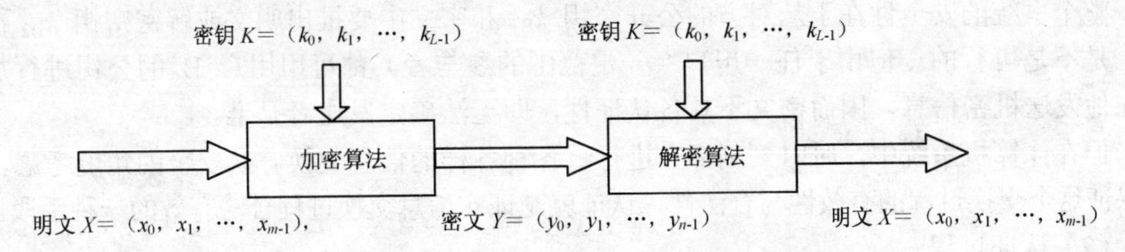

图 4.4　分组密码加、解密过程

通常分组密码都取 $n=m$。若 $n>m$，则为数据扩展的分组密码。若 $n<m$，则为数据压缩的分组密码。在二元情况下，X 和 Y 均为二元数字序列。为了使加密过程可进行逆向操作，每一种操作都必须产生一个唯一的密文分组，明文和密文之间是一对一的可逆操作。

与序列密码体制相比，分组密码体制在设计上的自由度比较小，但它容易检测出对信息的篡改，且不需要密钥同步，具有很强的适应性，特别适用于数据库加密。

单钥密码体制具有加解密算法简便高效、加解密速度快、安全性高的优点，其应用较为广泛。但该体制也存在一些问题，而且无法靠自身解决，一是密钥分配困难；二是需要的密钥量大，在有众多用户的网络通信下，为了使 n 个用户之间相互进行保密通信，将需要 $n(n-1)/2$ 个密钥，n 越大，所需代价越大；三是无法实现不可否认服务。

2．双钥密码体制

采用双钥体制的每个用户都有一对选定的密钥：一个是可以公开的，可以像电话号码一样注册公布，用 k_1 表示；另一个则是秘密的，由用户自己秘密保存，用 k_2 表示。这两个密钥之间存在着某种算法联系，但由加密密钥无法或很难推导出解密密钥。因此双钥密码体制又称为公钥密码体制或非对称密码体制。

双钥密码体制的主要特点是将加密和解密能力分开，因而可以实现多个用户加密的消息只能由一个用户解读，或者只由一个用户加密消息而使多个用户可以解读。前者可用于公共网络（如 Internet）中实现保密通信，而后者可用于认证系统中对消息进行数字签名。

（1）加、解密过程

公钥体制用于保密通信的原理如图 4.5 所示。图 4.5 中假定用户 A 要向用户 B 发送机密消息 m。若用户 A 在公钥本上查到用户 B 的公钥 k_{B1}，就可用它对消息 m 进行加密得到密文 $c=E_{k_{B1}}(m)$，而后送给用户 B。用户 B 收到后用自己的秘密钥 k_{B2} 对 c 进行解密变换得到原来的消息 m。

$$m=D_{k_{B2}}(c)=D_{k_{B2}}(E_{k_{B1}}(m)) \tag{4.4}$$

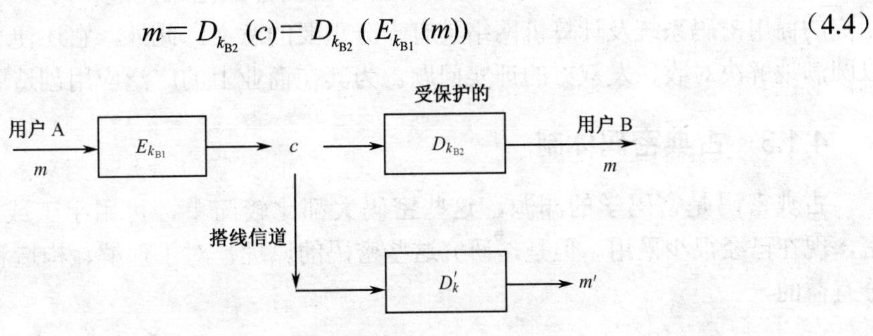

图 4.5　公钥体制用于保密通信的原理

整个系统的安全性在于从对方的公开密钥 k_{B1} 和密文中要推出明文或解密密钥 k_{B2} 在计算上是不是可行的。但由于任一用户（一定范围的参与者）都可用用户 B 的公钥进行加密并向他发送机密信息，因而密文不具备认证性，即无法确定发送者是谁。

但在计算机系统中，时时刻刻都在进行着各种各样的信息交换。从安全的角度考虑，必须保证这个交换过程的有效性与合法性，认证就是证实信息交换过程合法有效的一种手段。

（2）认证过程

为了使用户 A 发给用户 B 的消息具有认证性，可以将公钥体制的公开密钥和私有密钥反过来使用，双钥认证体制如图 4.6 所示。用户 A 以自己的秘密钥 k_{A2} 对消息 m 进行专用变换 $D_{k_{A2}}$，将得到的密文 c 送给用户 B，B 收到后可用 A 的公开钥 k_{A1} 对 c 进行公开变换就可得到恢复的消息。

$$m=E_{k_{A1}}(c)=E_{k_{A1}}(D_{k_{A2}}(m)) \tag{4.5}$$

由于 k_{A2} 是保密的，只有 A 才能发送这个密文 c，其他人无法伪造这个密文，在利用 A 的公钥进行解密后才能得到有意义的消息 m。因此，可以验证消息 m 确实来自于用户 A，从而实现了对 A 所发消息的认证。

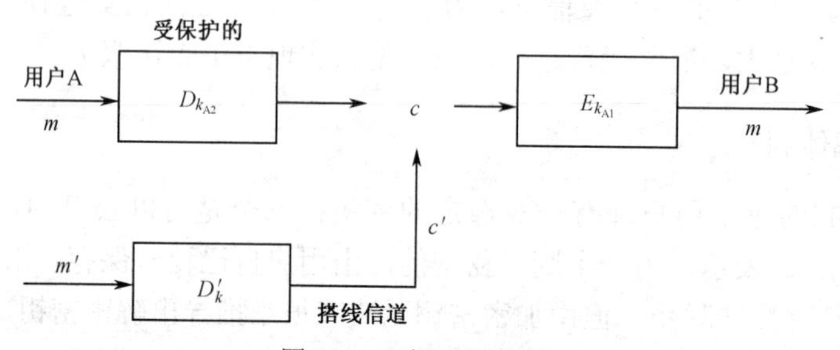

图 4.6　双钥认证体制

上述描述的过程并不提供保密功能，可以防篡改，但不能防止窃听。因为任何一个观察者都可用发送方的公开密钥解密密文，以验证签字消息。这就说明，认证和保密是信息安全中两个不同的方面。保密是为了防止明文信息的泄露，认证是为了防止黑客对系统的主动攻击。

为了同时实现保密性和确认性，要采用双重加/解密。具体过程是，发信者用自己的私钥对信息签名，再用接收方的公钥对信息加密后发出；收信者用自己的私钥与发送方的公钥一起对信息进行解密，即先用自己的私钥进行解密，再用发送方的公钥对签名进行验证。

与单钥体制相比，双钥体制有效解决了密钥分配困难问题，可以减少密钥量，对于多用户的商用密码系统及计算机网络具有十分重要的意义。此外，它还便于实现数字签名，可以圆满地解决对收、发双方的证实问题，为其在商业上的广泛应用创造了有利条件。

4.1.3　古典密码体制

古典密码是密码学的渊源，这些密码大都比较简单，可用手工或机械操作实现加/解密，现在已经很少采用。但是，研究这些密码的原理，对于理解、构造和分析现代密码是十分有益的。

1. 代换密码

代换密码就是将明文的字母用其他字母或符号来代替，各字母的相对位置不变。按代换所使用的密文字母表的个数，可将代换密码分为单表代换密码、多字母代换密码和多表代换密码。

（1）单表代换密码

单表代换密码就是只使用一个密文字母表，并且用密文字母表中的一个字母来代替明文字母表中的一个字母。比较经典的单表代换密码是凯撒密码。

凯撒密码是把字母表中的每个字母用该字母后面第三个字母代替。例如，将字母 a，b，c，d，…，w，x，y，z 的自然顺序保持不变，但使之与 D，E，F，G，…，Z，A，B，C 分别对应（即相差三个字符）。例如，

明文：meet me after the toga party

密文：PHHW PH DIWHU WKH WRJD SDUWB

该替代具有以下特点：加密和解密算法是已知的，均为 $C=E(p)=(p+3) \bmod 26$；需要尝试的密钥只有 25 个；明文和密文均按顺序排列，替代非常有规律，明文的语言是已知的且很容易识别。由这些特征，可以看出这种代替密码的保密性不强，可以采用强行攻击法和统计分析法进行破译。

（2）多字母代换密码

多字母代换密码就是每次对明文的多个字母进行代换。其优点是容易将字母的自然频度隐蔽或均匀化，从而有利于抗击统计分析。下面介绍两种主要的多字母代换密码。

① Playfair 密码。它是最著名的多字母加密密码，它将明文中的每两个字母作为一个单元，并将这些单元转换为密文双字母组合。这样一来，就可以掩盖明文双字母在密文中的结构。

Playfair 算法使用 5×5 字母矩阵，该矩阵用一个关键词（密钥）构造，在这里，关键词是 monarchy。Playfair 算法的用法如图 4.7 所示。

M	O	N	A	R
C	H	Y	B	D
E	F	G	I/J	K
L	P	Q	S	T
U	V	W	X	Z

图 4.7 Playfair 算法的用法

该矩阵的具体构造是：从左到右，从上到下填入该关键词的字母（去除重复字母），然后再按字母表顺序将余下的字母依次填入矩阵剩余空间。字母 I 和 J 被算作一个字母。

Playfair 算法根据以下规则一次对明文的两个字母加密：

- 首先对明文进行分组，每两个字母为一对。如果属于相同对中的重复的明文字母，将用一个填充字母 x 进行分隔，如词 balloon，被分隔为 ba lx lo on。
- 属于该矩阵相同行的明文字母将由同行其右边的字母代替，而行的最后一个字母则由该行的第一个字母代替，如 ar 被加密成 RM。
- 属于相同列的明文字母将由同一列其下面的字母代替，而列的最后一个字母则由该列第一个字母代替，如 mu 被加密成 CM。
- 既不属于同行，又不属于同列的明文字母，将由与该字母同行，另一个字母同列的字母代替，如 hs 加密成 BP，ea 加密成 IM（或 JM）。

利用以上规则，对词 balloon 进行加密，加密结果是 IBSUPMNA。

与单表代换密码相比，Playfair 密码具有以下优点：一是在明文中相邻的两字母，在密文中不再相邻，使频率分析比较困难；二是虽然仅有 26 个字母，但有 26×26=676 种双字母组合，因此识别各种双字母组合要困难得多。

② Hill 密码。Hill 密码是由数学家 Hill 于 1929 年研制的。该密码是将 m 个连续的字母看成一组，并将其加密成 m 个密文字母。这种替代是由 m 个线性方程决定的，其中每个字母被分配一个数值（$a=0$，$b=1$，$c=2$，…，$z=25$）。若 $m=3$，该系统可以描述如下：

$$C_1=(k_{11}p_1+k_{12}p_2+k_{13}p_3) \bmod 26$$
$$C_2=(k_{21}p_1+k_{22}p_2+k_{23}p_3) \bmod 26$$
$$C_3=(k_{31}p_1+k_{32}p_2+k_{33}p_3) \bmod 26 \tag{4.6}$$

该线性方程可以用列向量或矩阵表示：

$$\begin{pmatrix} C_1 \\ C_2 \\ C_3 \end{pmatrix} = \begin{pmatrix} k_{11}k_{12}k_{13} \\ k_{21}k_{22}k_{23} \\ k_{31}k_{32}k_{33} \end{pmatrix} \begin{pmatrix} p_1 \\ p_2 \\ p_3 \end{pmatrix}$$

或

$$\boldsymbol{C}=\boldsymbol{KP} \tag{4.7}$$

式中，$\boldsymbol{C}$ 和 $\boldsymbol{P}$ 是长度为 3 的列向量，分别表示密文和明文；$\boldsymbol{K}$ 是一个 3×3 矩阵，表示加密密钥，操作要执行“模 26”运算。

【例 4.1】 若有一明文为“paymoremoney”，使用的加密密钥为

$$\boldsymbol{K}=\begin{bmatrix} 17 & 17 & 5 \\ 21 & 18 & 21 \\ 2 & 2 & 19 \end{bmatrix}$$

该明文的前 3 个字母 pay 被表示成向量(15 0 24)，利用密钥 $\boldsymbol{K}$ 对该明文进行加密后的密文为 $\boldsymbol{K}$(15 0 24)＝(375 819 486) mod 26＝(11 13 18)＝LNS。以这种方式继续运算下去，上述明文的密文为 LNSHDLEWMTRW。

解密时，必须求出 $\boldsymbol{K}$ 的逆 $\boldsymbol{K}^{-1}$，使 $\boldsymbol{KK}^{-1}=\boldsymbol{I}$，并将 $\boldsymbol{K}^{-1}$ 作用于密文，即可恢复出明文。

因此，Hill 密码系统可以用下式表示：

$$\boldsymbol{C}=E_K(\boldsymbol{P})=\boldsymbol{KP}$$
$$\boldsymbol{P}=D_K(\boldsymbol{C})=\boldsymbol{K}^{-1}\boldsymbol{C}=\boldsymbol{K}^{-1}\boldsymbol{KP}=\boldsymbol{P} \tag{4.8}$$

与 Playfair 密码相比，该密码的强度在于利用较大的矩阵不仅完全隐藏了单字母的频率，而且也隐藏了双字母的频率信息。

（3）多表代换密码

多表代换密码是以一系列（两个以上）代换表依次对明文消息的字母进行代换的加密方法。该技术是使用多个不同的单字母代换来加密明文信息，它具有以下特征：一是使用一系列相关的单字母代换规则；二是由一个密钥来选取特定的单字母代换。

最著名，也是最简单的一种算法是 Vigenere 密码。该密码由 26 个凯撒密码组成，其位移从 0 到 25。每个密码由一个密钥字母表示，该密钥字母是代替明文字母 a 的密文字母。因此，一个位移为 3 的凯撒密码由密钥值 d 代表。

在使用该密码进行加解密时，通常需要构造一个 Vigenere 表格，见表 4.1。26 个密文表的每一个都是水平排列的（行），每个密文的左侧为其密钥字母。对应明文的一个字母表从顶部向下排列。

其加密过程是：给定一个密钥字母 x 和一个明文字母 y，则密文字母位于 x 行和 y 列的交叉点上，此时密文为 V。

表 4.1　Vigenere 表格

	明文字母 a b c d e f g h i j k l m n o p q r s t u v w x y z
a	ABCDEFGHIJKLMNOPQRSTUVWXYZ
b	BCDEFGHIJKLMNOPQRSTUVWXYZA
c	CDEFGHIJKLMNOPQRSTUVWXYZAB
d	DEFGHIJKLMNOPQRSTUVWXYZABC
e	EFGHIJKLMNOPQRSTUVWXYZABCD
f	FGHIJKLMNOPQRSTUVWXYZABCDE
g	GHIJKLMNOPQRSTUVWXYZABCDEF
h	HIJKLMNOPQRSTUVWXYZABCDEFG
i	IJKLMNOPQRSTUVWXYZABCDEFGH
j	JKLMNOPQRSTUVWXYZABCDEFGHI
k	KLMNOPQRSTUVWXYZABCDEFGHIJ
l	LMNOPQRSTUVWXYZABCDEFGHIJK
m	MNOPQRSTUVWXYZABCDEFGHIJKL
n	NOPQRSTUVWXYZABCDEFGHIJKLM
o	OPQRSTUVWXYZABCDEFGHIJKLMN
p	PQRSTUVWXYZABCDEFGHIJKLMNO
q	QRSTUVWXYZABCDEFGHIJKLMNOP
r	RSTUVWXYZABCDEFGHIJKLMNOPQ
s	STUVWXYZABCDEFGHIJKLMNOPQR
t	TUVWXYZABCDEFGHIJKLMNOPQRS
u	UVWXYZABCDEFGHIJKLMNOPQRST
v	VWXYZABCDEFGHIJKLMNOPQRSTU
w	WXYZABCDEFGHIJKLMNOPQRSTUV
x	XYZABCDEFGHIJKLMNOPQRSTUVW
y	YZABCDEFGHIJKLMNOPQRSTUVWX
z	ZABCDEFGHIJKLMNOPQRSTUVWXY

当具体加密一个消息时，需要一个与消息同样长的密钥。通常，该密钥为一个重复关键词。例如，如果某关键词是 deceptive，消息是“we are discovered save yourself”，那么

密钥：deceptivedeceptivedeceptive

明文：wearediscoveredsaveyourself

密文：ZICVTWQNGRZGVTWAVZHCQYGLMGJ

解密也同样简单，密文字母所在的行的位置决定列，该明文字母位于该列的顶部。

该密码的强度在于每个明文字母由多个密文字母对应，每个明文字母对应于该关键词的每个独特的字母，因此，该字母的频率信息是模糊的。

2. 置换密码

置换密码就是明文字母本身不变，根据某种规则改变明文字母在原文中的相应位置，使之成为密文的一种方法，又称为换位密码。换位一般以字节（一个字母）为单位，有时也

以位为单位。

一种应用广泛的置换密码是将明文信息按行的顺序写入，排列成一个 $m \times n$ 矩阵，空缺的位用字符“j”填充。再逐列读出该消息，并以行的顺序排列。列的读出顺序为该密码的密钥。例如，

密钥：　4　3　1　2　5　6　7

明文：　a　t　t　a　c　k　p

　　　　o　s　t　p　o　n　e

　　　　d　u　n　t　i　l　t

　　　　w　o　a　m　x　y　z

密文：　TTNAAPTMTSUOAODWCOIXKNLYPETZ

一次置换密码容易识别，因为它具有与原明文相同的字母频率，必须进行多次置换，置换过程与第一次相同，经过多次置换后，该密码的安全强度具有较大改善。

以上各种加密方法，单独使用比较简单，但很容易被攻破。在实际加密中，通常将其中的两个或两个以上的方法结合起来，形成综合加密方法。经过综合加密的密文，具有很强的抗分析能力。

4.1.4 初等密码分析

在信息传输和处理过程中，除了正常的接收者外，还有非授权者，他们通过各种办法（如电磁侦听、声音窃听、搭线窃听等）来窃取机密信息，并通过各种信息推出密钥和加密算法，从而读懂密文，这种操作叫做破译，也叫密码分析。

密码破译是利用计算机硬件和软件工具，从截获的密文中推断出原来明文的一系列行动的总称，又称为密码攻击。密码攻击可分为被动攻击和主动攻击两类。仅对截获的密文进行分析而不对系统进行任何篡改的行为，称为被动攻击，如窃听；当密码破译后，采用删除、更改、增添、重放、伪造等方法向密文中加入假消息的过程，称为主动攻击。被动攻击的隐蔽性更好，难以发现，但主动攻击的破坏性很大。

通常，密码分析是敌方为了窃取机密信息所做的事情，但这也是密码体制设计者的工作，设计者的目的是根据目前敌方的分析能力，找出自己体制存在的弱点，对体制加以改进，以提高体制的安全性。例如，IDEA 密码算法就是根据敌方较强的差分密码分析，对原始的 IDEA 进行了修改，使其不易受到差分密码的攻击。

1. 密码分析的方法

密码破译中有一个假设，即假定密码破译者拥有所有使用算法的全部知识，密码体制的安全性仅依赖于对密钥的保护。也就是说，密码破译者除了不知道密钥之外，他有可能了解整个密码系统。密码攻击的方法有穷举法和分析法两类。

（1）穷举法

穷举法，又称强力法或完全试凑法，它对截收的密报依次用各种可能的密钥试译，直到得到有意义的明文；或者在不变密钥下，对所有可能的明文加密直到得到的密文与截获密文一致为止。只要有足够多的计算时间和存储容量，原则上穷举法总是可以成功的。但任何一种能保障安全要求的实用密码都会设计得使这一方法在实际上是不可行的，如破译成本太高或时间太长。

为了减小搜索计算量，可以采用较有效的改进试凑法。它将密钥空间划分成几个（如 q 个）等可能的子集，对密钥可能落入哪个子集进行判断，至多需进行 q 次试验。在确定了正确密钥所在的子集后，就对该子集再进行类似的划分并检验正确密钥所在的集。依次类推，最终判断出所用的正确密钥。该方法的关键在于如何实现密钥空间的等概率子集的划分。

（2）分析破译法

分析破译法有确定性和统计性两类。

确定性分析法利用一个或几个已知量（如已知密文或明密文对）用数学关系式表示出所求未知量（如密钥等）。已知量和未知量的关系视加密和解密算法而定，寻求这种关系是确定性分析法的关键步骤。

统计性分析法是利用明文的已知统计规律进行破译的方法。密码破译者对截获的密文进行统计分析，总结出其间的统计规律，并与明文的统计规律进行对照比，从中提取出明文和密文之间的对应或变换信息。密码分析之所以能够破译密码，最根本的是依赖于明文中的冗余度。

理论上，除一文一密的密码体制外，没有绝对安全的密码体制。所以，称一个密码体制是安全的，一般是指密码体制在计算上是安全的，即密码分析者为了破译密码，穷尽其时间、存储资源仍不可得，或者破译所耗费的费用已超出了因破译密码而获得的收益。

2. 密码分析的等级

根据密码分析者对明、密文掌握的程度，密码攻击主要分为以下 4 个等级。

（1）唯密文攻击。密码分析者仅根据截获的密文进行的密码攻击。

（2）已知明文攻击。密码分析者已经掌握了一些相应的明、密文对，据此对加密系统进行的攻击。

（3）选择明文攻击。密码分析者可以选择一些明文，并可取得相应的密文，这就意味着攻击者已经掌握了装有加密密钥的加密装置（但无法获得解密装置里的密钥），并且可使用任意的密文做解密试验，这对密码分析者而言是很理想的。例如，在公开密钥密码体制中，分析者可以用公开密钥加密其他任意选择的明文。

（4）选择密文攻击。密码分析者可以选择一定的密文，并获得对应的明文。例如，在公钥体制中，分析者可选择所需的密文，并利用公开密钥对所有可能的明文加密，再与明文对照，最后解密选定的密文。

这 4 类攻击的强度依次增大。密码分析的成功除了靠上述的数学演绎和归纳法外，还要利用大胆的猜测和对一些特殊或异常情况的敏感性。

4.2 分组密码体制

在许多单钥密码系统中，分组密码是系统安全的一个重要组成部分。本节主要介绍一些具有实际意义的算法，如美国数据加密标准（DES）和国际数据加密算法（IDEA）等。

4.2.1 数据加密标准（DES）

DES（Data Encryption Standard）是 1970 年由美国 IBM 公司研制的，主要用于保护该公司内部的机密信息。这种算法被美国国家标准局于 1977 年 1 月 5 日正式确定为美国的统一数据加密标准，并设计推出了 DES 芯片。自此，DES 开始在政府、银行、金融界广泛应用。尽管有许多攻击方法试图攻破该体制，但在已知的公开文献中，还是无法完全、彻底地破解 DES。

1. DES 的工作原理

DES 是一种对二进制数据（0，1）进行加密的算法，数据分组长度为 64 位，密文分组长度也为 64 位，没有数据扩展。密钥长度为 64 位，其中有 8 位奇偶校验位，有效密钥长度为 56 位。DES 的整个体制是公开的，系统的安全性完全依赖于对密钥的保护。

DES 加密部分主要包括初始置换 IP、16 轮迭代的乘积变换、逆初始置换 IP^{-1} 及 16 个子密钥产生器。

其加密过程如图 4.8 所示。将明文信息按 64 位分组，每次输入的是 64 位明文，先经过初始置换 IP 进行移位变换，再进行 16 次复杂的代替和换位加密，最后经过逆初始置换形成 64 位的密文。密文的每一位都是由明文的每一位和密钥的每一位共同确定的。

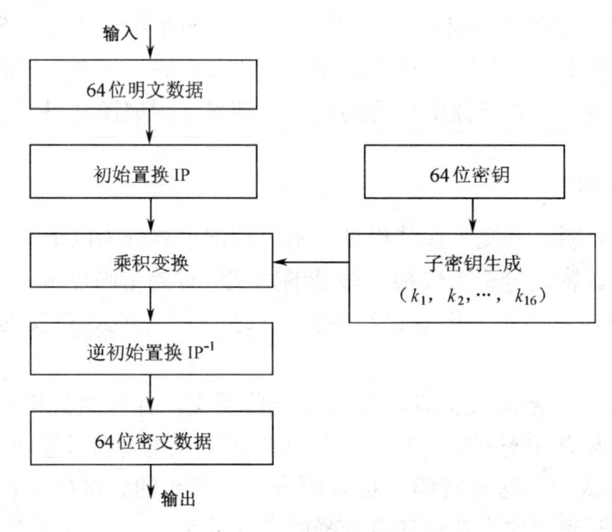

图 4.8　DES 加密过程

（1）初始置换 IP

初始置换 IP 如图 4.9 所示，首先将输入的 64 位明文，按“初始排列 IP”进行移位变换，改变该 64 位明文的排列顺序，然后分成两个长度分别为 32 位的数据块，左边的 32 位构成 L_0，右边的 32 位构成 R_0。这一步与密钥无关。

图 4.9 中的数值表示输入“位”被置换后的新“位”位置。例如，输入的第 58 位，在输出时被置换到了第 1 位的位置。

（2）乘积变换

如图 4.10 所示，给出了乘积变换的框图，它是 DES 算法的核心部分。经过 IP 置换后的数据分成 32 位的左、右两组，在迭代过程中彼此左、右交换位置。每次迭代时只对右边的 32 位进行一系列的加密变换，在此轮迭代即将结束时，把左边的 32 位与右边得到的 32 位逐位进行模 2 加，得到的结果作为下一轮迭代时右边的段，并将原来右边未经变换的段直接送到左边的寄存器中作为下一轮迭代时左边的段。在每一轮迭代时，右边的段要经过选择扩展运算 E、密钥加密运算、选择压缩运算 S、置换运算 P 及左右“异或”运算。

58	50	42	34	26	18	10	2
60	52	44	36	28	20	12	4
62	54	46	38	30	22	14	6
64	56	48	40	32	24	16	8
57	49	41	33	25	17	9	1
59	51	43	35	27	19	11	3
61	53	45	37	29	21	13	5
63	55	47	39	31	23	15	7

图 4.9　初始置换 IP

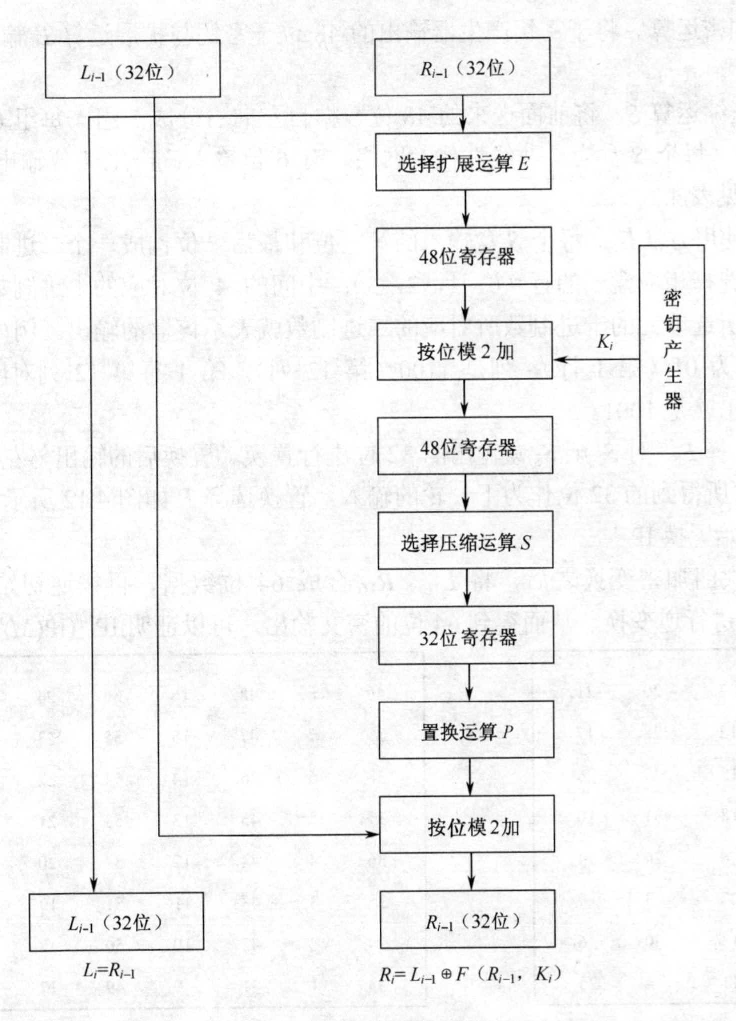

图 4.10　乘积变换框图

① 选择扩展运算 E。将输入的 32 位扩展成 48 位的输出，如图 4.11 所示。

具体扩展方法如下：令 s 表示 E 输入数据位的原下标，则 E 的输出是将原下标为 $s\equiv0$ 或 1（mod 4）的各位重复一次得到的，即对 32，1，4，5，8，9，12，13，16，17，20，21，24，25，28，29 各位重复一次，实现数据扩展。表中数据按行读出即得到 48 位输出。

32	1	2	3	4	5
4	5	6	7	8	9
8	9	10	11	12	13
12	13	14	15	16	17
16	17	18	19	20	21
20	21	22	23	24	25
24	25	26	27	28	29
28	29	30	31	32	1

图 4.11　选择扩展运算 E

② 密钥加密运算。将子密钥产生器输出的 48 位子密钥与扩展运算 E 输出的 48 位“按位模 2 相加”。

③ 选择压缩运算 S。将前面送来的 48 位数据自左向右分成 8 组，每组 6 位。而后并行送入 8 个 S 盒，每个 S 盒为一非线性代换网络，有 6 位输入，产生 4 位输出。其中盒 S_1 至 S_8 的选择关系见表 4.2。

表 4.2 的使用方法是：每个 S 盒输入的第一位和最后一位构成一个二进制数，转换成十进制数，用来选择相应盒子的行（0，1，2，3）；中间的 4 位对应的十进制数则选出一列。由上述行和列所选单元的十进制数所对应的二进制数就表示该盒的输出。例如，S_1 盒，输入为 011001，行为 01（第 1 行），列是 1100（第 12 列），第 1 行第 12 列对应的数为 9，因此，S_1 盒的输出就是 1001。

④ 置换选择 P。对 S_1 至 S_8 盒输出的 32 位进行置换。置换后的输出与左边的 32 位“按位模 2 相加”，所得到的 32 位作为下一轮的输入。置换选择 P 如图 4.12 所示。

（3）逆初始置换 IP^{-1}

经过 16 次的加密变换之后，将 L_{16}、R_{16} 合成 64 位数据，再按逆初始置换 IP^{-1}（如图 4.13 所示）进行逆变换，从而得到 64 位的密文输出。可以证明 $\mathrm{IP}^{-1}(\mathrm{IP}(M))=M$。

16	7	20	21
29	12	28	17
1	15	23	26
5	18	31	10
2	8	24	14
32	27	3	9
19	13	30	6
28	11	4	25

图 4.12　置换选择 P

40	8	48	16	56	24	64	32
39	7	47	15	55	23	63	31
38	6	46	14	54	22	62	30
37	5	45	13	53	21	61	29
36	4	44	12	52	20	60	28
35	3	43	11	51	19	59	27
34	2	42	10	50	18	58	26
33	1	41	9	49	17	57	25

图 4.13　逆初始置换 IP^{-1}

（4）子密钥的产生

将 64 位初始密钥经过置换选择 PC_1、循环左移（见表 4.3）、置换选择 PC_2，给出每次迭代加密用的子密钥 K_i，子密钥的生成过程如图 4.14 所示。下面以 K_1 为例说明各子密钥的生成过程。

表 4.2 盒 S_1 至 S_8 的选择关系

S_1	14	4	13	1	2	15	11	8	3	10	6	12	5	9	0	7
	0	15	7	4	14	2	13	1	10	6	12	11	9	5	3	8
	4	1	14	8	13	6	2	11	15	12	9	7	3	10	5	0
	15	12	8	2	4	9	1	7	5	11	3	14	10	0	6	13
S_2	15	1	8	14	6	11	3	4	9	7	2	13	12	0	5	10
	3	13	4	7	15	2	8	14	12	0	1	10	6	9	11	5
	0	14	7	11	10	4	13	1	5	8	12	6	9	3	2	15
	13	8	10	1	3	15	4	2	11	6	7	12	0	5	14	9
S_3	10	0	9	14	6	3	15	5	1	13	12	7	11	4	2	8
	13	7	0	9	3	4	6	10	2	8	5	14	12	11	15	1
	13	6	4	9	8	15	3	0	11	1	2	12	5	10	14	7
	1	10	13	0	6	9	8	7	4	15	14	3	11	5	2	12
S_4	7	13	14	3	0	6	9	10	1	2	8	5	11	12	4	15
	13	8	11	5	6	15	0	3	4	7	2	12	1	10	14	9
	10	6	9	0	12	11	7	13	15	1	3	14	5	2	8	4
	3	15	0	6	10	1	13	8	9	4	5	11	12	7	2	14
S_5	2	12	4	1	7	10	11	6	8	5	3	15	13	0	14	9
	14	11	2	12	4	7	13	1	5	0	15	10	3	9	8	6
	4	2	1	11	10	13	7	8	15	9	12	5	6	3	0	14
	11	8	12	7	1	14	2	13	6	15	0	9	10	4	5	3
S_6	12	1	10	15	9	2	6	8	0	13	3	4	14	7	5	11
	10	15	4	2	7	12	9	5	6	1	13	14	0	11	3	8
	9	14	15	5	2	8	12	3	7	0	4	10	1	13	11	6
	4	3	2	12	9	5	15	10	11	14	1	7	6	0	8	13
S_7	4	11	2	14	15	0	8	13	3	12	9	7	5	10	6	1
	13	0	11	7	4	9	1	10	14	3	5	12	2	15	8	6
	1	4	11	13	12	3	7	14	10	15	6	8	0	5	9	2
	6	11	13	8	1	4	10	7	9	5	0	15	14	2	3	12
S_8	13	2	8	4	6	15	11	1	10	9	3	14	5	0	12	7
	1	15	13	8	10	3	7	4	12	5	6	11	0	14	9	2
	7	11	4	1	9	12	14	2	0	6	10	13	15	3	5	8
	2	1	14	7	4	10	8	13	15	12	9	0	3	5	6	11

表 4.3 循环左移位数表

迭代次数	1	2	3	4	5	6	7	8	9	10	11	12	13	14	15	16
循环左移位数	1	1	2	2	2	2	2	2	1	2	2	2	2	2	2	1

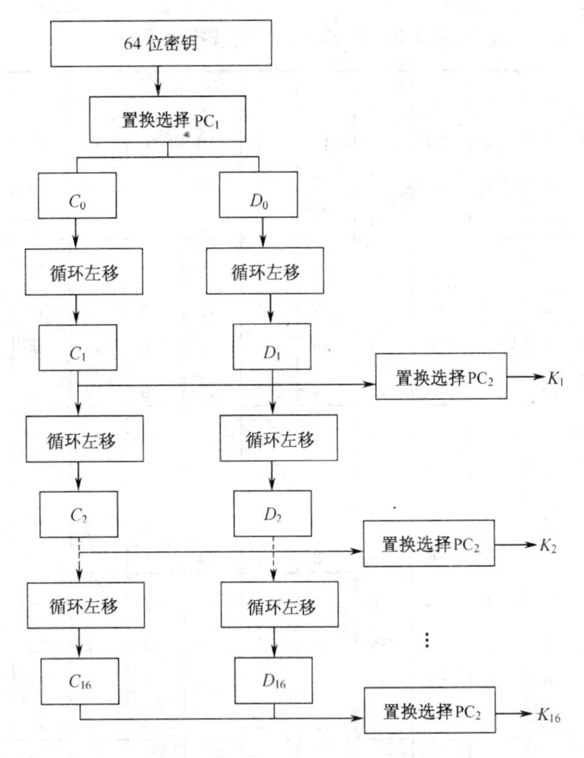

图 4.14　子密钥的生成过程

在 64 位初始密钥中包含 8 位奇偶校验位，并不参与密钥计算，所以实际密钥长度为 56 位。将 56 位密钥首先经过一个置换 PC_1，将 56 位分成 C_0 和 D_0 左右两组，分别送入两个寄存器中进行相应的左移位，移位后的值分两路，一路进入置换 PC_2 中，进行压缩变换，得到 48 位的密钥 K_1；另一路作为下一次循环的输入，产生子密钥 K_2。以上过程重复 16 次，分别产生 16 个子密钥，用于控制加密过程。

置换 PC_1 如图 4.15 所示。64 位的密钥分为 8 字节，每字节的前 7 位是真正的密钥位，而第 8 位是奇偶校验位。置换 PC_1 有两个作用：一是从 64 位密钥中去掉 8 个奇偶校验位；二是把其余 56 位密钥位打乱重排，且将前 28 位作为 C_0，后 28 位作为 D_0。

置换 PC_2 从 C_i 和 D_i（56 位）中选择一个 48 位的子密钥，如图 4.16 所示。并规定：子密钥 K_i 中的各位依次是子密钥 C_i 和 D_i 中的 14，17，…，5，3，…，29，32 位。

14	17	11	24	1	5
3	28	15	6	21	10
23	19	12	4	26	8
16	7	27	20	13	2
41	52	31	37	47	55
30	40	51	45	33	48
44	49	39	56	34	53
46	42	50	36	29	32

图 4.15　置换 PC_1

57	49	41	33	25	17	9
1	58	50	42	34	26	18
10	2	59	51	43	35	27
19	11	3	60	52	44	36
63	55	47	39	31	23	15
7	62	54	46	38	30	22
14	6	61	53	45	37	29
21	13	5	28	20	12	4

图 4.16　置换 PC_2

（5）解密

由于 DES 的加密和解密使用同一算法，因此在解密时，只需把子密钥的顺序颠倒过来，即把 K_1～K_{16} 换为 K_{16}～K_1，再输入密文，就可还原为明文。

【例 4.2】 若取十六进制明文 m 为 0123456789ABCDEF，密钥 k 为 133457799BBCDFF1，去掉奇偶校验位以二进制形式表示的密钥是 0001，0010，0110，1001，0101，1011，1100，1001，1011，0111，1011，0111，1111，1000。

应用 IP，得到 L_0=11001100000000001100110011111111

L_1=R_0=11110000101010101111000010101010

然后进行 16 轮加密。最后对 L_{16}，R_{16} 使用 IP^{-1} 得到密文 c 为 85E813540F0AB405。

2．DES 安全性分析

从密码系统抵抗现有解密手段的能力来评价，通常从三方面来探讨 DES 的安全性。

（1）密钥的使用

DES 算法采用 56 位密钥，共有 2^{56} 种可能的密钥，即大约 7.2×10^{16} 种密钥。因其密钥长度短，影响了其保密强度。但如果使用过长的密钥会使成本提高，运行速度降低。此外，在 DES 算法的子密钥生成过程中，会产生一些弱密钥。

弱密钥是指在所有可能的密钥中，有几个特别的密钥，会降低 DES 的安全性，所以使用者一定要避免使用这几个弱密钥。而弱密钥产生的原因是由子密钥产生过程的设计不当所导致的。

（2）迭代次数

DES 为什么采用 16 轮迭代，而不是更多或较少呢？通过测试，经过 5 轮迭代后，密文的每一位基本上是所有明文和密钥位的函数，经过 8 轮迭代后，密文基本上是所有明文和密钥的随机函数。但由于目前多种低轮数的 DES 算法均被破译，而只有当算法恰好是 16 轮时，必须采用穷举攻击法才有效。

（3）S 盒设计

S 盒是整个 DES 加密系统安全性的保证，但它的设计原则与过程一直因为种种原因而未公布。有些人甚至大胆猜测，设计者是否故意在 S 盒的设计上留下一些陷门，以便他们能轻易地破解别人的密文。当然，以上猜测是否属实，到目前为止仍无法得知，但可以确定 S 盒的设计是相当神秘的。

1977 年，美国国家安全局曾对此议题在第 2 次 DES 研讨会上提出了下列三年个设计 S 盒的原则：

① 对任意一个 S 盒而言，没有任何线性方程式能等价于 S 盒的输入/输出关系，即 S 盒是非线性函数。

② 改变 S 盒的任意一位输入，至少有两个以上的输出位发生变化。

③ 当固定某一位的输入时，希望 S 盒的 4 个输出位之间，其“0”和“1”的个数相差越小越好。

以上三点只是消极地规范了 S 盒所应具备的特性，至于如何找出真正的 S 盒，至今仍无完整的探讨文献。

3．DES 算法的改进

虽然 DES 算法存在一些潜在的弱点，但至今从未真正地被攻克过。人们针对 DES 的不足对 DES 算法作了不少改进。

（1）采用 3DES 加密

3DES 加密是采用 3 个密钥或 2 个密钥执行 3 次常规的 DES 加密，如图 4.17 所示，给出了两密钥 3DES 的加/解密过程。

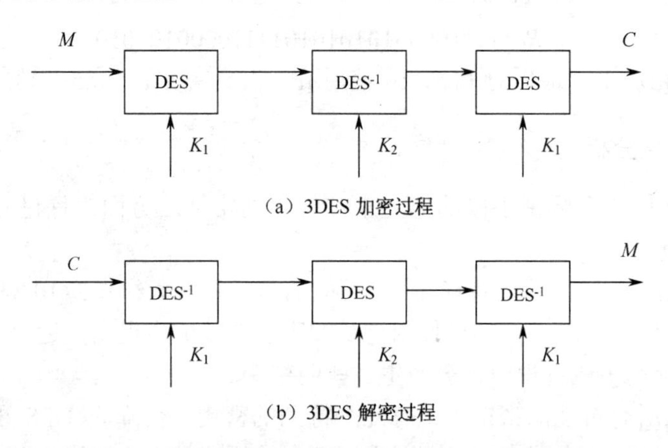

图 4.17　两密钥 3DES 加/解密过程

3DES 具有三个显著优点。一是可以采用 3 个密钥或 2 个密钥。对于 3 个密钥的 3DES，总密钥长度达 168 位，完全能够抵抗穷举攻击。二是其底层加密算法与 DES 相同，该加密算法比任何其他加密算法受到分析的时间都要长，没有发现比穷举攻击更有效的攻击方法，因此相当安全。三是许多现有的 DES 软、硬件产品都能方便地实现 3DES，使用方便。

（2）具有独立子密钥的 DES。

每轮都使用不同的子密钥，而不是由单个的 56 位密钥来产生。因为 16 轮迭代的每轮都需要 48 位密钥，这意味着这种变形的密钥长度为 768 位。这种变形将极大地增加穷举攻击算法的难度，这种攻击算法的复杂性将达到 2^{768}。但这种变形对差分分析很敏感，通常可以用 2^{61} 个选择明文便可破译这个 DES 变形。这表明对密钥编排的改动并不能使 DES 变得更加安全。

（3）更换 *S* 盒的 DES

通过优化 *S* 盒设计，甚至 *S* 盒本身的顺序，可以抵抗差分密码分析，达到进一步增强 DES 算法的加密强度的目的。

通过对 DES 算法的不断改进，其保密强度和抗分析破译能力不断提高。目前，该算法仍广泛应用于美国、西欧、日本和我国的金融、商业、政府和军事等领域。

4.2.2　国际数据加密算法（IDEA）

国际数据加密算法（IDEA，International Data Encryption Algorithm）是由中国学者来学嘉博士与著名密码学家 James Massey 于 1990 年提出的，最初的设计无法承受差分攻击，1992 年进行了改进，强化了抗差分攻击的能力。这是近年来提出的各种分组密码中最成功的一个密码算法。

1. IDEA 加密过程

IDEA 是利用 128 位的密钥对 64 位的明文分组，经过连续加密（8 次）产生 64 位密文分组的对称密码体制。它针对 DES 的 64 位短密钥，使用 128 位密钥，每次加密 64 位的明文块。通过增加密钥长度，提高了 IDEA 抵御强力穷举密钥的攻击。

IDEA 加密过程如图 4.18 所示，这里的加密函数有两个输入：待加密明文和密钥，其中明文长度是 64 位，密钥长度为 128 位。一个 IDEA 算法由 8 次循环和一个最后的变换函数组成。该算法将输入分为 4 个 16 位的子分组。最后的变换也产生 4 个子分组，这些子分组串接起来形成 64 位密文。每个循环也使用 6 个 16 位的子密钥，最后的变换使用 4 个子密钥，因此共有 52 个子密钥。

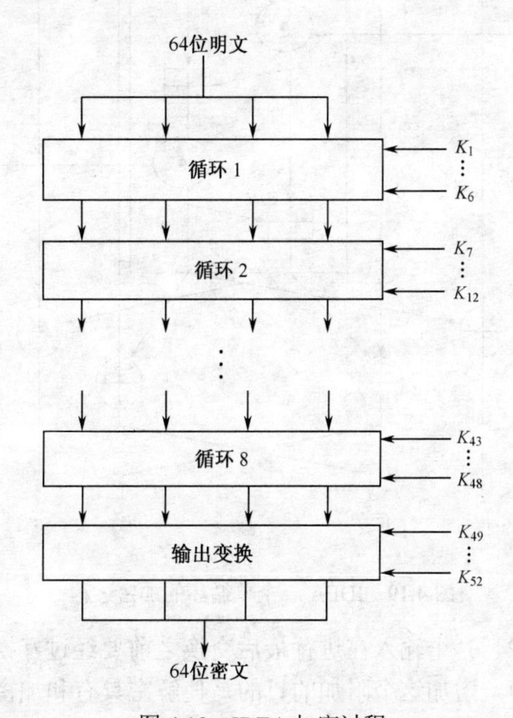

图 4.18 IDEA 加密过程

一个单循环的加密过程如图 4.19 所示。每个单循环又分为两部分。

（1）变换运算

首先，利用加法及乘法运算将 4 个 16 位的明文和 4 个 16 位的子密钥混合，产生 4 个 16 位的输出；其次，这 4 个输出又两两配对，以“异或”运算将数据混合，产生两个 16 位的输出；最后，这两个 16 位的输出又连同另外两个子密钥作为第二部分（MA）的输入。

（2）MA 运算

MA（Multiplication/Addition）运算首先生成两个 16 位输出；接着这两个输出再与变换运算的输出以“异或”作用生成 4 个 16 位的输出。这 4 个输出将作为下一轮的输入。注意：这 4 个输出中的第 2、3 个输出（即 W_{12}，W_{13}）是经过位置交换得到的，目的是对抗差分攻击。

以上过程重复 8 次，在经过 8 次变换后，仍需要最后一次的输出变换才能形成真正的密文。最后的输出变换运算与每一轮的变换运算大致相同。

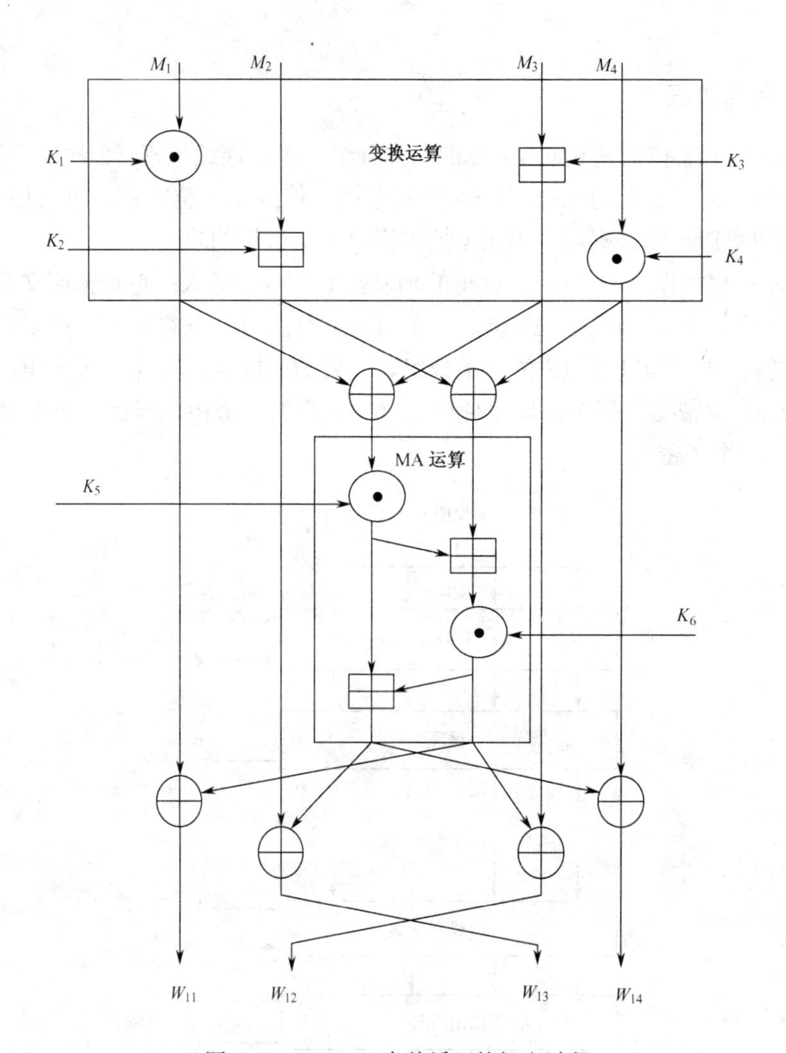

图 4.19 IDEA 一个单循环的加密过程

唯一不同之处是第 2、3 个输入在进行最后交换之前要经过互换位置，实际上是把第 8 轮所做的最后交换抵消掉。增加这个附加的目的是使解密具有和加密相同的结构，简化了设计和使用上的复杂性。另外，在最后一步的交换中仅需要 4 个子密钥。

（3）子密钥的产生

56 个 16 位的子密钥从 128 位的密钥中生成。其中前 8 个子密钥直接从密钥中取出；然后对密钥进行一个 25 位的循环左移操作，接下来的 8 个子密钥就从中提取出来；这个过程重复进行直到 52 个子密钥都产生出来。

2. 解密过程

使用与加密算法同样的结构，可以将密文分组当作输入而逐步恢复明文分组。所不同的是子密钥的生成方法。

3. IDEA 算法的安全性分析

关于 IDEA 的安全性，普遍认为在目前的计算机技术条件下 IDEA 是安全的。由于

IDEA 使用的密钥为 128 位，基本上是 DES 的 2 倍，穷举攻击要试探 2^{128} 个密钥，若用每秒 100 万次的加密速度进行试探，大约需要 10^{13} 年。此外，在 IDEA 的设计过程中，设计者根据差分分析法做了相应改进，它能够有效抵抗差分攻击。该算法是目前已公开的最安全的分组密码算法，已经成功应用于 Internet 的 E-mail 加密系统 PGP（Pretty Good Privacy）中。当然，在今后的时间里 IDEA 仍会遭受到许多新的挑战。

4.2.3 其他分组密码算法

1. AES 候选算法

1997 年 4 月 15 日美国国家标准技术研究所（NIST）发起征集 AES（Advanced Encryption Standards）算法的活动，并专门成立了 AES 工作组。目的是确定一个非保密的、可以公开技术细节、全球免费使用的分组密码算法，用于保护 21 世纪政府的敏感信息，也希望能够成为秘密和公开部门的数据加密标准（DES）。经过评审和讨论之后，NIST 在 2000 年 10 月 2 日正式宣布选择 Rijndael 作为 AES 的算法，Rijndael 汇聚了安全、性能好、效率高、易用和灵活等优点，它使用非线性结构的 *S* 盒，表现出足够的安全性；无论使用反馈模式还是无反馈模式，它在广泛的计算环境中的硬件和软件实现性能都表现出始终如一的优秀。它的密钥建立时间极短，且灵敏性良好；它极低的内存需求非常适合在存储器受限的环境中使用，并且表现出了极好的性能；操作简单，并可抵御时间和强力攻击，无须显著地降低性能就可以提供对抗这些攻击的防护。另外，在分组长度和密钥长度的设计上也很灵活，算法可根据分组长度和密钥长度的不同组合提供不同的迭代次数，虽然这些特征还需更深入地研究，短期内不可能被利用，但最终，Rijndael 内在的迭代结构会显示出良好的防御入侵行为的潜能。

2. LOKI 算法

LOKI 算法作为 DES 的一种潜在替代算法，1990 年在密码学界首次亮相。与 DES 一样，LOKI 也使用 64 位密钥（无奇偶校验位）对 64 位数据块进行加密和解密。

LOKI 算法机制同 DES 相似。首先数据块同密钥进行“异或”操作。其次数据块被对半分成左、右两块，进入 16 轮循环。在每一轮循环中，右边的一半先与密钥“异或”。再次通过一个扩展变换、一个 *S* 盒替换和一个置换。有 4 个 *S* 盒，每个 *S* 盒输入为 12 位，输出 8 位。最后这个变换后的右边半部分同左边半部分“异或”成为下一轮的左半部分，原来的左半部分成为下一轮的右半部分。经过 16 轮循环，数据块同密钥“异或”产生密文。

LOKI 密码的安全性分析：用差分密码分析破译低于 11 轮循环的 LOKI 比穷举攻击快。为抵御差分密码分析，对子密钥的产生和 *S* 盒进行了改进，更新的版本称为 LOKI91。目前，LOKI91 又有了新版本 LOKI97，它已被作为 AES 的候选密码算法。

3. Khufu 和 Khafre 算法

Khufu 和 Khafre 算法是由默克尔（Merhie）于 1990 年设计的，这对算法具有较长的密钥，适合于软件实现，比较安全可靠。Khufu 算法的总体设计和 DES 相同，明、密文组位长度为 64 位，但拥有 512 位的密钥。Khafre 算法与前者类似，用于不能预先计算的场合。

由于 Khufu 算法具有可变的 S 盒，可以抵抗差分密码分析的攻击，因此目前尚无以该算法为目标的其他密码分析成果。

4.3 公开密钥密码体制

公钥密码体制根据其所依据的数学难题一般分为三类：大整数分解问题类、离散对数问题类和椭圆曲线类。有时也把椭圆曲线类归为离散对数类。公开密钥密码体制的出现是现代密码学的一个重大突破，给计算机网络安全带来了新的活力，为解决计算机网络安全提供了新的理论和技术基础。

4.3.1 RSA 公开密钥密码体制

RSA 公钥密码体制是 1978 年由美国麻省理工学院三位教授 Rivest，Shamir 及 Adleman 提出的基于数论的双钥密码体制，该体制既可用于加密，又可用于数字签名，易懂、易实现，是目前仍然安全且逐步被广泛应用的一种体制。国际上一些标准化组织 ISO，ITU 及 SWIFT 等均已接受 RSA 体制作为标准。在 Internet 中所采用的 PGP 中也将 RSA 作为传送会话密钥和数字签名的标准算法。

1. RSA 公钥体制的基本原理

RSA 体制基于“大数分解和素数检测”这一著名数论难题，将两个大素数相乘十分容易，但将该乘积分解为两个大素数因子却极端困难。素数检测就是判定一个给定的正整数是否为素数。

在 RSA 中，公开密钥和私人密钥是一对大素数（100～200 位十进制数或更大）的函数。从一个公开密钥和密文中恢复出明文的难度等价于分解两个大素数之积。在使用 RSA 公钥体制之前，每个参与者必须产生一对密钥。

（1）RSA 密码体制的密钥产生

① 随机选取两个互异的大素数 p，q，计算乘积 $n=pq$。

② 计算其欧拉函数值 $\Phi(n)=(p-1)(q-1)$。

③ 随机选取加密密钥 e，使 e 和 $(p-1)(q-1)$ 互素，因而在模 $\Phi(n)$ 下，e 有逆元。

④ 利用欧几里德扩展算法计算 e 的逆元，即解密密钥 d，以满足

$$ed \equiv 1 \bmod \{(p-1)(q-1)\}$$

则

$$d \equiv e^{-1} \bmod \{(p-1)(q-1)\}$$

注意：d 和 n 也互素。e 和 n 是公开密钥，d 是私人密钥。当不再需要两个素数 p 和 q 时，应该将其舍弃，但绝不可泄密。

（2）RSA 体制的加/解密

在对消息 m 进行加密时，首先将它分成比 n 小的数据分组，当 p 和 q 为 100 位的素数时，n 将有 200 位，每个消息分组 m_i 应小于 200 位长。加密后的密文 c，将由相同长度的分组 c_i 组成。

对 m_i 的加密过程是：

$$c_i = m_i^e \pmod{n} \tag{4.9}$$

对 c_i 的解密过程是：

$$m_i = c_i^d \pmod{n} \tag{4.10}$$

【例 4.3】 如果 $p=47$，$q=71$，则 $n=pq=3337$，$\Phi(n)=46\times70=3220$。选取 $e=79$，计算 $d\equiv e^{-1} \bmod 3220=1019$。公开 e 和 n，将 d 保密，销毁 p 和 q。

若加密消息 $m=688\ 232\ 687\ 966\ 668\ 3$，分组得 $m_1=688$, $m_2=232$, $m_3=687$, $m_4=966$ $m_5=668$, $m_6=003$。m_1 的加密为 $688^{79} \pmod{3337}=1570=c_1$。类似地，可计算出其他各组密文，得到密文 $c=1570\ 2756\ 2091\ 2276\ 2423\ 158$。

第一组密文的解密为 $1570^{1019} \pmod{3337}=688=m_1$。其他各组密文可用同样的方法恢复出来。

2．RSA 算法的特点

（1）保密强度高

由于其理论基础是基于数论中大素数因数分解的难度问题，若想攻破 RSA 系统，就必须能从整数 n 分解出大素数 p 和 q。当 n 大于 2048 位时，目前的算法无法在有效时间内破译 RSA。

（2）密钥分配及管理简便

在 RSA 体制中，加密密钥和解密密钥互异、分离。加密密钥可以通过非保密信道向他人公开，而按特定要求选择的解密密钥则由用户秘密保存，秘密保存的密钥量减少，这就使得密钥分配更加方便，便于密钥管理，可以满足互不相识的人进行私人谈话时的保密性要求，特别适合于 Internet 等计算机网络的应用环境。

（3）数字签名易实现

在 RSA 体制中，只有接收方利用自己的解密密钥对明文进行签名，其他任何人可利用公开密钥对签名文进行验证，但无法伪造。因此，此签名文如同接收方亲手签名一样，具有法律效力，日后有争执时，第三者可以很容易地做出正确的判断。数字签名可以确保信息的鉴别性、完整性和真实性。目前世界上许多地方均把 RSA 用做数字签名标准，并已研制出多种高速的 RSA 专用芯片。

RSA 体制不仅很好地解决了在单钥密码体制中利用公开信道传输分发秘密密钥的难题，而且可完成对电文的数字签名以防止对电文的否认与抵赖，同时还可以利用数字签名较容易地发现攻击者对电文的非法篡改，以保护数据信息的完整性。随着计算机技术的发展及对 RSA 的深入研究，目前 RSA 正在走向实用化、商业化，可以预见在网络安全中，基于 RSA 的网络安全系统的设计将会广泛使用。

但由于 RSA 特有的算法机制，使其自身在实现上存在一些局限性，具体有：

① 产生密钥很麻烦，受到素数产生技术的限制，因而难以做到一次一密。

② 分组长度太大，为保证安全性，n 至少也要 600 位以上，使运算代价很高，并且随着大数分解技术的发展，这个长度还在不断增加，不利于数据格式的标准化。目前，SET（Secure Electronic Transaction）协议中要求 CA 采用 2048 位长的密钥，其他实体使用 1024 位的密钥。

③ 解密运算复杂且速度缓慢。由于 RSA 进行的都是大数计算，运算量远大于单钥密码体制，因此其运算速度很慢，硬件实现的 RSA 的速度最快也只是 DES 的 1/1000，512 位模下的 VLSI 硬件实现只能达到 64kbps。软件实现的 RSA 的速度只有 DES 软件实现的

1/100，在速度上 RSA 无法与对称密码体制相比，因而 RSA 不适宜加密大批量的数据，多用于密钥交换和认证。

虽然 RSA 算法存在一些缺陷，但 RSA 是被研究得最广泛的公钥算法，从提出到现在已近 30 年，其保密性能高，经受了各种攻击的考验，密钥管理简单，并且可以实现数字签名，因此是目前最优秀的公钥方案之一。

在实际应用时，通常将 RSA 与 DES 等对称密码体制结合起来，以实现最佳性能，即将 DES 用于明文加密，而 RSA 用于 DES 密钥的加密。这样既利用了 DES 速度快的特点加密数据，又利用了 RSA 公开密钥的特点来解决密钥分配的难题。例如，美国保密增强邮件（PEM）就是 DES 与 RSA 相结合的产物，目前已成为 E-mail 保密通信的标准。

3. RSA 的安全性分析

从技术上讲，RSA 的安全性完全依赖于大整数分解问题，虽然从未在数学上加以证明。当然，可能会发现一种完全不同的方法对 RSA 进行分析，如果这种方法能让密码分析员推导出 d，它也可以作为分解大数的一种新方法。有些 RSA 变体已经被证明与因式分解同样困难。甚至从 RSA 加密的密文中恢复出某些特定的位也与解密整个消息同样困难。另外，对 RSA 的具体实现存在一些针对协议而不是针对基本算法的攻击方法。攻击者对 RSA 系统的攻击主要有强行攻击、数学攻击及定时攻击三种。

4.3.2 ElGamal 密码体制

ElGamal 密码是除了 RSA 密码之外最有代表性的公开密钥密码。RSA 密码建立在大整数因子分解的困难性之上，而 ElGamal 密码建立在离散对数的困难性之上。大整数的因子分解和离散对数问题是目前公认的较好的单向函数，因而 RSA 密码和 ElGamal 密码是目前公认的安全的公开密钥密码。

1. 离散对数问题

设 p 为素数，若存在一个正整数 a，使得 a，a^2，a^3，…，a^{p-1} 关于模 p 互不同余，则称 a 为模 p 的本原元。若 a 为模 p 的本原元，则对于 $i \in \{1, 2, 3, \cdots, p-1\}$，一定存在一个正整数 k，使得 $i \equiv a^k \bmod p$。

设 p 为素数，a 为模 p 的本原元，a 的幂乘运算为

$$Y \equiv a^X \bmod p \quad (1 \leqslant X \leqslant p-1) \tag{4.11}$$

则称 X 为以 a 为底的模 p 的对数。求解对数 X 的运算为

$$X \equiv \log_a Y \quad (1 \leqslant X \leqslant p-1) \tag{4.12}$$

由于上述运算是定义在“模 p 有限域”上的，所以称为离散对数运算。

从 X 计算 Y 是容易的，至多需要 $2\log_2 p$ 次乘法运算。可是从 Y 计算 X 就困难得多，利用目前最好的算法，对于小心选择的 p 将至少需用 $p^{1/2}$ 次以上的运算，只要 p 足够大，求解离散对数问题是相当困难的，这便是著名的离散对数问题。可见，离散对数问题具有较好的单向性。

2. ElGamal 密码

ElGamal 改进了 Diffie 和 Hellman 的基于离散对数的密钥分配协议，提出了基于离散对

数的公开密钥密码和数字签名体制。

随机地选择一个大素数 p，且要求 $p-1$ 有大素数因子。再选择一个模 p 的本原元 a，将 p 和 a 公开。

（1）密钥生成。用户随机地选择一个整数 d 作为自己的秘密解密钥，$1 \leqslant d \leqslant p-2$，计算 $y \equiv a^d \bmod p$，取 y 为自己的公开加密钥。

由公开密钥 y 计算秘密钥 d，必须求解离散对数，而这是极困难的。

（2）加密。将明文消息 M（$0 \leqslant M \leqslant p-1$）加密成密文的过程如下：

① 随机地选取一个整数 k，$1 \leqslant k \leqslant p-2$；

② 计算

$$U = y^k \bmod p \tag{4.13}$$

$$C_1 = a^k \bmod p \tag{4.14}$$

$$C_2 = UM \bmod p \tag{4.15}$$

③ 取（C_1，C_2）作为密文。

（3）解密。将密文（C_1，C_2）解密的过程如下：

① 计算

$$V = C_1^{\ d} \bmod p \tag{4.16}$$

② 计算

$$M = C_2 V^{-1} \bmod p \tag{4.17}$$

ElGamal 密码体制的特点是：密文由明文和所选随机数 k 来定，因而是非确定性加密，一般称为随机化加密。对同一明文，由于不同时刻的随机数 k 不同而给出不同的密文。这样做的代价是使数据扩展一倍。

【例 4.4】 设 $p=2579$，取 $a=2$，秘密钥 $d=765$，计算出公开钥 $y=2^{765} \bmod 2579=949$。再取明文 $M=1299$，随机数 $k=853$，则 $C_1=2^{853} \bmod 2579=435$，$C_2=1299 \times 949^{853} \bmod 2579=2396$，所以密文为$(C_1, C_2)=(435, 2396)$。解密时计算 $M=2396 \times (435^{765})^{-1} \bmod 2579=1299$。从而还原出明文。

（4）安全性

由于 ElGamal 密码的安全性建立在有限域 $GF(p)$离散对数的困难性之上，而目前尚无求解它的有效算法，所以当 p 足够大时，ElGamal 密码是安全的。为了安全，p 应为 150 位以上的十进制数，而且 $p-1$ 应有大素因子。ElGamal 密码的安全性已得到世界公认，目前应用广泛。著名的美国数字签名标准 DSS，就采用了 ElGamal 密码的一种变形。

4.4 密 钥 管 理

密钥管理处理密钥自产生到最终销毁的整个过程的有关问题，包括密钥的产生、存储、分配、备份、恢复、更换、销毁等一系列技术问题。密钥管理是安全管理中最困难、最薄弱的环节，历史经验表明，从密钥管理途径进行攻击要比单纯破译密码算法代价小得多。因此引入密钥管理机制、进行有效控制，对增加网络的安全性和抗攻击性非常重要。

由于传统密码体制与公开密钥密码体制是性质不同的两种密码，因此它们在密钥管理方面也存在差异。下面分别讨论传统密码体制和公开密钥密码体制的密钥管理知识。

4.4.1 传统密码体制的密钥管理

传统密码体制只有一个密钥，加密钥等于解密钥，因此密钥的秘密性、真实性和完整性必须同时得到保护。对于大型网络系统，由于所需要的密钥种类和数量很多，密钥管理尤其困难。为了使密钥管理方案能够适应计算机网络的应用，实现密钥管理的自动化，人们提出了建立密钥管理中心（KMC，Key Management Center）和密钥分配中心（KDC，Key Distribution Center）的概念。由 KMC 或 KDC 负责密钥的产生和分配。依靠 KMC 和 KDC 使密钥管理和密钥分配朝着自动化方向迈进了一步，但是由于 KMC 和 KDC 属于集中管理模式，当网络规模太大时，其本身也十分复杂，且工作将十分繁忙。同时它们还将成为攻击的重点，一旦被攻破将造成极大损失。因此必须确保 KMC 和 KDC 的安全可信和高效。

1. 密钥等级

为了简化密钥管理工作，可采用密钥分级的策略，将密钥分为初级、二级和主密钥（最高级）三级。目前，大型计算机密码系统常采用这三种不同等级的密钥。

（1）初级密钥

用以加/解密数据的密钥为初级密钥，记为 K。其中，用于通信保密的初级密钥称为初级通信密钥，并记为 K_c；用于会话保密的初级密钥称为初级会话密钥（Session Key），记为 K_S；用于文件保密的初级密钥称为初级文件密钥（File Key），记为 K_F。初级密钥可由系统应实体请求通过硬件或软件方式自动产生，也可由用户自己提供。初级通信密钥和初级会话密钥原则上采用一个密钥只使用一次的“一次一密”方式，即初级通信密钥和初级会话密钥仅在两个应用实体交换数据时才存在，其生存周期很短。而初级文件密钥与其所保护的文件具有相同的生存周期。一般比初级通信和初级会话密钥的生存周期长，有时甚至很长。为安全起见，初级密钥必须受更高一级密钥的保护，直到它们的生存周期结束为止。

（2）二级密钥

二级密钥用于保护初级密钥，记为 K_N，这里 N 表示节点，源于它在网络中的地位。二级密钥用于保护初级通信密钥时称为二级通信密钥，记为 K_{NC}；二级密钥用于保护初级文件密钥时称为二级文件密钥，记为 K_{NF}。二级密钥可由系统应专职密钥安装人员的请求，由系统自动产生，也可由专职密钥安装人员提供。二级密钥的生存周期一般较长，并在较长时间内保持不变。二级密钥必须受更高级密钥的保护。

（3）主密钥

主密钥是密钥管理方案中的最高级密钥，记为 K_M。主密钥用于对二级密钥和初级密钥进行保护。主密钥由密钥专职人员随机产生，并妥善安装。主密钥的生存周期很长。

2. 密钥产生

对密钥的一个基本要求是要具有良好的随机性，这主要包括长周期性、非线性、统计意义上的等概率性及不可预测性等。一个真正的随机序列是不可再现的，任何人都不能再次产生它。高效地产生高质量的真随机序列，并不是一件容易的事。因此，应针对密钥的不同等级，采用不同的足够安全的方法来产生。

（1）主密钥的产生

主密钥是密码系统中的最高级密钥，应采用高质量的真随机序列。

目前，真随机数的产生主要采用基于电子器件的热噪声的密钥产生技术。它利用电子方法对噪声器件（如 MOS 晶体管、稳压二极管、电阻等）的热噪声进行放大、滤波、采样、量化后产生出随机密钥。基于这种热噪声可以产生随机数，并制成随机数产生器芯片。

（2）二级密钥的产生

如果不能方便地利用真随机数产生器芯片来产生二级密钥，则可在主密钥产生后，借助于主密钥和一个强的密码算法来产生二级密钥。具体如下：

首先用产生主密钥的方法产生两个真随机数 RN_1，RN_2，再采用随机数产生器芯片或随机数产生方法由计算机产生一个随机数 RN_3；其次分别以它们为密钥对一个序数进行 4 层加密；最后产生二级密钥 K_N：

$$K_N = E(E(E(E(i, RN_1), RN_2), RN_1), RN_3) \tag{4.18}$$

要想根据序数 i 预测出密钥 K_N，必须同时知道两个真随机数 RN_1，RN_2 和一个随机数 RN_3，这是极困难的。

（3）初级密钥的产生

初级密钥并不需要一定采用真随机序列，而采用足够随机的伪随机序列就够了。

为了安全和简便，通常总是把随机数直接视为受高级密钥（主密钥或二级密钥，通常是二级密钥）加密过的初级密钥。

$$RN = E(K_S, K_M) \text{ 或 } RN = E(K_F, K_M) \tag{4.19}$$

$$RN = E(K_S, K_{NC}) \text{ 或 } RN = E(K_F, K_{NF}) \tag{4.20}$$

这样，随机数 RN 一产生便成为密文形式，既安全又省掉一次加密过程。在使用初级密钥时，用高级密钥将随机数 RN 解密即可。

$$K_S = D(RN, K_M) \text{ 或 } K_F = D(RN, K_M) \tag{4.21}$$

$$K_S = D(RN, K_{NC}) \text{ 或 } K_F = D(RN, K_{NF}) \tag{4.22}$$

此处随机数 RN 的产生可按下面介绍的随机数产生方法来产生。但因初级密钥按“一次一密”的方式工作，生命周期很短，其安全性要求比二级密钥稍低，而产生速度却要求很高，因此其中的 n 值可取小些。

（4）随机数的产生

产生二级密钥和初级密钥时都要使用随机数，许多其他密码应用方案也都需要使用随机数，因此产生良好的随机数就成为一个十分重要的问题。这里所谓的随机数是指伪随机数，不是真随机数。具体方法如下：

① 基于电子器件热噪声产生随机数。基于 MOS 晶体管、稳压二极管、电阻等电子器件的热噪声可以产生随机性很好的随机数。这种随机数产生器可以制作成芯片，产生的随机数质量高，产生效率高，使用方便。

② 产生基于强密码算法的随机数。一个强密码算法可以视作一个良好的随机数产生器，利用它可以方便地产生随机数。有多种具体产生方法。其中一种方法如下：

- 首先对系统时钟 TOD 随机地读取 n 次，得到 n 个随机的时间值：

$$TOD_1, TOD_2, \cdots, TOD_n$$

- 任意选择一个随机数 x_0。
- 再用一个强密码算法（如 AES）对 TOD_1，TOD_2，…，TOD_n 进行 n 次迭代加密：

$$\begin{aligned} x_1 &= AES(TOD_1, x_0) \\ x_2 &= AES(TOD_2, x_1) \\ &\vdots \\ x_n &= AES(TOD_n, x_{n-1}) \end{aligned} \tag{4.23}$$

- 取 x_n 作为随机数 RN。

式（4.23）中的 n 值并不需要很大。如果时间值 TOD_i 的精度为微秒级，则一个时间值就有 2^{20} 种以上的取值。这样，只要 $n>6$，所产生的随机数 RN 的安全性就足够了。

③ ANSI X9.17 随机数产生算法。它是美国国家标准局为银行电子支付系统设计的随机数产生标准算法，现也被 PGP 采用，在 Internet 中使用。

ANSI X9.17 算法是基于 3DES 构成的，以 EDE 表示三重 DES 加密模式，其算法结构如图 4.20 所示。其中输入 DT_i 表示 64 位的当前时钟值，V_i 表示初始向量或种子，可以是任意 64 位数据。输出 R_i 为初始的随机数，V_{i+1} 为新的初始向量或种子，用于初始下一个随机数使用。K_1 和 K_2 是两个 64 位密钥，在 K_1 和 K_2 的控制下进行 3DES 加/解密。

$$R_i=\mathrm{EDE}(\mathrm{EDE}(\mathrm{DT}_i,\ K_1K_2)\oplus V_i,\ K_1K_2) \tag{4.24}$$

$$V_{i+1}=\mathrm{EDE}(\mathrm{EDE}(\mathrm{DT}_i,\ K_1K_2)\oplus R_i,\ K_1K_2) \tag{4.25}$$

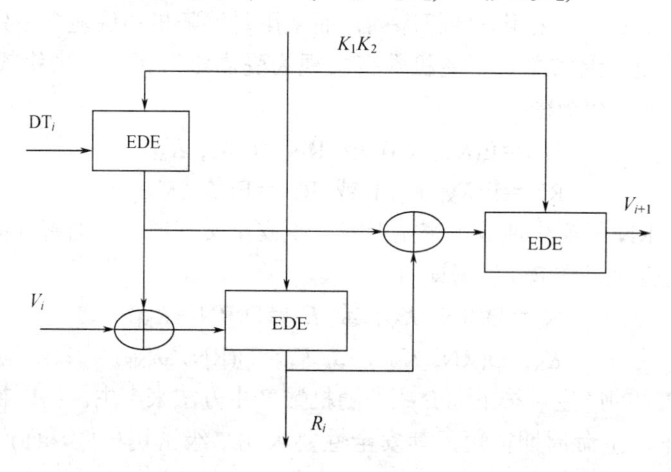

图 4.20　ANSI X9.17 算法结构

ANSI X9.17 算法的安全性建立在 3DES 的安全性之上，由于采用了 112 位密钥、9 个 DES 加密、初始值为两个 64 位矢量，使这一方案所生成的随机数的安全性很高，足以抗击各种攻击。即使 R_i 泄露，但由于由 R_i 产生的 V_{i+1} 又经过一次 EDE 加密而很难从 R_i 推出 V_{i+1}。

随着 DES 逐渐退出历史舞台，这一算法的安全性和实用性将有所下降。因此可以利用 AES 取代 3DES 来对 ANSI X9.17 算法进行改进，从而得到新的安全的随机数产生算法，如图 4.21 所示。

$$R_i=\mathrm{AES}(\mathrm{AES}(\mathrm{DT}_i,\ K)\oplus V_i,\ K) \tag{4.26}$$

$$V_{i+1}=\mathrm{AES}(\mathrm{AES}(\mathrm{DT}_i,\ K)\oplus R_i,\ K) \tag{4.27}$$

式中，输入 DT_i 表示 128 位的当前时钟值，V_i 表示初始向量或种子，可以是任意 128 位数据。输出 R_i 为初始的随机数，V_{i+1} 为新的初始向量或种子，用于初始下一个随机数使用。K 为 128 位的密钥，控制 AES 的加/解密。

3．密钥分配

密钥分配是密钥管理中重要而薄弱的环节，许多密码系统被攻破都是因为在密钥分配环节上出了问题。过去，密钥分配主要采用人工分配。随着现代高技术的飞速发展，人工分配今后也不会完全废止，特别是对安全性要求高的部门，只要密钥分配人员忠诚可靠，实施方案严谨周密，人工分配密钥就是安全的。然而，人工分配密钥却无法适应以现代计算机网络为基础的各种新型应用信息系统的要求。因此，根据密钥管理中心和密钥分配中心的概念，利用计算机网络实现密钥分配的自动化，无疑会加强密钥分配的安全，并提高计算机网络、电子政务和电子商务系统的安全。

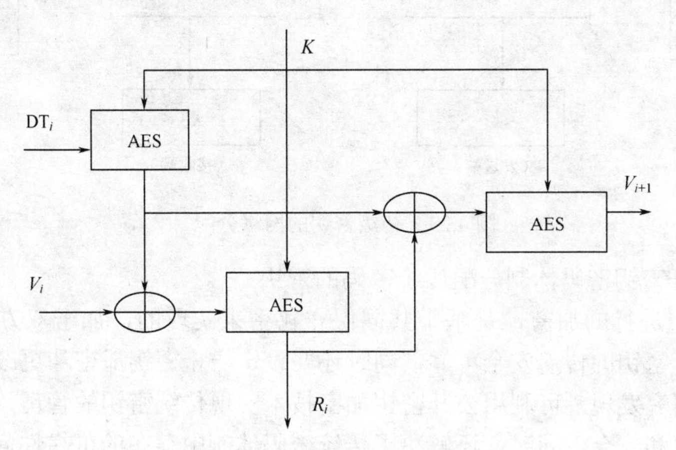

图 4.21 新的随机数产生算法

（1）主密钥的分配

由于主密钥是密钥管理方案中的最高级密钥，它的安全性要求最高，而生存周期很长，所以需要采用最安全的分配方法。一般采用人工分配主密钥，由专职密钥分配人员负责分配，并由专职安装人员妥善安装。

（2）二级密钥的分配

为了适应计算机网络环境的需求，二级密钥的分配方法是，在发送端直接利用已经分配安装的主密钥对二级密钥进行加密，把密文送入计算机网络传给接收端，接收端用主密钥进行解密得到二级密钥，并妥善存储，其网络分配过程如图 4.22 所示。

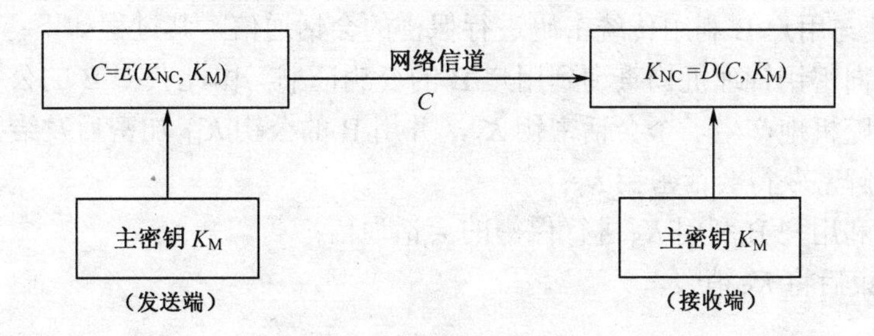

图 4.22 二级密钥的网络分配过程

（3）初级密钥的分配

由于初级密钥按“一次一密”的方式工作，生命周期很短，而对产生和分配的速度要求却很高。为此通常采用下述方法进行初级密钥的分配。

把一个随机数直接视为受高级密钥（主密钥或二级密钥，通常是二级密钥）加密过的初级密钥，这样初级密钥一产生便成为密文形式。发送端直接把密文形式的初级密钥通过计算机网络传给接收端，接收端用高级密钥解密便可获得初级密钥。初级密钥的网络分配如图 4.23 所示。

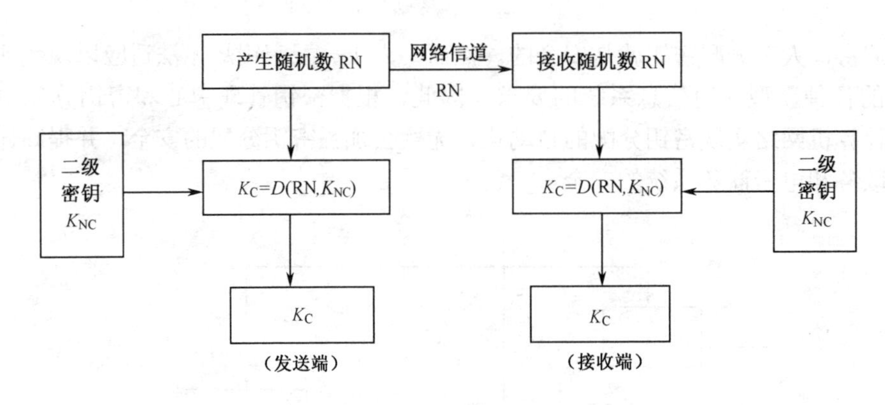

图 4.23　初级密钥的网络分配

（4）利用公开密钥密码体制分配传统密码的密钥

利用秘密密钥进行的加密，是基于共同保守秘密来实现的，加密双方必须采用相同的密钥，因此要保证密钥的传递安全可靠，同时还要设定防止密钥泄密和更改密钥的程序。经过多年的实践和研究发现，可利用公开密钥加密技术实现传统密钥的管理，使原来烦琐、危险的管理变得简单和安全。同时，还解决了传统密码体制中存在的可靠性问题和鉴别问题。

利用公开密钥密码分配传统密码的会话密钥，再利用传统密码对会话进行加密保护，将公开密钥密码的方便性和传统密码的快速性结合起来，是一种较好的密钥分配方法。该方法已得到国际标准化组织的采纳，并在许多国家得到使用。

利用公开密钥密码分配传统密码的会话密钥，在技术上有两种方法。一是用户要向密钥分配中心（KDC）申请产生会话密钥；二是由用户自己产生会话密钥。两种方法各有优缺点。在此，主要讨论由用户自己产生会话密钥的密钥分配方案。

设 Ep，Dp 为公开密钥密码的加解密算法，K_{eA}，K_{dA} 分别为用户 A 的公开加密钥和保密解密钥。

设 K_S 为会话密钥，一次会话通信采用一个新的会话密钥。

设用户 A 要与用户 B 利用传统密码进行保密的会话通信，其过程如下：

- 用户 A 向密钥管理机构查询到用户 B 的公钥证书，由此获得 B 的公钥 K_{eB}；
- 用户 A 随机地产生一个会话密钥 K_S，并用 B 的公钥 K_{eB} 加密后发给 B；
- 用户 B 解密获得会话密钥 K_S；
- 用户 A 和用户 B 利用 K_S 进行保密的会话通信；
- 会话结束后将 K_S 销毁。

4. 密钥存储

密钥的安全存储是密钥管理中十分重要而又比较困难的一个环节。它要确保密钥在存储状态下的秘密性、真实性和完整性。要做到密钥的安全存储必须同时具备两个条件：一是安全可靠的存储介质，它是密钥安全存储的物质条件；二是安全严密的访问控制机制，它是密钥安全存储的管理条件。总之，密钥安全存储的原则是不允许密钥以明文形式出现在密钥管理设备之外。

主密钥是最高级密钥，主要用于对二级密钥和初级密钥的保护。它具有安全性要求最高、生存周期长的特点，因此它只能以明文形态存储，否则便不能工作。这就要求存储器必须是高度安全的，不但物理上安全，逻辑上也要安全。通常是将其存储在专用密码装置中。

二级密钥可用明文形态存储，或以密文形态存储。如果以明文形态存储，则要和主密钥一样将其存储在专用密码装置中。如果以密文形态存储，则对存储器的要求降低。通常采用以高级密钥加密的形式存储二级密钥。这样可减少明文形态密钥的数量，便于管理。

由于初级密钥包括初级文件密钥和初级会话密钥两种性质不同的密钥，因此其存储方式也不同。初级文件密钥的生命周期与受保护文件的生命周期一样长，有时会很长，因此需要妥善存储。一般采用以二级密钥加密的形式存储。而初级会话密钥是按“一次一密”的方式工作，使用时动态产生，使用完毕后即销毁，生命周期很短。因此，它的存储空间是工作存储器，应当确保工作存储器的安全。

5. 密钥的备份与恢复

密钥的备份是确保密钥和数据安全的一种有备无患的措施。可以有多种备份方式，除了用户自己备份外，也可交由可信任的第三方进行备份，或以密钥分量形态委托密钥托管机构备份。因为有备份，所以在需要时可以恢复密钥，避免损失。

通常密钥的备份应当遵循以下原则：

① 应当是异设备备份，甚至是异地备份，这样可以有效避免因场地被攻击而使存储和备份的密钥同归于尽的后果出现。如果是同设备备份，当密钥存储设备出现故障或遭受攻击时，备份的密钥也将毁坏，因此不能起到备份的作用。

② 与存储密钥一样，备份的密钥应当包括物理的安全保护和逻辑的安全保护。

③ 为了减少明文形态的密钥数量，一般都采用高级密钥保护低级密钥的密文形态进行备份。

④ 对于最高级密钥，不能采用密文形态备份。为了进一步增强安全，可用多个密钥分量的形态进行备份（如密钥托管方式）。每一个密钥分量应分别备份到不同的设备或不同的地点，并且分别指定专人负责。

⑤ 应当方便恢复，密钥的恢复应当经过授权，而且要遵循安全的规章制度。

⑥ 密钥的备份和恢复都要记录日志，并进行审计。

6. 密钥更新

密钥更新是密钥管理中非常麻烦的一个环节，必须周密计划、谨慎实施。当密钥的使用期限已到或怀疑密钥泄露时，密钥必须更新。密钥更新是密码技术的一个基本原则。密钥更新越频繁，系统就越安全，但也越麻烦。

（1）主密钥的更新

主密钥是最高级密钥，由它保护着二级密钥和初级密钥。其生命周期很长，因此由于使用期限到期而更新主密钥的时间间隔是很长的。无论是因为使用期限已到或怀疑密钥泄露而更新主密钥，都必须重新产生并安装，其安全要求与其初次安装一样。值得注意的是，主密钥的更新将要求受其保护的二级密钥和初级密钥都要更新。因此主密钥的更新是很麻烦的，应当尽量减少主密钥更新的次数。

（2）二级密钥的更新

当二级密钥使用期限到期或怀疑二级密钥泄露时要更新二级密钥。这就要求重新产生二级密钥，并妥善安装，其安全要求与其初次安装一样。同样，二级密钥的更新也将要求受其保护的初级密钥也同步更新。在更新初级文件密钥时，必须将原来的密文文件解密并用新的初级文件密钥重新加密。

（3）初级密钥的更新

初级会话密钥采用“一次一密”的方式工作，其更新非常容易。而初级文件密钥更新时，必须将原来的密文文件解密并用新的初级文件密钥重新加密。因此，初级文件密钥的更新要麻烦得多。

7. 密钥的终止和销毁

密钥的终止和销毁同样是密钥管理中的重要环节，但是由于种种原因这一环节往往容易被忽视。

当密钥的使用期限到期时，必须终止使用该密钥，并更换新密钥。所终止使用的密钥，一般并不要求立即销毁，而需要再保留一段时间后销毁。这是为了确保受其保护的其他密钥和数据得以妥善处理。只要密钥尚未销毁，就必须对其进行保护，丝毫不能疏忽大意。

密钥销毁要彻底清除密钥的一切存储形态和相关信息，使得重复这一密钥成为不可能。这里既包括处于产生、分配、存储和工作状态的密钥及相关信息，也包括处于备份状态的密钥和相关信息。

如果密钥是写在纸上的，必须使用高质量的切碎机切碎或烧掉。若使用劣质的切碎机，则攻击者可将未完全切碎的文件加以拼凑，重新找到密钥。如果密钥在 EEPROM 硬件中，密钥应进行多次重写；如果在 EPROM 或 PROM 硬件中，芯片应被打碎成小碎片分散开来；如果密钥保存在计算机磁盘里，应多次重写覆盖磁盘存储的实际位置或将磁盘切碎。在计算机网络中，可以很容易地复制密钥，并且将密钥存储在多个地方。尤其对于自己进行内存管理的任何计算机，不断地接收和刷新内存的程序，无法保证计算机中密钥被安全地销毁，特别是在计算机操作系统控制销毁过程的情况下。为此应利用一个特殊的删除程序来查看所有磁盘，寻找在未用存储区上的密钥副本，并将它们删除，同时还要删除所有临时文件或交换文件的内容。

4.4.2 公开密钥密码体制的密钥管理

和传统密码体制一样，公开密钥密码体制也存在密钥管理问题。但公开密钥密码体制的密钥管理与传统密码的密钥管理相比有相同之处，但又有本质的不同。不同的原因主要是它们的密钥种类和性质不同。

① 传统密码体制只有一个密钥，且加密钥等于解密钥。因此，密钥的秘密性、真实性和完整性都必须保护。

② 公开密钥密码体制有两个密钥，加密钥与解密钥不同，由加密钥在计算上不能求出解密钥。加密钥可以公开，其秘密性不需要保护，但其完整性和真实性却必须严格保护；解密钥不能公开，其秘密性、真实性和完整性都必须严格保护。

1. 公开密钥密码体制的密钥产生

由于公开密钥密码体制与传统密码体制是性质不同的两种密码体制，所以公开密钥密码体制的密钥产生与传统密码体制的密钥产生有着本质的不同。

传统密码体制的密钥产生本质上是产生具有良好密码学特性的随机数或随机序列。对于高级密钥，要求产生高质量的真随机数。对于二级密钥，要求产生良好的真随机数或伪随机数。对于初级密钥，要求产生良好的伪随机数。随机数的产生方法主要有基于物理随机特性的真随机数和基于强密码算法的伪随机数产生方法。

而公开密钥密码体制本质上是一种单向陷门函数，它们都是建立在某一数学难题之上的。不同的公开密钥密码体制所依据的数学难题不同，因此其密钥产生的具体要求不同。但是，密钥的产生必须满足密码安全性和应用有效性的要求。

例如，对于 RSA 密码体制，其秘密钥为$<p, q, \Phi(n), d>$，公开钥为$<n, e>$，因此其密钥的产生主要是根据安全性和工作效率来合理地产生这些密钥参数。p 和 q 越大则越安全，但工作效率就越低。反之，p 和 q 越小，则工作效率就越高，但安全性就越低。根据目前的因子分解能力，p 和 q 至少要有 512 位长，以使 n 至少有 1024 位长；p 和 q 要随机产生；p 和 q 的差要大；$(p-1)$和$(q-1)$的最大公因子要小；e 和 d 都不能太小等。

2. 公开密钥的分配

和传统密码一样，公开密钥密码体制在应用时也需要进行密钥分配。但是，公开密钥密码体制的密钥分配与传统密码体制有本质的差别。传统密码体制中只有一个密钥，因此在密钥分配中必须同时确保密钥的秘密性、真实性和完整性。而公开密钥密码体制中有两个密钥，在密钥分配时必须确保解密钥的秘密性、真实性和完整性。而加密钥是公开的，因此在分配公钥时，不需要确保其秘密性，但必须确保公钥的真实性和完整性，绝对不允许攻击者替换或篡改用户的公开密钥。

如果公钥的真实性和完整性受到危害，则基于公钥的各种应用的安全性将受到危害。

分配公开密钥的技术方案有多种，几乎所有方案都可分为公开宣布、公开密钥目录、公开密钥管理机构及公开密钥证书 4 类。

（1）公开宣布

公钥密码体制的公开密钥是可以公开的。因而，如果有一个广泛接受的公开密钥加密算法，如 RSA，那么任何参与者都可以将其公开密钥发送给另外任何参与者，或者把这个密钥广播给相关人群。例如，许多 PGP 使用者的做法是，将他们的公开密钥附加在他们发送给公开论坛的报文中，这些论坛包括 USENET 新闻组和 Internet 邮件组。

该方法很方便，但有一个很大的缺点：任何人只要能从公开宣布中获得某用户 A 的公钥，便可以冒充用户 A 伪造一个公开告示，宣布一个假密钥，从而可以阅读所有发给用户 A 的报文，直到用户 A 发觉了伪造并警告其他参与者。

（2）公开密钥目录

可以通过一个公开密钥动态目录来获取用户的公钥。为了保证公钥的安全性，对公开目录的维护和分配必须由一个受信任的系统或组织来负责。这种方案包含下列部分。

① 管理机构为每个参与者维护一个目录项{名字，公开密钥}。

② 每个参与者在目录管理机构登记一个公开密钥。登录必须面对面进行，或者通过某种安全的经过认证的通信方式进行。

③ 参与者可以随时用新的公钥更换原来的公钥。

④ 管理机构定期发表这个目录或对目录进行更新。例如，出版一个像电话号码簿的打印版本，或者在一份发行量很大的报纸上列出更新的内容。

⑤ 参与者也能以电子方式访问目录。为此，从管理机构到参与者的通信必须是安全

的、经过鉴别的。

与第（1）种方案相比，该方案的安全性明显增强。但它仍存在某些弱点，如果一个敌对方成功地得到或计算出目录管理机构的私有密钥，他就可以散发伪造的公开密钥，并随之假装成任何一个参与者并窃听发送给该参与者的报文。此外，敌对方还有可能篡改管理机构维护的记录。

（3）公开密钥管理机构

为了使公开密钥的分配更安全，可以采用更严密的方案来控制公开密钥从目录中分配出去的过程。假定一个中心管理机构维护一个所有参与者的公开密钥动态目录，并且每个参与者都可靠地知道管理机构的一个公开密钥，而只有管理机构才知道对应的私有密钥。公钥分配的步骤如下。

① 用户 A 给公开密钥管理机构发送一个带时间戳的报文，其中包含对用户 B 的当前公开密钥的请求。

② 管理机构用一个使用它的私有密钥加密的报文进行响应，因而用户 A 能够使用管理机构的公开密钥解密报文。因此用户 A 可以确信这个报文来自管理机构。该报文通常包括下列内容。

- 用户 B 的公开密钥。用户 A 可以使用它对要传输给用户 B 的报文进行加密。
- 原始请求。用户 A 可以将该响应与前边的相应请求匹配起来，并证实原来的请求在管理机构收到之前没有被篡改。
- 原来的时间戳。

③ 用户 A 存储用户 B 的公开密钥并使用它加密一个发给用户 B 的报文，该报文包含一个用户 A 的标识符 ID_A 和一个现时 N_1，这个现时用来唯一地标识这次交互。

④ 用户 B 可以采用与用户 A 同样的方式从管理机构得到用户 A 的密钥。

这时，公开密钥已经安全地传递给了用户 A 和 B，他们可以开始相互之间的秘密信息交互。

（4）公开密钥证书

第（3）种方案可以较好地解决公开密钥分配问题，但是它也存在某些缺点。公开密钥管理机构可能是系统中的一个“瓶颈”，因为一个用户对于他所希望联系的其他用户都必须借助于管理机构才能得到公开密钥，而管理机构所维护的名字和公开密钥目录也可能被篡改。因此，可以采用公开密钥证书（PKC，Public Key Certificate）来解决该问题。

公开密钥证书是一个载体，用于存储公钥。可以通过不安全媒体安全地分配和传递公钥，使一个用户的公钥可被另一个用户证实而能放心地使用。

公开密钥证书是一种包含持证主体标识、持证主体公钥等信息，并由可信任的签证机构（CA，Certification Authority）签署的信息集合。公钥证书主要用于确保公钥及其与用户绑定关系的安全。公钥证书的持证主体可以是人、设备、组织机构或其他主体。公钥证书能以明文的形式存储和分配。任何一个用户只要知道签证机构的公钥，就能验证公钥的真伪，从而确保公钥的真实性，确保公钥与持证主体之间的严格绑定。

有了公钥证书系统后，如果某个用户需要任何其他已向签证机构 CA 注册的用户的公钥，可向持证人（或证书机构）直接索取其公钥证实，并用 CA 的公钥验证（CA）的签名，从而获得可信的公钥。由于公钥证书不需要保密，可以在 Internet 上分发，从而实现公钥的安全分配。又由于公钥证书有 CA 的签名，攻击者不能伪造合法的公钥证书。因此只要

CA 是可信的，公钥证书就是可信的。其中 CA 公钥的获得也是通过证书方式进行的，为此 CA 也为自己颁发公钥证书。

使用公钥证书的主要好处是，用户只要获得 CA 的公钥，就可以安全地获得其他用户的公钥。因此公钥证书为公钥的分发奠定了基础，成为公开密钥密码在大型网络系统中应用的关键技术。这就是电子政务、电子商务等大型网络应用系统都采用公钥证书技术的原因。

本章小结

本章主要介绍了密码技术的基本概念、常用密码体制及密钥管理，主要包括以下内容。

1. 密码技术的基本概念

介绍了密码系统的基本组成、密码体制的分类、古典密码的加密过程及初等密码分析。

2. 分组密码体制

重点介绍了 DES 和 IDEA 两种分组密码体制。对 DES，详细介绍了 DES 数据加密的全过程、子密钥的产生过程、DES 的安全性分析及其改进措施；对 IDEA，介绍了 IDEA 算法的提出、IDEA 算法的设计原理、加/解密过程、子密钥的产生过程和解密算法及该算法的保密强度。

3. 公开密钥密码体制

首先介绍了公开密钥密码体制中最成熟的一种算法，即 RSA 数据加密算法。重点介绍了 RSA 算法的实现步骤、RSA 算法的安全性分析、RSA 算法的实现。其次介绍了 E1Gamal 公开密码算法的基本原理和安全性分析。

4. 密钥管理

密码管理关系到网络及其信息的安全，因此必须给予高度的重视和保护。重点介绍了传统密码体制和公开密码体制的密钥管理。对每一种体制，详细介绍了密钥的产生、分配、存储、备份、恢复、更新、销毁等一系列技术问题。

实验 4

实验 4.1　古典密码算法

1. 实验目的

通过编程实现代换密码算法和置换密码算法，加深对古典密码体制的了解。

2. 实验原理

古典密码算法曾被广泛应用，大都比较简单，使用手工和机械操作来实现加密和解密。它的主要应用对象是文字信息，利用密码算法实现文字信息的加密和解密。常见的古典密码算法有代换密码算法和置换密码算法两种，其原理本章已经阐述过。

3. 实验环境

运行 Windows 操作系统的 PC，具有 VC 等语言编译环境。

4. 实验内容

（1）根据教材对代换密码算法的介绍，自己创建明文信息，并选择一个密钥，编写代换密码算法的实现程序，实现加密和解密操作。

（2）根据教材对置换密码算法的介绍，自己创建明文信息，并选择一个密钥，编写置换密码算法的实现程序，实现加密和解密操作。

实验 4.2 RSA 密码体制

1. 实验目的

通过实际编程了解 RSA 算法的加密和解密过程，加深对非对称密码算法的认识。

2. 实验原理

RSA 密码体制是目前为止最成功的非对称密码算法，它的安全性是建立在“大数分解和素性检测”这个数论难题的基础上的，即两个大素数相乘在计算上容易实现，而将该乘积分解为两个大素数因子的计算量相当大。

3. 实验环境

运行 Windows 操作系统的 PC，具有 VC 等语言编译环境。

4. 实验内容

（1）为了加深对 RSA 算法的了解，根据已知参数：$p=3$，$q=11$，$m=2$，手工计算公、私钥，并对明文进行加密，然后对密文进行解密。

（2）编写一个程序，随机选择 3 个较大的数 x, e, n，然后计算 $x^e \bmod n$。

习 题 4

4.1 密码分析可分为哪几类？它们的含义是什么？

4.2 已知明文为“wearediscovered”，加密密钥为

$$\boldsymbol{K}=\begin{bmatrix} 17 & 17 & 5 \\ 21 & 18 & 21 \\ 2 & 2 & 19 \end{bmatrix}$$

请用 Hill 密码求解密文 C。

4.3 已知明文为"Columnar transposition cipher"，密钥 $K=7312546$，请用置换密码求解密文 C。

4.4 请用 Playfair 密码加密消息"He is a student"，密钥关键词为"new bike"。

4.5 在 DES 数据加密标准中：

明文 $m=0011$ 1000 1101 0101 1011 1000 0100 0010 1101 0101 0011 1001 1001 0101 1110 0111。

密钥 $k=1010$ 1011 0011 0100 1000 0110 1001 0100 1101 1001 0111 0011 1010 0010 1101 0011。

试求 L_1 与 R_1。

4.6 简述公开密钥密码体制的特点。

4.7 说明 RSA 算法体制的设计原理，并对该体制进行安全性分析。当 $p=5$，$q=11$ 时，取 $e=3$，利用该体制对明文 08，09 两组信息进行加密。

4.8 在使用 RSA 的公钥系统中，如果截取了发送给其他用户的密文 $c=10$，若此用户的公钥为 $e=5$，$n=35$，请问明文的内容是什么？

4.9 公开密钥的管理有多种方案，你认为哪种方案最有效？为什么？

第5章 信息认证技术

在计算机网络中，时时刻刻都在进行着各种各样的信息交换。从安全的角度考虑，必须保证这个交换过程的有效性与合法性。认证就是证实信息交换过程合法有效的一种手段，它主要包括以下7个方面的内容。

① 实体A经过通信信道向实体B发送一段信息，那么作为接收方的B必须知道他所收到的信息在离开A后是否被修改过，换句话说，B必须证实它所收到的信息是真实的。

② 信息经过存储信道进行交换也存在着同样的问题。设A存储了某个数据，而后某时刻B要读取该数据，那么B必须知道该数据的真实性，即在它读取该数据前，是否有其他实体对它进行了非法修改。

③ 实体A与实体B在进行信息交换时，A与B都必须对对方的身份进行认证，以保证它们所收到的信息是由确认的实体发送过来的。

④ 信息发送方有时还要求接收方提供回执，即接收方必须向发送方明确表示，它已经收到了发送给它的信息。

⑤ 信息接收方对收到的信息不能进行任意删改，也不能抵赖（否认）它所收到的信息。

⑥ 对收到的信息，接收方应能检测出是否是过时的信息，或者是某种信息的重播。

⑦ 发送方不能抵赖（否认）它所发送过的信息。如果收、发双方发生争执，第三方必须能进行公正的判决。

认证是保证上述7种情况真实性的一个过程。从概念上讲，信息的保密与信息的认证是有区别的。加密保护只能防止被动攻击，而认证保护可以防止主动攻击。被动攻击的主要方法是截获信息；主动攻击的最大特点是对信息进行有意的修改，使其失去原来的意义。主动攻击比被动攻击更复杂，手段也比较多，它比被动攻击的危害更大，后果也特别严重。

修改信息可以有许多不同的方法，主要的有以下6种：

① 更改、删除、添加信息内容；

② 改变信息的源点；

③ 改变信息的目的点；

④ 改变信息组/项的顺序；

⑤ 再次利用曾经发送过或存储过的信息；

⑥ 篡改回执。

认证技术的共性是对某些参数的有效性进行检验，即检查这些参数是否满足某种预先确定的关系。密码学通常能为认证技术提供一种良好的安全保证，目前的认证方法绝大部分是以密码学为基础的。下面几节，我们将详细讨论常用的认证技术，包括报文认证、身份认证及数字签名等。

5.1 报文认证

报文认证是指在两个通信者之间建立通信联系之后，每个通信者对收到的信息进行验证，以保证所收到的信息是真实的一个过程。这种验证过程必须确定报文是由确认的发送方产生的，报文内容没有被修改过且是按与发送时相同的顺序收到的。

5.1.1 报文内容的认证

对报文内容进行认证是非常重要的，我们可以在报文中加入一个“报尾”或“报头”，称其为“认证码”（AC，Authenticating Code）。该认证码是通过对报文进行某种运算得到的，也可以称其为“校验和”。它与报文内容密切相关，报文内容正确与否可以通过这个认证码来确定。认证码由发送方计算，并提供给接收方检验。接收方在检验时，首先利用约定的算法对脱密的报文进行运算，得到一个认证码，然后将该认证码与收到的由发送方计算的认证码进行比较。如相等，就认为该报文内容是正确的；如不等，就认为该报文在传送过程中已被改动过，接收方就可以拒绝接收或报警。利用认证码进行报文内容鉴别的过程如图5.1 所示。同加密一样，认证也需要一个好的认证算法，但它的设计比加密算法要容易一些。因为加密算法必须有相应的逆函数，否则就不能正确解密，而认证算法不需要逆函数。与加密算法一样，认证算法也需要有一个秘密的密钥，整个认证过程的安全性完全取决于密钥的安全性。鉴别算法的强度要求与加密算法的强度要求一样，也要能经受住已知明文攻击与选择明文攻击。

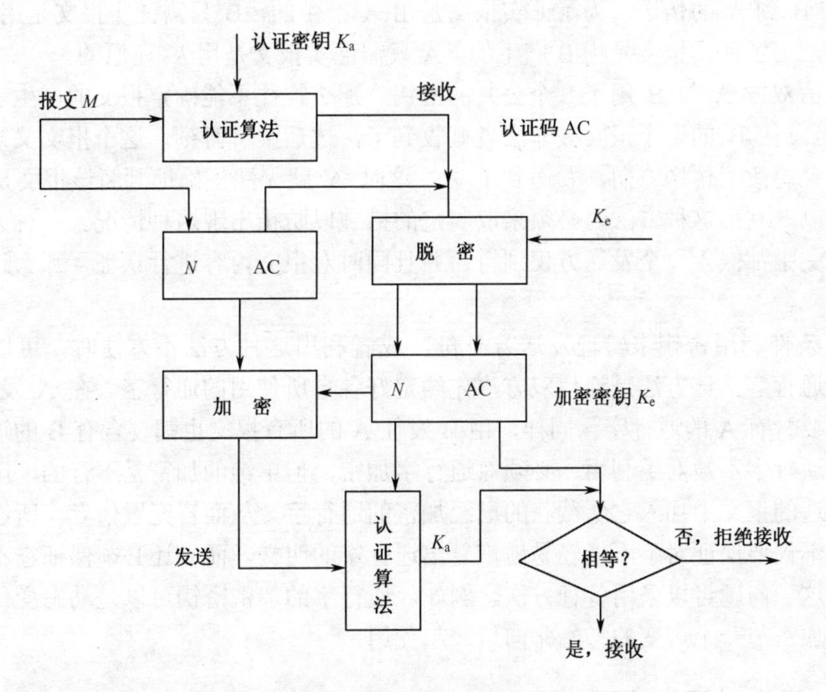

图 5.1 利用认证码进行报文内容鉴别的过程

1980 年，Sievi 向国际标准化组织 ISO 提出了一个建议，推荐了一个认证算法——DSA（Decimal Shift and Add）。DSA 算法在收、发双方同时利用两个秘密的 10 位长的十进制数 b_1 与 b_2，它们构成了控制算法操作的密钥。这两个十进制数为两个并行运算提供了起点，将要认证的信息看成是一个十进制数数串，对其进行相应的运算。很明显，这种方法非常适合于对数字信息的认证，如银行账目。当每次计算认证码时，首先将待认证信息变换成一个十进制数串，当然这种变换方法没有什么限制，由用户自己确定，只要能变换成十进制数串就可以。然后再将待认证信息分组，十位一组，每次运算时取一组，同时送入两个并行算法进行运算，直到所有信息组都运算完为止。最后再用 10 余个全 0 的码组运算一遍，把得到的结果组合起来就得到了认证码。

5.1.2 报文源的认证

现在介绍两种认证报文源（发送方）的方法，它们都以密码学为基础。

第一种方法是由接收方和发送方共享某个秘密的数据加密密钥，并利用这个密钥来验证发送方身份（如图 5.2 所示）。验证过程如下：接收方使用约定的密钥（由发送方的 ID 决定）对收到的密文进行脱密，并且检验还原的明文是否正确，根据检验结果就可以验证发送方的身份。

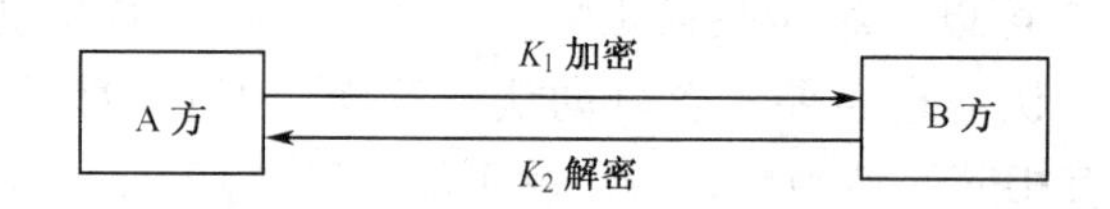

图 5.2　利用加密密钥验证发送方身份

设通信者 A 与通信者 B 采用密钥 K_1 与 K_2 进行交互通信，K_1 仅用于从 A 到 B 的传送，K_2 仅用于从 B 到 A 的传送。为了证实报文是由 A 产生的，B 只需证实报文是用 K_1 正确还原的。同样，为了证实报文是由 B 产生的，A 只需证实报文是用 K_2 还原的。

如果通信双方 A 与 B 用了一个公共的密钥，那么往往不能确定报文的产生者。例如，某时刻从 A 发往 B 的一个报文被非法者截收到了，过后某一时刻，这个报文又被插到通信线路中，而且更改了传送方向，发送到了 A。这时 A 就无法正确地判断该报文是否是由 B 产生的。所以，利用这种方法时必须采取一定的措施以防止出现这种情况。一种方法是在所有传送的报文中都嵌入一个发送方识别符，并且同时对报文内容进行认证，那么这个问题就能解决了。

当没有条件利用密钥来验证发送方身份，或者利用这种方法不方便时，可以采用另一种方法——通行字。该方法是通信双方事先约定好各自所使用的通行字。在 A 发给 B 的所有报文中都要含有 A 的通行字，同样，由 B 发往 A 的所有报文也都要含有 B 的通行字。为了保证这些通行字不被对手利用，必须对通行字加密，但单纯的加密是不行的，因为对手可以在一份伪造的报文中加入它所截获的已经加密的通行字，从而冒充发信者。所以，对通行字加密后，不仅要保证对手不能轻易地恢复出通行字的明文，而且还必须保证它不能被重复利用。解决这一问题可以采用各种方法。例如，通行字的加密密钥可以是动态变化的，或者把分组链接加密与一个可变的初始化向量一起使用。

5.1.3 报文时间性认证

验证报文是否是以发送方传送的顺序被接收的方法如下：

① 如果时变量 Z 是接收方和发送方预先约定的，那么用 Z 做初始化向量对发送的报文进行加密，就可以建立起报文传送的顺序。

② 如果时变量 T 是接收方和发送方预先约定的，那么只要在每份报文中加入 T，就可以建立起报文传送的顺序。

令 $Z_1, Z_2, \cdots, Z_n$ 分别代表用于传送一组报文 $M_1, M_2, \cdots, M_n$ 的时变量，假定采用分组链

接方式对报文进行加密，利用 $Z_1, Z_2, \cdots, Z_n$ 作为加密的初始化向量，由于第 i 个初始化向量只能还原第 i 个加了密的报文〈M_i〉，所以利用 Z 的值就能确定传送顺序。为了验证报文是否按正确的顺序接收的，只要使用适当的初始化向量对报文解密，并且验证它是否得到正确还原就可以了。

也可以用在每一份传送的报文中加入时变量的方法来对报文排序。令 $T_1, T_2, \cdots, T_n$ 分别表示传送报文 $M_1, M_2, \cdots, M_n$ 时所用的时变量。在这种情况下，若发放的识别符中包含 T_i 情况，那么接收方就能够验证报文是否是按正确的次序接收的。

另一种方法是采用预先约定的一次性通行字表 $T_1, T_2, \cdots, T_n$ 来实现的。这些通行字允许接收方既用来验证发送方的身份，又用来验证报文是否是按正确的次序接收的。

还有一种方法，每当 A 要给 B 发送报文时，A 先通知 B，B 就给 A 发送一个随机数 T，A 在发送给 B 的报文中加入 T，那么 B 就可以通过验证在报文中返回的 T 值来确认报文是否是按正确的顺序接收的。在这种方法中，由于 T 是在需要时产生的一个时变量，并且包含在报文正文中，所以只有在接收方同时对报文内容进行认证时，这种方法才能起作用。

5.2 身份认证

一个系统的安全性常常依赖于对终端用户身份的正确识别与检验，一个典型的例子是银行系统的自动提款机（ATM, Automatic Teller Machine），它为银行的正常账户提供现款，但它必须对提款用户的身份进行验证，以防止非法用户的欺诈行为。对计算机系统的访问也必须根据访问者的身份施加一定的限制，这些都是最基本的安全需要。

身份认证一般涉及两方面的内容：一方面是识别，另一方面是验证。所谓识别是指要明确访问者是谁，即必须对系统中的每个合法用户都有识别能力。要保证识别的有效性，必须保证任意两个不同的用户都不能具有相同的识别符。所谓验证是指在访问者声称自己的身份后（向系统输入他的识别符），系统还必须对他所声称的身份进行验证，以防假冒。识别信息（识别符）一般是非秘密的，而验证信息必须是秘密的。个人身份验证方法可以分成 4 种类型：

① 验证他知道什么；
② 验证他拥有什么；
③ 验证他的生物特征；
④ 验证他的下意识动作的结果。

口令与通行证方法是前两种类型的例子，第③种类型的例子是验证指纹，第④种类型的例子是验证访问者的签名。这几种方法各有利弊，第①种方法最简单，系统开销最小，但它的安全性也最差；第②种方法比第①种方法安全性好一些，但整个验证系统也相应比第①种方法复杂；第③种与第④种方法的安全性最高。我们知道几乎任意两个人的指纹都是不同的，并且几乎不能伪造；人的一种下意识的动作一般也是不能伪造的，所以这两种方法的安全性极高，相应地验证系统也更复杂。

5.2.1 口令验证

口令验证是根据用户知道什么来进行的。口令验证方法已经广泛应用于社会生活的各个方面，从阿里巴巴的开门咒语到军事领域的哨兵口令，以及目前用在计算机系统中的注册口令。在这种方法中，人们主要关注的是口令的生成与管理。

目前，口令生成主要有两种方法：一种是由口令拥有者自己选择口令；另一种是由机器自动生成随机的口令。前者的优点是用户很容易记住它，一般不会忘记，但缺点是很容易被猜出来；后者的优点是随机性好，要想猜测它很困难，但用户记忆困难。美国贝尔实验室的研究人员发现，用户自己选择的口令大多是如下几种情况：倒过来拼写的有意义的字、用户的姓名、街道名、城市名、汽车号码、房间号码、社会保险号、电话号码等。所以，对于想要窃取别人口令的人来说，这些都是他们优先猜测的目标。

根据这一事实，如果让用户自己自由选择口令，就会增大口令泄露的机会。一种解决方法是由系统为每个用户分配口令。可以设计一种口令生成器，使口令的生成是随机的，但是会带来用户记忆困难的问题。即使这个字符串不长，要让人记住它也不是一件容易的事。但研究表明，人类的记忆有一些特点，对于一些字符串，如果它们能够按正常发音规则发音，即使它们没有任何意义，人们记起来也比较容易。根据这一特点，口令生成器可以设计成这样：即使它产生的字符串没有任何意义，但是可以按照正常发音规则发音，这样记忆起来就容易多了。

对口令的管理也至关重要，口令在系统中的保存就是一个问题。对于一个采用口令方法来认证用户身份的计算机系统来说，如果同时有许多用户在其中注册，那么相应地，每个用户都要有一个自己的口令，并且从原则上说，不同用户的口令是不同的，这个口令要严格保密，不能被其他用户得到（不管用什么方法）。系统要想对用户的身份进行认证，就必须保存用户的口令，但是口令显然不能以明文的形式存放在系统中，否则就很容易泄露。如果采用通常的加密方法对存放在系统中的口令进行加密（如 DES 算法），那么加密密钥的保存就成了一个严重的安全问题，一旦这个加密密钥泄露出去，就可能把系统中所有的口令都泄露出去。所以口令在系统中的保存应该满足这样的要求：利用密文形式的口令恢复出明文形式的口令在计算机上是不可能的。口令一旦加密，就永远不会以明文的形式在任何地方出现。这就是说，要求对口令进行加密的算法是单向的，只能加密，解密是不可能的。系统利用这种方法对口令进行验证时，首先将用户输入的口令进行加密运算，将运算结果与系统中保存的该口令的密文形式进行比较，相等就认为是合法的，不等就认为是非法的。

口令管理的第二个问题是口令的传送问题。口令一定要以安全方式传送，否则就有可能泄露，使之失去意义。用加密的方法解决不了这个问题，因为即使采用加密方法，也还必须对接收者的身份进行认证，如果对接收者的身份不加以认证，就无法保证口令会正确地传送到合法用户手中。而对接收者的身份进行认证正是口令要解决的问题，所以在口令建立起来之前无法对接收者的身份进行认证，也就无法保证口令能够传送到正确的用户手中，因此必须考虑采用其他方法。一种方法是采用寄信方式，许多银行就是利用这种方法向它们的顾客分送个人识别号（PIN，Personal Identifying Number）。

当用户进入系统时，计算机终端屏幕上会出现这样的请求“请输入口令”，这时用户一般会不假思索地在键盘上输入他的口令，但这很可能是一个骗局。由于这时系统并没有向用户证明它是真正、正确的系统，所以用户面对的可能是一个专门设计的用于窃取用户口令的冒充者。为防止用户受骗，就必须使对话的双方（这种对话有时是人对人、机对机的）进行彼此认证。这就引出了口令管理的第三个问题——口令交换。当对话双方为了进行彼此认证而进行口令交换时，一个突出的问题是，如果双方只是简单地直接进行口令交换，那么由哪一方先发出它的口令呢？有什么能够保证他是在与一个合法的对方进行通话，而不是一个冒充者呢？下面就来解决这个问题。

设有一对实体，假如是两个人 A 与 B，他们打算相互通信，在通信之前他们必须对对方的身份进行认证，为此，他们都有各自的口令并且还应当保存有对方的口令，设 A 的口令是 P，B 的口令是 Q。当 A 提出与 B 进行通信的要求时，B 必须对 A 的身份进行认证，那么 A 就必须首先向 B 发送他的认证信息，但 A 这时对 B 的身份也没有进行认证，所以他不能直接将他的口令发送给 B。问题的关键在于，相互进行身份认证的双方都不能直接将他的口令传送给对方，但进行身份认证还必须有相应的口令信息。为此，我们利用一个单向函数 O。A 要对 B 的身份进行认证时，他首先向 B 发送一个随机选择的值 x_1，这个值是非保密的，B 在收到 x_1 后，利用单向函数 O 对 x_1 与 B 的口令 Q 进行如下运算：

$$y_1 = O(Q, x_1)$$

B 再将 y_1 发回 A。单向函数 O 保证了，即使知道了 x_1 与 y_1，也无法恢复出 Q 来，这样，在 y_1 中既包括了 B 的口令，但任何人又无法恢复出 B 的口令。当 A 收到 B 返回的 y_1 后，就利用单向函数 O 对 x_1（A 选择的值）与 Q（A 保存的值）进行运算，然后将结果与收到的 y_1 进行比较，如相等，A 就认为 B 是合法的通信方；否则，就认为 B 是非法的。如果 A 是非法接收者，那么他也无法从 y_1 中恢复出 B 的口令来。

同样，B 在与 A 进行真正的通信之前，也必须对 A 的身份进行认证，认证的方法如 A 对 B 的身份认证一样，B 向 A 发送一个选择值 x_2，A 收到 x_2 后，利用单向函数 O 对 x_2 与它的口令 P 进行如下运算：

$$y_2 = O(P, x_2)$$

然后将 y_2 发给 B，B 收到后，可以对其进行相应的认证以确定对方是否是 A。

为了防止口令在传送过程中被搭线窃听，而后又被重放，可以采用可变口令的方法。所谓可变口令就是指每次传送的口令都与上一次不同，但它对应的是同一个实体。其方法还是利用单向函数，它只分配一个初始值，利用这个初始值和一个单向函数，就可以产生一系列不同的口令。设 $u=O(v)$，O 是一个单向函数，v 是选择的初始值，O^n 表示单向函数运算 n 次的结果，如 $O^3=O(O(O(v)))$。

为了建立口令序列，设 A 选择一个随机变量 v，并且形成一个值 u_0 将它发送给 B

$$u_0 = O^3(v)$$

这个值不需要保密，因为从 u_0 中是无法恢复出 v 的值的。

对于第一个口令，A 可以向 B 发送

$$u_1 = O^{n-1}(v)$$

那么，对于 B，它可以很容易地通过检验 $O(u_1)$是否等于 u_0 来确定对方是不是 A。第二次进行认证时，A 向 B 发送的是

$$u_2 = O^{n-2}(v)$$

口令序列可按这种方式继续下去，第 i 次口令是

$$u_i = O^{n-i}(v)$$

每次校验都是通过本次口令与前一个口令的关系来进行的。所以接收方只要保存着上一次收到的口令，这种校验就能继续下去。可用口令的个数取决于选择的 n 值，我们看到，第 n 次使用的口令就是 v，所以这个口令序列最多只能有 n 个口令。

在人-机通信过程中，另一种根据用户知道什么来进行身份认证的方法是：当某用户第一次进入系统时，系统向他提出一系列问题，这些问题看起来与技术问题没有什么联系，如他所在学校校长的名字、他父母的血型、他喜欢的作者名字及他喜欢的颜色等。不是所有的问

题都必须回答，但是要回答足够多的问题，有些系统还允许用户增加他自己定义的一些问题与答案。系统要记住用户的问题与相应的答案，以后当该用户再次访问系统时，系统就要向他提出这些问题，只要他能够正确地回答出足够多的问题，系统就认为该用户具有他所声称的合法身份。系统的安全性取决于所选择的问题多少，以及难易程度。这些问题的选择原则是：对用户来讲比较容易记忆，而对于非法者来说，要想获得足够多的正确答案却很困难。

这种方法的优点是对用户比较友好，他可以选择非常熟悉而对其他人又不容易获得正确答案的问题，所以它的安全性是有一定保障的。它的缺点是系统与用户间需要交换的认证信息比较多，有些时候会觉得不太方便或比较麻烦。另外，这种方法还需要在系统中占据较大的存储空间来存储认证信息，相应地认证时间也长一些。它的安全性完全取决于对手对用户背景知道多少，所以在高度安全的系统中，这种方法是不适用的。

5.2.2 利用信物的身份认证

大多数人对利用授权用户所拥有的某种东西进行访问控制的方法并不陌生，我们经常使用这种方法。例如，在日常生活中，几乎所有人都有钥匙，用于开房门、开抽屉、开车子等。对计算机系统的访问控制也可以利用这种方法。我们可以在计算机终端上加一把锁，使用该终端的第一步就是用钥匙打开相应的锁，然后再进行相应的注册工作。但是，对计算机系统来讲，这种方法的一个最大缺点是它的可复制性，正如我们所用的普通钥匙是可以任意复制的，并且也很容易被人偷走。为此，人们想了许多办法，下面简单介绍一种。磁卡是一个具有磁条的塑料卡，这种卡已经越来越多地用于身份识别，如 ATM、信用卡，以及对安全区域的访问控制等。国际标准化组织 ISO 推荐了一个标准，对卡的尺寸、磁条的大小等作出了具体规定，该组织还制定了几个其他的标准，对相应的数据记录格式也作出了规定。

磁卡中最重要的部分是磁条的磁道，在这些磁道中，不仅存储着数据，而且也存储着用户的身份信息。一般来讲，磁卡与个人识别号（PIN）一起使用。在脱机系统中，PIN 必须以加密的形式存储在磁卡中，识别设备首先读出该卡中的身份信息，然后将其中的 PIN 解密，并要求用户输入 PIN，识别设备将这两个 PIN 进行比较以决定该卡的持有者是否合法。在联机系统中，PIN 可以不存在卡上，而存在主机系统中，进行认证时，系统把用户输入的 PIN 与主机系统中的 PIN 进行比较，据此来判断该卡的持有者是否具有他所声称的身份。

正如前面对口令的讨论一样，用户必须经过一定的训练，使他们选择的 PIN 更安全，不容易被人猜测出来。有些用户为了不忘记 PIN，往往把 PIN 或用户名写在他们的磁卡上，这样做有很大风险，万一磁卡丢失，就可能被非法分子利用。即使不把 PIN 写在磁卡上，当磁卡丢失时，也可能产生很大的威胁，因为磁卡上往往写着用户的名字，非法分子偷到一张磁卡后，很容易判断出该卡持有者的身份，如果是一个 ATM 卡，那么偷窃者就可以打电话给该卡拥有者，声称是发行该卡的银行，询问用户的 PIN 号，谎称要重新将 ATM 卡输入到银行系统中去，这时用户往往不假思索地告诉对方自己的 PIN，该用户就有可能遭受很大的损失。

理想的情况是：用户要把 PIN 记在脑子里，不要怕忘了而把它写在记事本或其他什么地方。但是，有时候这种要求又太过分了，特别是有的用户不只拥有一张卡，各张卡的 PIN 又各不相同。据说美国商人平均每人拥有 11 张信用卡，要想把这么多的不同的 PIN 完全记住是很不容易的。另外，当信用卡丢失时，不要轻易把口令泄露给身份不明的人，最好亲自到银行办理重入手续。普通磁卡很容易复制。复制品几乎可以乱真，对大多数人而言，很难区分出真假。磁卡上的内容从一个卡转移到另一个卡上，也不需要很昂贵的设备。因此，研制不可伪造的磁卡是很重要的，但是绝对的不可伪造是不可能的，人们只能想些办法增加伪造的困难度。目前，抗伪造的方法主要集中在如何阻止磁卡上的数据重新生成，人们为此已经发明了许多方法，以期提高磁性记录的安全性。

目前，人们常用的是灵巧卡（Smart Cards）。这种卡与普通磁卡的区别在于，它带有智能化的微处理器与存储器。今天，芯片技术已经得到飞速发展，芯片可以做得很小，也可以做得非常薄，它已经能够满足十分苛刻的要求，新的封装与连线方法为它的使用提供了很大的灵活性。

5.2.3 利用人类特征进行身份认证

前面讨论了利用口令与信物进行身份认证的方法，由于口令可以不经意地泄露，而信物又可能丢失或被人伪造，所以在对安全性要求较高的情况下，这两种方法都不太适用。为此，人们把注意力集中到了利用人类特征进行认证的方法上。人类的特征可以分为两种：一种是人的生物特征；另一种是人的下意识动作留下的特征。人的特征具有很高的个体性，世界上几乎没有任何两个人的特征是完全相同的，所以这种方法的安全性极高，几乎不能伪造，对于不经意的使用也没有什么副作用，但一般来讲，采用这种方法成本都很高。

利用人类的生物特征进行身份识别的历史已经很长了，特别是在侦破犯罪案件中。法国在 1870 年前的 40 多年中，一直使用一种称为 Bertillon 的系统，它通过测量人体各部分的尺寸来识别不同的罪犯，如前臂长度、各手指长度、身高、头的宽度、脚的长度等。今天，我们都知道利用人的指纹进行身份认证的方法。人的指纹是与生俱来的，并且一生都不会改变，世界上几乎没有任何两个人的指纹是一样的，所以利用人的指纹就能唯一地认证出每个不同的人。视网膜认证是一种比较可靠的认证方法，研究人员发现，人眼视网膜中的血管分布模式具有很高的个体性，可以利用这一性质对不同的人进行认证。语音认证是另一种人体生物特征认证的方法。我们知道，不同频率的声波会使我们感觉到不同的声音，人类的说话声是靠口腔内声带的振动发出的，正常人的声带是与生俱来的，不同人的声带、声带附近的肌肉组织等是不同的。所以不同人发出的声音的频率成分、各频率成分的多少及它们的持续时间都不同，根据这种差异就可以识别出不同的人。

人的下意识动作也会留下一定的特征，不同的人对同一个动作会留下不同的特征，这方面最常见的例子是手写签名。手写签名作为一种身份认证的方法已有很长历史了，商人之间签订合同、政府间签署协议、某组织下发文件等活动都需要有相应负责人的签字，以表明签字人对文件的认可。频繁进行签名的人对这一动作已经司空见惯，所以签名已经成了一种条件反射动作，它已经不受手臂肌肉的人为控制，从而成为一种下意识的动作。这种动作的结果会留下许多特征，如书写时的用力程度、笔迹的特点等，根据这些特征就能够认证出签名人的身份。

5.3 数 字 签 名

在传统的以书面文件为基础的事务处理中，采用书面签名的形式，如手签、印章、手印等。书面签名得到司法部门的支持，具有一定的法律效力。在以计算机文件为基础的现代事务处理中，应采用电子形式的签名，即数字签名（Digital Signature）。

随着计算机科学技术的发展，电子商务、电子政务、电子金融等系统得到广泛应用，数字签名问题显得更加突出、更加重要，在这些系统中数字签名问题不解决是不能实际应用的。本节研究数字签名的原理与应用技术。

5.3.1　数字签名的概念

一种完善的签名应满足以下三个条件：

① 签名者事后不能抵赖自己的签名；

② 任何其他人不能伪造签名；

③ 如果当事人双方关于签名的真伪发生争执，能够在公正的仲裁者面前通过验证签名来确认其真伪。

设用户 A 要向用户 B 发送文件 M，数字签名主要研究和解决这一过程中的以下问题：

① A 如何在文件 M 上签名？

② B 如何验证 A 的签名的真伪？

③ A 如何鉴别别人伪造自己的签名？

④ B 如何阻止 A 签名后又抵赖？

一个数字签名体制都要包括两个方面的处理：施加签名和验证签名。设施加签名的算法为 SIG，产生签名的密钥为 K，被签名的数据为 M，产生的签名信息为 S，则有

$$\mathrm{SIG}(M, K)=S$$

设验证签名的算法为 VER，用以对签名 S 进行验证，可鉴别 S 的真假。即

$$\mathrm{VER}(S,K)=\begin{cases}\text{真} & S=\mathrm{SIG}(M,K)\\ \text{假} & S\neq \mathrm{SIG}(M,K)\end{cases}$$

在普通的书面文件处理中，经过签名的文件包括两部分信息，一部分是文件的内容 M；另一部分是手签、印章、指纹等签名信息。它们出现在同一张纸上而被紧紧地联系在一起。纸是一种比较安全的存储介质，一旦纸被撕破、拼接、涂改，则很容易发现。但是在计算机中若也像书面文件那样简单地把签名信息附加在文件内容之后，则签名函数必须满足以下条件，否则文件内容及签名被篡改或冒充均无法发现。

① 当 $M'\neq M$ 时，有 $\mathrm{SIG}(M', K)\neq\mathrm{SIG}(M, K)$，即 $S\neq S'$。

条件①要求签名 S 至少和被签名的数据 M 一样长。当 M 较长时，实际应用很不方便，因此希望签名短一些。为此，将条件①修改为：虽然当 $M\neq M'$时，存在 $S=S'$，但对于给定的 M 或 S，要找出相应的 M'在计算上是不可能的。

② 签名 S 只能由签名者产生，否则别人便可伪造，于是签名者也就可以抵赖。

③ 收信者可以验证签名 S 的真伪。这使得当签名 S 为假时收信者不致上当，当签名 S 为真时又可阻止签名者的抵赖。

④ 签名者也应有办法鉴别收信者所出示的签名是否是自己的签名，这就给予了签名者自卫的能力。

虽然利用传统密码和公开密钥密码都能够实现数字签名，但是因为利用传统密码实现数字签名的方法太麻烦，使用不方便，一般很少采用。而利用公开密钥密码实现数字签名非常方便，因此得到广泛应用。虽然许多公开密钥密码既可以用于数据加密又可以用于数字签名，但是因为公开密钥密码的效率都比较低，因此目前公开密钥密码主要用于数字签名，或者用于保护传统密码的密钥，而不主要用于数据加密。许多国际标准化组织都采用公开密钥

密码数字签名作为数字签名标准。例如，1994 年颁布的美国数字签名标准（DSS）采用的是基于 ElGamal 公开密钥密码的数字签名，2000 年美国政府又将 RSA 和椭圆曲线密码引入 DSS，进一步充实了 DSS 的算法。著名的国际安全电子交易标准协议也采用 RSA 密码数字签名和椭圆曲线密码数字签名。

数字签名的形式是多种多样的，如通用数字签名、仲裁数字签名、不可否认签名、盲签名、群签名、门限签名等，完全能够适合各种不同类型的应用。

法国是世界上第一个制定并通过数字签名法律的国家，美国的一些州已经通过数字签名法，我国和许多其他国家也在积极研究制定数字签名的相关法律。从法律上正式承认数字签名的法律意义是数字签名得到政府与社会公认的一个重要标志。可以预计，数字签名在获得法律支持后将会得到更广泛的应用。

5.3.2 公钥密码实现数字签名的原理

设$(M, C, E, D, K(K_e, K_d))$是一个公开密钥密码，根据前面的讨论我们知道，对于全体明文 M 都有

$$E(D(M, K_d), K_e)=M$$

则可确保数据的真实性，进而如果

$$E(D(M, K_d), K_e)=D(E(M, K_e), K_d)=M$$

则可同时确保数据的秘密性和真实性。

凡是能够确保数据的真实性的公开密钥密码，如 RSA 密码、ElGamal 密码、椭圆曲线密码等都可以实现数字签名。

为了实现数字签名，应成立相应的管理机构，制定规章制度，统一负责签名及验证等技术问题和用户的登记、注册、纠纷的仲裁等一系列问题。

用户 A 和用户 B 利用公开密钥密码进行数字签名的一般过程如下：

① A 和 B 都将自己的公开密钥 K_e 公开登记并存入管理中心共享的公开密钥数据库（PKDB），以此作为对方及仲裁者验证签名的数据之一。

② A 用自己保密的解密钥 K_{dA} 对明文数据 M 进行签名

$$S_A=D(M, K_{dA})$$

S_A 即为 A 对 M 的签名。如果不需要保密，则 A 直接将 S_A 发送给 B。如果需要保密，则 A 查阅 PKDB，查到 B 的公开的加密钥 K_{eB}，并用 K_{eB} 对 S_A 再加密，得到密文 C:

$$C=E(S_A, K_{eB})$$

最后，A 把 C 发送给 B，并将 S_A 或 C 留底。

③ B 收到后，若不是保密通信，则首先查阅 PKDB，查到 A 的公开加密钥 K_{eA}，然后用 K_{eA} 对签名进行验证

$$E(S_A, K_{eA})=E(D(M, K_{dA}), K_{eA})=M$$

若是保密通信，则 B 首先用自己的保密的解密钥 K_{dB} 对 C 解密，然后查阅 PKDB，查到 A 的公开的加密钥 K_{eA}，用 K_{eA} 对签名进行验证

$$D(C, K_{dB})=D(E(S_A, K_{eB}), K_{dB})=S_A$$

$$E(S_A, K_{eA})=E(D(M, K_{dA}), K_{eA})=M$$

验证签名的过程就是恢复明文的过程。如果能够恢复出正确的 M，则说明 S_A 是 A 的签名，否则 S_A 不是 A 的签名。

B 将收到的 S_A 或 C 留底。

B 给 A 发回“收到 M”的签名回执。

④ A 收到回执后同样验证签名并留底。

因为只有 A 才拥有 K_{dA}，而且由公开的 K_{eA} 在计算上不能求出保密的解密钥 K_{dA}。因此在第②步的签名操作只有 A 才能进行，任何其他人都不能进行。所以 K_{dA} 就相当于 A 的印章或指纹，而 S_A 就是 A 对 M 的签名。对此 A 不能抵赖，任何其他人不能伪造。

事后如果 A 和 B 关于签名的真伪发生争执，则他们应向公正的仲裁者出示留底的签名数据，由仲裁者当众验证签名，解决纠纷。

应当指出，对于上述签名通信，还有几个有待解决的问题。第一，验证签名的过程就是恢复明文的过程。如果 B 能够恢复出正确的明文 M，则认定 S_A 是 A 的签名，否则认为 S_A 不是 A 的签名。因为 B 事先并不知道明文 M，否则就用不着通信了。那么 B 怎样判定恢复出的 M 是否正确呢？第二，怎样阻止 B 或 A 用 A 以前发给 B 的签名数据，或者用 A 发给其他人的签名数据来冒充当前 A 发给 B 的签名数据呢？仅仅靠签名本身并不能解决这些问题。

对于这两个问题，只要合理设计明文的数据格式便可以解决。一种可行的明文数据格式如下：

发送方标识符	接收方标识符	报文序号	时间	数据正文	纠检错码

形式上可将 A 发给 B 的第 I 份报文表示为

$$M=(\mathrm{A}, \mathrm{B}, I, \mathrm{DATA}, \mathrm{CRC})$$

进一步将附加报头数据记为

$$H=(\mathrm{A}, \mathrm{B}, I)$$

于是，A 以$(H, \mathrm{SIG}(M, K_{dA}))$为最终报文发给 B，其中 H 为明文形式。由于以明文形式加入了发送方标识符、接收方标识符、报文序号、时间等附加信息，就使任何人一眼就可识破 B 或 A 用 A 以前发给 B 的签名报文，或用 A 发给其他人的签名报文，来伪造冒充当前 A 发给 B 的签名报文的伪造或抵赖行为。另外，B 收到 A 的签名报文后，只要用 A 的公开密钥验证签名并恢复出正确的附加信息 $H=(\mathrm{A}, \mathrm{B}, I)$，便可断定明文 M 是否正确，而附加信息 $H=(\mathrm{A}, \mathrm{B}, I)$的正确与否 B 是知道的。设验证签名时恢复出的附加信息为 $H^*=(\mathrm{A}^*, \mathrm{B}^*, I^*)$，而接收到的报头数据为 $H=(\mathrm{A}, \mathrm{B}, I)$，当且仅当 $\mathrm{A}^*=\mathrm{A}$ 且 $\mathrm{B}^*=\mathrm{B}$ 且 $I^*=I$ 时，我们认定恢复出正确的附加信息 $H=(\mathrm{A}, \mathrm{B}, I)$。

根据附加信息 $H=(\mathrm{A}, \mathrm{B}, I)$的正确性来判断明文 M 的正确性的依据是基于以下事实。设附加信息 $H=(\mathrm{A}, \mathrm{B}, I)$的二进制位长度为 l，再设所用的公开密钥密码具有良好的随机性，即明文和密钥中的每一位对密文中的每一位的影响是随机独立的。这样，用 A 的公开密钥 K_{eA} 之外的任何密钥对 A 的签名 S_A 进行验证，或者用包括 K_{eA} 在内的任一密钥对假签名 S'_A 进行验证，而恢复出正确的附加信息 $H=(\mathrm{A}, \mathrm{B}, I)$的概率小于等于 2^{-l}。因此，根据附加信息 $H=(\mathrm{A}, \mathrm{B}, I)$的正确性来判断明文 M 的正确性的错判概率

$$p_e \leqslant 2^{-l}$$

而 l 是设计参数，当 l 足够大时这一概率是极小的。另外，明文中时间信息应有合理的取值范围，超出合理的取值范围便知道明文是不正确的。明文中的数据正文显然应有正确的语义，如果发现语义有错误，便知道明文是不正确的。根据明文中的纠错码也可判别明文的正

确与否。因此，在实际签名通信中，结合时间、语义和纠错码进行综合判断可使错判的概率更小。

注意，在实际应用中为了缩短签名的长度、提高签名的速度，也为了更安全，常对信息的摘要进行签名，这时要用 Hash(M)代替 M，而且数据格式也要结合实际认真设计。

5.3.3 利用 RSA 密码实现数字签名

1. RSA 数字签名的过程

前面已经讨论过 RSA 密码的加密和解密过程，知道

$$D(E(M))=(M^e)^d=M^{ed}=(M^d)^e=E(D(M)) \bmod n$$

所以 RSA 密码可以同时确保数据的保密性和真实性，因此利用 RSA 密码可以同时实现数字签名和数据加密。

设 M 为明文，$K_{eA}=(e, n)$是 A 的公开密钥，$K_{dA}=(d, p, q, \Phi(n))$是 A 的保密的私钥。则 A 对 M 的签名过程是 $S_A=D(M, K_{dA})=(M^d) \bmod n$

S_A 便是 A 对 M 的签名。

验证签名的过程是 $E(S_A, K_{eA})=(M^d)^e \bmod n=M$

设 A 是发送方，B 是接收方，如果要同时确保数据的保密性和真实性，可以采用先签名后加密的方案：

① A 对 M 签名 $S_A=D(M, K_{dA})$；

② A 对签名加密 $E(S_A, K_{eB})$；

③ A 将 $E(S_A, K_{eB})$发送给 B。

2. 对 RSA 数字签名的攻击

RSA 数字签名很简单，但在实际应用中还要注意许多问题。

（1）一般攻击

由于 RSA 密码的加密和解密运算具有相同的形式，都是模幂运算。设 e 和 n 是用户 A 的公开密钥，所以任何人都可以获得并使用 e 和 n。攻击者首先随意选择一个数据 y，并用 A 的公开密钥计算 $x=y \bmod n$，于是便可以用 y 伪造 A 的签名。因为 x 是 A 对 y 的一个有效签名。

这种攻击实际上成功率并不高。因为对于随意选择的 y，通过加密运算后得到的 x 具有正确语义的概率是很小的。

可以通过认真设计数据格式或采用 Hash 函数与数字签名相结合的方法阻止这种攻击。

（2）利用已有的签名进行攻击

假设攻击者想要伪造 A 对 M_3 的签名，他很容易找到另外两个数 M_1 和 M_2，使得

$$M_3=M_1M_2 \bmod n$$

他设法让 A 分别对 M_1 和 M_2 进行签名

$$S_1=(M_1)^d \bmod n \quad , \quad S_2=(M_2)^d \bmod n$$

于是攻击者就可以用 S_1 和 S_2 计算出 A 对 M_3 的签名 S_3

$$(S_1S_2) \bmod n=((M_1)^d(M_2)^d) \bmod n=(M_3)^d \bmod n=S_3$$

对付这种攻击的方法是，用户不要轻易地对其他人提供的随机数据进行签名。更有效

的方法是不直接对数据签名，而是对数据的 Hash 值签名。

（3）利用签名进行攻击获得明文

设攻击者截获了密文 C，$C=M^e \bmod n$，他想求出明文 M。于是他选择一个小的随机数 r，并计算

$$x=r^e \bmod n$$
$$y=xC \bmod n$$
$$t=r^{-1} \bmod n$$

因为 $z=r^e \bmod n$，所以 $x^d=(r^e)^d \bmod n$，$r=x^d \bmod n$。然后攻击者设法让发送者对 y 签名，于是攻击者又获得

$$S=y^d \bmod n$$

攻击者计算 $tS \bmod n=r^{-1}y^d \bmod n=r^{-1}x^d e^d \bmod n=C^d \bmod n=M$

于是攻击者获得了明文 M。

对付这种攻击的方法同样是，用户不要轻易地对其他人提供的随机数据进行签名。最好是不直接对数据签名，而是对数据的 Hash 值签名。

（4）对“先加密，后签名”方案的攻击

前面介绍了“先签名，后加密”的数字签名方案，这一方案不仅可以同时确保数据的真实性和保密性，而且还可以抵抗对数字签名的攻击。

假设用户 A 采用“先加密，后签名”的方案将 M 发送给用户 B，则他先用 B 的公开密钥 e_B 对 M 加密，然后用自己的私钥 d_A 签名。再设 A 的模为 n_A，B 的模为 n_B，于是 A 发送如下的数据给 B

$$((M)^{e_B} \bmod n_B)^{d_A} \bmod n_A$$

如果 B 是不诚实的，则他可以用 M_1 抵赖 M，而 A 无法争辩。因为 n_B 是 B 的模，所以 B 知道 n_B 的因子分解，于是他就能计算模 n_B 的离散对数，即他就能找出满足 $(M_1)^x=M \bmod n_B$ 的 x，然后他公布他的新公开密钥为 xe_B，这时他就可以宣布他收到的是 M_1 而不是 M。

A 无法争辩的原因在于下式成立

$$((M_1)^{xe_B} \bmod n_B)^{d_A} \bmod n_A=((M)^{e_B} \bmod n_B)^{d_A} \bmod n_A$$

为了对付这种攻击，发送者应当在发送的数据中加入时间戳，以证明是用 e_B 对 M 加密而不是用新公开密钥 xe_B 对 M_1 加密的。另一种对付这种攻击的方法是经过 Hash 处理后再签名。

以上介绍了 4 种对数字签名的攻击或利用签名进行攻击获得明文的方法，由此可以得出以下结论：

① 不要直接对数据签名，而应对数据的 Hash 值签名；

② 要采用“先签名，后加密”的数字签名方案，而不要采用“先加密，后签名”的数字签名方案。

3. RSA 数字签名应用举例

PGP 采用 ZIP 压缩算法对邮件数据进行压缩，采用 IDEA 对压缩后的数据进行加密，采用 MD5 Hash 函数对邮件数据进行散列处理，采用 RSA 对邮件数据的 Hash 值进行数字签名，采用支持公钥证书的密钥管理。为了安全，PGP 采用了“先签名，后加密”的数字签名方案。

PGP 巧妙地将公钥密码 RSA 和传统密码 IDEA 结合起来，兼顾了安全和效率。支持公钥证书的密钥管理使 PGP 系统更安全方便。PGP 还有相当的灵活性，对于传统密码支持 IDEA，3DES，公钥密码支持 RSA，Diffie-Hellman 密钥协议，Hash 函数支持 MD5，

SHA。这些明显的技术特色使 PGP 成为 Internet 环境最著名的保密电子邮件软件系统。

PGP 采用 1024 位的 RSA、128 位的 IDEA 密钥、128 位的 MD5、Diffie-Hellman 密钥协议、公钥证书，因此 PGP 是安全的。如果采用 160 位的 SHA，PGP 将更安全。

如图 5.3 所示，PGP 的发送过程如下：

① 邮件数据 M 经 MD5 进行散列处理，形成数据的摘要；

② 用发送者的 RSA 私钥对摘要进行数字签名，以确保真实性；

③ 将邮件数据与数字签名拼接，数据在前，签名在后；

④ 用 ZIP 对拼接后的数据进行压缩，以便于存储和传输；

⑤ 用 IDEA 对压缩后的数据进行加密，加密钥为 K，以确保秘密性；

⑥ 用接收者的 RSA 公钥加密 IDEA 的密钥 K；

⑦ 将经 RSA 加密的 IDEA 密钥与经 IDEA 加密的数据拼接，数据在前，密钥在后；

⑧ 将加密数据进行 BASE 64 变换，变换成 ASCII 码。因为许多 E-mail 系统只支持 ASCII 码数据。

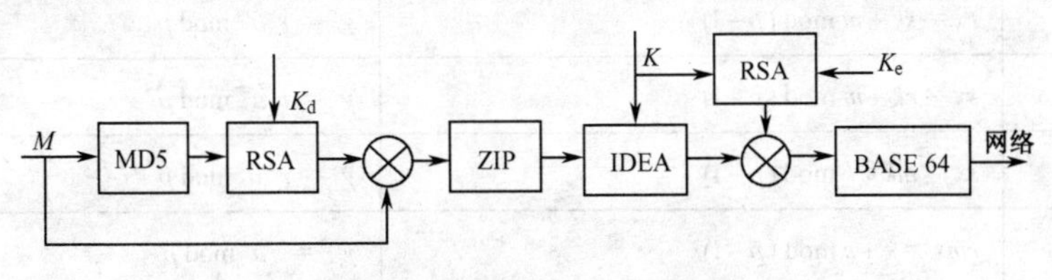

图 5.3　PGP 的发送过程

5.3.4　利用 ElGamal 密码实现数字签名

ElGama1 密码既可以用于加密又可以实现数字签名。

选 p 是一个大素数，p–1 有大素数因子，a 是一个模 p 的本原元，将 p 和 a 公开。用户随机地选择一个整数 x 作为自己的秘密的解密钥，$1 \leqslant x \leqslant p-2$，计算 $y=a^x \bmod p$，取 y 为自己的公开的加密钥。公开参数 p 和 a 可以由一组用户公用。

1. 产生签名

设用户 A 要对明文消息 m 签名，$0 \leqslant m \leqslant p-1$，其签名过程如下：

（1）用户 A 随机地选择一个整数 k，$1<k<p-1$，且$(k, p-1)=1$；

（2）计算 $r=a^k \bmod p$；

（3）计算 $s=(m-x_A r)k^{-1} \bmod (p-1)$；

（4）取(r, s)作为 m 的签名，并以(m, r, s)的形式发给用户 B。

2. 验证签名

用户 B 验证 $a^m=y_A^r r^s \bmod p$，是否成立，若成立则签名为真，否则签名为假。

签名的可验证性证明如下：

因 $s=(m-x_A r)k^{-1} \bmod (p-1)$，所以 $m=x_A r+ks \bmod (p-1)$，故 $a^m=a^{x_A r+ks}=y_A^r r^s \bmod p$，故签名可验证。

对于上述 ElGamal 数字签名，为了安全，随机数 k 应当是一次性的。否则，可用过去的签名冒充现在的签名。

注意，由于取(r, s)作为 m 的签名，所以 ElGamal 数字签名的数据长度是明文的 2 倍，即数据扩展一倍。

利用 ElGamal 密码实现数字签名，安全方便，可总结出 18 种利用 ElGamal 密码实现数字签名的变形算法，见表 5.1。其中 x 是用户的私钥，k 是随机数，a 是一个模 p 的本原元，m 是要签名的信息，r 和 s 是签名的两个分量。

表 5.1　18 种 ElGamal 密码实现数字签名的变形算法表

编　号	签 名 算 法	验 证 算 法
1	$mx = rk + s \bmod (p-1)$	$\gamma^m = r^r a^s \bmod p$
2	$mx = sk + r \bmod (p-1)$	$\gamma^m = r^s a^r \bmod p$
3	$rx = mk + s \bmod (p-1)$	$\gamma^r = r^m a^s \bmod p$
4	$rx = sk + m \bmod (p-1)$	$\gamma^r = r^s a^m \bmod p$
5	$sx = rk + m \bmod (p-1)$	$\gamma^s = r^r a^m \bmod p$
6	$sx = mk + r \bmod (p-1)$	$\gamma^s = r^m a^r \bmod p$
7	$rmx = k + s \bmod (p-1)$	$\gamma^{rm} = ra^s \bmod p$
8	$x = mrk + s \bmod (p-1)$	$\gamma = ra^{mr} \bmod p$
9	$sx = k + mr \bmod (p-1)$	$\gamma^s = ra^{mr} \bmod p$
10	$x = sk + rm \bmod (p-1)$	$\gamma = r^s a^{rm} \bmod p$
11	$rmx = sk + 1 \bmod (p-1)$	$\gamma^{rm} = r^s a \bmod p$
12	$sx = rmk + 1 \bmod (p-1)$	$\gamma^s = r^{rm} \alpha \bmod p$
13	$(r+m)x = k + s \bmod (p-1)$	$\gamma^{r+m} = ra^s \bmod p$
14	$x = (m+r)k + s \bmod (p-1)$	$\gamma = r^{r+m} a^s \bmod p$
15	$sx = k + (m+r)m \bmod (p-1)$	$\gamma^s = ra^{m+r} \bmod p$
16	$x = sk + (r+m) \bmod (p-1)$	$\gamma = r^s a^{m+r} \bmod p$
17	$(r+m)x = sk + 1 \bmod (p-1)$	$\gamma^{r+m} = r^s a \bmod p$
18	$sx = (r+m)k + 1 \bmod (p-1)$	$\gamma^s = r^{r+m} a \bmod p$

其中第 4 个方程就是原始的 E1Gamal 数字签名算法，美国数字签名标准（DSS）的签名算法 DSA 是它的一种变形（引入了一个模参数 q）。用类似的方法，其余 17 种变形也都能转化为 DSA 型签名算法。

【例 5.1】　取 $p=11$，生成元 $a=2$，私钥 $x=8$。计算公钥

$$y=a^x \bmod p=2^8 \bmod 11=3$$

取明文 $m=5$，随机数 $k=9$，因为$(9, 11)=1$，所以 $k=9$ 是合理的。计算

$$r=a^k \bmod p=2^9 \bmod 11=6$$

再利用 Euclidean 算法从下式求出 s

$$M=(sk+x_A^r) \bmod (p-1)$$

$$5=(9s+8\times 6) \bmod 10$$

$$s=3$$

于是签名$(r, s)=(6, 3)$。

为了验证签名，需要验证 $a^M=y_A^r r^s \bmod p$，是否成立。为此计算

$$a^M=2^5 \bmod 11=32 \bmod 11=10$$

$$y_A^r r^s \bmod p=3^6\times 6^3 \bmod 11=729\times 216 \bmod 11$$

$$=157\,464 \bmod 11=10$$

因为 10=10，通过签名验证，这说明签名是真实的。

5.3.5 利用椭圆曲线密码实现数字签名

利用椭圆曲线密码可以很方便地实现数字签名。下面给出其算法。

一个椭圆曲线密码由下面的 6 元组描述：

$$T=(p, a, b, G, n, h)$$

式中，p 为大于 3 的素数，p 确定了有限域 $GF(p)$；元素 $a,b\in GF(p)$，a 和 b 确定了椭圆曲线；G 为循环子群 E_1 的生成元；n 为素数且为生成元 G 的阶，G 和 n 确定了循环子群 E_1。h 为余因子，将交换群 E 和循环子群联系起来；d 为用户的私钥；用户的公开钥为 Q，$Q=dG$；m 为消息；Hash(m)是 m 的摘要。

1. 产生签名

（1）选择一个随机数 k, $k\in\{0, 1, 2, \cdots, n-1\}$；

（2）计算点 $R(x_R, y_R)=kG$，并记 $r=x_R$；

（3）利用保密的解密钥 d 计算数 $s=(\text{Hash}(m)-dr)k^{-1} \bmod n$；

（4）以(r, s)作为消息 m 的签名，并以(m, r, s)的形式传输或存储。

2. 验证签名

（1）计算 $s^{-1} \bmod n$；

（2）利用公开的加密钥 Q 计算 $U(x_U, y_U)=s^{-1}(\text{Hash}(m)G-rQ)$；

（3）如果 $x_U=r$，则(r, s)是用户 A 对 m 的签名。

证明：因为 $s=(\text{Hash}(m)-dr)k^{-1} \bmod n$，所以 $s^{-1}=(\text{Hash}(m)-dr)^{-1}k \bmod n$，所以

$$U(x_U,\ y_U)=(\text{Hash}(m)-dr)^{-1}k[\text{Hash}(m)G-rQ]=(\text{Hash}(m)-dr)^{-1}R[\text{Hash}(m)-dr]=R$$

除了用椭圆曲线密码实现上述 E1Gamal 数字签名方案以外，对于表 5.1 中的 18 种 E1Gamal 变形签名算法都可用椭圆曲线密码来实现。其验证算法见表 5.2。

2000 年，美国政府已将椭圆曲线密码引入数字签名标准（DSS）。由于椭圆曲线密码具有安全、密钥短、软硬件实现节省资源等特点，所以基于椭圆曲线密码的数字签名的应用将会越来越多。

表 5.2　18 种 E1Gamal 变形签名算法都可用椭圆曲线密码来实现

编　号	验 证 算 法
1	$(r^{-1}m \bmod p-1)Q-(r^{-1}s \bmod p-1)P=(x_e,y_e)$
2	$(s^{-1}m \bmod p-1)Q-(s^{-1}r \bmod p-1)P=(x_e,y_e)$
3	$(m^{-1}r \bmod p-1)Q-(m^{-1}r \bmod p-1)P=(x_e,y_e)$
4	$(r^{-1}m \bmod p-1)Q-(r^{-1}s \bmod p-1)P=(x_e,y_e)$
5	$(r^{-1}s \bmod p-1)Q-(r^{-1}m \bmod p-1)P=(x_e,y_e)$
6	$(m^{-1}s \bmod p-1)Q-(m^{-1}r \bmod p-1)P=(x_e,y_e)$
7	$(r\,m \bmod p-1)Q-(s \bmod p-1)P=(x_e,y_e)$
8	$((r\,m)^{-1} \bmod p-1)Q-((rm)^{-1}s \bmod p-1)P=(x_e,y_e)$
9	$(s \bmod p-1)Q-(mr \bmod p-1)P=(x_e,y_e)$
10	$(s^{-1} \bmod p-1)Q-(s^{-1}rm \bmod p-1)P=(x_e,y_e)$
11	$(s^{-1}r \bmod p-1)Q-(s^{-1} \bmod p-1)P=(x_e,y_e)$
12	$((mr)^{-1}s \bmod p-1)Q-((mr)^{-1} \bmod p-1)P=(x_e,y_e)$
13	$((r+m)^{-1} \bmod p-1)Q-(s \bmod p-1)P=(x_e,y_e)$
14	$((m+r)^{-1} \bmod p-1)Q-((m+r)^{-1}s \bmod p-1)P=(x_e,y_e)$
15	$(s \bmod p-1)Q-((m+r) \bmod p-1)P=(x_e,y_e)$
16	$(s^{-1} \bmod p-1)Q-(s^{-1}(r+m) \bmod p-1)P=(x_e,y_e)$
17	$(s^{-1}(r+m) \bmod p-1)Q-(s^{-1} \bmod p-1)P=(x_e,y_e)$
18	$((m+r)^{-1}s \bmod p-1)Q-((m+r)^{-1} \bmod p-1)P=(x_e,y_e)$

5.3.6　美国数字签名标准（DSS）

1994 年美国政府颁布了数字签名标准（DSS，Digital Signature Standard），目前，DSS 的应用已十分广泛，并被一些国际标准化组织采纳为标准。

1. 算法描述

（1）算法参数

DSS 签名算法称为 DSA，它使用以下参数：

① p 为素数，要求 $2^{L-1}<p<2^L$，其中 $512\leqslant L\leqslant 1024$ 且 L 为 64 的倍数，即 $L=512+64j$，$j=0, 1, 2, \cdots, 8$。

② q 为一个素数，它是$(p-1)$的因子，$2^{159}<q<2^{160}$。

③ $g=h^{(p-1)/q} \bmod p$，其中 $1<h<p-1$，且满足使 $h^{(p-1)/q} \bmod p>1$。

④ x 为一个随机数，$0<x<q$。

⑤ $y=g^x \bmod p$。

⑥ k 为一个随机数，$0<k<q$。

这里参数 p，q，g 可以公开，且可为一组用户公用。x 和 y 分别为一个用户的私钥和公开钥。所有这些参数可在一定时间内固定。参数 x 和 k 用于产生签名，必须保密。参数 k 必须对每一个签名都重新产生，且每一个签名使用不同的 k。

（2）签名的产生

对数据 M 的签名为 r 和 s，它们分别按如下计算产生：

$$r=(g^k \bmod p) \bmod q$$
$$s=(k^{-1}(\mathrm{SHA}(M)+xr)) \bmod q$$

式中，k^{-1} 为 k 的乘法逆元素，即 $kk^{-1}=1 \bmod q$，且 $0<k^{-1}<q$。SHA 是安全 Hash 函数，它从数据 M 抽出其摘要 SHA(M)，SHA(M)为一个 160 位的二进制数字串。

应该检验计算所得的 r 和 s 是否为 0，若 $r=0$ 或 $s=0$，则重新产生 k，并重新计算产生的签名 r 和 s。

最后，把签名 r 和 s 附在数据 M 后面发给接收者：

M	r	s

（3）验证签名

为了验证签名，要用到参数 p，q，g，以及用户的公开密钥 y 和其标识符。

令 M_P，r_P，s_P 分别为接收到的 M，r 和 s。

① 首先检验是否有 $0<r_P<q$，$0<s_P<q$，若其中之一不成立，则签名为假。

② 计算

$$w=(s_P-l) \bmod q$$
$$u_1=(\mathrm{SHA}(M_P)w) \bmod q$$
$$u_2=((r_P)w) \bmod q$$
$$v=(((g)^{u_1}(y)^{u_2}) \bmod p) \bmod q$$

③ 若 $v=r_P$，则签名为真，否则签名为假或数据被篡改。

2. 算法证明

【定理 5.1】 令 p, q 为素数，且 q 为$(p-1)$的因子，h 为小于 p 的正整数，$g=h^{(p-1)/q} \bmod p$，则 $g^q \bmod p=1$，且若 $m \bmod q=n \bmod q$，则 $g^m \bmod p=g^n \bmod p$。

证明：$g^q \bmod p=(h^{(p-1)/q} \bmod p)^q \bmod p=h^{(p-1)} \bmod p=1$（根据费马小定理）

令 $m \bmod q=n \bmod q$，则 $m=n+kq$，k 为某一整数。于是

$$\begin{aligned} g^m \bmod p &= g^{n+kq} \bmod p \\ &=((g^n)(g^{kq})) \bmod p \\ &=((g^n \bmod p)(g^{kq} \bmod p)) \bmod p \\ &=g^n \bmod p \quad \text{(因为 } g^q \bmod p=1\text{)} \end{aligned}$$

【定理 5.2】 如果 $M_P=M$，$r_P=r$，$s_P=s$，则验证签名时有 $v=r_P$。

证明：$w=(s_P)^{-1} \bmod q=s^{-1} \bmod q$

$u_1=((\mathrm{SHA}(M_P))w) \bmod g=(\mathrm{SHA}(M)w) \bmod q$

$u_2=((r_P)w) \bmod q=(rw) \bmod q$

根据 $y=g^x \bmod p$，所以根据引理有

$$v=((g^{u_1}y^{u_2})\bmod p)\bmod q$$
$$=((g^{\mathrm{SHA}(M)w}y^{rw})\bmod p)\bmod q$$
$$=((g^{\mathrm{SHA}(M)w+rw})\bmod p)\bmod q$$

此外，$s=(k^{-1}(\mathrm{SHA}(M)+xr)\bmod q)$，所以

$$w=s^{-1}\bmod q$$
$$=(k^{-1}(\mathrm{SHA}(M)+xr))^{-1}\bmod q$$
$$=(k(\mathrm{SHA}(M)+xr)^{-1})\bmod q$$
$$(\mathrm{SHA}(M)+xr)\bmod q=k\bmod q$$

根据定理 5.1，$g^{(\mathrm{SHA}(M)+xr)w}\bmod p=g^k\bmod p$，即有

$$(g^k\bmod p)\bmod q=r=r_{\mathrm{P}}$$

5.3.7 不可否认签名

普通数字签名很容易复制，这对于公开声明、宣传广告等需要广泛散发的文件来说是方便和有益的。但是对于软件等需要知识产权保护的电子出版物来说，却不希望如此，否则其知识产权和经济利益将受到危害。例如，软件开发者可以利用不可否认签名对他们的软件进行保护，使得只有授权用户才能验证签名并得到软件开发者的售后服务，而非法复制者不能验证签名，从而不能得到软件的售后服务。

不可否认签名与普通数字签名最本质的不同在于：对于不可否认签名，在得不到签名者配合的情况下，其他人不能正确进行签名验证，从而防止非法复制和扩散签名者所签署的文件。这对于保护软件等电子出版物的知识产权有积极意义。

1．签名算法

（1）参数

q 和 p 是大素数，p 是安全素数，即 $p=2q+1$，有限域 $GF(p)$的乘法群 Z_p^*中的离散对数问题是困难的。

α 是 Z_p^*中的一个 q 阶元素。

a 是 Z_p^*中的一个元素，$1\leqslant a\leqslant q-1$。

$$\beta=\alpha^a\bmod p$$

式中，参数α和 p 可以公开，β为用户的公开钥，a 为用户的秘密钥。要由β计算出 a 是求解有限域的离散对数问题，这是极困难的。

（2）签名算法

设待签名的消息为 M，$1\leqslant M\leqslant q-1$，则用户的签名为

$$S=\mathrm{SIG}(M,a)=M^a\bmod p$$

签名者把签名 S 发送给接收者。

2．验证算法

（1）接收者接收签名 S。

（2）接收者选择随机数 e_1，e_2，$1\leqslant e_1$，$e_2\leqslant p-1$。

（3）接收者计算 c

$$c=S^{e_1}\beta^{e_2}\bmod p$$

并把 c 发送给签名者。

（4）签名者计算

$$b = a^{-1} \bmod q$$

$$d = c^{b} \bmod p$$

并把 d 发送给接收者。

（5）当且仅当

$$d = M^{e_1} \alpha^{e_2} \bmod p$$

接收者认为 S 是一个真实的签名。

因为上述签名验证过程的第（3）和第（4）步需要签名者进行，所以没有签名者的参与，就不能验证签名的真伪。这正是不可否认签名的主要特点之一。

这里简单说明，攻击者不能伪造签名而使接收者上当。假设攻击者在知道消息 M 而不知道签名者的秘密密钥 a 的情况下，伪造一个假签名 S'。那么以 S'执行验证协议而使接收者认可的概率有多大呢？再假设在执行验证协议时，攻击者能够冒充签名者接收和发送消息，则这一问题变为攻击者成功猜测秘密钥 a 的概率，因为 $1 \leqslant a \leqslant q-1$，所以猜测成功的概率为 $1/(q-1)$，加上其他因素，伪造签名而使接收者认可的概率小于等于 $1/(q-1)$。

3．否认协议

对于不可否认签名，如果签名者不配合便不能正确进行签名验证，于是不诚实的签名者，便有可能在对他不利时拒绝配合验证签名。为了避免发生这类事件，不可否认签名除了普通签名中的签名产生算法、验证签名算法外，还需要增加另一重要组成部分——否认协议（Disavowal Protocol）。签名者可利用执行否认协议向公众证明某一文件的签名是假的，反过来如果签名者不执行否认协议就表明签名是真实的。为了防止签名者否认自己的签名，必须执行否认协议。

（1）接收者选择随机数 e_1，e_2，$1 \leqslant e_1$，$e_2 \leqslant p-1$。

（2）接收者计算 $c = S^{e_1} \beta^{e_2} \bmod p$，并把 c 发送给签名者。

（3）签名者计算

$$b = a^{-1} \bmod q$$

$$d = c^{b} \bmod p$$

并把 d 发送给接收者。

（4）接收者验证 $d = M^{e_1} d^{e_2} \bmod p$。

（5）接收者选择随机数 $f_1, f_2, 1 \leqslant f_1, f_2 \leqslant p-1$。

（6）接收者计算 $c = S^{f_1} \beta^{f_2} \bmod p$，并发送给签名者。

（7）接收者计算 $d = c^{b} \bmod p$，并发送给签名者。

（8）接收者验证 $d = M^{f_1} \alpha^{f_2} \bmod p$。

（9）接收者宣布 S 为假，当且仅当

$$(d\alpha^{-e_2})^{f_1} = (d\alpha^{-f_2})^{e_1} \bmod p$$

上述否认协议的（1）～（4）步，实际上就是签名的验证协议。（5）～（8）步为否认进行数据准备，第（9）步进行综合判断。

执行上述否认协议可以证实以下两点：

① 签名者可以证实接收者所提供的假签名确实是假的；

② 接收者提供的真签名不可能（极小的成功概率）被签名者证实是假的。

5.3.8 盲签名

在普通数字签名中，签名者总是先知道数据的内容后才实施签名，这是通常的办公事

务所需要的。但有时却需要某个人对某数据签名，而又不能让他知道数据的内容，这种签名称为盲签名（Blind Signature）。在无记名投票选举和数字化货币系统中往往需要这种盲签名，因此盲签名在电子商务和电子政务系统中有着广泛的应用。

盲签名与普通签名相比有如下两个显著特点：

（1）签名者不知道所签署的数据内容；

（2）在签名被接收者泄露后，签名者不能追踪签名。

为此，接收者首先将待签数据进行盲变换，把变换后的盲数据发给签名者，经签名者签名后再发给接收者。接收者对签名再进行去盲变换，得出的便是签名者对原数据的盲签名。这样便满足了条件（1）。要满足条件（2），必须使签名者事后看到盲签名时不能与盲数据联系起来，这通常是依靠某种协议来实现的。

D.Chaum 首先提出盲签名的概念，他形象地将盲签名比喻成在信封上签名，明文好比书信的内容，为了不使签名者看到明文，给信纸加一个具有复写能力的信封，这一过程称为盲化过程。而在盲化后的文件上签名，好比是使用硬笔在信封上签名。虽然是在信封上签名，但因信封具有复写能力，所以签名也会签到信封内的信纸上。经过盲化的文件，别人是不能读的。

1. RSA 盲签名

D.Chaum 利用 RSA 算法构造了第一个盲签名算法。下面介绍这一算法。

设用户 A 要把消息 M 发送给 B 进行盲签名，e 是 B 的公开的加密钥，d 是 B 的保密的解密钥。

（1）A 对消息 M 进行盲化处理，他随机选择盲化整数 k，$1<k<M$，并计算

$$T=(Mk)^e \bmod n$$

（2）A 把 T 发给 B。

（3）B 对 T 签名 $\quad T^d=(Mk^e)^d \bmod n$

（4）B 把他对 T 的签名发给 A。

（5）A 通过计算得到 B 对 M 的签名，

$$S=T^d / k \bmod n=M^d \bmod n$$

这一算法的正确性可简单证明如下：

因为 $T^d=(Mk^e)^d=M^d k \bmod n$，所以 $T^d/k=M^d \bmod n$，而这恰好是 B 对消息 M 的签名。

盲签名在某种程度上保护了参与者的利益，但不幸的是盲签名的匿名性可能被犯罪分子所滥用。为此，人们又引入了公平盲签名的概念。公平盲签名比盲签名增加了一个特性，即建立一个可信中心，通过可信中心的授权，签名者可追踪签名。

2. 双联签名

双联签名是实现盲签名的一种变通方法。它的基本原理是利用协议和密码将消息与人关联起来，而并不需要知道消息的内容，从而实现盲签名的两个特性。

双联签名采用单向 Hash 函数和数字签名技术相结合，实现盲签名的两个特性。其原理如图 5.4 所示。

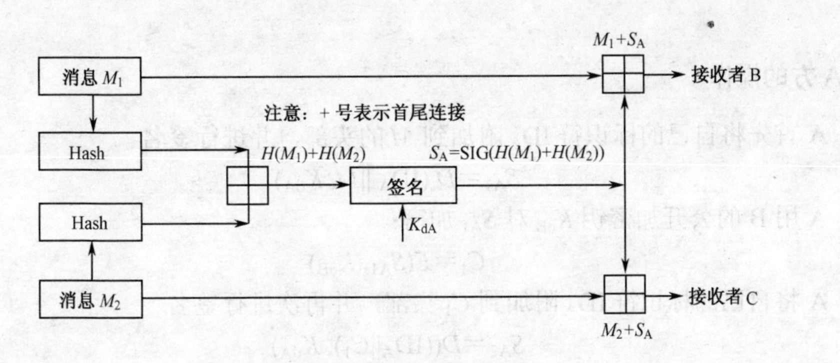

图 5.4 双联签名原理

消息 M_1 和 M_2 分别经 Hash 函数变换后得到 $H(M_1)$和 $H(M_2)$，连接后变为 $H(M_1)+H(M_2)$。再由发信者 A 用自己的秘密钥 K_{dA} 签名，得到 $S_A=SIG(H(M_1)+H(M_2))$。最后将 M_1 与 S_A 连接发给接收者 B，将 M_2 与 S_A 连接发给接收者 C。

接收者 B 和接收者 C 都可用发信者 A 的公开密钥验证双联签名 S_A。但接收者 B 只能阅读 M_1，计算 $H(M_1)$，通过 $H(M_1)$验证 M_1 是否正确，而对消息 M_2 却一无所知，但通过验证签名 S_A 可以相信消息 M_2 的存在。同样，接收者 C 也只能阅读 M_2，计算 $H(M_2)$，通过 $H(M_2)$验证 M_2 是否正确，而对消息 M_1 却一无所知，但通过验证签名 S_A 可以相信消息 M_1 的存在。

这个方案的一个优点是，发信者对两个消息 M_1 和 M_2 只需要计算一个签名。在电子商务系统中，许多支付系统都采用这一方案。因为在一次支付过程中，显然有两个关联数据，一个是财务转账的数据，另一个是所购物品的数据，因而与这一方案相适应。

5.4 数字签名的应用

5.4.1 计算机公证系统

在法制社会中，许多重要的社会事务都需要进行公证，以表示事务的公正性和真实性。例如，许多重要的协议、合同、凭据的签名都需要公证人参加，以防止伪造和抵赖，并以此提供文件的合法性和公正性。计算机公证系统（Computor Notarization System）是有仲裁人或公证人参与的数字签名系统。

所谓仲裁签名就是通信双方共同委托一个公证人或仲裁人作为他们通信的中转与签名的验证者。发送方首先将签名信息发给仲裁人，由仲裁人对其进行验证。如果签名信息是真实的、完整的，仲裁人加上验证属实的标记等附加信息再发给收信者。如果签名信息有伪或有误，则仲裁人拒绝转发。

通常仲裁者并不是由人担任，而是由计算机网络系统中的一个硬件设备或软件系统担任。

设 A 和 B 是用户，U 为仲裁者，他们要进行仲裁签名通信。他们都将自己的加密密钥 K_{eA}, K_{eB}, K_{eU} 公开，而将自己的解密密钥 K_{dA}, K_{dB}, K_{dU} 严格保密。A 对消息 M 签名并经仲裁人 U 的仲裁（公证）后发给 B 的过程如下。

1．A 方的操作

（1）A 首先将自己的标识符 ID_A 附加到 M 的头部，并进行签名

$$S_{A1}=D(ID_A\|M, K_{dA})$$

（2）A 用 B 的公开加密钥 K_{eB} 对 S_{A1} 加密：

$$C_1=E(S_{A1}, K_{eB})$$

（3）A 将自己的标识符 ID_A 附加到 C_1 头部，并再次进行签名

$$S_{A2}=D((ID_A\|C_1), K_{dA})$$

（4）A 又一次将自己的标识符 ID_A 附加到 S_{A2} 的头部，形成

$$C=(ID_A\|S_{A2})$$

（5）最后，A 把 C 发给 U。

2．U 方的操作

（1）U 接收 $C=(ID_A\|S_{A2})$。

（2）U 根据报头的标识符 ID_A，得知是 A 发来的签名报文，于是用 A 的公开加密钥 K_{eA} 验证签名

$$\begin{aligned}E(S_{A2}, K_{eA})&=E(D((ID_A\|C_1), K_{dA}), K_{eA})\\&=ID_A\|C_1\\&=ID_A\|E(S_{A1}, K_{eB})\end{aligned}$$

（3）U 根据第（1）步收到的明文形式的 ID_A 和第（2）步加密所得的 ID_A 是否相等，来判定报文的真实性和完整性。如果报文是真实和完整的，则转第（4）步，否则拒绝通信。

（4）U 在第（3）步得到的 $ID_A\|C_1$ 后面附加一个时间戳 T 并加上自己的签名，得到

$$S_U=D((ID_A\|C_1\|T), K_{dU})$$

最后，U 把 S_U 发给 B。

3．B 方的操作

（1）B 首先验证 U 的签名，并恢复出

$$ID_A\|C_1\|T=E(S_U, K_{eU})$$

B 根据时间戳可判断报文的时间顺序是否正确，从而避免重放攻击。

（2）B 用自己的保密的解密钥对 C_1 恢复出 S_{A1}

$$\begin{aligned}S_{A1}&=D(C_1, K_{eB})\\&=D(ID_A\|M, K_{dA})\end{aligned}$$

（3）B 用 A 的公开的加密钥对 S_{A1} 进行验证签名，并恢复出明文 M

$$ID_A\|M=E(S_{A1}, K_{eA})$$

B 比较第（1）步得到的 ID_A 和第（3）步所得的 ID_A 是否相等，来判定 A 的签名报文的真实性和完整性。

A，U，B 均将各自有关数据留底，以备事后解决纠纷时使用。

在上述仲裁签名的通信过程中，无论是 A 发给 U，还是 U 发给 B 的数据都是经过两次签名和一次加密的密码处理，可以确保通信的安全性。

上述仲裁签名通信的优点是，参与通信的各方均无共享任何秘密信息，因此可以防止合谋欺骗；仲裁者不能获得 A 和 B 的通信内容，这对确保数据的保密性无疑是有益的。

5.4.2 Windows 系统的数字签名

在 Windows 系统中，用户可以用 Windows 所提供的密钥对文件进行数字签名。由数字签名方案的具体流程可以知道，要进行数字签名，就必须有成对的私钥和公钥，下面以 Windows 2000 系统为例，具体介绍私钥和公钥的获取过程，得到成对的私钥和公钥后，用户如何对文件进行加密和数字签名。

1. 私钥的获取

要获取私钥首先必须申请安全证书，一般地，一个用户在系统中注册，系统就会自动给用户分配一个私钥，它是通过系统的安全认证后自动获得的。要获取私钥也就必须先获取系统给用户的安全证书，获取安全证书和私钥的操作步骤如下。

首先要查看“管理工具”栏中是否有“控制台”项。如果有，则打开控制台；如果没有，则选择“运行”命令，弹出“运行”对话框，如图 5.5 所示，在“打开”列表框中输入“mmc”，单击“确定”按钮，则出现如图 5.6 所示的窗口。系统会自动为用户添加一个名为“控制台 1”的控制台。

如果在“控制台”中没有“证书”这一项，选择“控制台”菜单下的“添加/删除管理单元（M）”命令，如图 5.7 所示。

图 5.5 “运行”对话框

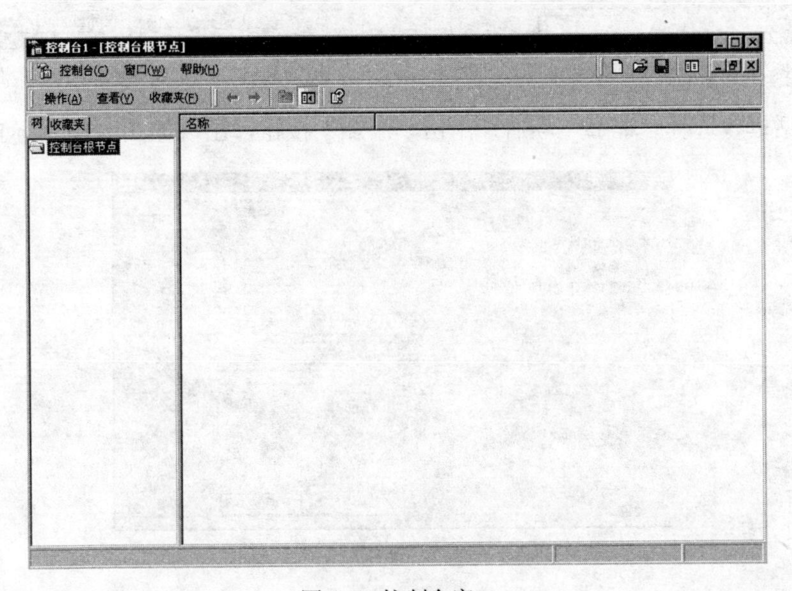

图 5.6 控制台窗口

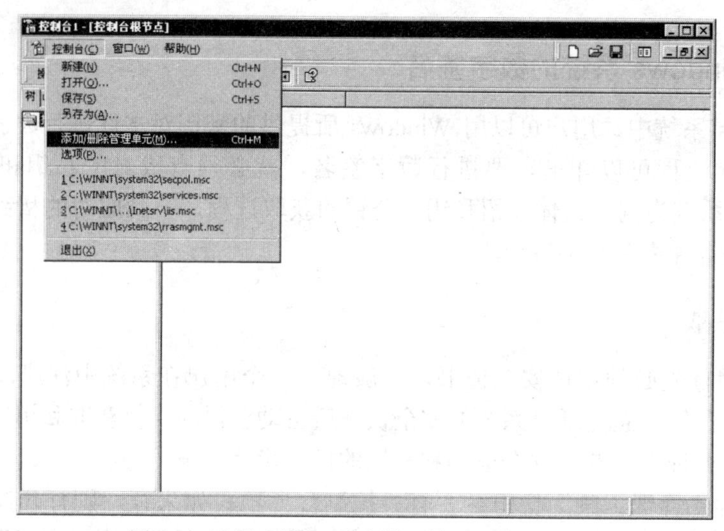

图 5.7　选择“添加/删除管理单元（M）”命令

出现如图 5.8 所示的对话框，单击 “添加”按钮，出现如图 5.9 所示的对话框。

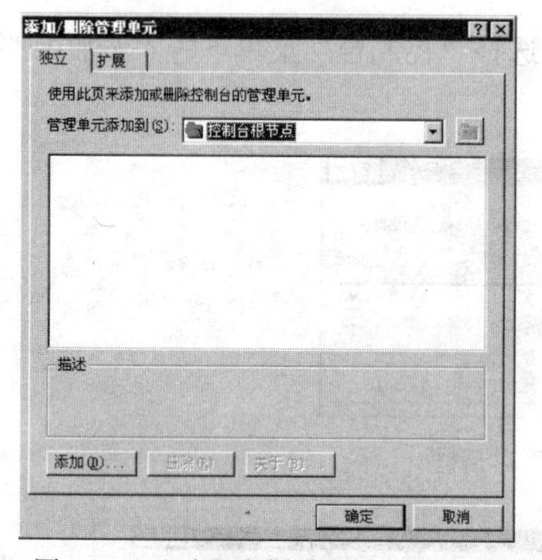

图 5.8　“添加/删除管理单元”对话框

图 5.9　“添加独立管理单元”对话框

在此对话框中选择“证书”项后，单击“添加”按钮，出现如图 5.10 所示的对话框。

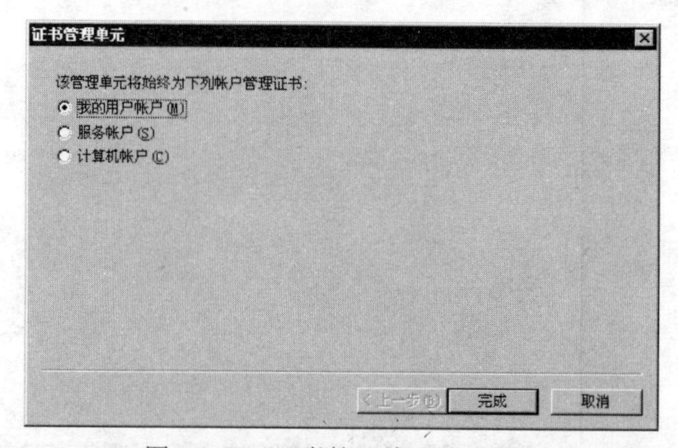

图 5.10　“证书管理单元”对话框

在此对话框中选中“我的用户账户”单选钮，单击“完成”按钮，选择个人证书项，即在控制台右边出现个人用户获得证书的情况，如图 5.11 所示。

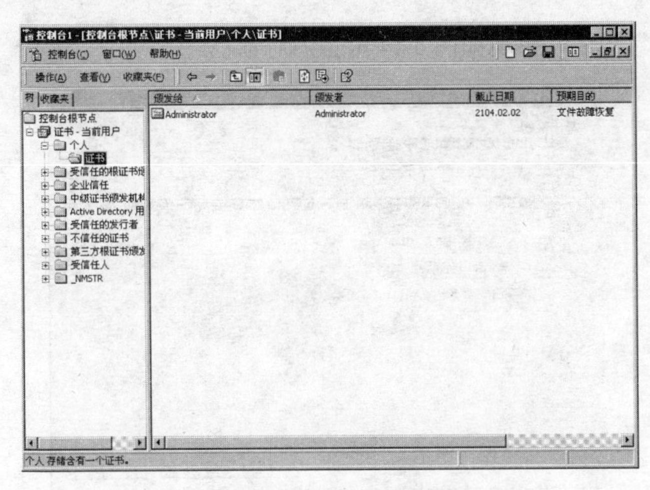

图 5.11　个人证书情况

这时系统已经为用户分配了一个私钥，只不过还看不到。要看到这个私钥就必须先导出这个私钥，注意私钥一般和个人用户安全证书一起，所以要导出私钥就必须先导出个人安全证书。选择自己的账号，然后选择“操作”→“所有任务”→“导出”命令，如图 5.12 所示。

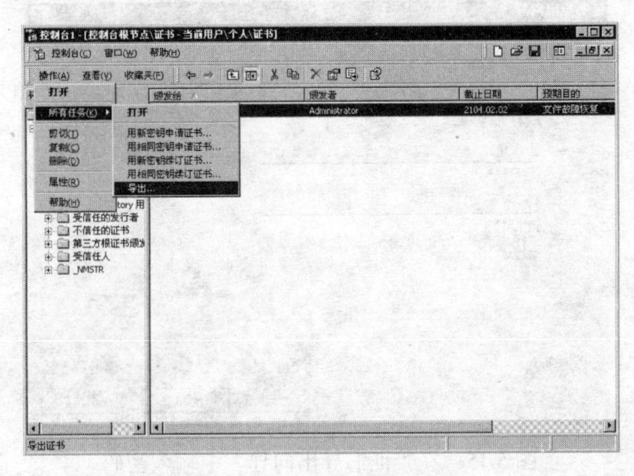

图 5.12　证书导出命令

选择导出后，出现如图 5.13 所示的对话框，它是一个“证书导出向导”。

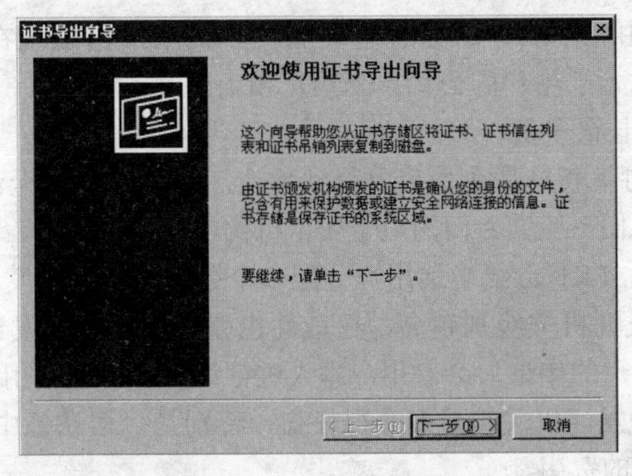

图 5.13　证书导出向导 1

单击“下一步”按钮，出现如图 5.14 所示的对话框。

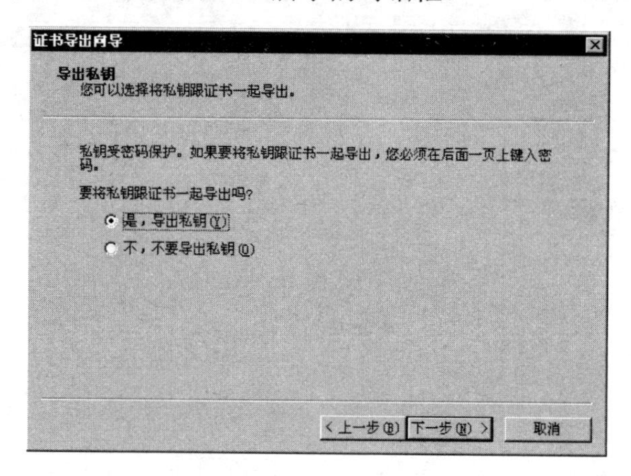

图 5.14　证书导出向导 2

在此对话框中选择“是，导出私钥”单选钮，按默认选择一直单击“下一步”按钮，当出现如图 5.15 所示的对话框时，输入导出后私钥文件的保存密码，在后面出现的对话框中只要输入相应提示内容即完成证书导出。

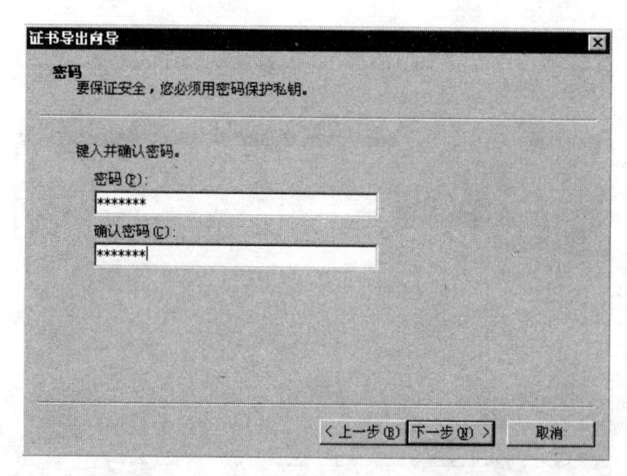

图 5.15　在“证书导出向导”中输入密码

2. 公钥的获取

上述用户私钥是由相应用户或系统管理员在本机上，由系统在安全证书导出时产生的，在证书中其实也包含了用户的公钥。公钥是相当长的一段代码，比起我们平时在 Word 或 Excel 中所用的密码长很多倍。

上述公钥和私钥的获取只是在系统内得到承认，系统外用户无法证实其真实性，也不具有法律效力，所以我们一般向专门的电子安全机构申请安全证书，这个机构就是公钥组织（PKI），在申请证书后 PKI 会给申请用户分配一个公钥。一般的发证机关也像公安机关一样是分级的，所选的发证机关级别越高，权威性也就越高，上级发证机关向其下级机关发证。发证机关在得到用户的申请后会对用户本人进行调查，以证实用户的身份，防止假冒，这种调查越是高一级的发证机关越是调查得仔细，特别是“根认证中心”，所以申请这种公钥就必须缴纳相应级别的费用。

5.5 信息认证中心

5.5.1 数字证书

随着网络用户的不断增加，网络所覆盖的业务范围也越来越广泛，信息的认证也不仅限于几个固定用户之间，这就要求在网络中建立一个统一的信息认证中心，利用数字证书，在通信的用户之间建立相互信任。目前，数字证书及认证机构的重要性日益突出。

一般来说，数字证书用于确认计算机信息网络上个人或组织的身份和相应的权限，用以解决网络信息安全问题。数字证书可以用于以下目的：

① 证实信息交换中参加者的身份；

② 授权交换；

③ 授权接入重要信息库，以替换口令或其他传统的进入方式；

④ 提供经过网络发送信息的不可抵赖性的证据；

⑤ 验证通过网络交换的信息的完整性。

数字证书是网络通信中标志通信各方身份信息的一系列数据，其作用类似于现实生活中的身份证。它由一个权威机构发行，人们可以在交往中用它来识别对方的身份。数字证书的格式一般采用 X.509 国际标准。一个标准的 X.509 数字证书包含以下内容：

① 证书的版本信息；

② 证书的序列号，每个用户都有一个唯一的证书序列号；

③ 证书所使用的签名算法；

④ 证书的发行机构名称，命名规则一般采用 X.400 格式；

⑤ 证书的有效期，现在通用的证书一般采用 UTC 时间格式，它的计时范围为 1950—2049；

⑥ 证书所有人的名称，命名规则一般采用 X.400 格式；

⑦ 证书所有人的公开密钥（关于公开密钥的信息详见非对称密码算法的有关内容）；

⑧ 证书发行者对证书的签名。

此外，X.509 证书格式还预留了扩展空间，用户可以根据自己的需要进行扩展。目前比较典型的扩展有 Microsoft IE 的扩展、Netcape 的扩展和 SET（Secure Electronic Transaction）的扩展等。

使用数字证书，通过运用对称和非对称密码体制等密码技术建立起一套严密的身份认证系统，从而保证：信息除发送方和接收方外不被其他人窃取；信息在传输过程中不被篡改；发送方能够通过数字证书来确认接收方的身份；发送方对于自己发送的信息不能抵赖。

5.5.2 证书管理与密钥管理

证书有一定的生存期，从发布、分发到取消，它可以到期再更新。当然，任何认证中心的数据库都必须进行有效的备份，并为任何不测做好准备。应该为认证中心制定政策并公布，它要指明证书的有效期，与密钥持有人的密钥对连接的证据，以及防范正在雇用但不被信任的雇员应采取的步骤。认证中心系统应具备最基本的性能和很高的保密性。在一个可以互操作的公共密钥体系结构中，折中的密钥可能破解许多信任链并使特殊用户的安全性消失。对专用密钥的访问就好像是用口令保护一样，处理被忘掉的口令的方法也值得认真考虑，除了密钥持有人外，其他人员是不能使用专用密钥进行访问的。

用于加密的密钥也需要备份，否则密钥可能丢失或改变，用此密钥加密的数据也会丢失。但是数字签名的密钥却不能用工具备份，因为如果有人丢失了用于数字签名的专用密钥，还可以产生一个新的专用密钥使它与原来的公共密钥一起工作。将密钥交与第三方保存是与密钥备份不同的另一个问题。一般来说，有一个或多个第三方保存密钥的工具或部分密钥工具，所有第三方密钥持有人一起才能生成一个完整的工具。另一个较好的方法是周期型地更新密钥，就像生成公共/专用密钥对一样，更新密钥也要花费 CPU 的周期，比较好的办法是错开更新的日期。

证书管理不是一个直观的机制，它不仅发布数字证书，它还要建立、维护证书作废列表（CRL，Certificate Revocation List）。如果用户的专用密钥丢失，或者被解雇，或者工作发生了改变，不需要访问现在的东西，那么必须有一种方法使原来有效的证书失效。因此需要一个验证数字证书有效性的过程，以检查证书管理者的公共密钥对证书是否有效，验证证书是否被修改，是否过期，是否作废。一个值得注意的问题是 CRL 的可伸缩性，如果有效期过长，CRL 就不断加长，这需要更多的计算机资源来搜索它；如果证书更新太快，又给管理带来麻烦。

证书管理的另一个问题是如何相互作用，或者说，信任是否可以传递：如果 Y 信任 Z，而且 X 信任 Y，那么 X 是否能自动信任 Z 呢？这个问题可归结为，转介认证机制具有传递性。PGP 的作者 Phil Zimmermann 有句话："信赖不具有传递性。我有个我相信他决不撒谎的朋友，可是他是个认定总统不撒谎的傻瓜，但很显然，我并不认为总统决不撒谎。"

那么用户是否可以在与用户信任的认证中心和他不知道的认证中心之间达成相互信任关系呢？如果能得到这样一个信任链，那么它们的扩展是否可以接受？X.509 标准提供一个反向证书，它包括其他认证中心经过认证的密钥，这种能力提供了灵活的交叉认证，但它不能解决识别和实现信任链的扩展。

5.5.3 认证中心的功能

认证中心就是一个可信任的、负责发布和管理数字证书的权威机构。对于一个大型的应用环境，认证中心往往采用一种多层次的分级结构，各级的认证中心类似于各级行政机关，上级认证中心负责签发和管理下级认证中心的证书，最下一级的认证中心直接面向最终用户。处在最高层的是根认证中心（Root CA），是公认的权威。

1. 证书的颁发

认证中心接收、验证用户（包括下级认证中心和最终用户）的数字证书的申请，将申请的内容备案，并根据申请的内容确定是否受理该数字证书申请。如果中心接受该申请，则进一步确定给用户颁发何种类型的证书。新证书用认证中心的私钥签名以后，发送到目录服务器供用户下载和查询。为保证消息的完整性，返回给用户的所有应答信息都要使用认证中心的签名。

2. 证书的更新

认证中心可以定期更新所有用户的证书，或者根据用户的请求来更新用户的证书。

3. 证书的查询

证书的查询分为两类：一是证书申请的查询，认证中心根据用户的查询请求返回当前用户证书申请的处理过程；二是用户证书的查询，这类查询由目录服务器来完成，它根据用户的请求返回适当的证书。

4. 证书的作废

当用户的私钥由于泄密等原因造成用户证书需要申请作废时，用户要向认证中心提出证书作废请求，认证中心根据用户的请求确定是否将该证书作废。另一种证书作废的情况是，证书已经过了有效期，认证中心自动将该证书作废。认证中心通过维护证书作废列表（CRL）来完成上述功能。

5. 证书的归档

证书具有一定的有效期，证书过了有效期之后就将作废，但是不能将作废的证书简单地丢弃，因为有时可能需要验证以前的某个交易过程中产生的数字签名，这时就需要查询作废的证书。所以认证中心还应当具备管理作废证书和作废私钥的功能。

总的来说，基于认证中心的安全方案应该很好地解决网上用户身份认证和信息安全传输的问题。一般地，一个完整的安全解决方案包括以下三个方面：

① 认证中心的建立，它是实现整个网络安全解决方案的关键和基础。

② 密码体制的选择。现在一般都采用混合密码体制（即对称密码和非对称密码的结合）。

③ 安全协议的选择。目前较常用的安全协议有 SSL（Secure Socket Layer），SHTTP（Secure HTTP）和 SET 等。

数字证书是实现网络安全的必备条件，是参与网上电子商务的通行证，它本身的可信任程度更加重要。数字证书是由认证中心发放和管理的，因此数字证书的可信任程度与发放证书、提供与证书相对应的整套服务的认证中心的可信任程度有直接的关系，认证中心的可信程度和可靠性与其所必须具备的基本构成和组织密切相关。

5.5.4 认证中心的建立

数字证书的可信程度是建立在认证中心的可靠、安全和高质量服务基础之上的，而对于认证中心的这些要求则体现在认证中心的构成和具备的条件上。概括起来，一个认证中心必须由技术方案、基础设施和运作管理三个基本部分组成。

1. 技术方案

认证中心所采用的技术方案是建立认证中心的基础，优秀的技术方案可使数字证书可靠、易用，并易于被普遍接受。加密技术是数字证书的核心，所采用的加密技术应考虑先进性、业界标准和普遍性。目前，较流行有 RSA 数据安全加密技术，它用 1024 位的加密算法。为保证加密体系和数字证书的互操作性，公钥加密系统和 X.509 是目前广泛采用的标准，以实现认证中心的统一体系。

数字证书的有效周期管理对于数字证书是必需的，包括数字证书的发布、更新、作废的整个管理过程。数字证书的管理必须跟上证书持有者（组织或个人）情况的变化，及时更新或作废，对数字证书进行全过程的管理。此外，还有一些附加的对数字证书的管理，如证书目录查询、证书时间戳和证书管理情况定期报告等。

为使数字证书在广泛的应用领域内实现互操作，数字证书需要与主要的网络安全协议兼容，以支持应用环境，成为安全协议中所嵌入的数字证书。这些协议有安全电子交易协议（SET）、安全多用途邮件扩展协议（S/MIME）和安全套接层协议（SSL）等。

2. 基础设施

这里的基础设施专指认证中心的安全设施、信息处理和网络的可靠性措施，以及为用户服务的呼叫中心等。对于一个有长远规划的认证中心来说，无论是为公众还是为专用社团组织提供服务，都需要在基础设施方面进行周密的考虑和必要的投资。

安全设施用来保护认证中心的财富——计算机通信系统、证书签字单元、认证机构用于对每份证书进行数字签字的唯一私人密钥和用户信息。为使认证中心处于非常安全的环境，使消费者相信他们的数字信息处于最高水平的保护之下，安全设施应设有多个关卡，进入认证中心的人员必须通过这些关卡，且这些关卡应有警卫人员 24 小时值班。更重要的是，只有可信任的、经过审查的认证中心人员才能接触和操作认证中心的设施。

此外，还应有视频监视器、防护围栏和具有双向进入控制的安全系统来加强认证中心的安全监控。认证中心技术装备应是高可用性的计算机系统，通信网络和呼叫中心必须是坚固的，使网络用户的需求随时得到满足。通信、数据处理和电源系统应通过多冗余备份系统来保证。网络安全应包括最新防火墙技术、通向最终用户的安全加密线路、IP 欺骗检测、可靠的安全协议和专家指挥系统。呼叫中心提供由专家支持的用户服务，并在任何时候都可以通过在线服务终端进行查询。

3. 运作管理

运作管理是认证中心发挥认证功能的核心。运作管理包括数字认证的有关政策、认证过程的控制、责任的承担和对认证中心本身的定期检查。

认证政策为数字认证过程建立行为准则，是认证中心的对外宣言，应包括在认证中心开始运作时对外公布的文件里。认证政策应在数字认证过程中，随着技术的进步和应用的发展适时进行调整。

认证过程控制是认证政策的实施。认证机构必须由公正的、经过深思熟虑的运作控制来管理数字认证过程。认证标准控制是重要的，它是认证一致性的保障。对于认证中心的工作人员必须提出要求，即证书是由经过训练的专业人员签发的，这些专业人员必须经过安全部门的检查，从而给用户以信心。此外，认证机构应尽量使用数字证书的工业标准，如由 WWW 协会、国家技术标准局和国际工程任务组等国际标准组织推荐的标准。

承担责任是一种需要。如果因为某种原因，在认证机构保护下的用户密钥丢失了，认证机构需要加以处理，并承担责任。检查是一种重要手段，包括定期自我检查和接受第三方检查。

由于网络通信和各类应用业务的需求，基于私钥密码体制的对称密钥分配方案面临着密钥存储的 n^2 问题，难以适应网络用户量迅速增长的要求。有关认证中心的协议正在由 IETF 的公钥信息基础结构（PKI）工作组进行研究，其主要核心以 X.509 公钥证书为基础。认证中心的主要职能是作为通信双方可信的第三方，为双方的身份鉴别提供依据，同时可以为通信双方分配密钥。目前 PKI 已支持的安全应用包括 PEM，IPSec，SSL，Internet 电子商务和安全浏览器。今后 PKI 的研究重点是保证认证中心的安全可信，为用户通信提供安全的密钥。这就需要在证书管理协议、证书系统的安全管理、新的公钥算法等方面继续研究。

本 章 小 结

本章主要介绍了信息认证技术的基本概念和分类，讨论了数字签名的概念、实现方法和应用，介绍了数字证书的概念，分析了认证中心的功能和建立过程。主要包括以下内容。

1. 报文认证

介绍了报文认证的概念，以及报文内容、报文源和报文时间的认证。

2. 身份认证

介绍了身份认证的概念和实现身份认证的几种常用方法，主要有口令验证、利用信物的身份认证、利用人类特征进行身份认证。

3. 数字签名

首先介绍了数字签名的概念，其次介绍了实现数字签名的几种一般方法，分别是：利用公开密钥密码实现数字签名；利用 RSA 密码实现数字签名；利用 ElGamal 密码实现数字签名；利用椭圆曲线密码实现数字签名。然后重点介绍了数字签名标准 DSS 以及两种特殊的数字签名方法——不可否认签名和盲签名。

4. 数字签名的应用

主要介绍了计算机公证系统和 Server 版的 Windows 文件加密与数字签名。

5. 信息认证中心

介绍了数字证书的概念、证书管理与密钥管理，重点介绍了认证中心的功能和建立过程。

实验 5　认证、授权和计账（AAA）服务

1. 实验目的

通过实验了解 AAA 服务的功能，掌握 RADIUS 认证协议的工作原理，熟悉 AAA 服务器和客户端的配置，实现对网络接入设备的认证、授权和记账功能。

2. 实验原理

AAA 服务包含认证（Authentication）、授权（Authorization）、计账（Accounting）三方面的内容。它提供一个用来对认证、授权和计账三种安全功能进行配置的一致性框架，也就是对网络安全的管理。它解决了哪些用户、如何对用户计费等问题。

3. 实验环境

一台操作系统为 Windows Server 版的 PC 连接一台支持 AAA 服务的路由器，一台 Windows 计算机通过串口控制线连接到路由器的 Console 口，用于 Telnet 登录终端。

4. 实验内容

（1）配置 AAA 服务器。

（2）在路由器上配置 AAA 客户端。

5. 实验提示

（1）配置 AAA 服务器

① 打开 Windows Server 服务器控制面板。单击“开始”进入“设置”中的“控制面板”，双击“添加或删除程序”。单击“添加或删除 Windows 组件”，选中“网络服务”项，再单击“详细信息”，选中“Internet 验证服务”，单击“确定”按钮，完成相关组件的安装，如图 5.16 所示。

② 依次选择“开始→程序→管理工具→Internet 验证服务”，弹出“Internet 验证服务”窗口。在窗口中单击右键，选择“启动服务”命令，如图 5.17 所示。

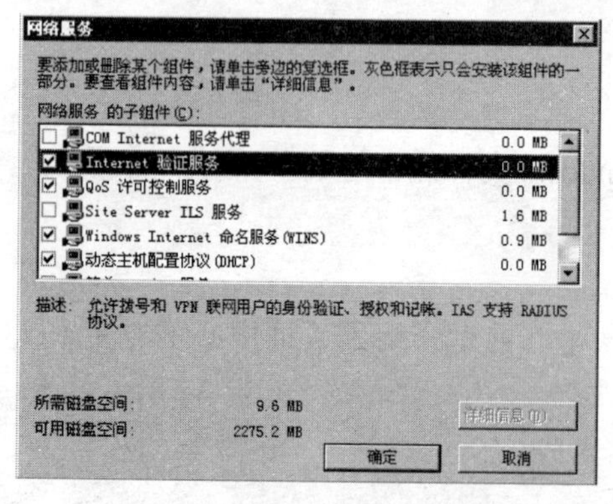

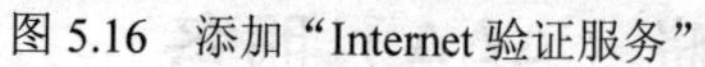
图 5.16 添加“Internet 验证服务”

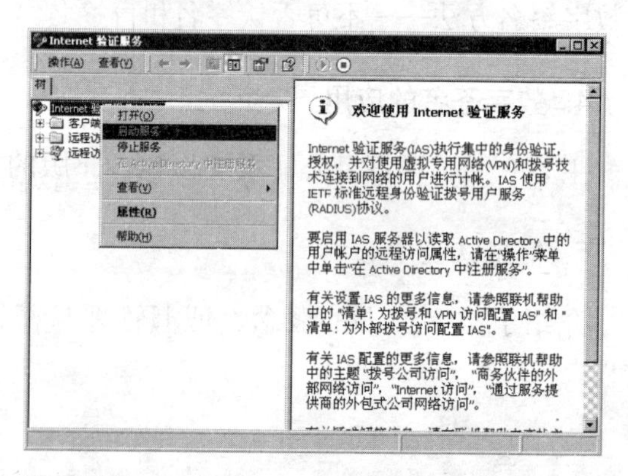

图 5.17 启动“Internet 验证服务”

③ 单击“Internet 验证服务”，再单击右键，选择“属性”菜单。弹出“Internet 验证服务（本地）属性”对话框，如图 5.18 所示。输入此 AAA 服务器的名称，并可选择是否将身份验证请求记录到 Windows 的日志中，系统默认这两项是选中的。

④ 选择“Internet 验证服务（本地）属性”对话框中的 RADIUS 标签，如图 5.19 所示。在默认情况下，RADIUS 服务器采用“1812，1645”端口进行身份验证，使用“1813，1646”端口进行计账功能。为了保证 RADIUS 的客户端和服务器的正常通信，两者的端口配置要相同，并且不能和其他服务端口冲突。

⑤ 选择“Internet 验证服务（本地）属性”对话框中的“领域”标签，如图 5.20 所示。在此菜单中单击“添加”按钮，可以添加规则，用于将客户端请求连接的用户名替换为另一个用户名，以便获得 RADIUS 服务器授予的权限。

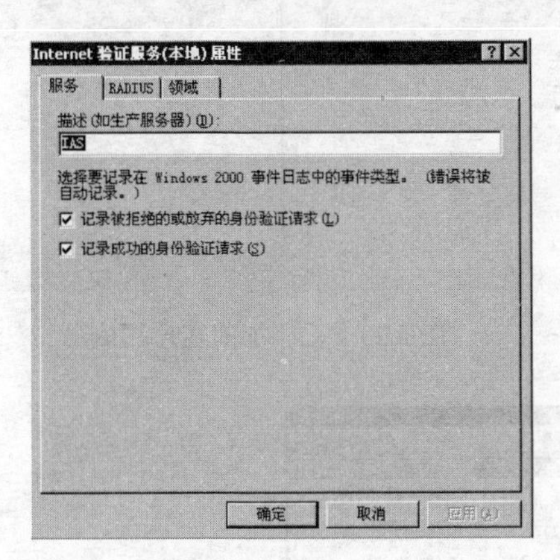

图 5.18　Internet 验证服务（本地）属性

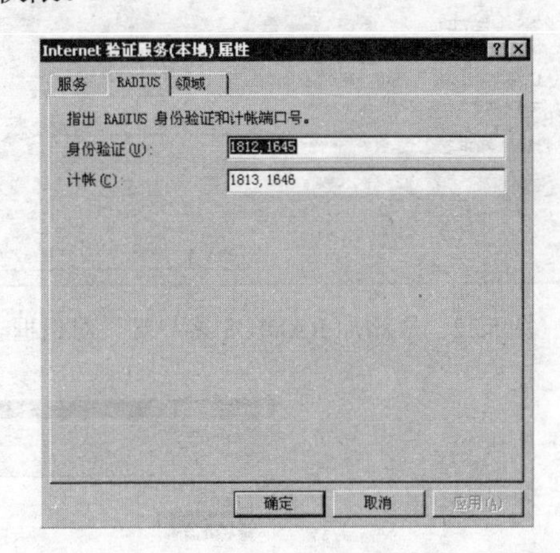

图 5.19　Internet 验证服务的 RADIUS 属性

⑥ 下面配置 RADIUS 的客户端，在图 5.17 中，单击主界面左侧面板的“客户端”，再单击“新建客户端”，会弹出如图 5.21 所示的对话框，在“好记的名称(F)”栏输入一个自己容易识别的标识，如“router100”；在“协议”栏选择默认的 RADIUS 协议。

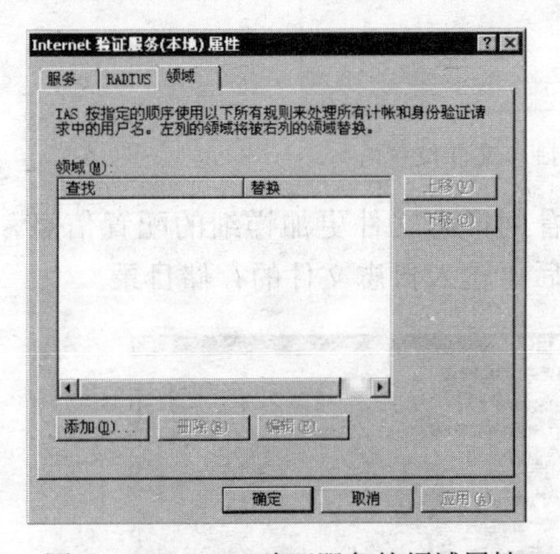

图 5.20　Internet 验证服务的领域属性

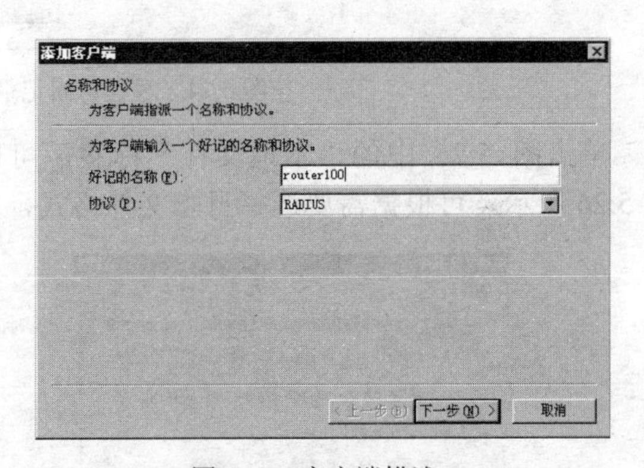

图 5.21　客户端描述

单击“下一步”按钮，弹出“添加 RADIUS 客户端”对话框，如图 5.22 所示。在“客户端地址（IP 或 DNS）（D）”栏输入作为 RADIUS 客户端的路由器地址 10.2.1.1。在“客户端-供应商”栏中选择支持标准 RADIUS 功能即可，如默认的 RADIUS Standard。在“共享的机密”栏设置共享口令，实现客户端和服务器之间的验证，如果在这里设置口令，要求客户端也必须设置相同的口令，这里共享口令设置为 123456。

单击“完成”按钮，在主界面显示出已添加的客户端，如图 5.23 所示。

⑦ 在图 5.23 左侧面板中，单击“远程访问记录”，右侧窗口中显示远程访问记录的日志文件位置，如图 5.24 所示。

如需查看远程访问记录的“本地文件”的属性设置，可在窗口侧“本地文件”处单击右键，然后单击“属性”菜单项，弹出如图 5.25 所示的对话框。可以根据需要设置 RADIUS 的计账功能。

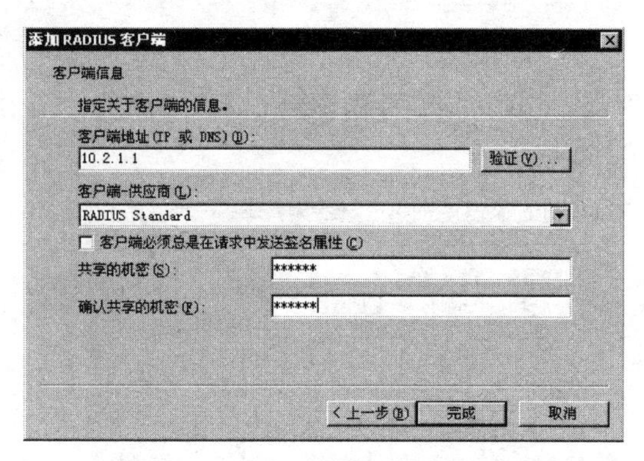

图 5.22 “添加 RADIUS 客户端”对话框

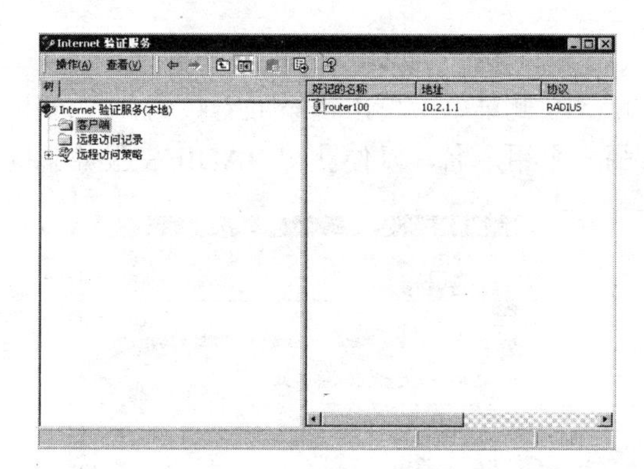

图 5.23 已添加的客户端信息

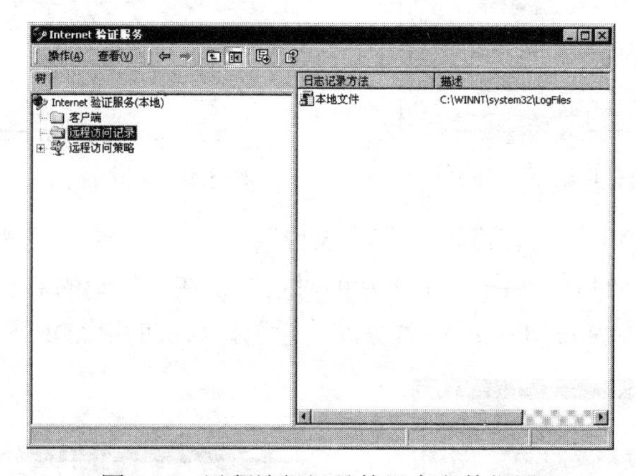

图 5.24 远程访问记录的日志文件位置

单击图 5.25 中的“本地文件”标签，可以看到日志文件更加详细的配置信息，如图 5.26 所示。可根据需要选择日志文件格式，然后再输入日志文件的存储目录。

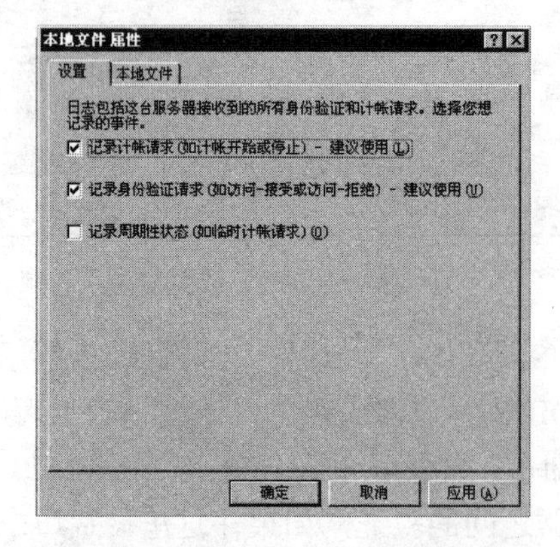

图 5.25 本地文件属性的设置

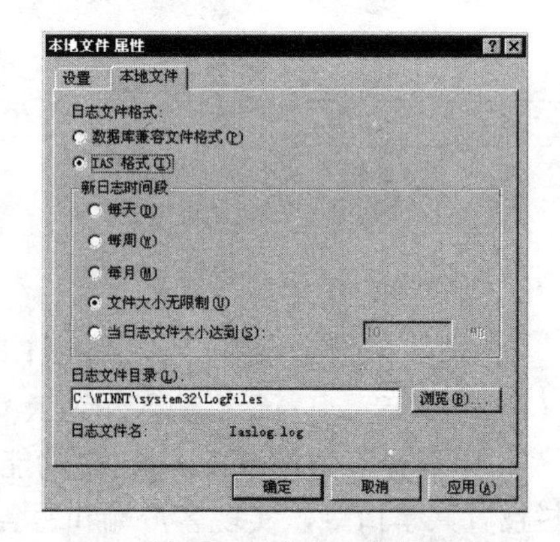

图 5.26 本地文件属性

⑧ 下面建立远程访问的策略，如图 5.27 所示。在左侧面板中，选中“远程访问策略”项，单击鼠标右键，选择“新建远程访问策略(P)”命令。

这时弹出如图 5.28 所示的对话框，在“策略的好记的名称(P)”栏中输入策略名称“j_routerl00”，单击“下一步”按钮。

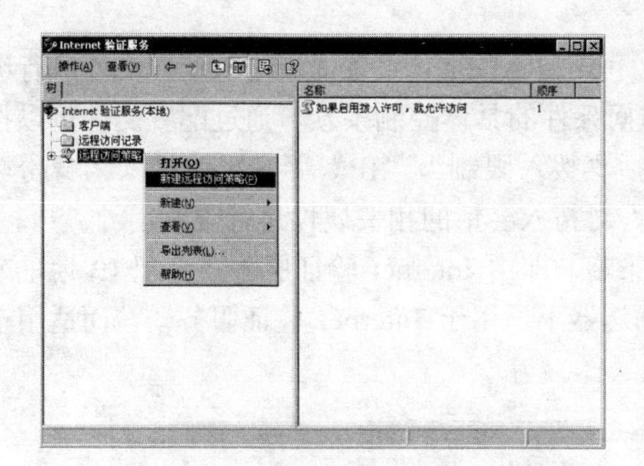

图 5.27 建立远程访问的策略

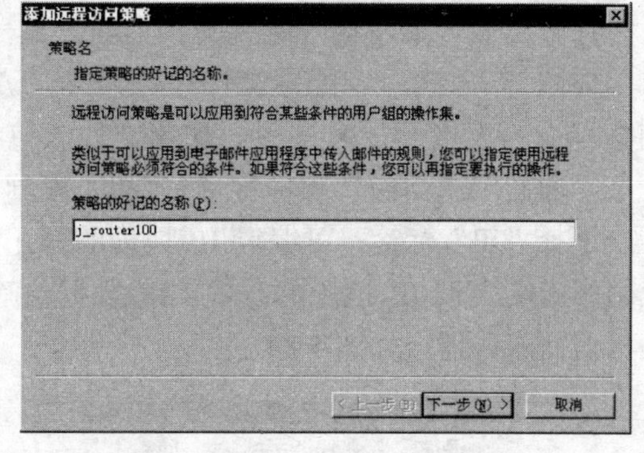

图 5.28 输入策略的名称

在弹出的对话框中，单击“添加”按钮，再选择属性页，从属性类型中选择需要设置的策略条件类型。例如，要通过客户端的 IP 地址来限制某些客户端的登录，则选择“Client-IP-Address”，如图 5.29 所示。

单击“添加”按钮，弹出如图 5.30 所示的“Client-IP-Address”对话框，输入允许客户端登录的 IP 地址限制条件。例如，通配形式的 10.*.*.*表示网段地址的客户端允许登录，再单击“确定”按钮。

此外，我们还可以根据需要，添加其他条件。例如，选择图 5.29 中最后一条，可以通过选择“用户属于的 Windows 组”来限制只有这个组中的用户可以获得权限，选定 Domain Admins 组后，单击“确定”按钮，可以看到如图 5.31 所示的两条远程访问策略。

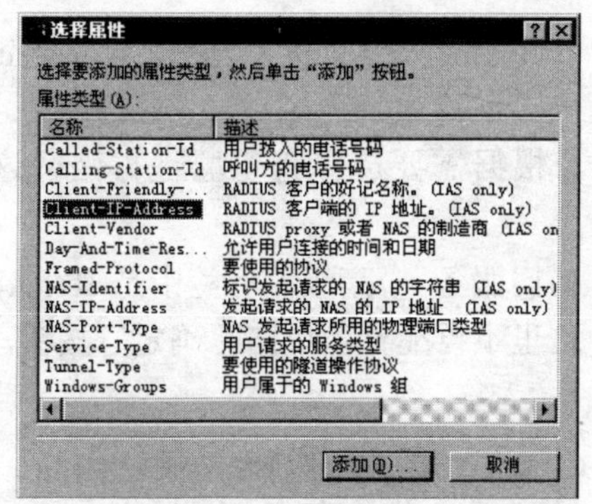

图 5.29 添加限制属性

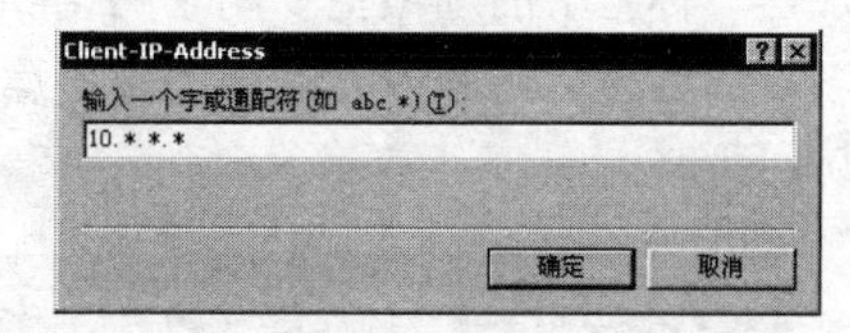

图 5.30 添加允许客户端登录的 IP 地址范围

然后单击“下一步”按钮，在对话框中选中“授予远程访问权限”项，如图 5.32 所示，将使符合远程访问策略的用户获得访问权限，然后单击“下一步”按钮。

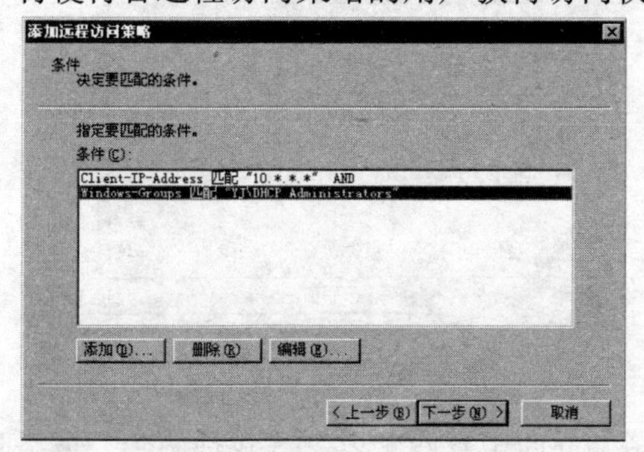

图 5.31 两条远程访问策略

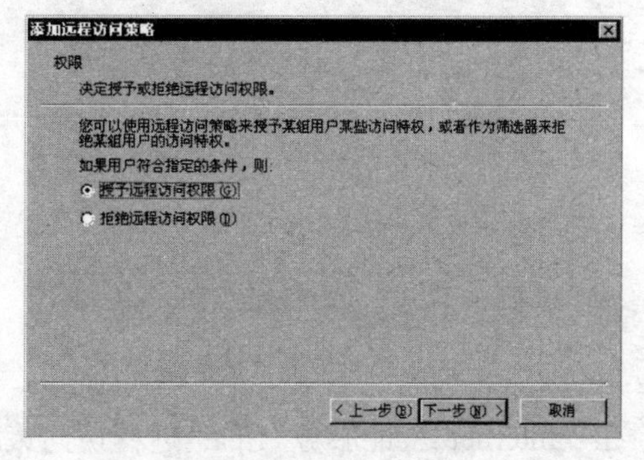

图 5.32 授予远程访问权限

在弹出的“编辑拨入配置文件”对话框，可对 RADIUS 服务器策略的配置文件进行编辑，如图 5.33 所示。配置文件是对客户端访问条件的具体控制条款，通过配置文件可以控制客户端的连接及访问过程。配置文件中包括“拨入限制”、“IP”、“多重链接”、“身份验证”、“加密”、“高级”等标签项。“拨入限制”对拨入会话的相关属性进行限制。

选择“IP”标签，可编辑 IP 地址的分配策略，即由 Internet 验证服务器分配 IP 地址或采用客户端请求 IP 地址的方式。IP 数据包筛选器不适用于 Internet 验证服务器，而适用于远程访问服务器，如图 5.34 所示。

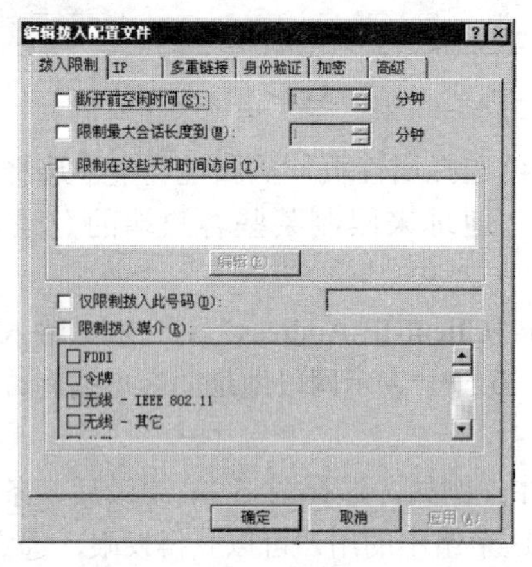

图 5.33 “编辑拨入配置文件”对话框

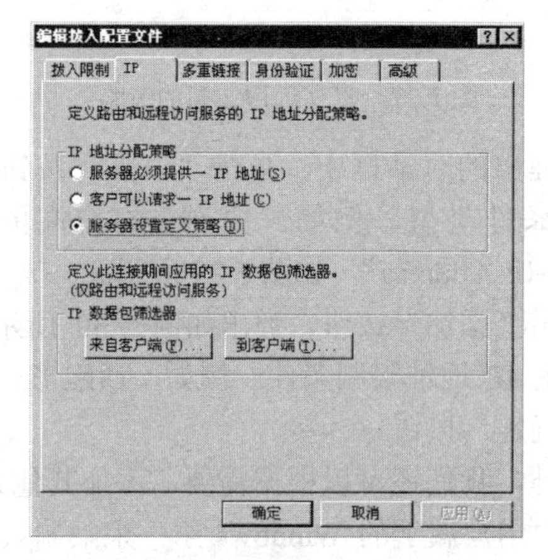

图 5.34 编辑 IP 地址的分配策略

打开“多重链接”标签，如图 5.35 所示。可以控制服务器和客户端之间多重链接的状态和带宽的动态分配。

打开“身份验证”标签，如图 5.36 所示。根据需要选择身份验证方法，这里选择 CHAP 和 PAP 协议进行身份验证。

“加密”标签中的选项主要用于路由和远程访问服务。“高级”标签中是 RADIUS 服务器对其客户端远程访问服务器的附加连接属性，这里不再配置，单击“确定”按钮，新建完成远程访问策略。

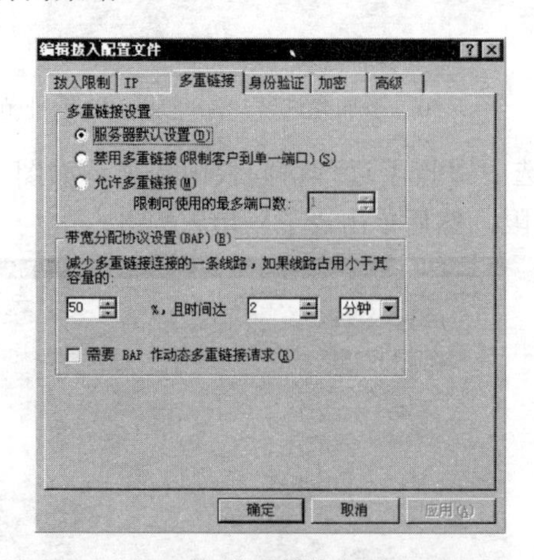

图 5.35 多重链接配置

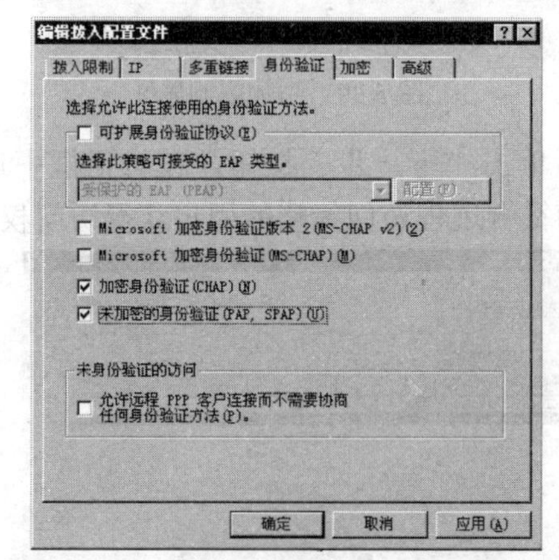

图 5.36 身份验证方式

在“Internet 验证服务”的“远程访问策略”界面中有两个以上（包括两个）策略时，需要正确设置策略的顺序。单击鼠标右键，将新建的 ias_router100 策略上下移动，将其策略顺序改为 1，则将优先按照它的规则对访问请求进行限制，策略的设置如图 5.37 所示。

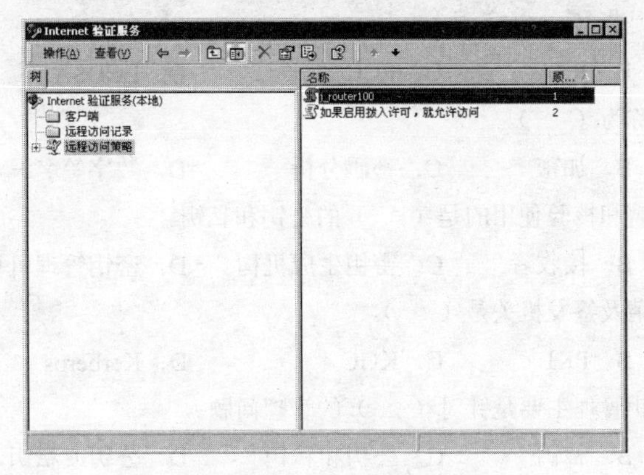

图 5.37　远程访问策略的顺序

（2）在路由器上配置 AAA 客户端

① 在路由器上启动 AAA 服务，输入如下命令：

```
Router(config)#aaa new-model
Router(config)#radius-server host 10.2.1.3
Router(config)#radius-server key 123456
```

② 在启动 AAA 服务后，输入命令“aaa ?”查看配置命令和功能。

③ 设置 AAA 服务的身份认证，即 Authentication 选项。

④ 设置 AAA 服务的授权方式，即 Authorization 选项。

⑤ 设置 AAA 服务的计账方式，即 Accounting 选项。

⑥ 定义对何种方式的登录进行 RADIUS 验证。

⑦ 在路由器中启动 Debug 功能，对 RADIUS 进行深入的了解。

⑧ 从路由器的 Telnet 登录终端进行登录，输入 RADIUS 服务器中的用户名 administrator，并输入相应密码。

习　题　5

5.1　报文认证是指在两个通信者之间建立________________之后，每个通信者对收到的信息进行__________，以保证所收到的信息是真实的一个过程。

5.2　身份认证一般涉及两方面的内容，一是__________，二是__________。

5.3　目前主要有两种口令生成方法，一种是____________________________________，另一种是__________________。

5.4　灵巧卡与普通磁卡的区别在于，前者带有________________。

5.5　数字证书用于确认______________________________________，用以解决网络信息安全问题。

5.6　认证中心就是一个可信任的、负责______________________的权威机构。

5.7　数字签名就是用户把自己的____________绑定到电子文档中，而其他任何人都可以用该用户的________________来验证其数字签名。

5.8　数字签名的作用是__________________________。

5.9 目前 PKI 已支持的安全应用包括__________________和________________。

5.10 数字签名标准是指（　）。

A．DSS　B．RSA　C．ECC　D．ECDSA

5.11 确定用户身份称为（　）。

A．认证　B．加密　C．密码分析　D．数字签名

5.12 数字签名的签署和核验使用的是（　）的公钥和私钥。

A．始发者　B．接收者　C．密钥生成机构　D．密钥管理机构

5.13 数字证书的申请及签发机关是（　）。

A．CA　B．PKI　C．KGC　D．Kerberos

5.14 公钥体制的密钥管理主要是针对（　）的管理问题。

A．公钥　B．私钥　C．公钥和私钥　D．公钥或私钥

5.15 简述数字签名的基本原理。

5.16 简述身份认证的基本原理。

5.17 简述 PKI 的组成原理。

5.18 简述 Windows 系统下私钥获取的步骤，并上机进行实践。

5.19 简述建立 X.509 标准的目的是什么?

第6章　访问控制技术

访问控制是保护系统资源不被非法访问的技术。如果用户身份认证是网络系统安全的第一道防线，那么访问控制就是网络系统安全的第二道防线。虽然用户身份认证可以将非法用户拒于系统之外，但当合法用户进入系统后，也不能不受任何限制地访问系统中的所有资源（如程序和数据等）。从安全的角度出发，需要对用户进入系统后的访问活动进行限制，使合法用户只能在其访问权限范围内活动，非法用户即使通过窃取或破译口令等方式混入系统也不能为所欲为。与用户身份认证一样，访问控制功能主要通过操作系统和数据库系统来实现，并成为网络操作系统和数据库系统的一个重要安全机制。

6.1　访问控制概述

6.1.1　访问控制的基本任务

通用计算机系统的多用户、多任务工作环境，以及目前广泛应用的计算机网络系统，为非法使用系统资源打开了方便之门。因此迫切要求我们对计算机及网络系统采取有效的安全防范措施，防止非法用户进入系统及合法用户对系统资源的非法使用，这就是访问控制的基本任务。具体地讲，访问控制应具有三个功能：一是用户身份认证功能，识别与确认访问系统的用户；二是资源访问权限控制功能，决定用户对系统资源的访问权限（读、写、运行等）；三是审计功能，记录系统资源被访问的时间和访问者信息。

1．用户身份认证

认证就是证实用户的身份。认证必须和标识符共同起作用。认证过程首先需要输入账户名、用户标识（UserId）或注册标识（LogonId），告诉计算机用户是谁。账户名信息应该是秘密的，任何其他用户不应拥有它。但为了防止账户名或 ID 的泄露而出现非法用户访问，还需进一步用认证技术证实用户的合法身份。口令是一种简便易行的认证手段，但因为容易被猜测出来而比较脆弱，也容易被非法用户利用。生物技术是一种严格而有前途的认证方法，如利用指纹、视网膜等，但因技术复杂，目前还没有得到广泛采用。

2．授权

系统在正确认证用户以后，根据不同的 ID 分配不同的使用资源，这项任务称为授权。授权的实现是靠访问控制完成的。访问控制是一项特殊的任务,它用标识符 ID 做关键字来控制用户访问程序和数据。访问控制主要用于大型计算机、主机和服务器，个人计算机很少用。但如果要在个人计算机上增加访问控制功能，可以在 DOS 环境下安装 Thegate 软件，在 Windows 环境下安装 Mr Burns 软件。

下面从三个方面说明如何决定用户的访问权限。

（1）用户分类

对一个已被系统识别和认证的用户（合法用户），还要对它的访问操作实施一定的限制。对一个通用计算机系统来讲，用户范围很广，层次不同，权限也不同。可将用户分为如下 4 种用户类：

① 特殊用户。这类用户就是系统管理员，他拥有最高级别的特权，可以访问系统的任何资源，并具有所有类型的访问操作权力。

② 一般用户。这是最多的一类用户，也是系统的一般用户，他们的访问操作要受一定的限制。根据需要，系统管理员对这类用户分配不同的访问操作权力。

③ 做审计的用户。这类用户负责对整个系统的安全控制与资源使用情况进行审计。

④ 作废用户。这是一类被取消访问权力或拒绝访问系统的用户，又称为非法用户。

（2）资源及使用

系统中的每一个用户至少属于上述用户类中的一种，他们共同分享系统资源。系统内要保护的是系统资源，一个通用计算机系统的资源一般包括磁盘与磁带上的数据集、远程终端、信息管理系统的事务处理组、顾客（用户）信息管理系统事务处理组和程序说明块（PSB）、数据库中的数据、应用资源等。

对需要保护的资源应该定义一个访问控制包（ACP，Access Control Packet），访问控制包对每一个资源或资源组勾画出一个访问控制表（ACL，Access Control List），这个表描述了哪个用户可以使用哪个资源及如何使用，它包括：

① 资源名及拥有者识别符。

② 默认访问权。它可以授予任意一个用户或全部用户，一般称为全程访问权（UACC）。例如，可以对某个一般用途的数据集授予 UACC＝read，对于敏感数据集授予 UACC＝none。

③ 用户、用户组及它们的特权明细表，称为访问表。全称访问与访问表为用户及用户组访问某一资源设定了他们的权限。

④ 允许资源拥有者对其数据集添加新的可用数据。

⑤ 审计数据。逐项记录所有用户对任何资源的访问时间、操作性质、访问次数。

（3）访问规则

访问规则规定若干条件，在这些条件下可准许访问一个资源。一般地，规则使用户和资源配对，然后指定该用户可在该资源上执行哪些操作，如只读、不许执行或不许访问。由负责实施安全政策的系统管理员根据最小特权原则来确定这些规则，即在授予用户访问某资源的权限时，只给他访问该资源所需的最小权限。例如，当用户只需读权限时，则不应该授予读/写权限。这些规则可以用一个访问控制模型表示。硬件或软件的安全内核部分负责实施这些规则，并将企图违反规则的行为报告给审计系统。

3．文件保护

对该文件提供附加保护，使非授权用户不可读。对于有时可能被截获的文件的附加保护是对文件进行加密。

4．审计

记录用户的行动，以说明安全方案的有效性。审计是记录用户使用系统所进行的所有活动的过程，即记录用户违反安全规定的时间、日期及用户活动。因为收集的数据量可能非常大，所以良好的审计系统最低限度应具有准许进行筛选并报告审计记录的工具。此外，还应准许对审计记录做进一步的分析和处理。

6.1.2　访问控制的层次

访问控制涉及的技术比较广，包括入网访问控制、网络权限控制、目录级安全控制及属性安全控制等多个层次。

1. 入网访问控制

入网访问控制为网络访问提供第一层访问控制。它控制哪些用户能够登录到服务器并获取网络资源，控制准许用户入网的时间和准许他们从哪台工作站入网。用户的入网访问控制可分为三个步骤：用户名的识别与验证、用户口令的识别与验证、用户账号的默认限制检查。三道关卡中只要任何一关未过，该用户便不能进入该网络。对网络用户的用户名和口令进行验证是防止非法访问的第一道防线。为保证口令的安全性，用户口令不能显示在显示屏上，口令长度应不少于 6 个字符，口令字符最好是数字、字母和其他字符的混合，用户口令必须经过加密。用户还可采用一次性用户口令，也可用便携式验证器（如智能卡）来验证用户身份。网络管理员可以控制和限制普通用户的账号使用、访问网络的时间和方式。用户账号应只有系统管理员才能建立。用户口令应是每个用户访问网络所必须提交的“证件”，用户可以修改自己的口令，但系统管理员应该控制对口令的以下几个方面的限制：最小口令长度、强制修改口令的时间间隔、口令的唯一性、口令过期失效后允许入网的宽限次数。当用户名和口令验证有效之后，再进一步履行用户账号的默认限制检查。网络应能控制用户登录入网的站点、限制用户入网的时间、限制用户入网的工作站数量。当用户对交费网络的访问“资费”用尽时，网络还应能对用户的账号加以限制，此时用户应无法进入网络和访问网络资源。网络应对所有用户的访问进行审计。如果多次输入口令不正确，则认为是非法用户的入侵，应给出报警信息。

2. 权限控制

网络的权限控制是针对网络非法操作所提出的一种安全保护措施。用户和用户组被赋予一定的权限。网络控制用户和用户组可以访问哪些目录、子目录、文件和其他资源，可以指定用户对这些文件、目录、设备能够执行哪些操作。网络权限控制有两种实现方式：受托者指派和继承权限屏蔽（IRM）。受托者指派控制用户和用户组如何使用网络服务器的目录、文件和设备。继承权限屏蔽相当于一个过滤器，限制子目录从父目录那里继承哪些权限。根据访问权限可将用户分为以下三类：①特殊用户（即系统管理员）；②一般用户，系统管理员根据他们的实际需要为他们分配操作权限；③审计用户，负责网络的安全控制与资源使用情况的审计。用户对网络资源的访问权限可以用访问控制表来描述。

3. 目录级安全控制

网络应控制允许用户对目录、文件、设备的访问。用户在目录一级指定的权限对所有文件和子目录有效，用户还可进一步指定对目录下的子目录和文件的权限。对目录和文件的访问权限一般有 8 种：系统管理员权限、读权限、写权限、创建权限、删除权限、修改权限、文件查找权限、访问控制权限。用户对文件或目标的有效权限取决于以下三个因素：用户的受托者指派、用户所在组的受托者指派、继承权限屏蔽取消的用户权限。一个网络管理员应当为用户指定适当的访问权限，这些访问权限控制着用户对服务器的访问。8 种访问权限的有效组合可以让用户有效地完成工作，同时又能有效地控制用户对服务器资源的访问，从而加强了网络和服务器的安全性。

4. 属性安全控制

当使用文件、目录和网络设备时，网络系统管理员应给文件、目录等指定访问属性。属性安全在权限安全的基础上提供更进一步的安全性。网络上的资源都应预先标出一组安全属性。用户对网络资源的访问权限对应一张访问控制表，用来表明用户对网络资源的访问能力。属性设置可以覆盖已经指定的任何受托者指派和有效权限。属性往往控制以下 8 个方面的权限：向某个文件写数据、复制一个文件、删除目录或文件、查看目录和文件、执行文件、隐含文件、共享、系统属性等。

5. 服务器安全控制

网络允许在服务器控制台上执行一系列操作。用户使用控制台可以装载和卸载模块，可以安装和删除软件。网络服务器的安全控制包括设置口令锁定服务器控制台，以防止非法用户修改、删除重要信息或破坏数据；设定服务器登录的时间限制、非法访问者检测和关闭的时间间隔。

6.1.3 访问控制的要素

访问控制是指主体依据某些控制策略或权限对客体或其他资源进行的不同授权访问。访问控制包括三个要素：主体、客体和控制策略。

1. 主体

主体是可以在信息客体间流动的一种实体。通常主体是指人，即访问用户，但是进程或设备也可以成为主体。所以，对文件进行操作的用户是一种主体；用户调度并运行的某个作业也是一种主体；而检测电源故障的设备也是一个主体。大多数交互式系统的工作过程是：用户首先在系统中注册，然后启动某一进程为用户做某项工作，该进程继承了启动它的用户的访问权限。此时，进程也是一个主体。一般来讲，审计机制应能对主体涉及的某一客体进行的与安全有关的所有操作都做相应的记录和跟踪。

2. 客体

客体本身是一种信息实体，或者是从其他主体或客体接收信息的实体。客体不受它们所依存的系统的限制，它可以是记录、数据块、存储页、存储段、文件、目录、目录树、邮箱、信息、程序等，也可以是位、字节、字、域、处理器、通信线路、时钟、网络节点等。主体有时也可以当作客体处理，例如，一个进程可能含有许多子进程，这些子进程就可以认为是一种客体。在一个系统中，作为一个处理单位的最小信息集合就称为一个文件，每一个文件都是一个客体。但是，如果文件还可以分成许多小块，并且每个小块又可以单独处理，那么每个信息小块也都是一个客体。另外，如果文件系统组织成一个树形结构，这种文件目录也都是客体。

有些系统中，逻辑上所有客体都作为文件处理。每种硬件设备（如磁盘控制器、终端控制器、打印机）都作为一种客体来处理，因而，每种硬件设备都具有相应的访问控制信息。如果一个主体欲访问某个设备，它必须具有适当的访问权，而对该设备的安全校验机制将对访问权进行校验。例如，某主体欲对终端进行写操作，需将欲写入的信息先写入相应的文件中去，安全机制将根据该文件的访问信息来决定是否允许该主体对终端进行写操作。

3. 控制策略

控制策略是主体对客体的操作行为集和约束条件集，简记为 KS。简单地讲，控制策略是主体对客体的访问规则集，这个规则集直接定义了主体对客体允许的作用行为和客体对主体的条件约束。访问策略体现了一种授权行为，也就是客体对主体的权限允许，这种允许不超越规则集，由其给出。

访问控制系统的三个要素可以用三元组（S, O, P）来表示，其中，S 表示主体，O 表示客体，P 表示许可。当主体 S 提出一系列正常的请求信息 I_1，I_2，…，I_n 时，通过信息系统的入口到达控制规则集 KS 监视的监控器，由 KS 判断允许或拒绝这次请求。在这种情况下，必须先确认是合法的主体，而不是假冒的欺骗者，也就是对主体进行认证。主体通过验证才能访问客体，但并不保证其有权限对客体进行操作。客体对主体的具体约束由访问控制表来控制和实现，对主体的验证一般是鉴别用户标志和用户密码。用户标志（UID，User IDentification）是一个用来鉴别用户身份的字符串，每个用户有且只能有唯一的一个用户标志，以便与其他用户区别。当一个用户注册进入系统时，他必须提供其用户标志，然后系统执行一个可靠的审查来确信当前用户是对应用户标志的那个用户。

当前，实现访问控制的模型普遍采用了主体、客体、授权的定义，并用这三个定义之间的关系来描述。访问控制模型能够对计算机系统中的存储元素进行抽象表达。访问控制模型对于安全操作系统的意义，正如大战役中我方军队的指挥沙盘。访问控制中要解决的一个基本问题是，按照安全策略控制主动对象（如进程）对被动的受保护对象（如被访问的文件等）进行的访问。主动对象称为主体，被动对象称为客体。

针对一个安全的系统，或者将要在其上实施访问控制的系统，一个访问会对被访问对象产生两种作用：一是信息的抽取；二是信息的插入。通常有 4 种类型的对象访问：只读不修改；只读修改；只修改不读；既读又修改。

访问控制模型可以根据具体安全策略的配置，来决定一个主体对客体的访问属于以上 4 种访问方式的哪一种，并根据相应的安全策略来决定是否给予主体相应的访问权限。

6.1.4 访问控制策略

访问控制策略是计算机安全防范和保护的核心策略之一，其任务是保证计算机信息不被非法使用和非法访问，为保证信息基础的安全性提供一个框架，提供管理和访问计算机资源的安全方法，规定各部门要遵守的规范及应负的责任，使计算机网络系统的安全有了可靠的依据。

1. 访问控制策略的实施原则

访问控制策略的制定与实施必须围绕主体、客体和安全控制规则集三者之间的关系来展开。具体原则如下。

（1）最小特权原则

最小特权原则指当主体执行操作时，按照主体所需权力的最小化原则分配给主体权力。其优点是最大限度地限制了主体实施授权行为，可以避免来自突发事件、错误和未授权主体的危险。也就是说，为了达到一定目的，主体必须执行一定操作，但他只能做他所被允许做的，其他除外。

（2）最小泄露原则

最小泄露原则指当主体执行任务时，按照主体所需要知道的信息最小化原则分配给主体权力。

（3）多级安全策略

多级安全策略指主体和客体间的数据流向和权限控制按照安全级别的绝密、秘密、机密、限制和无级别这 5 级来划分。其优点是可避免敏感信息的扩散。对于具有安全级别的信息资源，只有安全级别比它高的主体才能够访问它。

2. 访问控制策略的实现

访问控制的安全策略有两种实现方式：基于身份的安全策略和基于规则的安全策略。目前，使用这两种安全策略建立的基础都是授权行为。就其形式而言，基于身份的安全策略等同于自主访问控制 DAC 安全策略，基于规则的安全策略等同于强制访问控制 MAC 安全策略。

（1）基于身份的安全策略

基于身份的安全策略与鉴别行为一致，其目的是过滤对数据或资源的访问，只有能通过认证的那些主体才有可能正常使用客体的资源。基于身份的策略包括基于个人的策略和基于组的策略。

① 基于个人的策略是指以用户为中心建立的一种策略，它由一些列表组成，这些列表限定了针对特定的客体，哪些用户可以实现何种操作行为。

② 基于组的策略是策略①的扩充，指一些用户被允许使用同样的访问控制规则来访问同样的客体。

基于身份的安全策略有两种基本实现方法：能力表和访问控制列表。

（2）基于规则的安全策略

基于规则的安全策略中的授权通常依赖于敏感性。在一个安全系统中，对数据或资源应该标注安全标记。代表用户进行活动的进程可以得到与其原发者相应的安全标记。

基于规则的安全策略在实现上，由系统通过比较用户的安全级别和客体资源的安全级别来判断是否允许用户进行访问。

6.2 访问控制的类型

访问控制机制可以限制对系统关键资源的访问，防止非法用户进入系统及合法用户对系统资源的非法使用。目前的主流访问控制技术主要有自主访问控制（DAC）、强制访问控制（MAC）、基于角色的访问控制（RBAC）。自主访问控制安全性最低，但灵活性高，通常可以根据网络安全的等级，网络空间的环境不同，灵活地设置访问控制的种类和数量。

6.2.1 自主访问控制

自主访问控制（DAC，Discretionary Access Control）是一种最普遍的访问控制手段，是基于对主体及主体所属的主体组的识别来限制对客体的访问，自主是指主体能够自主地按自己的意愿对系统的参数做适当的修改，以决定哪些用户可以访问其文件。将访问权或访问权的一个子集授与其他主体，这样可以做到一个用户有选择地与其他用户共享其文件。

1. 自主访问控制的实现方法

为了实现完备的自主访问控制系统，由访问控制矩阵提供的信息必须以某种形式保存在系统中。访问控制矩阵中的每行表示一个主体，每列表示一个受保护的客体。矩阵中的元素表示主体可以对客体进行的访问模式。目前在操作系统中实现的自主访问控制都不是将矩阵整个保存起来，因为那样做效率很低。实际的方法是，基于矩阵的行或列来表达访问控制信息。下面分别介绍这两种方法。

（1）基于行的自主访问控制

基于行的自主访问控制方法是在每个主体上都附加一个该主体可访问的客体的明细表。根据表中信息的不同又分为三种形式。

① 权力表（Capabilities List）

权力就是一把开启客体的钥匙，它决定用户是否可对客体进行访问，以及可进行何种模式的访问（读、写、运行）。一个拥有一定权力的主体可以依一定模式访问客体。在进程运行期间，它可以删除或添加某些权力。在有些系统中，程序中可以包含权力，权力也可以存储在数据文件中。硬件、软件或加密技术可以对权力信息提供一定的保护以防止非法修改。权力可以由主体转移给其他进程，有时还可以在一定范围内增减，这取决于它所具有的访问特征。由于权力是动态实现的，所以对一个程序来讲，比较理想的结果是把为完成该程序的任务所需访问的客体限制在一个尽可能小的范围内。由于权力的转移不受任何策略的限制，一般来讲，对于一个特定的客体，我们不能确定所有有权访问它的主体，所以利用权力表不能实现完备的自主访问控制。

② 前缀表（Profiles）

前缀表包括受保护客体名及主体对它的访问权。当主体欲访问某个客体时，自主访问控制将检查主体的前缀是否具有它所请求的访问权。这种机制存在三个问题：

- 前缀的大小受限。
- 当生成一个新客体或改变某客体的访问权时，如何对主体分配访问权。
- 如何决定可访问某个客体的所有主体。

由于客体名通常是杂乱无章的，所以很难分类。对于一个可访问许多客体的主体，它的前缀非常大，因而很难管理。另外，所有受保护的客体都必须具有唯一的名字，互相不能重名，所以在一个客体很多的系统中，必须使用大量的客体名。在对一个客体生成、撤销或改变访问权时，可能会涉及对许多主体前缀的更新，因此需要进行许多操作。

③ 口令（Password）

在基于口令机制的自主访问控制系统中，每个客体都被分配一个口令。一个主体，只要它能对操作系统提供某个客体的口令，那么它就可以访问该客体。注意，这个口令与用户识别用的注册口令没有任何关系，不要将两者混淆。如欲使一个用户具有访问某个客体的特权，那只需告之该客体的口令。在有些系统中，只有系统管理员才有权分配口令，而有些系统则允许客体的拥有者任意地改变客体口令。一般来讲，一个客体至少要有两个口令，一个用于控制读，一个用于控制写。

在确认用户身份时，口令机制是一种有效的方法，但对于客体访问控制，它并不是一种合适的方法。利用口令机制实施客体访问控制是比较脆弱的。因为每个用户必须记住许多不同的口令，以便访问不同的客体，这是一件复杂的事情。当客体很多时，用户可能不得不将这些口令以一定的形式记录下来才不至于混淆或忘记，这就增加了口令意外泄露的危险。在一个较大的组织内，用户的更换很频繁，并且组织内用户与客体的数量也很大，这时利用口令机制无法管理对客体的访问控制。

综上所述可以看到，基于行的自主访问控制方式都是不完备的，还需要有其他控制方式与之相配合。目前 IBM 公司的 MVS、CDC 公司的 NDS 和 Microsoft Office 的 Word 都具有口令控制方式，同时还有其他安全机制与之配合。

（2）基于列的自主访问控制

基于列的自主访问控制是对每个客体附加一份可访问它的主体的明细表，它有两种形式。

① 保护位（Protection Bits）

保护位机制不能完备地表达访问控制矩阵。UNIX 操作系统利用的就是这种机制，保护位对所有主体、主体组，以及该客体的拥有者指明了一个访问模式集合。主体组是指具有相似特点的主体集合。生成客体的主体称为该客体的拥有者。它对该客体的所有权仅能通过超级用户特权（Super-User Priviliges）来改变。一个主体可能不只属于一个主体组，但是在某一时刻，一个主体只能属于一个活动的主体组。主体组名及拥有者名都体现在保护位中。

② 访问控制表（Access Control List）

访问控制表（ACL）可以决定任何一个特定的主体是否可对某一客体进行访问。它利用在客体上附加一个主体明细表的方法来表示访问控制矩阵。表中的每一项包括主体的身份及对该客体的访问权。如果使用组（Group）或通配符（Wild Card），这个表就不会很长。

在目前的访问控制技术中，访问控制表是实现自主访问控制系统的最好方法。下面详细介绍访问控制表。

对于系统中每一个需要保护的客体 *i*，都为其附加一个访问控制表（ACL），表中包括主体识别符（ID），以及对该客体的访问模式，其一般结构如下：

ID1.re	ID2.r	ID3.e	…	ID*n*.rew

对客体 *i* 来说，主体 1（ID1）对其只具有读（r）与运行（e）的权力；主体 2（ID2）只具有读的权力；主体 3（ID3）只具有运行的权力；而主体 *n*（ID*n*）具有读、运行和写（w）的权力。但在实际应用中，如果对某个客体可访问的主体很多，那么访问控制表将会很长。在一个大系统中，客体与主体都非常多，此时这种一般形式的访问控制表将会占据大量的存储空间，况且在做访问判决时，系统也将占用很多 CPU 时间。为此，可对访问控制表进行简化，简化主要依据分组（Grouping）和通配符（Wild Card）的概念。

我们知道，在一个实际的多用户系统中，可将用户按其所属部门或其工作性质分类。这种分类一般不会很多，可以将属于同一部门或工作性质相同的人归为一个组。一般来讲，他们所要利用的客体绝大部分是相同的。这时，为每个组分配一个组名，简称“GN”，访问判决可以按组名进行。在访问控制表相应地设置一个通配符“*”，它可以代替任何组名或主体标识符。这时访问控制表中的主体标识具有如下形式：

主体标识＝ID.GN

式中，ID为主体标识符；GN为该主体所属组的组名。

例如，客体ALPHA具有如下形式的访问控制表

张三.CRYPTO.rew	*.CRYPTO.re	李四. *.r	*. *.n

该访问控制表表明，属于CRYPTO组的所有主体（*.CRYPTO）对客体ALPHA都具有读和运行的访问模式，而只有CRYPTO组的主体张三（张三.CRYPTO）对客体ALPHA具有读、写和运行的访问模式。无论哪个组的李四（李四.*），对客体ALPHA只可进行读访问。对于其他任何主体，无论属于哪个组（*.*），对该主体都不具任何模式的访问权。我们看到，通过这种简化，访问控制表大大缩小了，并且能够满足自主访问控制的需要。

2. 自主访问控制的类型

在访问控制矩阵模型中，访问许可与访问模式描述了主体对客体所具有的访问权与控制权。访问许可定义了改变访问模式的能力及向其他主体传送这种改变访问模式的能力。换句话说，对某个客体具有访问许可的主体可以改变该客体的访问控制表，并可将这种能力传送给其他主体。访问模式则指明主体对客体可进行何种形式的特定访问操作，如读、写、运行等。这两种能力说明了对自主访问控制机制的控制方式。自主访问控制有三种基本的控制模式：等级型、有主型和自由型。

（1）等级型（Hierarchical）

我们可以将修改客体访问控制表能力的控制关系组织成等级型，类似于大部分商业组织的形式。一个简单的例子是，可以将控制关系组织成一个树形等级结构，将系统管理员设为等级树的树根。该管理员具有修改所有客体访问控制表的能力，并且具有向任意一个主体分配这种修改权的能力。他按部门将工作人员分成多个子集，并且给部门领导授予访问控制表的修改权，以及对修改权的分配权。部门领导又可以将该部门内的人员分成数个科组，并且对科组领导授予访问控制表的修改权。这种等级型结构最低层的主体对任何客体都不具有访问许可，也就是说，对任何客体的访问控制表都不具有修改权。注意，在这种等级型结构中，有能力修改客体访问控制表的主体（具有访问许可的主体）可以给自己授予任何模式的访问权。

等级型结构的优点是，可以选择值得信任的人担任各级领导，以最可信的方式对客体实施控制，并且这种控制能够模仿组织环境。它的缺点是，对于一个客体来讲，会同时有多个主体有能力修改它的访问控制表。

（2）有主型（Owner）

对客体的另一种控制方式是对每个客体设置一个拥有者（通常是该客体的生成者）。客体拥有者是唯一有权修改客体访问控制表的主体，拥有者对其拥有的客体具有全部控制权，但是客体拥有者无权将对该客体的控制权分配给其他主体。因此，客体拥有者在任何时候都可以改变其所属客体的访问控制表，并可以对其他主体授予或撤销对该客体的任何一种访问模式。

系统管理员应该能够对系统进行某种设置，使每个主体都有一个“源目录”（Home

Directory）。对源目录下的子目录及文件的访问许可权应当授予该源目录的拥有者，使它能够修改源目录下客体的访问控制表，但在系统中不应使拥有者具有分配这种访问许可权的能力。系统管理员当然有权修改系统中所有客体的访问控制表。有主型控制可以认为是一种仅有两个等级的有限的等级型控制。另一种实现有主型控制的途径是将其纳入自主访问控制机制中而不实现任何访问许可功能。自主访问控制机制将客体生成者的标识保存起来，作为拥有者的标志，并且使其成为唯一能够修改客体访问控制表的主体。

虽然这种方法目前已经应用在许多系统中，但它还是有一定限制的。这种拥有策略将导致客体的拥有者是唯一能够删除客体的主体，如果客体的拥有者离开客体所属的组织或发生意外，那么系统为此必须设立某种特权机制，使得当意外情况发生时，系统能够删除客体。UNIX 操作系统是一个实施有主型控制系统的例子，它利用超级用户（Superuser）来实施特权控制。

有主型控制的另一个缺点是，对某个客体而言，不是客体拥有者的主体要想修改它对该客体的访问模式是很困难的。为了增加或撤销某主体对客体的访问模式，主体必须请求该客体的拥有者为它改变相应客体的访问控制表。

（3）自由型（Laissez-Faire）

在自由型方案中，一个客体的生成者可以给任何一个主体分配对它所拥有的客体的访问控制表的修改权，并且还可使其对其他主体具有分配这种权力的能力。在这里，没有"有主的"概念。一旦主体 A 将修改其客体访问控制表的权力及分配这种权力的能力授予主体 B，那么主体 B 就可以将这种能力再分配给其他主体，而不必征得客体生成者的同意。因此，一旦访问许可权分配出去，那么要想控制客体就很困难了。虽然通过客体的访问控制表可以查出所有能够修改访问控制表的主体，但是没有任何主体会负责该客体的安全。

3．自主访问控制模式

在各种实现自主访问控制机制的计算机系统中，可使用的访问模式的范围比较广泛。在此讨论几种常用的访问模式，并描述一个最小的访问模式集合。系统所支持的最基本的保护客体是文件，因此首先讨论对文件设置的访问模式，然后讨论对一类特殊的客体——目录设置的访问模式。

（1）文件

对文件常设置的访问模式有如下 4 种：

① 读和复制（Read-Copy）。该模式允许主体对客体进行读和复制的访问操作。在绝大多数系统中（不是全部系统）实际上将 Read 模式作为 Read-Copy 模式来设置。从概念上讲，仅允许显示客体的 Read 模式是有价值的。然而，作为一种基本的访问类型，要实现仅允许显示客体的 Read 访问模式是非常困难的，因为它仅允许显示介质上的文件，而不允许具有存储能力。Read-Copy 访问模式仅仅限制主体只可进行读与复制源客体的访问操作，如果主体复制了源客体，那么它就可以对该副本设置任何模式的访问权。

② 写和删除（Write-Delete）。该访问模式允许主体用任何方式，包括扩展、压缩及删除，来修改一个客体。在不同的系统中，可以设置许多其他类型的 Write 访问模式，以控制主体对客体可进行的修改形式。仅当系统能够理解客体的特征时，才应用这些访问模式。例如，硬件及（或）操作系统可以设置几种比较特殊的 Write 访问模式，用它们支持索引顺序文件。用不同的 Write 访问模式支持不同类型客体的计算机系统可以将几种模式映射为一种

模式，也可以映射为由自主访问控制支持的最小的模式集合，或者描述所有可能的 Write 模式，而只将一个模式子集应用到一种特殊类型的客体。前者简化了自主访问控制机制与用户接口，后者则给出了一种较细致的访问控制方法。

当然，如果没有 Read-Copy 这样的访问模式，基本的 Write-Delete 访问模式实际上是没有用的。反之，对于一个主体，如果使其具有 Read-Copy 访问模式而不具有 Write-Delete 访问模式通常是有用的。

③ 运行（Execute）。该访问模式允许主体将客体作为一种可执行文件来运行。在许多系统中，Execute 模式需要 Read 模式配合。例如，在 Multics 系统中，涉及常数及寻找入口点的操作被认为是对客体文件的 Read 操作，因此要运行某个客体，Read 访问模式是必须的。但是，在像 Multics 这样的系统环境下，要实现单一的 Execute 访问模式还存在一些问题。因为在这里只要进程存在，就为其生成一个地址空间，在程序运行前或运行期间，主体有能力对其地址空间进行某种操作（修改描述符或寄存器）。如果可以对程序环境（地址空间）进行操作，那么几乎任何一个程序都能够自我复制。所以，在这种情况下，自主访问控制是不能实现单一的 Execute 访问模式的。一种解决方法是生成一个新的进程（相应地分配一个新的地址空间）来运行每个程序。对 Multics 系统来讲，这种方法太"昂贵"了。对于任何一个系统，Execute 访问模式还应该控制运行的始点，以及调用其他程序的返回点。它应该实施有定义的入口点。正确实现不附带 Read 访问模式的 Execute 访问模式的方法是，对专有程序施以一定的保护以防被非法复制。

④ 无效（Null）。该模式表明，主体对客体不具有任何访问权。在访问控制表中，用这种模式可以排斥某个特殊的主体。通常，Null 访问模式是不存在的，但是在访问控制表中应用 Null 模式可以强调某个特殊主体对客体不具任何访问权。

对一个文件型客体的访问模式的最小集合是应用在许多现存系统中的访问模式的集合，包括 Read-Copy，Write-Delete，Execute，Null。这些访问模式在限制对文件的访问时提供了一个最小的但不是充分的组合。如果利用较小的模式集合，就不能独立地控制对文件进行的 Read，Write 与 Execute 的访问操作。

大部分操作系统是将自主访问控制应用于客体而不仅仅用于文件，文件只是一类特殊的客体。许多时候，除文件以外的其他客体也被构造成文件，并且系统难以理解"客体"的真正意义。根据客体的特殊结构，通常对它们都有某些扩充的访问模式。一般都用类似于数据抽象的方式来实现它们，即操作系统将"扩充的"访问模式映射为基本访问模式。

（2）目录

如果文件被组织成一种树形结构，那么目录通常也表示树中的非叶（Non-Leaf）节点，即目录也表示一类文件。目录通常作为结构化文件或结构化段来实现，是否对目录设置访问模式取决于系统是怎样利用树形结构来控制访问操作的。

有三种方法用来控制对目录及与目录相关的文件的访问操作。

① 对目录而不对文件实施访问控制。

② 对文件而不对目录实施访问控制。

③ 对目录与文件都实施访问控制。

如果仅对目录设置访问模式，那么一旦授予某个主体对一个目录的访问权，它就可以访问该目录下的所有文件。当然，如果在该目录下的某个客体是另一个目录（子目录），主体想访问该子目录，就必须获得对该子目录的访问权。采用仅对目录设置访问模式的方法需要按访问类型对文件进行分组，这种需要太受限制，在文件分类时还可能会与其他要求发生冲突。

如果仅对文件设置访问模式，那么访问控制可能会更细致一些。对某个文件的访问模式与同一目录下的其他文件没有任何关系。但是，如果对目录没有设置访问限制，那么主体可以通过浏览存储结构而看到其他文件的名字。还有，在这种情况下，文件的放置是不受任何控制的，因而文件的树形结构就失去了意义。

对于一个树形结构的文件系统，用访问控制表实现自主访问控制的最有效途径是，对文件与目录都施以访问控制。然而，设计者必须决定是否允许主体在访问一个客体时，对整个路径都可访问，以及仅访问客体本身是否是充分的。例如，Multics 的系统设计者允许如下的访问：如果主体知道通向某个客体的正确路径名，并且对该客体具有某种非 Null 访问权，那么该主体就可以访问该客体，并且没有必要对所经过的路径具有某种非 Null 访问权。这种设计方法使得对合法访问的校验容易得多，并且只要对客体的访问控制表进行修改，就可以使一个主体对另一个主体授予访问该客体的权力。如果一个用户不知道某个客体的正确的路径名，并且对访问该客体所必须经过的路径也不具有任何访问权，那么主体就无法决定正确的路径名，因而也就无法访问到该客体。如果要设计一种系统，允许主体访问客体，但又不具有对该客体所在父目录的访问权，那么实现起来就比较复杂。这种设计依赖于特殊的实现机制。

例如，在 UNIX 操作系统中，对某目录不具任何访问权意味着对该目录控制下的所有子客体（文件与子目录）都无权访问。当系统没有向用户授予对某文件父目录的访问权时，任何其他用户都不能使其合法化。

对于一个目录型客体，它的访问模式的最小集合包括读和写-扩展。

① 读（Read）。该访问模式允许主体看到目录的实体，包括目录名、访问控制表，以及与该目录下的文件及子目录相应的信息。它意味着有权访问该目录下的子体（子目录与文件），当然哪个主体可对它们进行访问，还取决于它们自己的访问控制表。

② 写-扩展（Write-Expand）。该访问模式允许主体在该目录下增加一个新的客体，即允许主体在该目录下生成与删除文件或子目录。

由于目录访问模式是对文件访问模式的扩展，并且取决于目录的结构，所以实际上，为目录设置的访问模式与系统是密切相关的。例如，Multics 系统为目录设置了三种访问模式：Status（读状态）、Modify（修改）和 Append（附加）。Status 访问模式允许主体看到目录的结构及其子体的属性；Modify 访问模式允许主体修改（包括可删除）这些属性；Append 访问模式允许主体生成新的子体。

在实际应用中，需要在操作系统对用户的友好性与自主访问控制机制的复杂性之间做适当的权衡，以决定在系统的自主访问控制机制中应该包括什么客体，以及应该为每个客体设置何种访问模式。另外，访问模式的实现不应太复杂，以避免主体不能很容易地记住每一种模式的含义。如果主体不能清楚地区分每种访问模式的功能，那么，对于该主体的客体而言，它很可能对其他主体不是授予所有的访问权就是根本不授予任何访问权。

在计算机系统自主访问控制机制保护下的其他类型的客体还包括邮箱（Mailbox）、通信信道（Communication Channel）及设备（Device）。对它们的访问模式取决于它们的应用环境及具体实现方法。

6.2.2 强制访问控制

自主访问控制是保护计算机资源不被非法访问的一种手段，但是这种方法有一个明显的缺点，即这种控制是自主的。这种自主性为用户提供了灵活性，同时也带来了严重的安全问题。为此，人们认识到必须采取更强有力的访问控制手段，这就是强制访问控制（MAC，Mandatory Access Control）。

强制访问控制是指用户和文件都有一个固定的安全属性，系统利用安全属性来决定一个用户是否可以访问某个文件。安全属性是强制性的，是由安全管理员和操作系统根据限定的规则分配的，用户或用户程序不能修改安全属性。如果系统确定某一安全属性的用户不能访问某个文件，那么任何人（包括该文件的拥有者）都无法使该用户具有访问该文件的能力。

为了使计算机系统更安全，必须考虑非法用户和恶意攻击者的渗透入侵，如特洛伊木马就是渗透技术的一种产物。所谓特洛伊木马就是一段计算机程序，它镶嵌在一个合法用户使用的程序中，当这个合法用户在系统中运行这个程序时，它就会悄无声息地进行非法操作，而且使用户察觉不到这种非法操作。受害者是使用这段程序的用户，而作恶者则是程序的开发者。

1. 防止特洛伊木马的强制访问控制

自主访问控制技术有一个最主要的缺点，就是不能有效地抵抗特洛伊木马的攻击。在自主访问控制技术中，某一合法用户可任意运行一段程序来修改该用户拥有的文件的访问控制信息，而操作系统无法区别这种修改是用户自己的合法操作还是特洛伊木马的非法操作；另外，也没有什么方法能够防止特洛伊木马将信息通过共享客体（文件、内存等）从一个进程传送给另一个进程。

编写特洛伊木马的人一般总要获得某些利益，如果是为了复制机密信息，就必须为欲复制信息提供一个适当的位置，以便事后攻击者可以访问这个位置。如果攻击者在受害者所在的系统中有一个合法的账号，那么这是非常容易的。

通过强加一些不可逾越的访问限制，系统可以防止一些类型的特洛伊木马的攻击。在强制访问控制中，系统对主体与客体都分配一个特殊的安全属性，这种安全属性一般不能更改，系统通过比较主体与客体的安全属性来决定一个主体是否能够访问某个客体。用户为某一目的而运行的程序，不能改变它自己及任何其他客体的安全属性，包括该用户自己拥有的客体。强制访问控制还可以阻止某个进程生成共享文件并通过它向其他进程传递信息。

强制访问控制一般与自主访问控制结合使用，并且实施一些附加的、更强的访问限制。一个主体只有通过了自主与强制性访问控制检查后，才能访问某个客体。由于用户不能直接改变强制访问控制属性，所以用户可以利用自主访问控制来防范其他用户对自己客体的攻击，强制访问控制则提供一个不可逾越的、更强的安全保护层，以防止其他用户偶然或故意地滥用自主访问控制。

以下两种方法可以减少特洛伊木马攻击成功的可能性。

① 限制访问控制的灵活性。一个特洛伊木马可以攻破任何形式的自主访问控制。用户修改访问控制信息的唯一途径是请求一个特权系统的功能调用。该功能依据用户中断输入的信息，而不是靠另一个程序提供的信息来修改访问控制信息。因此，用这种方法就可以消除偷改访问控制的特洛伊木马的攻击。

② 过程控制。采取警告用户不要运行系统目录以外的任何程序，并提醒用户注意，如果偶然调用一个其他目录中的文件，不要做任何操作，这种措施称为过程控制。它可以减少特洛伊木马攻击的机会。

2．UNIX 文件系统的强制访问控制

UNIX 文件系统强制访问控制机制的两种设计方案如下。

（1）Multics 方案

Multics 文件系统是一个树形结构，所有用户都有一个安全级，所有文件（包括目录）也都有一个相应的安全级。对文件的访问遵从下列强制访问控制策略：

① 仅当用户的安全级不低于文件的安全级时，该用户才能读该文件。

② 仅当用户的安全级不高于文件的安全级时，该用户才能写该文件。

第①条是很容易理解的，第②条的意义在于限制高密级的用户生成一个低密级的文件，或者将高密级信息写入低密级的文件中。

一个文件的生成与删除，被认为是对该文件所在目录（文件的父目录）的写操作，所以当某一用户生成或删除一个文件时，他的安全级一定不高于该文件父目录的安全级。这种生成与删除文件的要求与 UNIX 文件系统是不兼容的。因为在 UNIX 文件系统中，有些目录对安全级不低于该目录安全级的用户是可访问的。例如，在 UNIX 系统中有一个共享的/tmp 目录用于存放临时文件，为使用户能够读到他们在/tmp 目录中的文件，他们的安全级应不低于/tmp 的安全级。然而这与 Multics 的强制访问控制策略是相互矛盾的，因为在 Multics 的强制访问控制策略中，一个用户为了在/tmp 目录下生成与删除他的文件，他的安全级就必须不能高于/tmp 目录的安全级。

（2）Tim Thomas 方案

该方案的优点是消除了对强制访问控制机制的下述需要：定义一个新的目录类型，要使用一个升级目录必须先退出系统，然后再以一个不同的安全级注册进入系统。下面详细介绍这种方案。

① 文件名的安全级

在该方案中，文件名的安全级与文件内容的安全级是相同的。因此，一个目录中的信息（文件名）具有不同的安全级，因为一个目录的内容就是一个文件名的集合，并且这些文件名具有不同的安全级。这是该方案不同于前述几种方案的主要特点，文件的安全级如图 6.1 所示。前述几种方案中，在一个目录下的所有文件名的安全级都与该目录的安全级相同。在一个非秘密目录下可以有绝密、机密、普通三个安全级的文件，一个机密级用户所能看到目录结构如图 6.2 所示。

对于一个不能看到某文件的用户，他也不能对该文件进行读、写或删除操作。在上例中，机密级用户不能读、写或删除绝密级文件。只要用户能够看到一个目录，他就能够在该目录下生成文件，当然生成文件时还要受到自主访问控制的控制。

② 隐蔽文件名的实现

在一个目录下可能包含不同安全级的内容，所以操作系统必须对该目录下的所有内容实施访问控制，不允许用户进程通过读该目录而查访该目录下的文件名。实际上，必须通过一个特殊的接口界面，它将滤除所有比该用户安全级高的文件。Sun Microsystems 的网络文件系统（NFS，Network File System）提供了一个接口，对这个接口稍加修改即可支持文件

名滤除功能。该接口称为 Getdnets()系统调用，强制用户进程必须通过这个接口，系统不允许进程使用 UNIX 的 read( )系统调用来读目录的文件名。

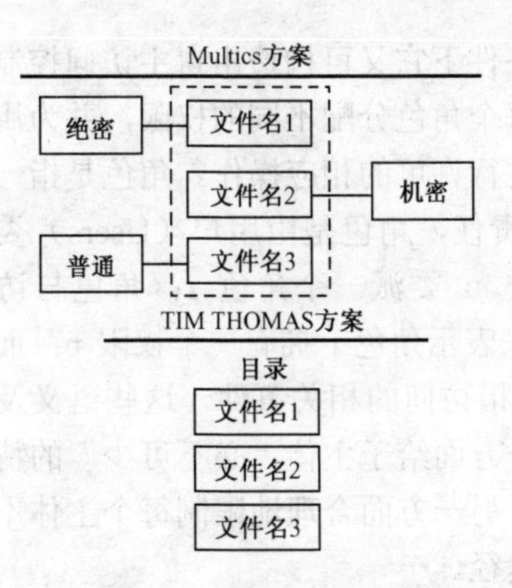

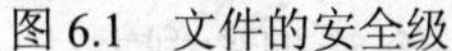

图 6.1　文件的安全级

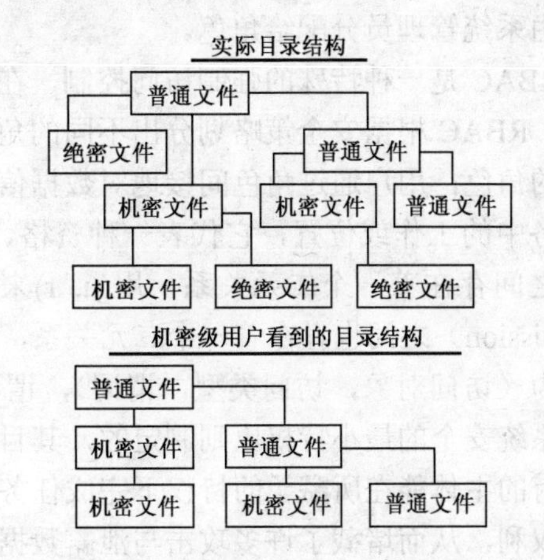

图 6.2　一个机密级用户所能看到的目录结构

③ 文件访问与文件名的隐蔽

文件的访问策略与 Secure Xenix 文件系统的访问策略完全相同，只是扩展到了对文件名的访问限制。

仅当用户的安全级不低于文件的安全级时，才能读该文件或文件名。

仅当用户的安全级与文件的安全级相同时，才能写该文件或更改文件名。删除一个文件名被认为是对该文件的写操作。

由于仅当用户的安全级不低于文件的安全级时，系统才允许用户读该文件名。对用户来讲，有些文件名是不可见的（隐蔽的）。通常目录也被认为是一个文件名，所以文件名的隐蔽对目录来讲也是适用的。

6.2.3　基于角色的访问控制

以前，绝大部分的强制控制是由 David Bell 和 Len LaPadula 推向主流的多级别强制访问，虽然这种访问控制能够得到比较好的安全保证，但它的配置和使用过于麻烦，访问控制的设置过于呆板。近年来，很多系统采用了其他的访问控制方法，其中之一是基于角色的访问控制机制。

基于角色的访问控制（RBAC，Role Based Access Contro1）是指在访问控制系统中，按照用户所承担的角色的不同而给予不同的操作集。其核心思想是将访问权限与角色相联系，通过给用户分配合适的角色，让用户与访问权限相联系。角色是根据系统内为完成各种不同的任务需要而设置的，根据用户在系统中的职权和责任来设定他们的角色。用户可以在角色间进行转换。系统可以添加、删除角色，还可以对角色的权限进行添加、删除。通过应用 RBAC，将安全性放在一个接近组织结构的自然层面上进行管理。

角色由系统管理员定义，角色成员的增减也只能由系统管理员来执行，即只有系统管理员有权定义和分配角色。用户与客体无直接联系，他只有通过角色才享有该角色所对应的权限，从而访问相应的客体。因此，用户不能自主地将访问权限授予别的用户。RBAC 与多级安全体制的根本区别在于，多级安全体制是基于多级安全需求的，而 RBAC 则不是。因为军事系统中主要关心的是防止信息从高安全级流向低安全级，即限制“谁可以读、写什么信息”；而基于角色控制的系统中主要关心的是保护信息的完整性，即“谁可以对什么信息执行何种动作”。角色可以看成是一组操作的集合，不同的角色具有不同的操作集，这些操作集由系统管理员分配给角色。

RBAC 是一种特殊的强制访问控制，在特定的条件下它又可构造出自主访问控制类型的系统。RBAC 根据安全策略划分出不同的角色，对每个角色分配不同的权限，并为用户指派不同的角色，用户通过角色间接地对数据信息资源进行许可的相应操作。角色是指一个组织或任务中的工作或位置，它代表一种资格、权利和责任，角色是由用户（Users）委派的，它们之间存在着一个二元关系，用(u, r)来表示用户 u 委派一个角色 r；角色与访问权限（Permission）之间也存在着一个二元关系，用(r, p)来表示角色 r 拥有一个权限 p；而权限则表达为（访问对象，访问类型，谓词），谓词一般是指访问的相关条件。这些语义及策略是依据系统安全的最小特权原则制定的，其目的是：一方面给予主体“必不可少”的特权，保证所有的主体能在所赋予的特权下完成任务或操作；另一方面合理地限制每个主体不必要的访问权利，从而堵截了许多攻击与泄露数据信息的途径。

基于角色的访问控制是目前国际上流行的、先进的安全管理控制方法，它具有以下特点：

① RBAC 将若干特定的用户集合和访问权限联结在一起，即与某种业务分工（如岗位、工种）相关的授权联结在一起，这样的授权管理相对于针对个体的授权来说，可操作性和可管理性都要强得多。因为角色的变动远远低于个体的变动，所以 RBAC 的一个主要优点就是管理简单。

② 在许多存取控制型系统中，是以用户组作为存取控制单位的。用户组与角色最主要的区别是，用户组是作为用户的一个集合来对待的，并不涉及它的授权许可；而角色既是一个用户的集合，又是一个授权的集合，而且这种集合还具有继承性，新的角色可以在已有的角色的基础上进行扩展，并可以继承多个父角色。

③ 与基于安全级别和类别纵向划分的安全控制机制相比，RBAC 显示了较多的机动灵活的优点。特别显著的优点是，RBAC 在不同的系统配置下可以显示不同的安全控制功能，既可以构造具备自主存取控制类型的系统，也可以构造具备强制存取控制类型的系统，甚至可以构造同时兼备这两种类型的系统。

6.3 访问控制模型

访问控制模型是一种从访问控制的角度出发，描述安全系统，建立安全模型的方法。访问控制模型一般包括主体、客体，以及为识别和验证这些实体的子系统和控制实体间访问的参考监视器。

6.3.1 BLP 模型

在军方术语中，特洛伊木马的最大作用是降低整个系统的安全级别。考虑到这种攻击行为，Bell 和 LaPadula 于 1976 年设计了一种抵抗这种攻击的模型，称为 Bell-LaPadula 模型，简称 BLP 模型。它是典型的信息保密性多级安全模型，主要应用于军事系统。它是处理多级安全信息系统的设计基础，客体在处理绝密级数据和秘密级数据时，要防止处理绝密级数据的程序把信息泄露给处理秘密级数据的程序。BLP 模型的出发点是维护系统的保密性，有效地防止信息泄露，这与后面介绍的维护信息系统数据完整性的Biba模型正好相反。

该模型可以有效防止低级用户和进程访问安全级别比其高的信息资源。此外，安全级别高的用户和进程也不能向比其安全级别低的用户和进程写入数据。BLP 模型基于以下两条基本规则来保障数据的保密性：

（1）不上读，主体不可读安全级别高于它的客体；

（2）不下写，主体不可将信息写入安全级别低于它的客体。

BLP 模型的安全策略包括强制访问控制和自主访问控制两部分。强制访问控制中的安全特性要求对给定安全级别的主体，仅被允许对同一安全级别和较低安全级别上的客体进行“读”操作；对给定安全级别的主体，仅被允许向相同安全级别或较高安全级别上的客体进行“写”操作；任意访问控制允许用户自行定义是否让个人或组织存取数据。

BLP 模型可以用偏序关系表示为：

（1）rd，当且仅当 SC（S）≥SC（O），允许读操作；

（2）wu，当且仅当 SC（S）≤SC（O），允许写操作。

其中，rd 表示向下读，wu 表示向上写；SC（S）表示主体的安全级别，SC（O）表示客体的安全级别。

BLP 模型“只能向下读、向上写”的规则忽略了完整性的重要安全指标，使非法、越权篡改成为可能。

BLP 模型为通用计算机系统定义了安全性属性，即以一组规则表示什么是一个安全的系统，尽管这种基于规则的模型比较容易实现，但它不能更一般地以语义的形式阐明安全性的含义。因此，这种模型不能解释主-客体框架以外的安全性问题。例如，在一种“远程读”的情况下，一个高安全级主体向一个低安全级客体发出“远程读”请求，这种分布式读请求可以看成是从高安全级向低安全级的一个消息传递，也就是“向下写”。另一个例子是如何处理可信主体的问题，可信主体可以是管理员或提供关键服务的进程，如设备驱动程序和存储管理功能模块，这些可信主体若不违背 BLP 模型的规则，就不能正常执行它们的任务，而 BLP 模型对这些可信主体可能引起的泄露危机没有任何处理和避免的方法。

6.3.2 Biba 模型

Ken Biba 在研究 BLP 模型的特性时发现，BLP 模型只解决了信息的保密问题，在完整性定义方面存在一定缺陷。BLP 模型没有采取有效的措施来制约对信息的非授权修改，因此使非法、越权篡改成为可能。为此，Ken Biba 于 1977 年提出了 Biba 模型。该模型对数据提供了完整性保障。

Biba 模型要求对主、客体按照完整性级别进行登记划分，它基于以下两条基本规则来确保数据的完整性：

（1）当且仅当客体的完整性级别支配主体的完整性级别时，主体才具有对客体“读”的权限，即“不下读”；

（2）当且仅当主体的完整性级别支配客体的完整性级别时，主体才具有对客体“写”的权限，即“不上写”。

可以看出，BLP 模型和 Biba 模型的两条基本规则相反。BLP 模型能够解决信息的保密性问题，但并不能解决信息的完整性问题；Biba 能解决信息的完整性问题，但不能解决信息的保密性问题。两个模型的共同点是：都要求使用强制访问控制系统。

Biba 模型可以用偏序关系表示为：

（1）ru，当且仅当 SC（S）≤SC（O），允许读操作。

（2）wd，当且仅当 SC（S）≥SC（O），允许写操作。

其中，ru 表示向上读，wd 表示向下写。

6.3.3 角色模型

1992 年，Ferraiolo 和 Kuhn 提出了基于角色的访问控制（RBAC）的概念。他们认为，与自主访问控制和强制访问控制相比，RBAC 更适用于非军事信息系统。1996 年，George Mason 大学的 Ravi 等人提出了 RBAC96 概念模型。

RBAC96 模型的基本结构如图 6.3 所示，其中：①RBAC0——基本模型，规定了任何 RBAC 系统所必须的最小需求；②RBAC1——分级模型，在 RBAC0 的基础上增加了角色等级的概念；③RBAC2——限制模型，在 RBAC0 的基础上增加了限制的概念；④RBAC3——统一模型，包含了 RBAC1 和 RBAC2，由于传递性也间接地包含了 RBAC0。

1. 基本模型 RBAC0

RBAC 模型由 4 个主要实体组成，分别是用户（U）、角色（R）、权限（P）、一组会话（S）。其中用户是指自然人；角色是组织内部一个工作的功能或者工作的头衔，表示该角色成员所授予的职权和职责；权限是对系统中一个和多个客体以特定方式进行存取的许可，系统中拥有权限的用户可以执行相应的操作。客体既指计算机系统的数据客体，也指由数据所表示的资源客体，所以这里的权限既可以指访问整个子网的权限，也可以指对一个特定的记录项的特定字段的访问。权限的粒度大小取决于实际系统的定义，如操作系统中保护的是文件、目录、设备、端口等资源，相应操作为读、写、执行；而在关系数据库管理系统中则保护的是关系、元组、属性、视图，相应的操作为 Select，Update，Delete，Insert 等。

图 6.3（b）中用户和角色之间，以及角色和权限之间用双箭头连接表示用户角色分配 UA 和角色权限分配 PA 的关系都是“多对多”的关系。也就是说，一个用户可以有多个角色，一个角色可以被多个用户所拥有，这与现实是一致的。因为一个人可以在同一部门中担任多种职务，而且担任相同职务的可能不止一人。同样地，一个角色可以拥有多个权限，一个权限可以被多个角色所拥有。

为了存取系统资源，用户需要建立会话，每个会话将一个用户与他所对应的角色集中的一部分建立映射关系，这一角色子集成为会话激活的角色集，在这次会话中，用户可以执行的操作就是该会话激活的角色集对应的权限所允许的操作。

一个用户可以在工作站上打开多个系统应用窗口，与系统建立多个会话，每个会话激活的角色集可能不同，即便是为完成某一特定的操作而建立的一系列会话中，也可能包括不同的角色。如果用户在一次会话中激活的角色集所能完成的功能远远超过需要，势必造成一种浪费，有时用户还会出现误操作，破坏系统。为了防止这些情况发生，在 RBAC 中设定了最小权限原则，规定用户所拥有的角色集对应的权限不能超过用户工作时所需要的最大权限，而且每次会话中激活的角色集所对应的权限要小于等于用户所拥有的权限。

另外，RBAC 模型不允许由一次会话创建另一次会话。它还规定管理权限不可应用于 RBAC96 的组成部件上，管理权限就是修改用户角色、权限集以及用户委派、权限委派等权限。

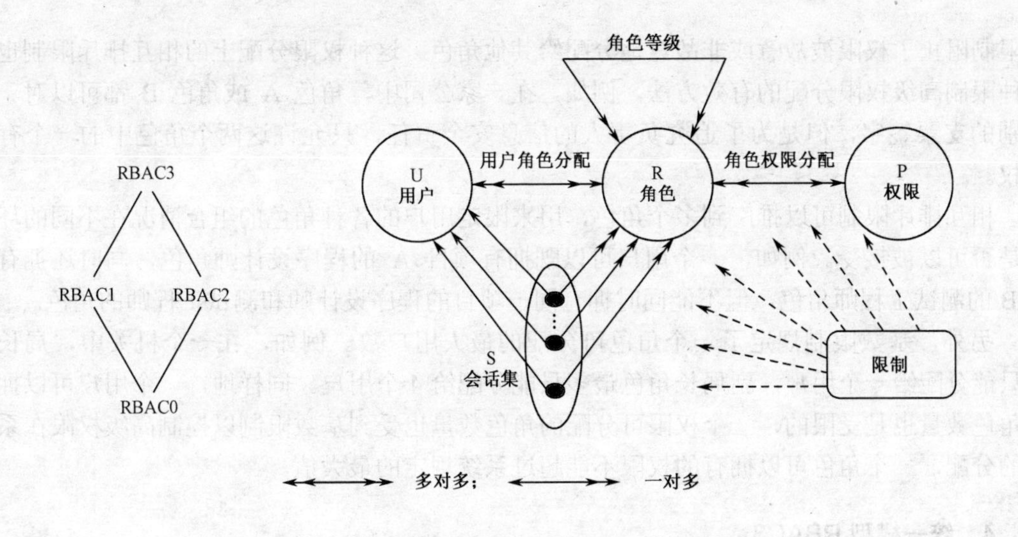

图 6.3　RBAC96 模型

2．分级模型 RBAC1

RBAC1 模型引入了角色等级以反映一个组织的职权和责任分布的偏序关系，图 6.4 示出了角色等级。其中高等级角色在上方，低等级角色在下方，等级最低的角色是项目成员，程序设计师高于项目成员，所以程序设计师继承了项目成员，项目负责人处于最高等级。

显然角色等级关系具有自反性、传递性和非对称性，它是一个偏序关系。

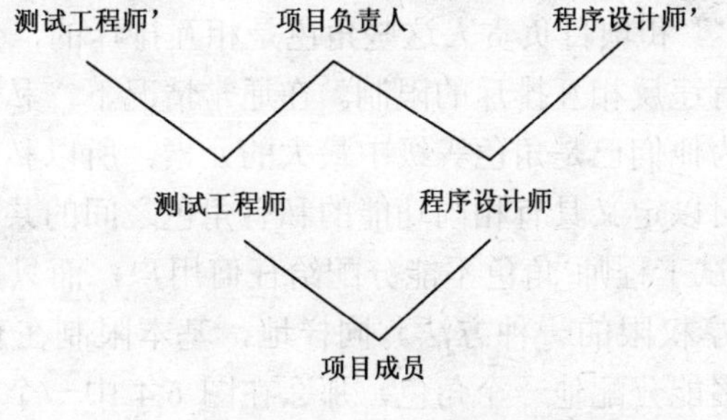

图 6.4　角色等级例子

有时为了实际需要，应该限制继承的范围，不希望继承者享有被继承者的全部权力，此时，可以构造一些新的角色，称为私有角色，而将用户分配给这些私有角色。如图 6.4 中，“测试工程师'”和“程序设计师'”就是私有角色。

3．限制模型 RBAC2

RBAC2 模型引入了限制的概念，这种限制可以实施到图 6.3（b）中的所有关系上。RBAC 中的一个基本限制称为相互排斥角色限制。由于角色之间相互排斥，一个用户最多只能分配到这两个角色中的一个。例如，在一个项目中，用户不能既是测试人员又是编程人员。而双重限制就是指同一权限只能分派给相互排斥的角色中的一个。例如，在政府部门中局长和副局长这两个角色是相互排斥的，且对文件签发操作只能由局长执行。这种权限分配的限制阻止了权限被故意或非故意地分配给其他角色。这种权限分配上的相互排斥限制也是一种限制高级权限分配的有效方法。例如，在一家公司中，角色 A 或角色 B 都可以对一种特别的支票签字，但是为了追究负责人的信息安全责任，只允许这两个角色中的一个有签字权。

相互排斥限制可以推广到多个角色，用来限定用户的各种角色的组合情况在不同的环境中是否可以被接受。例如，一个用户可以既拥有项目 A 的程序设计师角色，同时还拥有项目 B 的测试工程师角色，但不能同时拥有同一项目的程序设计师和测试工程师的角色。

另外，基数限制规定了一个角色可分配的最大用户数。例如，在一个机关中，局长角色只能分配给一个用户，副局长角色最多只能分配给 4 个用户。同样地，一个用户可以拥有的角色数量也是受限的，一个权限可分配的角色数量也受到基数限制以控制高级权限在系统中的分配，一个角色可以拥有的权限不能超过系统规定的最大值。

4. 统一模型 RBAC3

统一模型 RBAC3 包含了限制模型和分级模型，即在 RBAC0 上引进了角色分级和限制的概念，但也产生了一些问题。

由于角色等级是 RBAC3 的组成部分，所以限制可以应用在角色等级上。角色等级是一个偏序序列，这种限制对模型而言是内在的。附加的限制可以限制一个给定角色的上级和下级角色，也可限制一些角色间没有相同的上级或者下级角色。通过这些限制，安全主管人员可以对被多个用户改变的角色等级进行非常有效的控制。

这样限制与等级之间可能产生矛盾。如图 6.4 所示，项目中的一个成员不能既拥有测试工程师角色也拥有程序设计师角色。两项目负责人所处的位置显然违背了这个限制，但实际应用中这又是合理的。私有角色的引进可以解决上述矛盾。如图 6.4 所示，私有角色“测试工程师’”、“程序设计师’”和项目负责人这些角色是相互排斥的，但他们处于同一等级，所以项目负责人角色并没有违反相互排斥的限制。在通常情况下，私有角色与其他角色没有共同的上级角色存在，因为他们已是角色等级中最大的元素，所以私有角色之间的相互排斥也是不会违反的。这样就可以定义具有相同功能的私有角色之间的共享部分的基本限制为 0 个成员。在图 6.4 中，测试工程师’角色不能分配给任何用户，而只是作为测试工程师角色与项目负责人角色之间共享权限的一种方法。同样地，基本限制在有时被违背也是可以接受的。试想一个用户，最多能分配他一个角色，那么在图 6.4 中一个用户被授予了测试工程师角色，但他继承了项目成员角色，即该用户也拥有了项目成员角色，这在实际中也存在。

5. RBAC 的优势

（1）便于授权管理

RBAC 的最大优势在于它对授权管理的支持。通常的访问控制实现方法是将用户与访问权限直接相联系，当组织内人员新增或有人离开时，或者某个用户的职能发生变化时，需要进行大量授权更改工作。而在 RBAC 中，角色作为一个桥梁，沟通于用户和资源之间。对用户的访问授权转变为对角色的授权，然后再将用户与特定的角色联系起来。一旦一个 RBAC 系统建立起来，主要的管理工作即为授权或取消用户的角色。用户的职责变化时，改变授权给他们的角色，也就改变了用户的权限。当组织的功能变化或演进时，只需删除角色的旧功能、增加新功能，或定义新角色，而不必更新每一个用户的权限设置。这些都大大简化了对权限的理解和管理。

（2）便于角色划分

RBAC 以角色作为访问控制的主体，用户以什么样的角色对资源进行访问，决定了用户拥有的权限以及可执行何种操作。

为了提高效率，避免相同权限的重复设置，RBAC 采用了角色继承的概念，定义了这样一些角色，它们有自己的属性，但可能还继承其他角色的属性和权限。角色继承把角色组织起来，能够很自然地反映组织内部人员之间的职权、责任关系。角色继承可以用祖先关系来表示。在角色继承关系图中，处于最上面的角色拥有最大的访问权限，越下端的角色拥有的权限越小。

（3）便于赋予最小权限原则

所谓最小权限原则是指用户所拥有的权力不能超过他执行工作时所需的权限。实现最小权限原则，需分清用户的工作内容，确定执行该项工作的最小权限集，然后将用户限制在这些权限范围之内。在 RBAC 中，可以根据组织内的规章制度、职员的分工等设计拥有不同权限的角色，只有角色需要执行的操作才授权给角色。当一个主体欲访问某一资源时，如果该操作不在主体当前活跃角色的授权操作之内，该访问将被拒绝。

（4）便于职责分离

对于某些特定的操作集，某一角色或用户不可能同时独立地完成所有这些操作，此时需要进行职责分离。例如，在银行业务中，“授予一次付款”和“实施一次付款”应该是分开的职能操作，否则可能发生欺诈行为。职责分离可以有静态和动态两种实现方式。静态职责分离是指只有当一个角色与用户所属的其他角色彼此不互斥时，这个角色才能授权给该用户。动态职责分离是指只有当一个角色与一主体的任何一个当前活跃角色都不互斥时，该角色才能成为该主体的另一个活跃角色。

（5）便于客体分类

RBAC 可以根据用户执行的不同操作集来划分不同的角色，对主体分类。同样地，也可以实施对客体的分类。例如，银行职员可以接触到账户，而一个办公秘书可能会和各种信件打交道，我们可以根据客体的类型（如账户、信件等）或者根据它们的应用领域（如商业信件、私人信件等）进行分类。这样角色的访问授权就建立在抽象的客体分类的基础上，而不是具体的某一客体。例如，办公秘书的角色可以授权读/写信件这一整个类别，而不是对每一信件都需要给予授权。对每一个客体的访问授权会自动按照客体的分类类别来决定，不需要对每一客体都具体指定授权。这样也使得授权管理更加方便，容易控制。

此外，还有 GM 模型、Sutherland 模型以及 CW 模型等，在此不再赘述。

6.4 访问控制模型的实现

访问控制模型的前提是具有一般性和普遍性，如何使访问控制模型的这种普遍性和我们所要分析的实际问题的特殊性相结合——使访问控制模型与当前的具体应用紧密结合，是我们面临的最主要问题。

6.4.1 访问控制模型的实现机制

建立访问控制模型和实现访问控制都是抽象和复杂的行为，实现访问控制不仅要保证授权用户使用的权限与其所拥有的权限对应，制止非授权用户的非授权行为，还要保证敏感信息不被非法复制和传播。为便于讨论，下面以“文件的访问控制”为例具体说明访问控制的实现。

1．访问控制表

它是以文件为中心建立的访问权限表。目前，大多数 PC、服务器和主机都使用访问控制表作为访问控制的实现机制。其优点在于实现简单，任何得到授权的主体都可以有一个访问控制表。例如，授权用户 A_1 的访问控制规则存储在文件 file1 中，A_1 的访问规则可以由 A_1 下面的权限表来确定，权限表限定了用户 A_1 的访问权限。

2．访问控制矩阵

这是通过矩阵形式表示访问控制规则和授权用户权限的方法。对每个主体而言，都拥有对某些客体的某些访问权限；而对客体而言，又有某些主体对它可以实施访问；将这种关联关系加以阐述，就形成了控制矩阵。其中，特权用户或特权用户组可以修改主体的访问控制权限。访问控制矩阵的实现很易于理解，但是查找和实现起来有一定的难度，如果用户和文件系统要管理的文件很多，那么控制矩阵将会成几何级数增长，这对于增长的矩阵而言，会产生大量的冗余空间。

3．能力

这是访问控制中的一个重要概念，指请求访问的发起者所拥有的一个有效标签，它授权的标签表明持有者可以按照何种访问方式访问特定的客体。访问控制能力表（ACCL，Access Control Capabilities Lists）是以用户为中心建立的访问权限表。因此，ACCL 的实现与访问控制表恰好相反。定义能力的重要作用在于能力的特殊性，如果赋予某个主体具有一种能力，说明这个主体具有了一定的对应权限。能力的实现有两种方式，传递的和不可传递的。一些能力可以由主体传递给其他主体使用，另一些则不能。能力的传递牵扯到了授权的实现。

用户	安全级别
UserA	秘密
UserB	机密
…	
UserX	绝密
文件	安全级别
File1	秘密
File2	绝密
…	
File*N*	机密

图 6.5　访问控制标签列表的实现示例

4．安全标签

这是限制和附属在主体或客体上的一组安全属性信息。安全标签的含义比能力更广泛和严格，因为它实际上还建立了一个严格的安全等级集合。访问控制标签列表（ACSLL，Access Control Security Labels Lists）是限定一个用户对一个客体目标访问的安全属性集合。访问控制标签列表的实现示例如图 6.5 所示，上部为用户对应的安全级别，下部为文件系统对应的安全级别。假设请求访问的用户 UserA 的安全级别为秘密级，那么当 UserA 请求访问文件 File2 时，由于秘密级＜绝密级，访问会被拒绝；当 UserA 请求访问文件 File*N* 时，因为秘密级＞机密级，所以允许访问。

安全标签能对敏感信息加以区分，从而可以对用户和客体资源强制执行安全策略，因此强制访问控制经常会用到这种实现机制。

5. 访问控制实现的具体类别

访问控制是计算机安全防范和保护的重要手段，它的主要任务是维护网络系统安全、保证网络资源不被非法使用和非常访问。通常在技术实现上，包括以下三部分。

（1）接入访问控制

接入访问控制为网络访问提供第一层访问控制，是网络访问的第一道屏障，它控制哪些用户能够登录到服务器并获取网络资源，控制准许用户入网的时间和准许他们在哪台工作站入网。例如，ISP 服务商实现的就是接入服务。用户的接入访问控制是对合法用户的验证，通常使用用户名和口令认证方式。一般可分为三个步骤：用户名的识别与验证、用户口令的识别与验证、用户账号的默认限制检查。

（2）资源访问控制

资源访问控制是对客体整体资源信息的访问控制管理。其中包括文件系统的访问控制（文件目录访问控制和系统访问控制）、文件属性访问控制、信息内容访问控制。文件目录访问控制是指用户和用户组被赋予一定的权限，在权限的规则控制许可下，哪些用户和用户组可以访问哪些目录、子目录、文件和其他资源，哪些用户可以对其中的哪些文件、目录、子目录、设备等执行何种操作。系统访问控制是指一个网络系统管理员应当为用户指定适当的访问权限，这些访问权限控制着用户对服务器的访问；应设置口令锁定服务器控制台，以防止非法用户修改、删除重要信息或破坏数据；应设定服务器登录时间限制、非法访问者检测和关闭的时间间隔；应对网络实施监控，记录用户对网络资源的访问，对非法的网络访问，能够用图形、文字或声音等形式报警等。文件属性访问控制是指当用文件、目录和网络设备时，应给文件、目录等指定访问属性。属性安全控制可以将给定的属性与要访问的文件、目录和网络设备联系起来。

（3）网络端口和节点的访问控制

网络节点和端口用于加密传输数据，这些重要位置的管理必须要防止黑客发动的攻击。对它们的管理和数据修改，必须要求访问者提供足以证明身份的验证器（如智能卡）。

6.4.2 访问控制模型的实现方法

访问控制模型的实现方法主要有以下三种。

1. System V/MLS 实现方法

UNIX System V/MLS 是以 AT&T 公司的 UNIX System V 为原型的多级安全操作系统，该系统的设计目标为 TCSEC 标准的 B 安全等级。系统通过实现 BLP 模型提供多级别保密性强制访问控制。其中，主体为进程，客体包括文件、目录、进程间通信结构和进程。与其他 UNIX 系统相同，UNIX System V/MLS 提供基于从属他人的保护机制。其对 BLP 模型的具体实现是通过一个可插入的多级安全性（MLS）模块。该模块是一个在内核中可删除、可替换的模块，负责解释安全等级标记的含义和多级安全性控制规则，从而实现保密性强制访问控制。通过在与访问判定有关的内核函数中插入调用 MLS 模块的命令，实现原有内核机制与 MLS 机制的交互和关联。该方法比较成功地解决了在系统中实现保密性访问控制的问题，但对于如何实施完整性强制访问控制没有给出合适的解决方法。另外，该系统对于 BLP 模型的解释仍有些不足。例如，由于系统中主体的安全标记是静态不变的，所以系统的实用性较差。

2. Lipner 实现方法

Lipner 使用两种方法在商业信息系统中实现完整性。一种是使用 BLP 安全模型，另一种是把 BLP 模型与 Biba 完整性模型相结合。通常，非等级类别比等级类别更重要。一个公司通常都具备组织划分（对应非等级分类），但一般不给人员设置许可（对应安全等级），几乎所有雇员都具有同一等级。关键是定义适当的访问类、用户类和文件类。在 Lipner 的第一种方法里，每一个主体和客体都被赋予一个访问类。一个访问类包括一个等级类别和一个非等级分类。Lipner 使用两个等级（系统管理员和普通用户）和 4 个类别。大部分主体和客体的等级类别都是 System Low，通过适当地给程序员、用户和系统程序员分配非等级分类，来限制他们的活动。第二种方法是加入 Biba 完整性模型，其目的是防止高完整性信息被低完整性数据和程序所污染。给系统程序赋予高完整性等级，完整性分类用于区分不同的环境（如开发环境和产品环境）。这种方法提供了更简便和直观策略应用，也减少了引入特洛伊木马的可能性。Lipner 第一次提出：对于完整性而言，非等级类别比等级类别更重要。非等级类别用来解决第一个完整性目标。

Lipner 对信息系统的审计员和安全管理员进行调查后发现，一般而言，商业用户不自己写程序，而商业程序员不使用自己所写的程序。这样，用户的级别不能高于程序员，程序员的级别不能高于用户。当两类用户处于同一级别时，应该把他们完全隔离开。因此，适当地使用分类比使用级别更重要。

3. BK 实现方法

Boebert 和 Kain 使用可信管道在 LOCK 系统中实现了 GM 模型。GM 模型由 Goguen 与 Meseguer 于 1982 年提出，它是建立在自动机理论和事先确定的状态转移之上的一种访问控制模型。可信管道机制确保某类数据只能被某些可信软件处理。一个可信管道是一个满足如下三个条件的子系统：不能被旁路；行为不能被取消或恢复；行为必须正确。LOCK 系统的访问监控器由硬件实现，位于产生内存访问请求的处理器和响应这些请求的内存系统之间。它实际上包括两部分，一是进行传统权限（读/写等）检查的内存管理单元，二是负责系统保护状态的模块——标记客体处理器（TOP）。TOP 创建权限检查表，对内存管理单元实施检查。用内存管理单元表和设置内存管理单元表的高特权代码把两者联系起来。

本 章 小 结

访问控制技术是保证计算机安全最重要的核心技术之一，是维护计算机系统安全、保护计算机资源的重要手段。本章主要从访问控制的基本概念、访问控制类型、访问控制模型、访问控制模型的实现 4 个方面对访问控制技术进行了介绍。主要包括以下内容。

1. 访问控制的基本概念

介绍了访问控制技术的基本任务、层次、三个要素及两大访问策略。

2. 访问控制类型

介绍了自主访问控制、强制访问控制及基于角色的访问控制三种类型。

自主访问控制有基于行和基于列两种访问控制方法，有等级型、有主型和自由型三种访问控制形式。首先介绍了两种控制方法和三种自主访问控制模式的结构及优缺点，最后介绍了对文件和目录设置的访问模式。

强制访问控制是一种比自主访问控制更强的访问控制机制，它可以对付、抵制特洛伊木马的威胁和非法访问。首先介绍了强制访问控制的基本原理，然后介绍了两种减少特洛伊木马攻击的方法，最后介绍了 UNIX 文件系统强制访问控制机制的两种设计方案（Multics 方案和 Tim Thomas 方案）的实现及优缺点。

基于角色的访问控制是目前国际上流行的、先进的安全管理控制方法，主要介绍了这种控制的核心思想、实现原理及优点。

3．访问控制模型

访问控制模型是一种从访问控制的角度出发，描述安全系统，建立安全模型的方法。主要介绍了三种访问控制模型的结构及特点。

4. 访问控制模型的实现

首先介绍了访问控制模型的实现机制，然后介绍了访问控制模型的三种实现方法的基本原理。

习　题　6

6.1　为什么要进行访问控制？访问控制的含义是什么？其基本任务有哪些？

6.2　访问控制包括哪几大要素？

6.3　什么是自主访问控制？自主访问控制的方法有哪些？

6.4　自主访问控制有哪几种类型？访问的模式有哪几种？

6.5　什么是强制访问控制方式？如何防止特洛伊木马的非法访问？

6.6　简述基于角色的访问控制的主要特点。

6.7　请例举常用的三种访问控制模型，并说明各自的特点。

6.8　访问控制模型的实现方法有哪些？

第 7 章　网络病毒与防范

20 世纪 90 年代以来，随着我国各类计算机网络的逐步建立和广泛应用，如何防止计算机病毒侵入并保证网络的安全运行成为人们面临的一项重要而紧迫的任务，计算机网络的防病毒技术已成为计算机操作人员与网络管理人员必须了解与掌握的一项技术。

由于计算机网络系统的各个组成部分、接口，以及各连接层次的相互转换环节都不同程度存在着某些漏洞或薄弱环节，在网络软件方面存在的薄弱环节更多，所以使网络病毒有机可乘，能够突破网络的安全保护机制，通过感染网络服务器，进而在网络上快速蔓延，影响各网络用户的数据安全和机器的正常运行。所以计算机网络一旦染上病毒，其影响远比单机染毒更大，破坏性也更强，计算机网络必须具备防范网络病毒破坏的功能。

7.1　网络病毒及其特征

7.1.1　网络病毒的概念

什么是网络病毒？对于网络病毒，目前还没有统一的、法律性的定义，归纳起来主要有两种观点：

（1）狭义的网络病毒。这种观点认为，网络病毒应该严格地局限在网络范围之内，即网络病毒应该是充分利用网络协议及网络体系结构作为其传播途径或机制，同时网络病毒的破坏对象也应是针对网络的。这种观点将所有单机病毒排斥在网络病毒的讨论范围之外。

（2）广义的网络病毒。这种观点认为，只要能够在网络上传播并能对网络产生破坏的病毒，无论它破坏的是网络还是连网计算机，都称为网络病毒。

我们认为，通过网络传播的病毒不一定是网络病毒。只有蠕虫病毒、木马病毒、网页病毒等可被称为网络病毒。网络病毒专门使用网络协议（如 TCP，FTP，UDP，HTTP 和电子邮件协议）进行复制，它们通常不修改系统文件或硬盘的引导区。网络病毒感染客户计算机的内存，强制这些计算机向网络发送大量信息，因而可能导致网络速度下降甚至完全瘫痪。由于网络病毒保留在内存中，因此传统的基于磁盘的文件 I/O 扫描方法通常无法检测到它们。在当今日益互联的工作环境（电子邮件、Internet、Intranet、共享驱动器、FTP 站点、可移动驱动器等）中，病毒可以在瞬间爆发。过去的病毒通常通过文件和磁盘共享传播，而现在的病毒可以通过多种不同的方法感染计算机、邮件系统、Web 服务器和局域网。

网络病毒一般会试图通过以下 4 种不同方式进行传播：

（1）邮件附件

病毒经常会附在邮件附件里，然后起一个吸引人的名字，诱惑人们去打开附件，一旦人们执行打开操作，机器就会染上附件中所附的病毒。

（2）E-mail

有些蠕虫病毒会利用在 Microsoft Security Bulletin 中讨论过的安全漏洞将自身藏在邮件

中，并向其他用户发送一个病毒副本来进行传播。正如公告中所描述的那样，该漏洞存在于 Internet Explorer 之中，但是可以通过 E-mail 来利用。只需简单地打开邮件就会使机器感染上病毒，并不需要打开邮件附件。

（3）Web 服务器

有些网络病毒攻击 IIS 和 Web 服务器。比如“尼姆达（Nimda）病毒”，它主要通过两种手段来实施攻击：①它检查计算机是否已经被红色代码 II 病毒所破坏，因为红色代码 II 病毒会创建一个“后门”，任何恶意用户都可以利用这个“后门”获得对系统的控制权。如果 Nimda 病毒发现了这样的机器，它会简单地使用红色代码 II 病毒留下的后门来感染机器。②病毒会试图利用“Web Server Folder Traversal”漏洞来感染机器。如果它成功地找到了这个漏洞，病毒会使用它来感染系统。

（4）文件共享

文件共享也是一种网络病毒传播的主要手段。Windows 系统可以被配置成允许其他用户读/写系统中的文件。允许所有人都有访问文件的权限会导致很差的安全性，而且默认情况下，Windows 系统仅仅允许授权用户访问系统中的文件。然而，如果病毒发现系统被配置为其他用户可以在系统中创建文件，它会在其中添加文件来传播病毒。

此外，向群件应用程序发展的网络化趋势也加重了病毒的危害性，如 LotusNotes，Microsoft Exchange，Novell Groupwise 和 Netscape Colabra 等群件的核心是在网络内共享文档，这就为宏病毒的传播提供了基础，而且群件还提供合作功能，能够在相关工作组之间同步传输文档，从而使宏病毒传播的机会大大增加。随着计算机局域网、远程网，特别是 Internet 的应用与普及，许多单机应用软件逐步转向网络环境，因而网络系统将面临越来越多的网络病毒的挑战。

7.1.2 网络病毒的主要特点

据江民反病毒中心、江民客户服务中心、江民全球病毒监测预警系统联合统计的数据，截至 2009 年 12 月 31 日，共截获新增计算机病毒（样本）数总计（包括木马、后门、广告程序、间谍木马、脚本病毒、漏洞攻击代码、蠕虫病毒）12 711 986 个，其中新增木马（样本）9 665 551 个，新增后门（样本）1 260 018 个，新增广告程序（样本）389 265 个，新增漏洞攻击代码（样本）121 398 个，其他病毒（样本）1 275 754 个。木马后门病毒在全部计算机病毒总数中仍然高居 85.9%的比例，继续高居计算机病毒榜首；而攻击漏洞的恶意代码则呈现上升趋势，较 2008 年增长了 100%。网页挂马数量激增，2009 年度，江民恶意网页监测系统监测到的常见挂马网页病毒源网址（非挂马网页本身）地址已经达到 1 万余个，按平均每个恶意网站挂马 1000 个正常网页计算，2009 年度整个互联网被挂马的次数达到 1000 万次以上，较 2008 年度增长 10 倍。

总体来讲，这些病毒主要呈现出如下几个特征。

1. 网游盗号类病毒大行其道

受经济利益驱使，利用键盘钩子、内存截取或封包截取等技术盗取网络游戏玩家的游戏账号、游戏密码、所在区服、角色等级、金钱数量、仓库密码等信息资料的病毒十分活跃。2008 年截获的新木马病毒中，80％以上都与盗取网络游戏账号密码有关。病毒作者的牟利目标十分明确，就是盗取互联网上有价值的信息和资料，特别是网络游戏账号密码、以及虚拟装备等，转卖后获取利益。逐利已成为此类病毒的唯一动机和目标，随着网络游戏的火爆和兴盛，此类病毒仍然有着庞大的市场和生存空间，成为当前最主流的计算机病毒。

2．僵尸网络有增无减

据江民反病毒中心报告，仅 2008 年上半年各种可以用来组建“僵尸网络”的 BOT 类病毒高发，由于计算机感染 BOT 病毒后，可以接受服务器端的远程控制，导致许多计算机用户不知不觉成为黑客的帮凶。为了确保奥运会网络安全，江民反病毒中心配合国家计算机病毒处理中心集中处理 BOT 类病毒数千种，协助公安部门清理了多个“僵尸网络”病毒源头。

据国家计算机病毒应急处理中心介绍，2008 年，山东潍坊两家物流公司因为存在商业竞争，一公司为抢夺客户资源雇用黑客利用 DDOS 手段大面积入侵连网计算机，致使潍坊 40 万网通用户 7 月份不能正常上网。

3．欺骗方式不断创新

进入 2009 年以来，有越来越多的病毒采用了全新的欺骗方式，伪装成 IE 快捷方式和文件夹已经成为一种新的趋势。

江民反病毒中心监测到的“BHO 劫持者”变种 aie 病毒和“代理木马”变种 cbnq 病毒，就采用了这种欺骗方式。“BHO 劫持者”变种 aie 病毒的主程序为深蓝色 IE 浏览器水晶效果图标，病毒运行后会在用户当前桌面上创建 IE 快捷方式，用户一旦启动 IE 浏览器，就会默认自动打开“骇客”预先设置好的恶意网页，并在后台获取“恶意程序下载地址列表”，然后在被感染计算机上下载该文件中所指定的恶意程序并自动调用运行。其中，所下载的恶意程序可能为网络游戏盗号木马、远程控制后门或恶意广告程序（流氓软件）等，致使用户面临更大的威胁。

“代理木马”变种 cbnq 病毒会将系统盘以外的所有盘符下的文件夹属性都设置为系统、只读、隐藏，并在当前目录下生成一个与被隐藏的文件夹同名的.exe 病毒程序，同时显示为文件夹图标。通过这样的伪装后，用户在打开文件夹时，实际上运行的就是病毒程序，然后病毒再把用户当前要打开的文件夹自动打开，从而达到欺骗用户的目的。与“BHO 劫持者”变种病毒一样，该病毒最终也是指向“骇客”指定的恶意网址，并下载大量恶意程序。

近年来，随着用户安全意识的不断提高，病毒也在不断改变着伪装方式。通常情况下，病毒入侵到用户的计算机后，想让用户去点击运行病毒是很难的，而这就需要做好自身的伪装，来诱骗用户点击。伪装成快捷方式，一般不会被用户怀疑，同时中毒后，病毒文件也不易被察觉，提高了病毒的隐蔽性，使用户更易遭受到病毒的侵害。

4．钓鱼网站、网页挂马激增，黑客产业链日益成熟

2009 年江民恶意网页监控系统数据显示，钓鱼网站、网页挂马已经成为病毒制造者传播有害程序的最佳途径，同时也成为互联网最严重的安全威胁。进入 2009 年以来，病毒制造者的人数大幅上升，也带来了计算机病毒数量的激增。一些道德、法律意识淡薄的人意识到，如果涉入灰色产业，付出最少的成本或者零成本、用最少的时间、承担最低的风险，就能获得颇丰的收益。

据中国互联网络信息中心（CNNIC）在 2009 中国反钓鱼网站联盟年会上公布的统计数据显示，截至 2009 年 11 月 22 日，经 CNNIC 认定并处理的钓鱼网站域名累计已达 8342 个。江民全球病毒监控系统、云安全防毒系统的统计数据显示，每天都可以监测到大量新的钓鱼网站，这其中以“福彩”、“非常 6+1”等模仿央视、腾讯等知名单位的中奖网站最为泛滥。这些钓鱼网站主要以中奖为诱饵，通过发布各种虚假的中奖信息，欺骗用户填写个人身份信息、银行账户等私密信息，由此骗取网民的钱财。

目前，计算机病毒已经呈现出产业化特征，已经形成“病毒作者—盗号团伙—销售平台—终端用户”的完整产业链，病毒作者不会再为恶作剧、破坏系统、干扰用户操作这些损人不利己的事情去消耗精力，获利已经成为黑客传播病毒的唯一目标。更多的病毒选择悄悄地潜伏在系统中，伺机窃取病毒作者指定的有价信息，如网游账号密码、虚拟装备、Q 币、网上银行账号密码等。随着灰色产业链的日益成熟，以获取高额经济利益为目的，集团化的运作，明确的分工，甚至可以按照需求定制，木马病毒的制造已经形成了流水线式的生产模式。制作和传播计算机病毒已经演变为有预谋的网络犯罪，而参与网络犯罪的人员因为组织严密、分工明确，已经成为一种“网络黑社会”。

与现实生活中的黑势力团伙不同，这种“网络黑社会”是通过互联网分工和指派任务的，他们通常利用临时 QQ 群的形式集会，所有活动完全通过互联网实施，并通过互联网销售平台将窃取的有价信息转卖，整个作案过程完全实现了互联网化。制造与传播病毒的人群分工明确、技术合作与成果共享频繁。计算机病毒的设计者之间也存在明确的分工：有的负责编写盗号木马、有的负责编写木马下载器、有的负责编写反杀毒软件的驱动程序、有的负责分析最新的漏洞、有的负责制作网页木马等，所以经常可以看到同一驱动程序在不同病毒中出现共用的现象。而最新漏洞的利用代码也可以在网上轻易地获取，从而使大量尚未来得及修复漏洞的用户掉入黑客布下的陷阱，而病毒的威力也越发强大，破坏性和传播速度远远的超越从前。

5．计算机病毒技术特征变化明显

2009 年的计算机病毒技术特征较 2008 年相比有明显的变化。首先，病毒的传播方式主要以挂马网页和 U 盘传播为主，感染文件或邮件传播方式目前已被大部分病毒作者摒弃。目前，由于网页技术和网站内容的丰富，脚本 ActiveX 控件技术被大量采用，弹出网页、插入广告都需要使用这一技术。病毒作者利用这一机会，在病毒中大量利用恶意脚本，诱使用户下载带有漏洞的 ActiveX 控件，从而达到传播大量病毒、木马的目的。

为了增加反病毒软件的清除难度，2009 年大部分病毒通过注入系统进程中运行，由于其注入到系统进程，使得杀毒软件清除起病毒来难以下手，往往会导致清除病毒后系统进程损坏或应用程序损坏的情况发生。

2009 年，网游盗号病毒仍然为所有木马病毒的主流，木马盗取游戏账号的方式多数通过“内存截取”技术，与往年通过“记录击键”技术相比有了大幅提高；此外，目前多数主流反病毒软件已经加入了内核级自我保护技术，驱动技术对付主流反病毒软件已经开始落后，因此 2009 年使用驱动技术的病毒较 2008 年有所降低，病毒、木马开始学会利用漏洞或避开主动防御与杀毒软件在计算机和睦共处，不再是你死我活的斗争方式，这方面在没有安装杀毒软件或安装了未带有内核级主动防御杀毒软件的用户计算机中体现最直接，他们的计算机往往已经成为毒窝，但却并不特别影响正常的计算机操作和应用。

此外，2009 年通过替换系统文件来传播自身的病毒也呈多发态势，病毒通过复制与系统同名的文件，逃避用户和杀毒软件的清除和查杀，增加自身的存活率，给计算机用户带来不同程度的损失。

7.1.3 网络病毒实例

病毒从 1983 年诞生以来，数量一直呈激增状态，目前约有数万种病毒，要一一对这些病毒举例分析几乎是不可能的。我们将这些病毒按流行性和常见度列举几个典型的例子。

1. 广告软件

广告软件一般指未经用户允许，下载并安装或与其他软件捆绑通过弹出式广告或以其他形式进行商业广告宣传的程序。广告软件经常会被植入免费软件或共享软件中，如果用户下载安装了某个免费软件，其附带的广告软件会在用户不知情或未同意的情况下安装到系统中。有时候，木马程序也会从某个网址偷偷下载并安装广告软件到用户计算机中。

对于那些并非最新的网页浏览器，通常会包含一些漏洞。这些浏览器很容易遭受黑客工具（通常被称为浏览器劫持者）的侵害而下载广告软件到用户计算机。浏览器劫持者可能会修改浏览器设置、将拼写错误或不完整的 URL 地址重新定向到特定的网址，或者更改浏览器的默认主页，甚至会将用户重定向到按次收费浏览的网站（通常是色情网站）。

一般情况下，广告软件不会在系统上以任何方式曝露自己的存在，不会出现在“开始|程序”菜单下，也不会在系统托盘或任务列表中显示图标。而且通常不会包含卸载程序，如果用户试图手动卸载广告软件，通常会造成该广告软件的载体软件发生故障。有的广告软件还会在后台收集用户信息牟利，危及用户隐私；在 IE 浏览器的工具栏位置添加与其功能不相干的广告图标，频繁弹出广告，消耗系统资源，使系统运行变慢，干扰用户正常使用等。

例如 dtservice dtap 最新变种 XP21TM~1.DLL，用户中招后常会莫名其妙地弹出广告网页,有的因为已经被杀毒软件查杀，开机会弹出启动项提示找不到该文件，如图 7.1 所示。

图 7.1 XP21TM~1.DLL 广告软件弹出窗口

如果是安装有防火墙的用户还会提示：拦截到系统访问 edmchina 网站。它在系统内生成以下几个文件：%Temp%\RarSFX0\dtservice.dll，%Temp%\RarSFX0\ext\dtdl.dll，%Temp%\Rar-SFX0\ext\dtsm.dll，%Windows%\dtapconfig，%System%\dtap.dll 等或生成%Windows%\dtap-config，%System%\dtap.dll，%System%\dtservice.dll，%System%\ext\dtdl.dll，%System%\ext\dtsm.dll 等，并连网下载一些该广告病毒本身的配置信息(以方便升级变种)：http://www.edmchina.com/download/dtapconfig，http://www.edmchina.com/download/update3，http://www.edmchina.com/download/clist。

还可能会下载另外的插件：http://www.qqbao.net/download/microapmddt.dll（MacroMe-diapd），http://www.edmchina.com/download/xresdmr。其中，%Temp%\RarSFX0\dtservice.dll 是主程序，在 Software\Microsoft\Windows\CurrentVersion\Policies\Explorer\Run 下建有启动

项，%System%\dtap.dll 注册为 BHO，%Temp%\RarSFX0\ext\dtdl.dll 和%Temp%\RarSFX0\ext\dtsm.dll 会被调用注入 explorer.exe 进程，而%Windows%\dtapconfig 则是一个广告配置文件。

由于病毒还可能插入系统进程 explorer.exe 的扫描报告，因此给清理造成了一定的困难，清理不彻底还容易反复发作，给用户带来很大的影响。

2. 木马病毒

希腊人在 10 年的特洛伊大战之后，见特洛伊城久攻不下，便特制了一匹巨大的木马，并在木马中安排了一批视死如归的勇士，借故战败撤退，以便诱敌上钩。如今，对于那些将自己伪装成某种应用程序来吸引用户下载或执行，并进而破坏用户计算机数据，造成用户不便或窃取重要信息的程序，便称为“特洛伊木马”或“木马”病毒。它们通常都是通过潜入用户的计算机系统，通过种种隐蔽的方式在系统启动时自动在后台执行的程序，以“里应外合”的工作方式，用服务器/客户端的通信手段，达到当用户上网时控制用户的计算机，以窃取用户的密码，浏览用户的硬盘资源，修改用户的文件或注册表，偷看用户的邮件等目的。一旦用户的计算机被它控制，通常有如下表现：蓝屏死机；CD-ROM 莫名其妙地自己弹出；鼠标左、右键功能颠倒或失灵；文件被删除；时而死机，时而又重新启动；在没有执行任何操作的时候，却在拼命读/写硬盘；系统莫明其妙地对软驱进行搜索；没有运行大的程序，而系统的速度越来越慢，系统资源占用很多；用<Ctrl> + <Alt> + <Del>组合键调出任务表，发现有多个名字相同的程序在运行，而且可能会随时间的增加而增多等。

由于木马病毒起源较早且流行性较广，而且随着查杀病毒工具的进步，它的变种也越来越厉害，往往是看起来容易清除，实则不然。综合现在流行的木马程序，它们都有以下基本特征。

（1）隐蔽性

木马病毒会将自己隐藏在系统中，想尽一切办法不让用户发现它。木马和远程控制软件不同，它使木马程序驻留目标机器后通过远程控制功能控制目标机器。木马软件的服务器端在运行时应用各种手段隐藏自己，不会出现什么提示，这些黑客们早就想到了方方面面可能发生的迹象，并把它们扼杀了。如木马修改注册表和 INI 文件以便机器在下一次启动后仍能载入木马程式，它不是自己生成一个启动程序，而是依附在其他程序之中。有些把服务器端和正常程序绑定成一个程序的软件，叫做 Exe-Binder 绑定程序，可让人在使用绑定的程序时，侵入系统，甚至有个别木马程序能把它自身的 exe 文件和服务器端的图片文件绑定，在用户看图片的时候，木马也侵入了系统。它的隐蔽性主要体现在两个方面：第一，它不产生标签。虽然在系统启动时会自动运行，但它不会在“任务栏”中产生标签，这是容易理解的，不然的话，用户一定会发现它；第二，木马程序自动在任务管理器中隐藏，并以“系统服务”的方式欺骗操作系统。

（2）自动运行性

木马是一个当系统启动时即自动运行的程序，所以它必须潜入在系统的启动配置文件中，如 win.ini，system.ini，winstart.bat 及启动组等文件之中。

（3）欺骗性

木马程序要达到其长期隐蔽的目的，就必须借助系统中已有的文件，以防被发现，它经常使用常见的文件名或扩展名，如“dll\win\sys\explorer”等字样，或者仿制一些不易被人区别的文件名，如字母“l”与数字“1”、字母“o”与数字“0”，常修改基本文件中的这些难以分辨的字符，更有甚者干脆就借用系统文件中已有的文件名，只不过它保存在不同路径之中。还有的木马程序为了隐藏自己，也常把自己设置成一个 ZIP 文件式图标，当用户一不小心打开它时，它就马上运行。那些编制木马程序的人还在不断地研究、发掘，总之是越来越隐蔽，越来越专业，所以有人称木马程序为“骗子程序”。

（4）具备自动恢复功能

现在很多木马程序的功能模块已不再是由单一的文件组成，而是具有多重备份，可以相互恢复。

（5）能自动打开特别的端口

木马程序潜入计算机中的目的不是为了破坏用户的系统，而是为了获取用户系统中有用的信息，当用户上网并与远端客户通信时，木马程序就会用服务器/客户端的通信手段把信息告诉黑客们，以便黑客们控制用户的机器，或者实施更进一步的入侵企图。

（6）功能的特殊性

通常，木马的功能都是十分特殊的，除了普通的文件操作以外，还有些木马具有搜索 Cache 中的口令、设置口令、扫描目标机器的 IP 地址、进行键盘记录、远程注册表的操作、锁定鼠标等功能，上面所讲的功能远程控制软件当然不会有的，毕竟远程控制软件是用来控制远程机器，方便自己操作而已，而不是用来黑对方的机器的。

最难缠的木马病毒莫过于“落雪”了。它由 VB 语言编写，加的是 nSPack 3.1 壳，也就是北斗壳（North Star），该木马文件图标一般是红色，很像网络游戏的登录器。它可以盗取包括魔兽世界、传奇世界、征途、梦幻西游、边锋游戏在内的多款网络游戏的账号和密码，对网络游戏玩家的游戏装备构成了极大的威胁。它可以把木马克星和卡巴斯基自动禁用，卡巴斯基还可以手工启用，木马克星手工已无法启用。即便是用户在中毒之后将 C 盘的病毒杀干净了，一旦双击 D 盘还会重新感染“落雪”木马，可见这个木马的作者利用了人们很多操作习惯上的漏洞。

3．蠕虫病毒

蠕虫（Worm）病毒是一种通过网络传播的恶意病毒，无论从传播速度、传播范围还是从破坏程度上讲，都是以往传统病毒无法比拟的，可以说是近年来最猖獗、影响最广泛的一类计算机病毒，其传播主要体现在两个方面：

（1）利用微软的系统漏洞攻击计算机网络，网络中的客户端在感染这一类病毒后，会不断自动拨号上网，并利用文件中的地址或网络共享传播，从而导致网络服务遭到拒绝并发生死锁，最终破坏用户的大部分重要数据。“红色代码”、“Nimda”、“Sql 蠕虫王”等病毒都属于这一类病毒。

（2）利用 E-mail 邮件迅速传播，如“爱虫病毒”和“求职信病毒”。蠕虫病毒会盗取被感染计算机中邮件的地址信息，并利用这些邮件地址复制自身病毒体以达到大量传播，对计算机造成严重破坏的目的。蠕虫病毒可以对整个互联网造成瘫痪性后果。

“蠕虫”病毒由两部分组成：一个主程序和一个引导程序。主程序的主要功能是搜索和扫描，这个程序能够读取系统的公共配置文件，获得与本机联网的客户端信息，检测到网络中的哪台机器没有被占用，从而通过系统漏洞，将引导程序建立到远程计算机上。引导程序一旦在计算机中得到建立，就去收集与当前机器联网的其他机器的信息，就是这个一般被称为引导程序或类似于“钓鱼”的小程序，把“蠕虫”病毒带入了它所感染的每一台机器中。

引导程序实际上是蠕虫病毒主程序（或一个程序段）自身的一个副本，而主程序和引导程序都有自动重新定位能力。也就是说，这些程序或程序段都能够把自身的副本重新定位在另一台机器上。这就是蠕虫病毒之所以能够大面积爆发并且带来严重后果的主要原因。

计算机网络系统的建立是为了使多台计算机能够共享数据资料和外部资源，然而也给计算机蠕虫病毒带来了更为有利的生存和传播环境。在网络环境下，蠕虫病毒可以按指数增长模式进行传染。蠕虫病毒侵入计算机网络，可以导致计算机网络效率急剧下降，系统资源遭到严重破坏，短时间内造成网络系统的瘫痪。因此网络环境下蠕虫病毒防治必将成为计算机防毒领域的研究重点。

蠕虫病毒的特点和发展趋势主要体现在以下 4 个方面。

（1）利用操作系统和应用程序漏洞主动进行攻击。此类病毒主要包括“红色代码”和“Nimda”，以及至今依然肆虐的“求职信”等病毒。由于 IE 浏览器的漏洞，使得感染了“Nimda”病毒的邮件在不通过手工打开附件的情况下就能激活病毒，而此前很多防病毒专家还一直认为：“只要不打开带有病毒的邮件的附件，病毒就不会造成危害”。“红色代码”是利用微软 IIS 服务器软件的漏洞（idq.dll 远程缓存区溢出）来传播的。“Sql 蠕虫王”则利用微软数据库系统的一个漏洞进行攻击。

（2）传播方式多样。例如，“Nimda”病毒和“求职信”病毒可利用的传播途径包括文件、电子邮件、Web 服务器及网络共享等。

（3）病毒制作技术与传统病毒不同。许多新病毒是利用当前最新的编程语言与编程技术实现的，易于修改，从而可以产生新的变种，因此逃避反病毒软件的搜索。另外，新病毒利用 Java，ActiveX，VB Script 等技术，可以潜伏在 HTML 页面里，在用户上网浏览时被触发。

（4）与黑客技术相结合，潜在的威胁和损失更大。

其实该类病毒的防治也很容易做到，只要经常升级操作系统及其自带软件的安全补丁，安装了病毒防火墙并使用邮件监控程序，便可以使系统感染蠕虫病毒的机会减少一半。

例如，2006 年的“魔鬼波”蠕虫可谓是最厉害的蠕虫病毒了。2006 年 8 月 13 日，江民公司反病毒中心发布紧急病毒警报，利用微软 5 天前刚刚发布的 MS06-040 漏洞传播的“魔鬼波”（Backdoor/Mocbot.b）蠕虫现身互联网，感染该蠕虫的计算机将被黑客远程完全控制。“魔鬼波”通过 TCP 端口 445 利用 MS06-040 漏洞进行传播。蠕虫的传播过程可以在用户不知情的情况下主动进行，可能造成 services.exe 崩溃等现象。蠕虫还可通过 AOL 等即时通信工具自动发送包含恶意链接的消息。运行成功后，病毒会连接 IRC 服务器接收黑客命令，黑客的 IRC 服务器域名为 bniu.househot.com 和 ypgw.wallloan.com，而以上两个服务器的 IP 分别位于贵州六盘水市电信和上海大学新校区。通过黑客命令，“魔鬼波”蠕虫可以进行下载运行任意程序、拒绝服务攻击（DDoS）等活动，使用户计算机完全被黑客控制。而更可怕的是距“魔鬼波”蠕虫被截获仅仅几个小时，其变种病毒“魔鬼波”变种 b（Worm.IRC.WargBot.b）再次疯狂攻击互联网。

“魔鬼波”变种 b 主要以改头换面的方式出现，对自身进行了加密并修改添加项名称等，以躲避反病毒软件的查杀。该变种病毒同样主要利用 MS06-040 漏洞进行主动传播，可注入 explorer.exe 进程，疯狂攻击互联网，可造成系统崩溃，网络瘫痪，并通过 IRC 聊天频道接受黑客的控制。病毒可以通过修改注册表信息降低系统安全等级，连接黑客指定的 IRC 频道，控制用户计算机。“魔鬼波”病毒发作时的弹出窗口如图 7.2 所示。

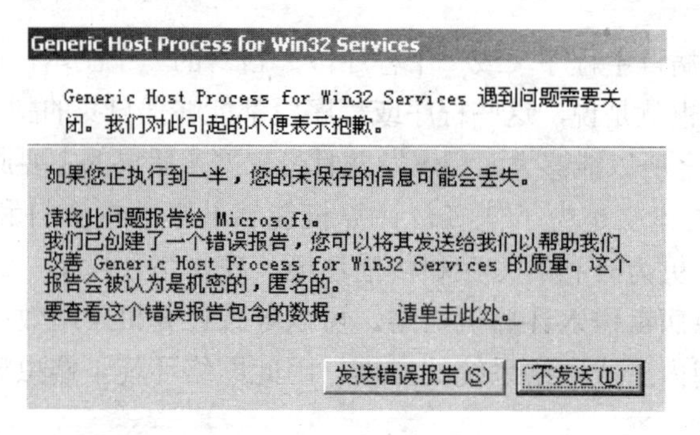

图 7.2 “魔鬼波”病毒发作时的弹出窗口

4．网页脚本病毒

脚本病毒是指利用.asp，.htm，.html，.vbs，.jsp 类型的文件进行传播，基于 VB Script 和 Java Script 脚本语言并由 Widows Scripting Host 解释执行的一类病毒。

脚本语言的功能非常强大，它们利用 Windows 系统具有开放型的特点，通过调用一些现成的 Windows 对象和组件，可以直接对文件系统、注册表等进行控制。脚本病毒正是利用脚本语言的这些特点，通过 ActiveX 进行网页传播，通过 IE 的自动发送邮件功能进行邮件传播的一种恶意病毒。例如 js.small 病毒，就是一种利用 IE 浏览器中 ActiveX 控件下载一个恶意文件并运行，直接降低 IE 浏览器安全级别的网页脚本病毒。

脚本病毒通常与网页相结合，将恶意的破坏性代码内嵌在网页中，一旦有用户浏览带毒网页，病毒就会立即发作。轻则修改用户注册表，更改默认主页或强迫用户上网访问某站点，重则格式化用户硬盘，造成重大的数据损失。网页脚本病毒发作后对 IE 属性的修改如图 7.3 所示。

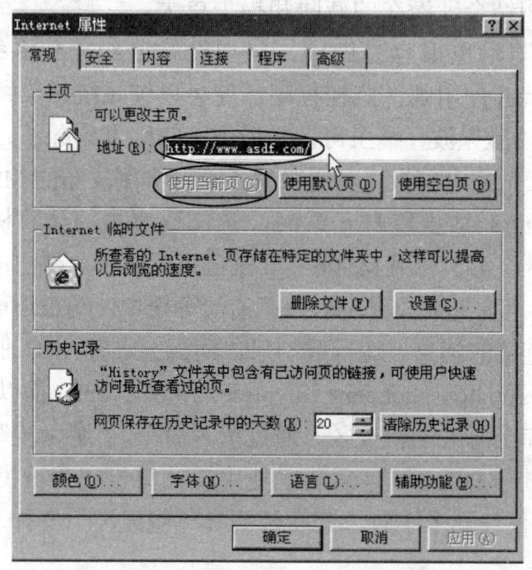

图 7.3 网页脚本病毒发作后对 IE 属性的修改

由于 VBS，JSP 等文件是由编写网页的脚本语言编写的程序文件，这些程序文件并不是二进制级别的指令数据，而是由脚本语言组成的纯文本文件，这种文件没有固定的结构，操作系统在运行这些程序文件时只是单纯地从文件的第一行开始运行，直至运行到文件的最后一行，因此病毒感染这种文件的时候就省去了复杂的文件结构判断和地址运算，使病毒感染变得更加简单，而且由于 Windows 不断提高脚本语言的功能，使这些容易编写的脚本语言能够实现越来越复杂和强大的功能，因此针对脚本文件感染的病毒也越来越具有破坏性。

综合来讲，脚本病毒具有如下特点：

（1）隐藏性强。在传统的认识里，只要不从互联网上下载应用程序，从网上感染病毒的概率就会大大减少。脚本病毒的出现彻底改变了人们的这种看法。看似平淡无奇的网站其实隐藏着巨大的危机，一不小心，用户就会在浏览网页的同时“中招”，造成无尽的麻烦。此外，隐藏在电子邮件里的脚本病毒往往具有双扩展名并以此来迷惑用户。有的文件看似是一个 JPG 图片，其实真正的扩展名是 VBS 脚本。

（2）传播性广。脚本病毒可以自我复制，并且基本上不依赖于文件就可以直接解释执行。

（3）病毒变种多。与其他类型病毒相比，脚本病毒更容易产生变种。脚本本身的特征是调用和解释功能，因此病毒制造者并不需要太多的编程知识，只需要对源代码稍加修改，就可以制造出新的变种病毒，使人防不胜防。

脚本病毒一般都会更改注册表或系统配置文件设置，可以采用下面的步骤来避免该类病毒的入侵。

（1）用 regsvr32 scrrun.dll / u 命令禁止文件系统对象（FileSystemObject）。其中，regsvr32 是 Windows\System 下的可执行文件。或者查找 scrrun.dll 文件删除或改名。

（2）打开“控制面板|添加/删除程序|Windows 安装程序|附件”，卸载 Windows Scripting Host 一项。

（3）打开文件夹“选项|文件类型”，删除 vbs，vbe，js，jse 文件后缀名与应用程序的链接。

（4）在 Windows 目录中，找到 WScript.exe，更改名称或删除，如果觉得以后有机会用到可以更改名称。

（5）打开浏览器，单击菜单栏里“Internet 选项”安全选项卡里的自定义级别。把“ActiveX 控件及插件”的所有项设为禁用，但是这样会对网页浏览稍有影响。

（6）将安全级别至少设置为“中等”。

（7）禁止 IE 的自动收发邮件功能。

（8）安装杀毒软件，在安全模式用新版杀毒软件全面查杀，并及时更新杀毒软件。

5. 即时通信病毒

随着互联网的不断普及和发展，即时通信 IM 软件已经越来越深入地融入到人们的日常生活中，所有当前的 Windows 软件都默认安装了至少一个即时信息客户端软件，而且个人数字助理和手机也安装了 IM 软件。正是 IM 软件广泛的跨平台应用给病毒制造者提供了一个新的平台。即时通信病毒具有以下特点：

（1）更强的隐蔽性。传统的病毒（如蠕虫类病毒）通过扫描、电子邮件传播和文件共享感染宿主机器，蠕虫在寻找宿主机器时制造大量的无益流量，突如其来的网络流量足以使一些互联网服务提供商陷于瘫痪，这种病毒相对而言容易被及时发现。即时通信类病毒攻击时通常不会造成网络流量的改变，这样一来往往使用户丧失警惕，因此也就很难采用主动措施进行防御。当 IM 病毒攻击并感染用户计算机时，会立即搜寻该用户的好友列表，寻找在线用户，获得新的感染对象，并向该对象发送请求或含有病毒代码的数据包。而对方接收到“好友”发送过来的信息时，往往会不假思索地接收，从而很快受到病毒的感染。病毒正是利用人们在心理上的疏忽更好地隐蔽自己，从而达到迅速传播的目的。

（2）攻击更加便利。俗话说“鱼与熊掌不能兼得”，当用户痛快淋漓地利用 IM 软件同朋友或同事进行交流时，潜在的攻击威胁也时时刻刻伴随在用户周围。即时通信软件的“易用性”也给病毒和黑客的传播和攻击提供了便利条件。黑客或病毒往往利用 IM 软件的一些基本功能，如传送没有经过加密的资料，绕开企业防火墙，内建联络人清单等，迅速而有效地进行攻击和传播。

（3）更快的传播速度。Symantec 公司的研究人员对 IM 病毒的传播速度进行了相关研究。他们对用户通过即时通信软件发送信息所需时间进行了测定，同时再加上对平均每个用户在即时通信软件“好友名录”中设定的用户数量进行计算，得出 IM 病毒传播的平均速度，结果是 IM 病毒在 30s 内能传播到 50 万台计算机上，它感染的用户都是以几何级数增长的。

目前，袭击即时通信软件的病毒主要分三类：第 1 类是只以 QQ，MSN 等即时通信软件为传播渠道的病毒，如 BR2002.exe 病毒；第 2 类为专门针对即时通信软件本身的窃取用户账号、密码的病毒，如 QQ 木马病毒；第 3 类是不断给用户发消息的骚扰型病毒。一般来说，当一种软件的用户量达到 500～1000 以上的数量级时，就会成为病毒攻击的对象。

其中，木马程序利用 QQ 传播已经成为国内即时通信病毒的主流，以前截获的此类 QQ 病毒很多，但大多局限于宣传网站等目的。而 2008 年以来的 QQ 病毒却将目光瞄向了用户的邮箱账户密码。在运行自己的同时，释放偷密码的木马，并将监视到的账户密码发送到指定的邮箱中。比如 TrojanClicker.LeoQQ 木马，目前已开始在 QQ 世界凶猛传播，并携带一个叫 Trojan/PSW.WyHunt 的偷传奇游戏密码的木马，仅这个病毒，就已有上千人中招。此类通过 QQ 软件大肆攻击计算机并盗取 QQ 密码的还包括恶型病毒“爱情森林”及其新变种“爱情森林 C 版”。还有利用 QQ 传播的木马病毒“QQ 连发器”（Trojan.WebAuto、Trojan.WebAuto.a）等。

较新的一种专攻 QQ 的木马病毒是“林妹妹”（TrojanClicker.Linmm）和“武汉男生”（Trojan/QQMsg.WhBoy.b），它们是较新的 QQ 病毒变种。自出现后短短几小时内受害人群已达到数百人。

最典型的即时通信病毒莫过于“MSN 性感鸡”了。它是一个利用 MSN 发送病毒文件的蠕虫病毒。当用户在上网时接收到“好友”发送来的 bedroom-thongs.gif，naked_drunk.gif 等文件时，如果不假思索地运行，会看到一只烤鸡的图片，实际上，此时病毒已经在用户计算机中放置了木马程序，病毒制造者会通过此程序伺机盗取用户的信息。“MSN 性感鸡”发作后在系统盘根目录下释放的小鸡图片如图 7.4 所示。

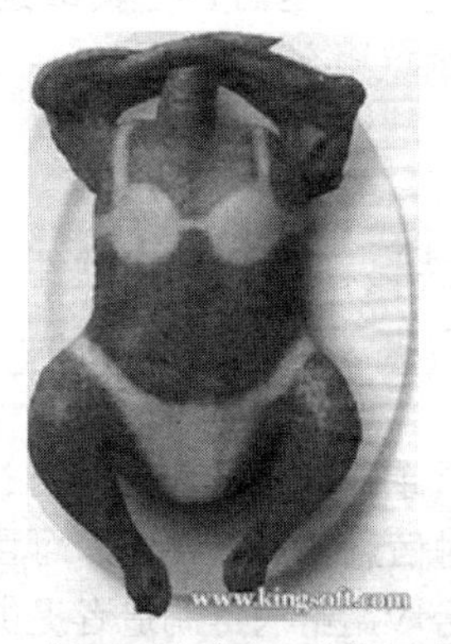

图 7.4　“MSN 性感鸡”发作后在系统盘根目录下释放的小鸡图片

6．2009 年十大病毒排行榜

以下是江民科技发布的 2009 年十大病毒排行，以供参考。

（1）“U 盘寄生虫”及其变种

病毒名称：Checker/Autorun　　中文名：U 盘寄生虫

病毒类型：蠕虫　　危险级别：★★

影响平台：Windows 9x/ME/NT/2000/XP/2003

描述：Checker/Autorun“U 盘寄生虫”是一个利用 U 盘等移动存储设备进行自我传播的蠕虫病毒。“U 盘寄生虫”运行后，会自我复制到被感染计算机系统的指定目录下，并重新命名保存。它会在被感染计算机系统中的所有磁盘根目录下创建 autorun.inf 文件和蠕虫病毒主程序体，来实现用户双击盘符而启动运行“U 盘寄生虫”蠕虫病毒主程序体的目的。“U 盘寄生虫”还具有利用 U 盘、移动硬盘等移动存储设备进行自我传播的功能。它运行时，可能会在被感染计算机系统中定时弹出恶意广告网页，或是下载其他恶意程序到被感染计算机系统中并调用安装运行，会给用户带来不同程度的损失。“U 盘寄生虫”会通过在被感染计算机系统注册表中添加启动项的方式，来实现蠕虫开机自启动。

（2）“赛门斯”及其变种

病毒名称：Adware/Cinmus.Gen　　中文名：“赛门斯”变种

病毒类型：广告程序　　危险级别：★★

影响平台：Windows 9x/ME/NT/2000/XP/2003

描述：Adware/Cinmus.Gen“赛门斯”变种是“赛门斯”广告程序家族的最新成员之一，采用 Visual C++ 6.0 编写。它运行后，会在被感染计算机的后台获取系统网卡的 MAC 地址，收集被感染计算机系统的配置信息。同时在后台连接骇客指定站点，进行访问量统计和其他恶意程序下载等操作。病毒还会读取注册表相关键值，检查自身组件是否被禁用，一旦发现被禁用便重新启动病毒文件。同时自我注册为 BHO，实现“赛门斯”变种随系统浏览器的启动而加载运行。另外，“赛门斯”变种可能会在被感染计算机系统中定时弹出恶意网页、广告窗口等，干扰用户的正常操作。

（3）“网游窃贼”及其变种

病毒名称：Trojan/PSW.OnLineGames　　中文名：网游窃贼

病毒类型：木马　　危险级别：★★

影响平台：Windows 9x/ME/NT/2000/XP

描述：Trojan/PSW.OnLineGames“网游窃贼”是一个盗取网络游戏账号的木马程序，会在被感染计算机系统的后台秘密监视用户运行的所有应用程序窗口标题，然后利用键盘钩子、内存截取或封包截取等技术盗取网络游戏玩家的游戏账号、游戏密码、所在区服、角色等级、金钱数量、仓库密码等信息资料，并在后台将盗取的所有玩家信息资料发送到骇客指定的远程服务器站点上。致使网络游戏玩家的游戏账号、装备物品、金钱等丢失，给游戏玩家带去不同程度的损失。“网游窃贼”会通过在被感染计算机系统注册表中添加启动项的方式，来实现木马开机自启动。

（4）“代理木马”及其变种

病毒名称：Trojan/Agent　　中文名：代理木马

病毒类型：木马　　危险级别：★★

影响平台：Windows 9x/2000/XP/NT/Me/2003

描述：Trojan/Agent“代理木马”是一个从被感染计算机上盗取用户账号密码的木马程序。病毒运行后会创建名为 boot.sys 的病毒副本，在临时文件夹中创建.html 文件并利用 IE

浏览器自动打开。修改注册表，实现病毒程序的开机自启，并降低 IE 安全级别。同时在随机 TCP 端口开启代理服务器，将用户计算机变为黑客的代理服务器。可开启后门，允许远程攻击者非授权进入被感染计算机。“代理木马”会盗取被感染计算机用户的密码，并可通过拦截用户输入 IE 的数据，形成击键日志，将盗取的信息发送给黑客。

（5）“玛格尼亚”及其变种

病毒名称：Trojan/PSW.Magania　　　　中文名：代理木马

病毒类型：木马　　　　危险级别：★

影响平台：Windows 9x/ME/NT/2000/XP/2003

描述：以 Trojan/PSW.Magania.bea 为例，“玛格尼亚”变种 bea 是“玛格尼亚”木马家族的最新成员之一，采用高级语言编写，并经过加壳处理。“玛格尼亚”变种运行后，在被感染计算机的后台盗取网络游戏玩家的游戏账号、游戏密码、身上装备、背包装备、角色等级、金钱数量、游戏区服、计算机名称等信息，并在被感染计算机的后台将窃取到的玩家游戏账号信息发送到骇客指定的远程服务器站点上，造成玩家的游戏账号、装备物品、金钱等丢失，给游戏玩家带来非常大的损失。另外，“玛格尼亚”变种 bea 还会修改注册表，实现木马开机自动运行。

（6）“刻毒虫”及其变种

病毒名称：Worm/Kido　　　　中文名：刻毒虫

病毒类型：蠕虫　　　　危险级别：★★

影响平台：Windows 9X/ME/NT/2000/XP/2003

描述：以 Worm/Kido.cc 为例，“刻毒虫”变种 cc 是“刻毒虫”家族中的最新成员之一，该蠕虫是由 Kido 主程序释放出来的 DLL 功能组件，经过加壳保护处理。“刻毒虫”变种 cc 运行后，会移动自身到%SystemRoot%\system32\文件夹下，若不成功则进一步尝试移动到 C:\Program Files\Movie Maker\， %USERPROFILE%\Application Data\，%Temp%”等文件夹下，重新命名为*.dll（文件名为随机字符串，不过通常是 bqwzif.dll）。另外病毒还会释放一个临时的恶意驱动程序。它运行后，会将恶意程序插入 svchost.exe 或 explorer.exe 进程中隐秘运行，关闭系统自动更新服务（wuauserv）、后台智能传输（BITS）服务以及 WinDefend 等服务，并利用自带的密码表对使用弱口令的网上邻居进行口令猜解。一旦猜解成功，便会通过 MS08-067 漏洞向该网上邻居发送一个特定的 RPC 请求，用于下载 Kido 主程序并创建计划任务，从而激活该蠕虫文件。“刻毒虫”变种 cc 运行时，还会监视系统中打开的窗口，并关闭带有指定字符串（大部分为安全厂商名称）的窗口。同时还会阻止用户连接指定的站点（通常是安全软件或微软的网站），干扰用户通过网络寻求病毒的解决方案。它还会利用特定算法生成大量的随机域名，同时下载其他恶意程序，用户可能因此而遭受信息泄露、远程控制、垃圾邮件等侵害。“刻毒虫”变种 cc 还可通过移动存储设备传播，当其发现有新的移动存储设备接入时，便会在其根目录下创建文件夹 RECYCLER\S-*-*-*-*-*-*-*（*为随机字符串），并在其中生成自身副本*.vmx（文件名随机，不过通常是 jwgkvsq.vmx），同时在根目录下创建 autorun.inf，设置上述文件及文件夹属性为“系统、只读、隐藏”，以此实现利用系统自动播放功能进行传播的目的。“刻毒虫”变种 cc 会在被感染系统中新建一个随机名称的系统服务，并通过 svchost.exe 或 services.exe 实现开机自动运行。它还会修改文件和注册表的访问控制对象，致使用户无法删除自身产生的文件和注册表项。

（7）“无极杀手”及其变种

病毒名称：Win32/Piloyd.b　　　　　　　　中文名：“无极杀手”变种 b

病毒类型：Windows 病毒　　　　　　　　危险级别：★★★

影响平台：Windows　9x/ME/NT/2000/XP/2003

描述：Worm/Piloyd.b“无极杀手”变种 b 是“无极杀手”家族中的最新成员之一，采用 Visual C++ 6.0 编写，经过加壳保护处理。“无极杀手”变种 b 运行后，会替换系统文件%SystemRoot%\system32\qmgr.dll（BITS 后台智能传输服务所对应的文件），以此实现开机自启。同时通过批处理将自我复制为%SystemRoot%\system32\dllcache\lsasvc.dll，然后原病毒程序会将自我删除，从而消除痕迹。“无极杀手”变种 b 运行时，会试图关闭大量安全软件的相关进程，并利用注册表映像文件劫持干扰这些程序的正常启动运行。如果其发现系统中运行着特定的安全软件，便会释放恶意驱动程序%SystemRoot%\system32\drivers\LiTdi.sys，用以结束安全软件的自我保护。通过自带的弱口令列表尝试对网上邻居进行口令猜解，被成功猜解的系统将会被其感染。“无极杀手”变种 b 会在可移动存储设备的根目录下创建 recycle.{645ff040-5081-101b-9f08-00aa002f954e}\ghost.exe 和 autorun.inf，以此实现通过移动存储设备进行传播的目的。它感染计算机中存储的 exe，htm，html，asp，aspx 和 rar 格式文件（在网页格式文件中插入挂马脚本 http://mm.aa8856*.cn/index/mm.js），致使系统用户面临被多次感染的风险。它连接骇客指定的站点 http://bbnn7*.114central.com，下载大量恶意程序并调用运行，从而给用户造成更大的威胁。另外，它还会访问骇客指定的页面 http://nbtj.114anhu*.com/msn/163.htm，以此进行被感染用户的统计。

（8）“灰鸽子二代”及其变种

病毒名称：Backdoor/Hupigon　　　　　　　中文名：灰鸽子二代

病毒类型：后门　　　　　　　　　　　　　危险级别：★★

影响平台：Windows 9x/ME/NT/2000/XP/2003

描述：Backdoor/Hupigon“灰鸽子二代”变种病毒是后门家族中的最新成员之一，采用高级语言编写，并且经过加壳保护处理。“灰鸽子二代”变种运行后，会自我复制到被感染计算机系统的指定目录下，并重新命名保存，文件属性设置为“系统、隐藏、只读、存档”。在系统的指定目录下释放恶意 DLL 组件文件，并将文件属性设置为“系统、隐藏、只读、存档”。“灰鸽子二代”变种运行时，会将释放出来的恶意 DLL 组件插入到系统 IE 浏览器进程 iexplore.exe 中加载运行（“灰鸽子二代”变种同时将该 IE 浏览器进程设置为隐藏），并在后台执行恶意操作，隐藏自我，防止被查杀。如果被感染的计算机上已安装并启用了防火墙，则该后门会利用防火墙的白名单机制来绕过防火墙的监控，从而达到隐蔽通信的目的。“灰鸽子二代”变种属于反向连接后门程序，会在被感染计算机系统的后台连接骇客指定的远程服务器站点，获取远程控制端真实地址，然后侦听骇客指令，从而达到被骇客远程控制的目的。该后门具有远程监视、控制等功能，可以对被感染计算机系统中存储的文件进行任意操作，监视用户的一举一动（如键盘输入、屏幕显示、光驱操作、文件读写、鼠标操作和摄像头操作等），还可以窃取、修改或删除用户计算机中存放的机密信息，对用户的信息安全、个人隐私，甚至商业机密构成严重的威胁。用户计算机一旦感染了“灰鸽子二代”变种便会变成网络僵尸傀儡主机，骇客利用这些傀儡主机可对指定站点发起 DDoS 攻击、洪水攻击等。通过在被感染计算机中注册为系统服务的方式来实现后门开机自启动。“灰鸽子二代”变种主安装程序执行完毕后会自我删除，从而达到消除痕迹的目的。

（9）“文件夹寄生虫”及其变种

病毒名称：Checker/HideFolder　　　　　　中文名：文件夹寄生虫

病毒类型：寄生虫病毒　　　　　　　　　　危险级别：★★

影响平台：Windows 9x/ME/NT/2000/XP/2003

描述：该类病毒通常会将硬盘根目录下的正常文件夹隐藏，将自身伪装成文件夹样式图标，并将自身命名为被隐藏文件夹的名称。Checker/HideFolder “文件夹寄生虫”病毒图标为文件夹图标，采用 Visual C++ 6.0 编写。“文件夹寄生虫”病毒运行后，会在被感染计算机系统的%SystemRoot%\system32\文件夹下分别释放恶意组件文件 icccy.dll，taoba_1.dll，cpa_1.exe。它会强行篡改被感染计算机系统中的注册表项，使 IE 浏览器启动后自动访问骇客指定的站点 http://www.771234.net。同时会在被感染计算机的后台遍历除系统盘以外的所有盘符，将文件夹属性都设置为系统、只读、隐藏，并在当前目录下生成（病毒自我复制）一个与被隐藏的文件夹同名的.exe 病毒程序（该病毒图标为文件夹图标）。通过这样的伪装后，当用户打开文件夹时，其实运行的却是病毒程序，随后病毒会再把用户当前要打开的文件夹自动打开，起到欺骗用户的目的。

（10）“恶小子”及其变种

病毒名称：VBS/Fineboy　　　　　　　　　中文名：恶小子

病毒类型：VBS 脚本病毒　　　　　　　　　危险级别：★

影响平台：Windows 9x/ME/NT/2000/XP/2003

描述：以 VBS/Fineboy.a 为例，“恶小子”变种 a 采用 Visual Basic Script 脚本语言编写，并且进行了加密处理。“恶小子”变种 a 运行后，会自我复制到被感染系统每个分区的根目录下，并根据该分区的序列号重新命名。隐藏该分区根目录下的文件夹，同时生成对应的快捷方式，以此实现在打开文件夹的同时激活恶意脚本。它还会生成 autorun.inf 文件，从而利用系统自动播放功能进行自启。“恶小子”变种 a 会大量修改系统注册表，致使“显示系统隐藏文件及文件夹”功能失效。篡改 txt，inf，bat，chm 等扩展名的文件关联，当用户打开这些文件时，会首先运行恶意脚本。同时它还修改了“IE”、“我的电脑”等的打开方式。它会不断监视系统中的进程，并且试图关闭一些指定的安全软件以实现自我保护。它定时检测系统中自身的运行数量，如果小于指定数量便试图通过 svchost.exe 运行自我，以此实现自我保护，防止被轻易地查杀。“恶小子”变种 a 会在月份数字与日期数字相同时反复弹出光驱以及生成并打开网页文件 BFAlert.hta。另外，如果用户计算机的系统分区类型为 NTFS，“恶小子”变种 a 则可以利用一些系统特性实现开机自启。

7.2　网络反病毒原则与策略

计算机系统的弱点往往被病毒制造者利用，提高系统的安全性是防病毒的一个重要方面，但完美的系统是不存在的。提高一定的安全性将使系统多数时间用于病毒检查，使系统失去了可用性与实用性；另一方面，信息保密的要求让人在泄密和抓住病毒之间无法选择。在网络环境下如何有效地防治病毒是一个新课题，各种技术方案很多，但我们认为，最重要的是应当先研究网络防治病毒的基本原则和策略，在这方面业内人士已基本达成共识。

7.2.1 防重于治，防重在管

网络防病毒应该利用网络的优势，从加强网络管理的根本上预防网络病毒。一般来讲，计算机病毒的防治在于完善操作系统和应用软件的安全机制。在网络环境下，可相应采取新的防范手段，网络防病毒最大的优势在于网络的管理功能。

所谓网络管理就是管理全部的网络设备中所有病毒能够进来的部位，可以从两方面着手解决：一是严格管理制度，对网络系统启动盘、用户数据盘等从严管理与检测，严禁在网络工作站上运行与本部门业务无关的软件；二是充分利用网络系统安全管理方面的功能。网络本身提供了 4 级安全保护措施：① 注册安全，网络管理员通过用户名、入网口令来保证注册安全；② 权限安全，通过指定授权和屏蔽继承权限来实现；③ 属性安全，由系统对各目录和文件读、写等的性质进行规定；④ 可通过封锁控制台键盘等来保护文件服务器安全。因此，可以充分利用网络操作系统本身提供的安全保护措施，加强网络的安全管理。最经济、最可靠的网络防毒应具是集中式的管理，易于升级，而且几乎不需要人工干预就能保护桌面系统和服务器。网管员可设置逻辑域，包括把 NetWare 和 Windows NT 混在一起的服务器及任何版本的 Windows 客户机，网管员可通过一个接口查看和控制全域内所有的服务器和客户机的扫描参数。集中式警报系统实现在线报警功能，当网络上每一台机器出现故障或病毒侵入时网络管理人员都会知道，基于服务器的集中式警报系统可通过 7 种可自由定义的选项（包括 E-mai1、呼叫器及 SNMP 陷阱）来通知网管员病毒的活动。这种报告能够汇集整个网络的数据，网管员通过 domain virus sweep 按钮就可对整个域上的所有服务器和客户机进行扫描。此外还可利用网络唤醒功能，在夜间对全网的 PC 进行扫瞄，检查病毒情况。

7.2.2 综合防护

大家知道，整个网络系统的安全防护能力，取决于系统中安全防护能力最薄弱的环节，网络病毒防治同样也适用于这种“木桶理论”，在某一特定状态下整个网络系统对病毒的防御能力只能取决于网络中病毒防护能力最薄弱的一个节点或层次。网络的安全威胁主要来自计算机病毒、黑客攻击及系统崩溃等方面，因此网络的安全体系也应从防病毒、防黑客、灾难恢复等几方面综合考虑，形成一整套的安全机制，这才是最有效的网络安全手段。防病毒软件、防火墙产品通过设置、调整参数，能够相互通信，协同发挥作用。这也是区别单机防病毒技术与网络防病毒技术的重要标志。

7.2.3 最佳均衡原则

要采取网络防病毒措施，肯定会导致网络系统资源开销的增加，如增加系统负荷、占用 CPU 时间、占用网络服务器内存等。针对这一问题，有业内人士对网络防病毒技术提出了“最小占用原则”，以保证网络防病毒技术在发挥其正常功能的前提下，占用最小网络资源。该原则对于网络防病毒技术之所以重要，是因为现代网络应用对网络吞吐量要求的日渐高涨，对于一个事务关键型的网络来说，在网络吞吐量高峰期间，过度的网络资源占用，无异于整个网络的瘫痪。安装网络防病毒软件可能会对网络的吞吐形成“瓶颈”，对系统资源占用过高的网络防病毒技术对用户应用来说是不可取的，特别是一些在特定时间网络吞吐量特别大（如每天下班前结算或汇总）的网络。

7.2.4 管理与技术并重

解决网络病毒问题应从加强管理和采取技术措施两方面着手。在管理方面要形成制度，加强网管人员的防病毒观念，在内部网与外界交换数据等业务活动中进行有效控制和管理，同时抵制盗版软件或来路不明软件的使用。在各种有人参与的系统中，人的因素都是第一位的，任何技术的因素都要通过人来起作用或受人的因素的影响。但是管理工作涉及因素较多，因此还要辅以技术措施，选择和安装网络防病毒产品，这是以围绕商品化的网络防杀病毒软件及其供应商向用户提供的技术支持、产品使用、售后服务、紧急情况下的突发响应等专业化反病毒工作展开的。

7.2.5 正确选择网络反病毒产品

由于网络环境在不同应用、不同配置、不同条件下差异很大，因此一种产品的最终成熟，在很大程度上只能取决于广大用户的长期使用。从这一点来说，国外一些网络反毒软件由于历史较长因而具有较大的优势。此外，与单机杀毒产品相比，网络杀毒软件要求达到实时性、可靠性、准确性，必须适应各种网络环境的不同特征，通过对网络底层通信条件、文件存取使用权限分配的认真分析，才能提出相应的解决方案。由于网络环境的操作系统种类繁多，目前世界上各种网络反病毒产品中，还没有一种能以同一主程序跨越多种网络系统平台，所以用户要根据自己的网络平台有针对性地选择网络反病毒产品。

7.2.6 多层次防御

新的网络防毒策略是把病毒检测、多层数据保护和集中式管理功能集成起来，形成多层次的防御体系，它易于使用和管理，也不会对管理员带来额外的负担，极大地降低了病毒的威胁，同时也使病毒防治任务变得更经济、更简单、更可靠。病毒检测是防病毒的基本手段，但是随着病毒种类的增多和病毒切入点的增加，识别非正常形态代码串的过程越来越复杂，容易导致“虚报军情”或“大意失荆州”。因此，多层次防御病毒的解决方案应该既具有稳健的病毒检测功能，又有客户机/服务器数据保护功能。在个人计算机的硬件和软件、局域网服务器、服务器网关、Internet 及 Intranet 站点上，层层设防，对每种病毒都实行隔离、过滤。在后台进行实时监控，发现病毒随时清除，实施覆盖全网的多层次防护。多层次防御病毒软件主要采取了三层保护功能。

（1）后台实时扫描

病毒扫描驱动器能对未知病毒包括变形病毒和加密病毒进行连续的检测，它能对 E-mail 附件、下载的文件（包括压缩文件）、软盘及正在打开的文件进行实时扫描检验，能阻止 PC 上已被病毒感染的文件复制到服务器或工作站上。

（2）完整性保护

该措施用于阻止病毒从一个受感染的工作站传染到网络服务器。完整性保护不仅是病毒检测，实际上它还能防止可执行文件被修改或删除，制止病毒以可执行文件方式进行传播，有特权的用户和无特权的用户都能用完整性保护来阻止病毒扩散。此外，完整性保护还可防止与未知病毒感染有关的文件被删除或崩溃，而传统的反病毒软件只能检测到已知的病毒，而且有时是在病毒已经感染和摧毁文件之后才能检测出来。

（3）完整性检验

完整性检验使系统无须冗余的扫描过程，能提高检验的实时性，当然这种完整性检测与从前常规的完整性检验是不一样的。

7.2.7 注意病毒检测的可靠性

要定期对网络上的共享文件卷进行病毒检测。但要注意，检测结果没有发现病毒并不等于没有病毒，这是因为先有病毒，后有反病毒软件，反毒软件必须尽量做到及时升级。现在的升级周期越来越短，如果在这个周期内得不到升级维护，在理论上就应被视为无效。网络反毒软件在防杀病毒的同时，在网络上扮演着有无上权限的超级用户的角色，所以它要是得不到必要的维护和升级，便可能引起副作用。另外，虽然许多防杀病毒产品采用了各种反病毒新技术、新手段，但仍然不能从根本上解决反病毒滞后于病毒的事实。

7.3 网络防治病毒的实施

由于网络系统平台多种多样，因此网络防治病毒也各施其法。以下主要从病毒诊断技术的原理着手，讨论比较通用的、常见的病毒防治的措施和方法，以及一些较流行的网络反病毒产品。

7.3.1 病毒诊断技术原理

1．病毒比较法诊断技术原理

比较法是用原始的或正常的与被检测的进行比较，包括长度比较法、内容比较法、内存比较法、中断比较法等。比较时可以对打印的代码清单进行比较，或用程序进行比较。这种比较法不需要专用的查病毒程序，只要用常规 DOS 软件下的 PCTOOLS 等工具软件就可以进行。而且它还可以发现那些尚不能被现有的查毒程序发现的计算机病毒。因为病毒传播很快，新病毒层出不穷，由于目前还没有做出通用的能查出一切病毒的，或者通过代码分析判定某个程序中是否还有病毒的查毒程序，所以发现新病毒只有靠比较法和分析法，有时必须将两者结合起来一同工作。但是比较法无法确认病毒的种类。另外，造成被检测程序与原始备份之间差别的原因尚需进一步验证，以查明是由于病毒造成的，还是由于 DOS 数据因出现偶然原因（如突然停电、程序失控、恶意程序等）被破坏的。这些就要用到下面介绍的分析法，查看部分变化代码的性质，以此来确认是否存在病毒。另外，当找不着原始备份时，用比较法不能马上得出结论。由此可以看到制作和保留原始主引导扇区和其他数据备份的重要性。

2．病毒校验和法诊断技术原理

计算正常文件内容的校验和，并将该校验和写入该文件中或别的文件中保存。在文件使用过程中，定期地或每次使用文件前检查文件当前的校验和与原来保存的校验和是否一致可以发现文件是否被感染，这种方法叫校验和法。它既可发现已知病毒，又可发现未知病毒。与比较法一样，它也不能识别病毒种类，不能报出病毒名称。由于病毒感染并非文件内容改变的唯一原因，文件内容的改变也有可能是正常程序引起的，所以该方法常常出现误报警的情况，且会影响文件的运行速度。由于校验和法对文件内容变化太敏感，又不能辨别是否是正常程序引起的变动，因而就会频繁报警。而且当遇到软件版本更新、口令变更及运行参数修改时都会误报警。

检验和法对隐性病毒无效。因为隐性病毒进驻内存后会自动剥去染毒程序中的病毒代码，使校验和法受骗，从而对一个有毒文件算出正常的校验和。

3. 病毒扫描法诊断技术原理

扫描法是用每一种病毒体含有的特定字符串对被检测对象进行扫描，如果在被检测对象内部发现了某一种特定字符串，就表明发现了该字符串所代表的病毒。国外将这种按搜索法工作的病毒扫描软件称做 scanner。扫描法包括特征代码扫描法和特征字扫描法。扫描法的优点是可以识别病毒的名称、误报警率低、依据检测结果可以做杀毒处理。但是当被扫描文件很长时，扫描所花时间也越长，而且也不容易选择合适的特征串，同时如果新的病毒特征串没有加入病毒代码库，老版本的扫描程序就无法识别出新病毒。

4. 病毒行为检测法诊断技术原理

利用病毒特有的行为特性监测病毒的方法称为行为监测法。通过对病毒多年的观察和研究人们发现，有一些行为是病毒的共同行为，而且比较特殊。在正常程序中，这些行为比较罕见。当程序运行时对其行为进行监视，如果发现了病毒行为，立即报警。这些作为监测病毒的行为特征可列举如下。

（1）占用 INT 13H。所有的引导型病毒都攻击 boot 扇区或主引导扇区。系统启动时，当 boot 扇区或主引导扇区获得执行权时，系统就开始工作。一般引导型病毒都会占用 INT 13H 功能，因为其他系统功能还未设置好，无法利用，因此引导型病毒则占据 INT 13H 功能，在其中放置病毒所需的代码。

（2）修改 DOS 系统数据区的内存总量。病毒常驻内存后，为了防止 DOS 系统将其覆盖，必须修改内存总量。

（3）对 com 和 exe 文件做写入操作。病毒要进行感染，必须写 com 和 exe 文件。

（4）通过病毒程序与宿主程序的切换运行染毒程序时，先运行病毒，而后执行宿主程序。在两者切换时，有许多特征行为。

行为监测法的长处在于不仅可以发现已知病毒，而且可以相当准确地预报多数未知病毒。但行为监测法可能误报警和不能识别病毒名称，而且实现起来有一定难度。

5. 病毒行为感染实验法诊断技术原理

感染实验是一种简单实用的病毒检测方法。由于病毒检测工具落后于病毒的发展，当病毒检测工具不能发现病毒时，如果不会用感染实验法就会感到束手无策。采用感染实验法可以检测出病毒检测工具不认识的新病毒，从而摆脱对病毒检测工具的依赖，自主地检测可疑的新病毒。这种方法的原理是利用病毒的最重要特征——感染特性。所有的病毒都会进行感染，如果系统中有异常行为，而且最新版的检测工具也查不出病毒时，就可以做感染实验，运行可疑系统中的程序后，再运行一些确切知道不带毒的正常程序，然后观察这些正常程序的长度和校验和，如果发现有的程序增长了，或者检验和发生了变化，就可以断定系统中有病毒。

6. 病毒行为软件模拟法诊断技术原理

多态性病毒每次感染都改变其病毒密码，对付这种病毒时特征代码会失效。因为多态性病毒的代码实施了密码化，而且每次采用的密钥不同，因此比较染毒文件中的病毒代码也无法找出相同的可能行为特征的稳定代码。虽然行为检测法可以检测多态性病毒，但是检测出病毒后，因为不知病毒的种类，难以进行消毒处理。

为了检测多态性病毒，现已研制出新的检测法——软件模拟法。它是一种软件分析器，用软件方法来模拟和分析程序的运行。新型检测工具纳入软件模拟法，该类工具开始运行时使用特征代码法检测病毒，如果发现有隐性病毒或多态性病毒嫌疑时，启动软件模拟模块监视病毒的运行，待病毒自身的密码译码后，再运用特征代码法来识别病毒的种类。

7. 病毒分析法诊断技术原理

通常使用分析法的人不是普通用户，而是反病毒技术人员。使用的目的在于：

（1）确认被观察的磁盘引导区和程序中是否含有病毒。

（2）确认病毒的类型和种类，判定其是否为一种新病毒。

（3）搞清楚病毒体的大致结构，提取特征识别用的字符串或特征字，用于增添到病毒代码库供病毒扫描和识别程序使用。

（4）详细分析病毒代码，为相应的反病毒措施制订方案。

上述 4 个目的按顺序排列起来正好是使用分析法的工作顺序。使用分析法，要求反病毒技术人员具有比较全面的有关 PC、DOS 结构和功能调用，以及病毒方面的知识。同时还需要 DEBUG，PROVIEW 等分析用工具程序和专用的实验用计算机。因为即使很熟练的反病毒技术人员，使用性能完善的分析软件也不能保证在短时间内将病毒代码完全分析清楚。而病毒有可能在被分析阶段继续传染，甚至发作，将磁盘上的数据完全毁坏。

从上面的讨论可以看出：

（1）利用原始备份和被检测程序相比较的方法适合于不需要专用软件就可以发现异常情况的场合，它是一种简单而基本的病毒检测方法。

（2）扫描特征串或特征字的方法适用于制作成查病毒软件的方式供广大 PC 用户使用，它方便又迅速，但对新出现的病毒会出现漏检情况，需要和分析法及比较法结合起来使用。

（3）病毒分析法主要是由专业人员识别病毒、研制反病毒系统时使用，要求具备较多的专业知识，是反病毒研究不可缺少的方法。

7.3.2 网络反病毒技术的主要能力

1. 病毒查杀能力

病毒查杀能力是衡量网络版杀毒软件性能的重要因素。用户在选择软件时不仅要考虑可查杀病毒的种类及数量，更应该注重其对流行病毒的查杀能力。很多厂商都以拥有大病毒库而自豪，但其实很多恶意攻击是针对政府、金融机构、门户网站的，而并不对普通用户的计算机构成危害。过于庞大的病毒库，一方面会降低杀毒软件的工作效率，同是也会增大误报、误杀的可能性。

2. 对新病毒的反应能力

对新病毒的反应能力也是考察防病毒软件查杀病毒能力的一个重要方面。通常，防病毒软件供应商都会在全国甚至全世界建立一个病毒信息收集、分析和预测的网络，使其软件能更加及时、有效地查杀新出现的病毒。这一搜集网络体现了软件商对新病毒的反应能力。

3. 病毒实时监测能力

对网络驱动器的实时监控是网络版杀毒软件的一个重要功能。在很多企业，特别是网吧、学校、机关中有一些老式机器因为资源、系统等问题不能安装杀毒软件时，就需要用该功能进行实时监控。同时，实时监控还应识别尽可能多的邮件格式，具备对网页的监控和从端口进行拦截病毒邮件的功能。

4. 快速、方便的升级能力

和个人版杀毒软件一样，只有不断更新病毒数据库，才能保证网络版防病毒软件对新病毒的查杀能力。升级的方式应该多样化，防病毒软件厂商必须提供多种升级方式，特别是对于公安、医院、金融等不能连接到公共互联网络的用户，必须要求厂商提供除 Internet 以外的本地服务器、本机等升级方式。自动升级的设置也应该多样化。

5. 智能安装、远程识别

对于中小企业用户，由于网络结构相对简单，网络管理员可以手工安装相应软件，只需要明确各种设备的防护需求即可。但计算机网络应用复杂的用户(跨国机构、国内连锁机构、大型企业等)在选择软件时，应该考虑到各种情况，要求能提供多种安装方式，如域用户的安装、普通非域用户的安装、未连网用户的安装和移动客户的安装等。

6. 管理方便，易于操作

系统的可管理性是系统管理员尤其需要注意的问题，对于那些多数员工对计算机知识不是很了解的单位，应该限制客户端对软件参数的修改权限；对于软件开发、系统集成等科技企业，根据员工对网络安全知识的了解情况以及工作需要，可适当开放部分参数设置的权限，但必须做到可集中控管。对于网络管理技术薄弱的企业，可以采用远程管理的措施，把企业用户的防病毒管理交给专业防病毒厂商的控制中心专门管理，从而降低用户企业的管理难度。

7. 对资源的占用情况

防病毒程序进行实时监控都或多或少地要占用部分系统资源，这就不可避免地要带来系统性能的降低。如一些单位上网速度太慢，有一部分原因是防病毒程序对文件过滤带来的影响。企业应该根据自身网络的特点，灵活配置网络版防病毒软件的相关设置。

8. 系统兼容性与可融合性

系统兼容性是选购防病毒软件时需要考虑的因素。防病毒软件的一部分常驻程序如果跟其他软件不兼容将会带来很多问题，比如，会引起某些第三方控件无法使用，影响系统的运行。在选购安装时，应该经过严密的测试，以免影响正常系统的运行。对于机器操作系统千差万别的企业，还应该要求网络版防病毒能适应不同的操作系统平台。

7.3.3 网络反病毒的基本技术措施

1. 针对网络硬件的措施

目前网络的拓扑结构有总线形、环形和星形等，但无论采用哪一种拓扑结构，工作方式大多都采用“客户机-服务器”（Client-Server）形式，网络中最主要的软/硬件实体便是服务器和工作站，因此网络反病毒在硬件方面应采取如下主要措施。

（1）基于工作站的 DOS 系统防范病毒。工作站是网络的进口，要有效地防止病毒的入侵，必须防止“病从口入”。工作站防病毒的方法：一是使用病毒防杀软件，如 VRV，Kill 等，这些病毒防杀软件升级较方便，新版软件能实时监测；二是在网络工作站上安装防毒芯片，随时保护工作站及其通往服务器的路径。其基本原理是利用网络上的每台工作站安装的网络接口卡，在接口卡上有 Boot ROM 芯片，一般多数网卡的 Boot ROM 都会剩余一些未使用的空间，若防毒程序很小，便可以安装在网络的 Boot ROM 的剩余空间内，方便使用和管理。

（2）服务器 NLM 防病毒技术。如果服务器被病毒感染，其感染文件将成为病毒感染的源头。目前基于服务器的反病毒技术都以可装载模块技术 NLM（Netware Loadable Modu1e）进行程序设计，提供实时扫描病毒能力，NLM 防病毒技术的主要功能有：

① 网络反毒系统全天 24 小时实时扫描、监控网络中是否有带毒文件进入服务器。

② 集中扫描检查服务器中的所有文件是否带有病毒。

③ 工作站扫描。集中扫描检查服务器中的文件是否带毒并不能保证工作站的硬盘不染毒，所以在服务器安装防病毒软件的同时，还要在上网工作站内存中调入一个常驻扫描程序，实时检测在工作站中运行的程序。

2. 安装网络反毒软件

（1）在网关和防火墙安装反毒软件。有的单位将反病毒软件安装在网关上以阻止病毒侵入网络，这样虽然有效，但却降低了网络性能。网关和路由器为了检测病毒必须接受每个文件的所有帧并重组它们，还要在进行病毒扫描时对它们进行临时保存，势必造成路由器或网关的性能下降，这将成为信息出入网络的瓶颈。

（2）在工作站上安装反毒软件。扫描病毒的负担由分布在网络中的所有计算机分担，不会引起网络性能的下降，也不需要添加设备，但问题是反毒软件必须是网络系统的一部分。需要统一更新和自动协调运作以防止不一致性，这对于小型的局域网问题不大，但对于广域网通常就很困难了。

（3）在电子邮件服务器安装反毒软件。由于所有电子邮件信息都进入该服务器并在邮箱内归档，然后再发送出去，因此这对于防止通过邮件传播的病毒十分有效，但并不能阻挡病毒以其他方式侵入工作站。

（4）在所有文件服务器安装反毒软件。这样可以保证网络系统中最重要部分的安全，即使个别工作站被病毒破坏也不至于影响太大。但网络中的备份服务器负责维护关键数据的备份，反毒软件容易与备份软件产生冲突。特别是当一个病毒被检出时，系统就会停下来，直到病毒被清除，使备份进程延迟而增大网络系统的风险。

综上所述，若要全面、可靠地实施网络反病毒，应当在邮件服务器、文件归档系统和工作站上同时安装防毒软件，并且这些多层次的防毒软件需要通过管理机制去控制，才能保证协调、全面地发挥作用。

3．清除网络中的病毒

一旦发现或怀疑网络中存在病毒，应及早检测、清除。主要步骤如下：

（1）立即在网上用命令通知包括系统管理员在内的所有用户退网，或在控制台删除当前所有注册用户，然后关闭文件服务器。

（2）用系统盘启动系统管理员工作站，检查有无病毒感染，如有，应先行清除。

（3）用系统盘启动文件服务器，在系统管理员登录后，使用系统命令禁止其他用户登录上网。

（4）为防止在杀毒过程中出现意外，须先将文件服务器硬盘中的重要文件、数据备份到干净的软盘上，并且注意此时千万不要执行硬盘中的程序，也不要进行向硬盘中复制文件等操作，以免破坏可能已被病毒弄乱的硬盘文件、数据的结构。

（5）用网络杀毒软件扫描各种服务器上所有卷的文件，恢复或删除被病毒感染的文件，重新安装被删文件。

（6）为防止病毒漏网，再使用杀毒软件对所有可能染上病毒的软盘和备份文件的软盘检测一遍。

（7）通知各连网用户对所有的有盘工作站进行杀毒处理。

（8）只有当确认病毒已被彻底清除后，方可重新开启网络服务器。

（9）最好再检查一下病毒的来源或病毒是从何处进入网络的，以堵住漏洞。

4．网络反毒技术的发展趋势

网络病毒在形式上越来越狡猾，造成的危害也日益严重。这就要求网络防病毒产品在技术上更先进，在功能上更全面，并具有更高的查杀效率。从目前病毒的演化趋势来看，网络防病毒产品的发展趋势主要体现在以下 5 个方面。

（1）反黑与反病毒相结合。病毒与黑客在技术和破坏手段上结合得越来越紧密。将杀毒、防毒和反黑客有机地结合起来，已经成为一种趋势。专家认为，在网络防病毒产品中植入网络防火墙技术是完全可能的。有远见的防病毒厂商已经开始在网络防病毒产品中植入文件扫描过滤技术和软件防火墙技术，并将文件扫描过滤的职能选择和防火墙的“防火”职能选择交给用户，用户根据自己的实际需要进行选择，并由防毒系统中的网络防病毒模块完成病毒查杀工作，进而在源头上起到防范病毒的作用。

（2）从入口拦截病毒。网络安全的威胁多数来自邮件和采用广播形式发送的信函。面对这些威胁，许多专家建议安装代理服务器过滤软件来防止不当信息。目前已有许多厂商正在开发相关软件，直接配置在网络网关上，弹性规范网站内容，过滤不良网站，限制内部浏览。这些技术还可提供内部使用者上网访问网站的情况，并产生图表报告。系统管理者也可以设定个人或部门下载文件的大小。此外，邮件管理技术能够防止邮件经由 Internet 网关进入内部网络，并可以过滤由内部寄出的内容不当的邮件，避免造成网络带宽的不当占用。从入口处拦截病毒成为未来网络防病毒产品发展的一个重要方向。

（3）全面解决方案。未来的网络防病毒体系将会从单一设备或单一系统，发展成为一个整体的解决方案，并与网络安全系统有机地融合在一起。同时，用户会要求反病毒厂商能够提供更全面、更大范围的病毒防范，即用户网络中的每一点，无论是服务器、邮件服务器，还是客户端都应该得到保护。这就意味着防火墙、入侵检测等安全产品要与网络防病毒产品进一步整合。这种整合需要解决不同安全产品之间的兼容性问题。这种发展趋势要求厂商既要对查杀病毒技术驾轻就熟，又要掌握防病毒技术以外的其他安全技术。

（4）客户化定制。客户化定制模式是指网络防病毒产品的最终定型是根据企业网络的特点而专门制订的。对于用户来讲，这种定制的网络防病毒产品带有专用性和针对性，既是一种个性化、跟踪性产品，又是一种服务产品。它体现了网络防病毒正从传统的产品模式向现代服务模式转化。并且大多数网络防病毒厂商不再将一次性卖出反病毒产品作为自己最主要的收入来源，而是通过向用户不断地提供定制服务获得持续利润。

（5）区域化到国际化。Internet 和 Intranet 快速发展为网络病毒的传播提供了便利条件，也使以往仅仅限于局域网传播的本地病毒迅速传播到全球网络环境中。过去常常需要经过数周甚至数月才可能在国内流行起来的国外“病毒”，现在只需要一二天，甚至更短的时间，就能传遍全国。这就促使网络防病毒产品要从技术上由区域化向国际化转化。过去，国内有的病毒，国外不一定有；国外有的病毒，在国内也不一定能够流行起来。这种特殊的小环境，造就了一批“具有中国特色”的杀毒产品，如今病毒发作日益与国际同步，国内的网络防病毒技术也需要与国际同步。技术的国际化不仅反映在网络防病毒产品的杀毒能力和反应速度方面，同时也意味着要吸取国外网络防病毒产品的服务模式。

7.3.4 网络反病毒技术体系

1. 局域网反毒技术体系

Novell NetWare 和 Windows NT 网络操作系统的局域网目前比较流行，与 DOS 等单机操作系统相比，局域网操作系统本身具有一些网络安全功能，如可设定目录登录限制、目录最大权限、信任者权限、文件属性等，这在一定程度上为服务器文件与数据提供了抗病毒能力。另外，DOS 操作系统的一些中断向量也被网络操作系统的中断向量所取代，因此许多单机病毒不能在网上传播。但是上述情况仅是相对而言的，病毒在局域网中的传播与破坏还是不少的，研究局域网反毒体系具有重要意义。

（1）病毒在局域网中的传播途径

最常见的一种感染方法是病毒传染工作站后进而感染网络服务器。如果网络上的工作站已感染病毒（主要是指文件型病毒和混合型病毒），则服务器很快就会被病毒所感染。因为当工作站登录时，将执行 ip*x*.com 和 net*x*.com（*x* 是 DOS 的主版本号，依 DOS 版本的不同而不同），网络上 login 子目录就会被映射成 DOS 工作站的一个网络驱动器盘符，这时位于 login 子目录下的 login.exe 就会被病毒感染。工作站在执行 login 命令入网时，就会感染网络服务器上的所有共享子目录，而通过服务器又会将病毒传染到以后所有在此登录的工作站。

病毒通过服务器上的 DOS 分区感染网络服务器。当服务器上的 DOS 分区感染了病毒，则在执行 server 启动服务器时，病毒就会立即感染 server.exe，进而传染到服务器上所有的文件，在此后登录的工作站就会被感染。

网络在安装时服务器上的软件被病毒感染，如安装 Novell 服务器的系统软盘上带有病毒，则服务器在安装后先天带毒，并带毒运行，则所有的工作站会被病毒感染。

（2）局域网反毒体系的构成

根据病毒在局域网中的活动特点，局域网反毒体系可由两个模块构成，即工作于网络服务器上的网络反毒模块和运行在工作站的单机反毒模块。

服务器反毒模块的主要作用是负责整个网络的病毒防御，其功能包括：监视各工作站病毒入侵情况，保护网络操作系统完整性与正确性不受病毒的破坏；对从工作站入侵的病毒进行动态告警、随时清除，使网络系统对病毒的防御能力保持在同一水平上；配置系统整体的病毒检测、清除时间表，实现周期性的病毒检测、清除；对病毒事件进行安全审计，向系统管理员提供追查病毒事故的线索；接受技术支持服务对模块的升级操作，提高网络对病毒的防御能力。由于网络服务器承担了主要的网络服务与管理工作，所以这个模块是整个反毒系统中的重要环节，增强网络服务器的病毒防御措施，能够从全局的高度提高整个网络反毒的能力。此外，在服务器实施反毒措施，容易实现网络防毒与占用网络系统资源之间的最佳均衡，服务器本身的操作系统可运行多任务，是实现反毒系统对网络资源最小占用的有利条件，而这在客户机节点上很难实现。

由于工作站是最容易被病毒侵入的脆弱点，所以必须采取客户端单机病毒的预防、清除措施，即工作站反毒模块。我们可将固化有防杀病毒软件的卡或芯片安装在工作站上，用来间断地保护工作站及其通往服务器的路径，拦截病毒对网络的入侵。它也可以是“单机版”病毒防杀软件，通过它与服务器反毒模块的配合应用，实现全网多层次的综合反毒体系。它可以采取动态监测技术，随时监测工作站是否有病毒出现；它要及时升级，防止新病毒从工作站侵入网络。另外，它还应接受服务器反毒模块对它的升级，以保证全网反毒的整体性。

（3）局域网预防病毒措施

前面讨论基本原则和策略时强调防重于治，其具体做法如下：

① 加强网络系统管理。包括：对于公用目录中的系统文件和工具软件，设置为只读属性；用网络管理软件设置各工作站的权限，分别规定应访问共享区的存取权限、口令字等；实行专有目录专人使用，防止发生越权行为；减少超级用户。

② 尽量减少有盘工作站。

③ 网络服务器必须使用专门的机器，不应再用于工作站或单机。当服务器安装完毕后，禁止再使用服务器上的软驱做任何复制操作。此外，对于 Novell，将网络服务器的整个硬盘划分为 NetWare 分区，用系统软盘启动网络服务器，虽然启动速度较慢但安全性好得多。

④ 使用防病毒卡或防病毒软件。

2．病毒防火墙

作为防火墙技术的一个分支，病毒防火墙就是针对网络环境的防毒技术措施，如在网络服务器上安装一套网络反毒软件。

（1）病毒防火墙的基本功能

病毒防火墙的基本功能是实时“过滤”（Screen）。这种技术一是保护计算机系统不受任何来自本地的或远程的病毒的危害，二是向计算机系统提供双向的保护，防止本地系统内的病毒向网络扩散。“实时性”是病毒防火墙必须具备的功能，是衡量病毒防火墙防毒效果的重要指标。一般病毒防火墙对系统提供的保护是实时的、透明的，整个过程基本上不需要用户对其进行干预。病毒防火墙另一重要特性是自身的安全性，即病毒防火墙本身应该是一个安全的系统，能够抵抗任何病毒的攻击，并且不会对无害的、正常的数据造成任何形式的损害。

（2）病毒防火墙的关键技术

① 操作系统底层接口技术，是指在实现病毒防火墙的实时性过滤等功能的同时，要保证占用很少的系统资源。

② 网络底层接口技术，是指病毒防火墙为了防止病毒通过网络传播而必须使用网络底层的接口技术，如过滤电子邮件中的病毒时，就要对各种邮件传输协议和相关接口进行控制。

③ 应用程序底层接口技术，是为了在查杀那些针对某一类应用软件而设计的病毒时，能够从应用程序底层接口深度开展查毒、杀毒。

④ 充分利用操作系统多任务、多线程机制的技术，其目的是尽量少占用系统资源。

此外，算法优化技术在病毒防火墙中也十分重要，它可以减少系统开销，提高病毒实时性过滤的性能。

3. 多层病毒防御体系

所谓多层病毒防御体系，是指在每个客户机上要安装针对客户机的反病毒软件，在服务器上安装专用于服务器的反病毒软件，在 Internet 网关上要安装基于网关的反病毒软件。同时每个用户都要确保自己使用的 PC 不受病毒的感染，从而保证整个内部网的安全。

（1）客户端的防毒系统

采用 Security Suite 安全防护软件，可防止桌面系统受到病毒的侵害。它有以下功能：

① 保护系统免受恶意 Java 和 ActiveX 小程序的破坏；

② 保护系统和应用程序免于崩溃；

③ 使用 PGP 增强机密信息的安全性；

④ 通过备份使数据免于意外的丢失；

⑤ 能自动在 Internet 上发布接收病毒更新信息；

⑥ 具有集中式管理、分发和警告功能；

⑦ 桌面防病毒产品可在 DOS，Windows 3.x，Windows 95，Windows NT，Mac 和 OS/2 等平台上运行。

（2）服务器的防病毒系统

应在内部网与外部网连接网段上的代理服务器上安装防毒系统。其功能主要有：

① 服务器防毒（NetWare，Windows NT，UNIX）；

② 群件服务器防毒（Microsoft Exchange，Lotus Notes/Domino）；

③ 自动将病毒更新的信息发布到 Internet 上；

④ 提供集中式管理、分发（分发模式文件）和警告功能。

（3）针对 Internet 的防病毒系统

在总部的外部网与 Internet 连接的网段上的邮件服务器、Web 服务器、域名服务器等机器上安装防毒系统 Internet Security Suite，它在 Internet 网关上可以提供全面的病毒防卫系统，封锁病毒所有可能的进入点。透过管理控制台可直接在任何服务器或工作站上进行远程管理。防毒系统 Internet Security Suite 可以做到：

① 扫描全部收发的电子邮件；

② 扫描代理服务器和网络协议 HTTP，SMTP，FTP 等；

③ 自动将病毒更新的信息发布到 Internet 上；

④ 提供集中式管理、分发（分发模式文件）和警告功能。

7.3.5 主流反病毒产品介绍

1. 瑞星杀毒软件 2010 版

瑞星 2010是国内最早通过 Windows 7 认证的杀毒软件，目前推出的2010 版瑞星安全软件已全面兼容 Windows 7，并成为微软官方唯一推荐的 Windows 7 国内支持品牌。其主要特点体现在以下 8 个方面：

（1）查杀病毒

后台查杀：在不影响用户工作的情况下进行病毒的处理。

断点续杀：智能记录上次查杀完成文件，针对未查杀的文件进行查杀。

异步杀毒处理：在用户选择病毒处理的过程中，不中断查杀进度，提高查杀效率。

空闲时段查杀：利用用户系统空闲时间进行病毒扫描。

嵌入式查杀：可以保护 MSN 等即时通信软件，并在 MSN 传输文件时进行传输文件的扫描。

开机查杀：在系统启动初期进行文件扫描，以处理随系统启动的病毒。

（2）智能启发式检测技术+云安全

根据文件特性进行病毒扫描，最大范围发现可能存在的未知病毒并极大程度避免误报给用户带来的烦恼。

（3）瑞星的智能主动防御技术

系统加固：针对系统的薄弱环节进行加固，防止系统被病毒破坏。

木马入侵拦截：最大程度保护用户访问网页时的安全，阻止绝大部分挂马网页对用户的侵害。

木马行为防御：基于病毒行为的防护，可以阻止未知病毒的破坏。

（4）瑞星实时监控

文件监控：提供高效的实时文件监控系统。

邮件监控：提供支持多种邮件客户端的邮件病毒防护体系。

（5）安全检测

计算机体检：针对用户系统进行有效评估，帮助用户发现安全隐患。

（6）软件安全

密码保护：防止用户的安全配置被恶意修改。

自我保护：防止病毒对瑞星杀毒软件进行破坏。

（7）工作模式

家庭模式：适用于用户的游戏、视频播放、上网等情况，为用户自动处理安全问题。

专业模式：用户拥有对安全事件的处理权。

（8）“云安全”（Cloud Security）计划

与全球瑞星用户组成立体监测防御体系，最快速度发现安全威胁，解决安全问题，共享安全成果。

2．江民杀毒软件 KV2010 版

江民杀毒软件 KV2010 版系江民反病毒资深研发团队历时一年之久，悉心打造的一款新型全功能杀毒软件。采用全新动态启发式杀毒引擎，融入指纹加速功能，杀毒功能更强、速度更快。KV2010 也是国内首家完美兼容微软 Windows 7 操作系统的 2010 版杀毒软件。

KV2010 颠覆了传统的防杀毒模式，在智能主动防御、“沙盒技术”、内核级自我保护、虚拟机脱壳、云安全防毒系统、启发式扫描等领先的核心杀毒技术基础上，创新“前置威胁预控”安全模式，在防杀病毒前预先对系统进行全方位安全检测和防护，检测三大类 29 项可能存在的安全潜在威胁，提供安全加固和解决方案。

其功能亮点主要体现在：

（1）全新引擎，动态启发式杀毒，指纹加速，杀毒更快、更强。

KV2010 采用全新动态启发式引擎，采用动态启发和静态启发相结合的方式扫描未知病毒，提高对未知病毒的启发识别能力；扫描时采用指纹加速技术，在首次扫描后的正常文件中加入指纹识别功能，下次再扫描时忽略不扫，大大加快了扫描速度和效率。

（2）29 项安全防护，封堵所有病毒入侵通道，病毒无隙可入。

新增“江民安全专家”，在防杀病毒前预先对系统进行全方位安全检测和防护，检测三大类 29 项可能存在的安全潜在威胁，提供安全加固和解决方案。

（3）24 小时监控网页挂马，恶意网址动态入库，网络畅游无忧。

江民恶意网页监控系统 24 小时不间断监控全国网页挂马情况，提取被挂马的恶意网址，并动态加入到杀毒软件恶意网址库，及时有效屏蔽恶意网址，这样，即使用户不小心点击到恶意网页，也可以有效阻挡病毒于系统之外。

（4）增强智能主动防御沙盒模式，增强虚拟机脱壳，未知病毒克星。

采用沙盒模式的智能主动防御，能够接管未知病毒的所有可疑动作，在确认为系病毒行为后执行回滚操作，彻底消除病毒留下的所有痕迹。

增强虚拟机脱壳技术，能够对各种主流壳以及疑难的“花指令壳”、“生僻壳”病毒进行脱壳扫描。

（5）全新三层防火墙，从应用层、协议层、内核层三层防范黑客攻击。

全新江民三层防火墙，实时监控网络数据流，创新三层规则防范黑客，将传统防火墙从应用层、协议层两层黑客防范，扩展至系统内核层三层防范。

应用层防黑客利用系统、第三方软件漏洞远程攻击，协议层防范基于各种网络协议的异常数据攻击（如 DDOS），预先设置上百种安全规则，避免各种来自网络的异常扫描、嗅探、入侵、开启后门、网络包捕获监视和处理端口异常数据包，确保网络畅通。内核层监视并防范异常恶意驱动程序调用 API，发现有异常行为即报警并阻断动作，避免黑客利用底层驱动绕开防火墙的阻拦，入侵或远程控制目标计算机。

（6）增强云安全防毒系统，海量可疑文件数据处理中心，搜集病毒样本更多，升级速度更快。

能够监测并捕获更多的可疑文件或病毒样本，江民病毒自动分析系统可疑文件并自动

入库，数据处理能力更强大，病毒库更新速度更快。

（7）增强网页防马墙功能，动态更新网页挂马规则库。

基于木马行为规则的江民网页防马墙，能够监控和阻断更多的未知恶意网页和木马入侵，网页挂马规则库动态更新，与恶意网址库构成对恶意网页的双重安全保障，确保用户安全浏览网页。

（8）增强系统漏洞管理功能，自动扫描、修复系统漏洞，新增第三方软件漏洞扫描、自动修复功能。

系统漏洞管理功能能够自动扫描、修复微软操作系统以及 Office 漏洞，新增第三方软件漏洞扫描和自动修复，可以自动修复 Flash，RealPlayer，Adobe PDF 等黑客常用的第三方软件漏洞，避免病毒通过漏洞入侵计算机。

（9）江民新计算机保护系统，系统灾难一键恢复，恢复系统到正常状态。

江民新计算机保护系统，在系统遇到病毒、误操作等灾难事件导致系统崩溃时，可以一键恢复系统至事故前正常状态，为用户计算机安全设下最后一道安全屏障。

（10）病毒扫描、查杀速度更快。

为了大幅提升扫描速度，KV2010 创新了四大扫描加速技术：①指纹加速扫描，②超线程扫描技术，③创新哈希（Hash）定位技术，精准判定病毒位置，④新增流行木马“秒杀”技术，迅速清除流行木马及其变种（内置于江民安全专家内）。

（11）占用系统资源更少、防杀病毒效率更高。

KV2010 采用四大技术，减少系统资源占用，在确保杀毒和防御效果的前提下，给用户最好的使用体验。创新病毒库动态加载技术，智能读取病毒库，减少资源占用；杀毒模块智能连接技术，减少中间环节，降低资源占用；采用智能内存分配技术，充分提高内存使用效率，自动平衡 CPU 占用，消除系统各种“卡”、“滞”现象。

3．金山卫士（全免费杀毒）1.2.2.1088

金山卫士是当前查杀木马能力最强，检测漏洞最快，体积最小巧的免费安全软件。与同类产品相比，金山卫士体积仅 3.5MB，极其小巧，但查杀能力更强，速度更快，占用资源更少，它采用金山领先的云安全技术，不仅能查杀已知木马，还能 5 分钟内发现新木马；漏洞检测针对 Windows 7 优化，速度比同类软件快 10 倍；更有实时保护、插件清理、修复 IE 等功能，全面保护用户的系统安全。

金山卫士 1.2.2.1088 版本相对以前的版本而言，其功能特点更显突出：

（1）新增修复系统文件功能，彻底解决系统文件损坏的问题；

（2）木马查杀引擎新增启发式扫描，识别率更高；

（3）优化监控的回扫逻辑，提示更及时；

（4）修正了软件卸载中个别软件分类错误的问题；

（5）调整开机加速中的项目分类方式，操作更方便。

4．卡巴斯基全功能安全软件 2010 版

卡巴斯基反病毒软件 2010 全面兼容 Windows 7 系统，是一套全新的安全解决方案，可以保护用户的计算机免受病毒、蠕虫、木马和其他恶意程序的危害，它将实时监控文件、网页、邮件、ICQ/MSN 协议中的恶意对象；扫描操作系统和已安装程序的漏洞，阻止指向恶

意网站的链接，强大的主动防御功能将阻止未知威胁。应用程序过滤将计算每个程序的安全值以分配不同的安全级别，独特设计的安全免疫区可以让用户在其中运行可疑程序和不安全网站。增强的双向防火墙将阻止所有不安全的网络活动，各种贴心设计的实用工具更加保护用户安全。

卡巴斯基全功能安全软件 2010 将实时自动保护用户全家的上网安全。无论用户是工作、使用网银、在线购物还是网络游戏，完整的组件将为用户上网冲浪保驾护航。

5．诺顿防病毒软件 2010 中文版

赛门铁克公司最新推出的诺顿网络安全特警/诺顿防病毒软件 2010， 凭借其独创的基于信誉评级的诺顿全球智能云防护等创新科技，重新定义了全球安全行业最新技术和发展趋势。它在防护和性能方面的卓越表现，得到了全球广大用户和专业评测机构的一致好评和共同期待。其主要优势体现在以下 5 点：

（1）新增加的功能，提供清楚的威胁和性能说明——让用户更全面的了解下载的应用程序和文件，可以告诉用户它们源自何处、是否可以信任，以及它们可能会对计算机资源和性能造成什么样的影响。

（2）新增加的功能，可以准确识别用户的搜索结果中不安全的网站——针对危险的网站和可疑的卖家向用户发出警告，使用户可以安心网上冲浪和购物。

（3）改进的功能可以帮助用户阻截在线身份信息窃取、病毒、间谍软件、僵尸计算机等威胁——保护用户的计算机、在线活动和身份信息，能够防御所有类型的互联网威胁。

（4）改进的功能可以帮助用户在用户计算机遭受袭击之前就将其阻止——当用户在网上冲浪时，可以主动阻截黑客，并防止危险软件被下载到用户计算机上。

（5）使用基于智能技术的诺顿智能分析网络，加快扫描速度，减少扫描次数并缩短扫描时间——可以检测并删除危险软件，在同类安全产品中具有最短的扫描时间。

6．360 杀毒完整安装包 1.2.0.1316

360 杀毒是真正的永久免费杀毒软件，开创了杀毒软件免费杀毒的先河。功能比肩收费杀毒软件，快速轻巧不占资源；免费杀毒不中招，查杀木马防盗号。360 杀毒拥有超大的百万级病毒库和云安全技术，免费杀毒、实时防毒、主动防御一步到位，保护计算机不受病毒侵害。360 杀毒每小时升级病毒库，可有效防御最新病毒入侵。

360 杀毒目前全面兼容 Windows 7，是微软官方认证的 Windows 7 杀毒软件，也是免费 Windows 7 杀毒软件。1.2 版本是 360 杀毒的又一次重大版本升级，该版本的防护能力得到了极大的增强，不但能主动防御恶意程序行为，还可对网页进行监控，实时拦截挂马、钓鱼网站。

360 杀毒 1.2.0.1316 主要功能及改进如下：

（1）整合 360 木马防火墙，智能防御活动木马。它集成了 360 木马防火墙，主动防御能力更上层楼。对系统注册表、系统关键位置、驱动程序加载、活动进程进行全面智能分析，拦截可疑操作。

（2）整合 360 网盾，第一时间拦截挂马及钓鱼网站。它集成了 360 网盾，采用云安全技术，第一时间拦截挂马及钓鱼欺诈网站。用户还可使用 360 网盾实时分析搜索引擎结果，恶意网址一目了然。

（3）更多更方便的实时防护选项。现在，用户可以在“实时防护”界面中对 U 盘防护、聊天软件防护、下载软件防护进行直接开关设置，并可设置最新集成的“360 木马防火墙”。

（4）升级病毒清除引擎。此版本对感染型病毒清除引擎进行了升级，可以清除更多类型的感染型病毒，用户不用再担心需要使用的文件因为感染而被删除或隔离。此外，对于反复感染病毒的计算机，新增“强力清除模式”，一键解决顽固病毒。

（5）更全面的下载防护。在 MSN、QQ、迅雷之外，此版本又新增了对 QQ 旋风、阿里旺旺及快车接收或下载的文件的即时扫描，让用户从好友那里接收文件，或从网上下载文件更安心，更严密防护病毒入侵点。

（6）增强的压缩文件扫描处理。它采用高效的开源文件压缩引擎，对于压缩包的扫描处理更全面快速。

（7）针对升级体验的优化。在跟踪用户反馈升级问题时，工程师发现很多用户都是由于 DNS 解析错误导致无法升级；该版本新增智能判断机制，即便在 DNS 解析有问题时也可顺利升级。

本 章 小 结

本章主要介绍了网络病毒的概念及其特征，并简要介绍了目前流行的几类网络病毒。在此基础上，总结了网络反病毒的原则与策略，以及如何防治网络病毒的具体方案。主要包括以下内容。

1. 网络病毒的概念

网络病毒有狭义与广义之分。狭义的网络病毒指充分利用网络协议，以及网络体系结构作为其传播的途径或机制，同时网络病毒的破坏对象也应是针对网络的；广义的网络病毒是指只要能够在网络上传播并能对网络产生破坏的病毒，不论它破坏的是网络还是连网计算机，都称之为网络病毒。

2. 网络病毒的主要特点

随着网络技术的发展，目前网络病毒主要呈现以下几个特点：网游盗号类病毒大行其道；僵尸网络有增无减；欺骗方式不断创新；钓鱼网站 、网页挂马激增；黑客产业链日益成熟；计算机病毒技术特征变化明显。

3. 网络病毒实例

目前网络上流行的病毒有数万种之多，按照病毒的危害程度和常见度来分，主要有以下几种：广告软件、木马病毒、蠕虫病毒、网页脚本病毒、即时通信病毒。

4. 网络反病毒原则与策略

业界公认的网络反病毒原则与策略是：防重于治，防重在管；综合防护；最佳均衡原则；管理与技术并重；正确选择网络反毒产品；多层次防御及注意病毒检测的可靠性。

5. 病毒诊断技术

病毒诊断技术基本上有如下 7 种：比较法、校验和法、扫描法、行为检测法、行为感染实验法、行为软件模拟法和分析法。其中简单而基本的病毒检测方法是比较法，而扫描法比较容易检测新的病毒，分析法则适合反病毒专业人士使用。

6. 网络反病毒技术的主要能力

网络反病毒技术的主要能力主要包括 8 个方面：病毒查杀能力、对新病毒的反应能力、病毒实时监测能力、快速方便的升级能力、智能安装和远程识别、管理方便和易于操作、对资源的占用情况、系统兼容性与可融合性。

7. 网络反病毒技术的基本措施

介绍了网络反病毒技术的基本措施和针对局域网的反毒技术体系、病毒防火墙和 NAF 多层病毒防御体系的具体方案，并介绍了当前几种常见的主流反病毒产品。

实验 7　网络蠕虫病毒及防范

1. 实验目的

通过实验掌握网络蠕虫病毒的概念，加深对其危害的认识，了解“冲击波”病毒的特征和运行原理，找到合理的防范措施。

2. 实验原理

蠕虫一般不利用插入文件的方法，不把文件作为宿主，而是通过监测并利用网络中主机系统的漏洞进行自我复制和传播。它一般以独立程序存在，采取主动攻击和自动入侵技术，感染网络中的计算机。由于蠕虫程序较小，自动入侵程序一般都针对某种特定的系统漏洞，采用某种特定的模式进行，没有很强的智能性。

“冲击波”病毒利用 Windows 操作系统的 RPC 漏洞进行传播和感染，攻击者利用这些漏洞以本地计算机的系统权限在远程计算机中执行任意操作，如复制、删除数据、创建管理员账户等。

3. 实验环境

预装 Windows 2000/XP 的计算机，操作系统不要安装相关补丁，以再现病毒感染过程。

4. 实验内容

（1）在实验环境中单击带有“冲击波”病毒的邮件附件，以感染病毒，观察“冲击波”病毒的特征。

（2）“冲击波”病毒的清除。

（3）“冲击波”病毒的预防。

5．实验提示

（1）“冲击波”病毒的特征

在实验环境中单击带有“冲击波”病毒的邮件附件，以感染病毒，系统会出现下面的中毒症状：

① 计算机莫名其妙地死机或频繁地重新启动；IE 浏览器不能正常地打开链接；不能复制、粘贴。

② 网速变慢，用 netstat 查看网络连接，可以看到连接状态为 SYN_SENT 的大量 TCP 连接请求。

③ 任务管理器可以查到 msblast.exe 进程在运行。

④ 在 HKEY_LOCAL_MACHINE\SOFTWARE\Microsoft\Windows\CurrentVersion\Run 子键下增加了“windows auto update”＝“msblast.exe”键值，使病毒可以在系统启动时自动运行。

⑤ 如果当前系统日期在 8 月份或 15 号以后，它试图对 windowsupdate.com 发起 DoS 攻击，以使计算机系统失去更新补丁程序的功能。

（2）“冲击波”病毒的清除

可以通过防病毒软件进行全面的检测以清除“冲击波”病毒。此外，也可以采用手动清除步骤清除病毒，具体步骤如下：

① 启动“任务管理器”，在其中查找 msblast.exe 进程，找到后在进程上单击右键，选择“结束进程”，单击“是”按钮。

② 检查系统的%systemroot%\System32 目录下（Windows 2000 一般是 C:\WINNT\System32）是否存在 msblast.exe 文件，如果有，删除它（必须先结束 msblast.exe 在系统中的进程才可以顺利地删除它）。

③ 运行 regedit，启动注册表编辑器，找到 HKEY_LOCAL_MACHINE\SOFIWARE\Microsoft\Windows\CurrentVersion\Run 子键，删除其下的“windows auto update”＝“msblast.exe”键值。

（3）“冲击波”病毒的预防

“冲击波”病毒通过微软的 RPC 漏洞进行传播，用户应到以下网址下载并安装 RPC 补丁：http://www.microsoft.com/technet/treeview/default.asp?url＝/technet/security/bulletin/MS03-026.asp。

由于“冲击波”病毒主要是利用 TCP 的 135 端口和 4444 端口及 UDP 的 69 端口进行攻击，可以通过使用防火墙软件将这些端口禁止，或者利用 Windows 操作系统中“TCP/IP 筛选”功能禁止这些端口，以防止端口被攻击，达到预防的目的。

关于“TCP/IP 筛选”的实现步骤如下：

① 打开“网络连接”属性，单击“属性”按钮，弹出如图 7.5 所示的对话框。

② 选择“Internet 协议（TCP/IP）”选项，单击“属性”按钮，如图 7.6 所示。

③ 单击图 7.6 中的“高级”按钮，弹出“高级 TCP/IP 设置”对话框，如图 7.7 所示。

④ 选中“TCP/IP 筛选”项，单击“属性”按钮，弹出“TCP/IP 筛选”对话框，如图 7.8 所示。根据要求，单击“添加”选项，添加允许访问的合法网络连接端口，则限制了 TCP 的 135 端口及 UDP 的 69 端口。

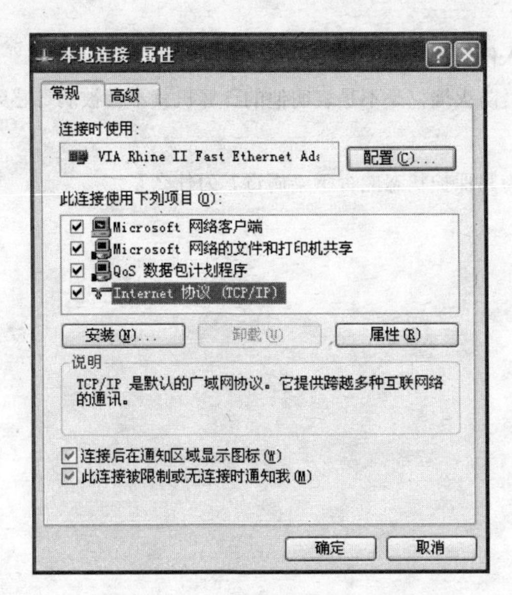

图 7.5 “本地连接属性”对话框

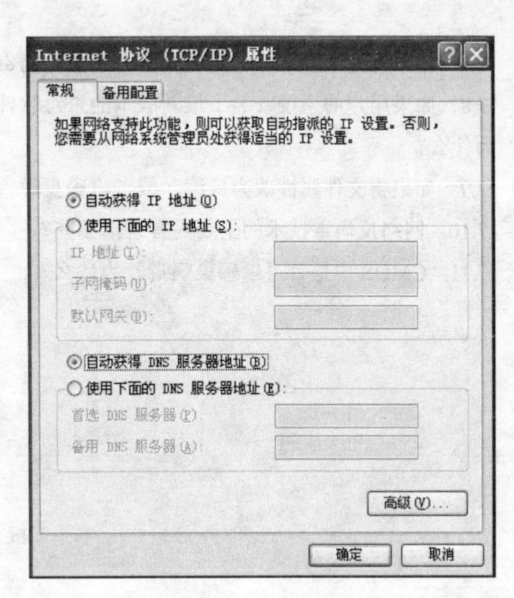

图 7.6 “Internet 协议（TCP/IP）属性”对话框

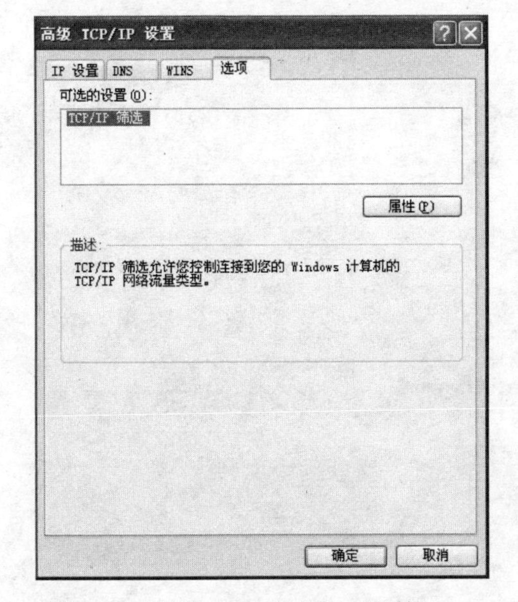

图 7.7 “高级 TCP/IP 设置”对话框

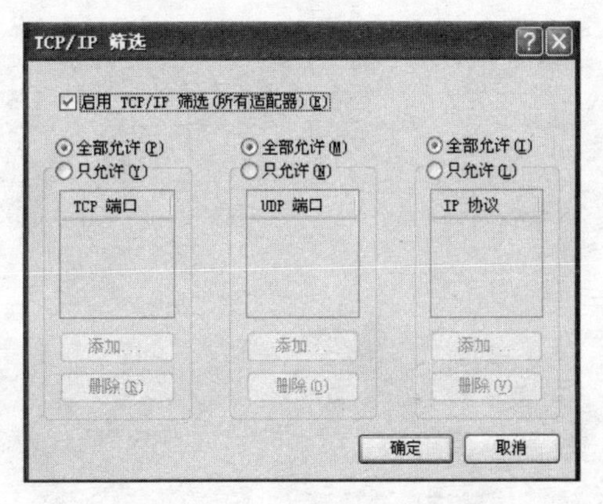

图 7.8 “TCP/IP 筛选”对话框

习 题 7

7.1 什么叫网络病毒？

7.2 计算机病毒会给我们带来什么样的危害？

7.3 在日常使用计算机上网的过程中，应当注意什么？

7.4 对于已知病毒，我们该怎么防范？

7.5 如果用户的计算机感染了病毒，该怎么办？

7.6 多层次防御策略的意义是什么？

7.7　如果让你来管理一个局域网，为了防止病毒入侵，你该做哪些工作？

7.8　如果用户的系统安装了最新版本的杀毒软件及防火墙，是不是表明他的计算机就不会被病毒感染了？为什么？

7.9　如果将文件属性改为只读，或者将磁盘设置为写保护状态能否感染病毒？为什么？

7.10　网络反病毒技术的主要内容包括哪些？

7.11　CMOS 中是否可以感染病毒？为什么？

第8章 防 火 墙

随着 Internet 在全世界范围内的普及，越来越多的单位或个人加入这个巨大的网络。当一个单位将其内部网络与 Internet 连接之后，所带来的最大问题就是安全。人们需要一种安全策略，既可以防止非法用户访问内部网络上的资源，又可以阻止用户非法向外传递内部信息。在这种情况下，防火墙技术便应运而生了。在构建安全网络环境的过程中，防火墙作为第一道安全防线，正受到越来越多的用户的关注。

8.1 防火墙的基本原理

8.1.1 防火墙的概念

防火墙（Firewall）是指一个由软件和硬件设备组合而成，处于企业或网络群体计算机与外界通道之间，限制外界用户对内部网络访问，以及管理内部用户访问外界网络的权限。

防火墙是一种将内部网和公众网分开的方法。它能限制被保护的网络与互联网络之间，或者与其他网络之间进行的信息存取和传递操作。防火墙可以作为不同网络或网络安全域之间信息的出入口，能根据企业的安全策略控制出入网络的信息流，且本身具有较强的抗攻击能力。它是提供信息安全服务，实现网络和信息安全的基础设施。在逻辑上，防火墙是一个分离器、一个限制器，也是一个分析器，有效地监控内部网和公众网之间的任何活动，保证内部网络的安全。

8.1.2 防火墙的模型

防火墙的目的在于通过各种控制手段，保护一个网络不受来自于另一个网络的攻击，即实现安全访问控制。形象地说，防火墙是在两个网络通信时，执行一种相互访问控制的尺度，它能够允许用户“同意”的人和数据进入他的网络，同时将用户“不同意”的人和数据拒之门外，阻止网络中的黑客访问他的网络，防止他们更改、复制、毁坏用户的重要信息，按照 OSI/RM 模型要求，防火墙可以在 OSI/RM 7 层中的 5 层设置。一般的防火墙模型如图 8.1 所示。

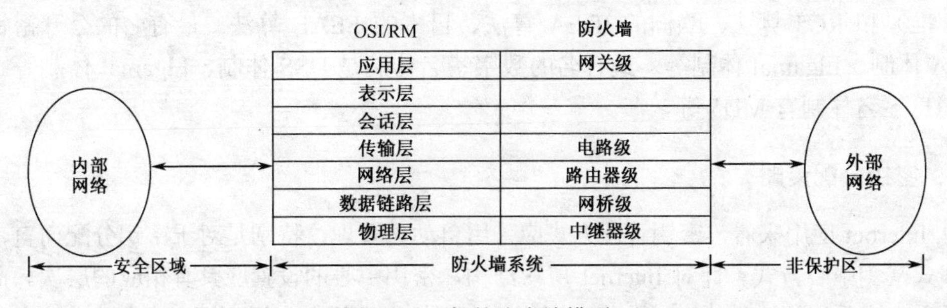

图 8.1 一般的防火墙模型

从图 8.1 可以看到，防火墙主要用来拒绝未经授权的外部用户访问，阻止未经授权的外部用户存取敏感数据，同时允许合法用户不受妨碍地访问网络资源。如果使用得当，可以在很大程度上提高网络安全性能，但是这并不是说防火墙就可以百分之百地解决网络上的信息安全问题，从图 8.1 中也可以看出，虽然防火墙对外部的攻击可以进行有效的还击，却对来自内部的网络攻击无能为力。

8.1.3 防火墙的安全策略

设计一个防火墙安全策略是研制和开发一个有效的防火墙的第一步。安全策略主要有两种：没有被允许就是禁止；没有被禁止就是允许。目前一般采用前者来设计防火墙。整体安全策略包括以下主要内容。

1. 用户账号策略

用户账号策略包括用户的所有信息。其中最主要的是用户名、口令、用户所属的工作组、用户在系统中的权限和资源存取许可。

2. 用户权限策略

用户权限策略允许授权用户使用系统资源。用户权限一般有两种：对执行特定任务用户的授权可应用于整个系统；对特定对象（如目录、文件、打印机等）的规定，这种规定限制用户能否或以何种方式存取对象。

3. 信任关系策略

通过信任关系在网络中建立域的安全性。信任关系是在两个域中，一个域信任另一个域。它包括两个方面：信任域和被信任域。信任域可允许被信任域中的用户在其中使用。

4. 包过滤策略

包过滤路由器根据过滤规则过滤基于标准的数据包，完成包过滤功能。其中包括：包过滤控制点；包过滤操作过程、包过滤规则；对地址欺骗、输入/输出端口的过滤；TCP 包与 UDP 包的过滤等。

5. 认证、签名和数据加密策略

目前已有的可以公开的加密算法很多，其中最有名的传统加密算法是美国 DES（数据加密标准）和 RC5 算法、欧洲的 IDEA 算法、日本的 FEAL 算法。最有名的公开密钥体制是 RSA 体制、Elgamal 体制等。最有名的数字签名体制是 DSS 体制、Elgamal 体制等。最有名的消息签名体制有 MD5 等。

6. 密钥分配策略

从 Internet 应用来看，密钥管理方式应采用自动化管理，特别是对于密钥分配而言，应采用离线式密钥中心方式。针对 Internet 层次结构，密钥中心的设置应具有相应的层次。而整个密钥体系也应采用层次结构，以分为主密钥、密钥加密密钥和会话密钥三个层次为宜。

7. 审计策略

审计用来记录如下事件：哪个用户访问了哪个对象；访问类型；访问过程是否成功等。

自从 1986 年美国 Digital 公司在 Internet 上安装了全球第一个商用防火墙系统，并提出了防火墙概念后，防火墙技术得到了飞速的发展。特别是 1996 年以后，随着防火墙技术和密码技术相结合，防火墙市场得到了长足的发展，目前防火墙已经历了 4 代。

第 1 代防火墙，又称包过滤路由器（Packet Filtering Router）或筛选路由器（Screening Router），即通过检查经过路由器的数据包源地址、目的地址、TCP 端口号、UDP 端口号等参数来决定是否允许该数据包通过，对其进行路由选择转发。

第 2 代防火墙，也称代理服务器（Proxy Server），用来提供网络服务级控制，起到外部网络向被保护的内部网申请服务时的中间转接作用。

第 3 代防火墙，具有状态监控（Stateful Inspection），它在网络层对数据包的内容进行检查。

第 4 代防火墙，建立在安全操作系统基础之上，已经演变成全方位的安全技术集成系统。

8.2 防火墙的分类

尽管防火墙的发展经过了上述 4 代，但是按照防火墙对内外来往数据的处理方法，大致可以分为两大类：包过滤（Packet Filtering）防火墙和应用代理（Application Proxy）防火墙（应用层网关防火墙）。前者以以色列的 Checkpoint 防火墙和 Cisco 公司的 PIX 防火墙为代表，后者以美国 NAI 公司的 Gauntlet 防火墙为代表。

8.2.1 包过滤防火墙

1. 包过滤的概念

包过滤作用在网络层和传输层，它根据分组包头源地址，目的地址和端口号、协议类型等标志确定是否允许数据包通过。只有满足过滤规则的数据包才被转发到相应的目的地址的出口端，其余数据包则从数据流中丢弃。

防火墙常常就是一个具备包过滤功能的简单路由器，这是支持互联网连接更加安全的一种简单方法，因为包过滤是路由器的固有属性。包是网络上信息流动的单位。在网上传输的文件一般在发出端被分割成一串数据包，经过网上的中间站点，最终传到目的地，然后这些包中的数据又重新组成原来的固有属性。

每个包有两个部分：包头和数据部分。包头中含有源地址和目的地址等信息。

包过滤一直是一种简单而有效的方法。通过拦截数据包，读出并拒绝那些不符合规则的数据包，过滤掉不应入站的信息。

包过滤防火墙又称过滤路由器，它通过将包头信息和管理员设定的规则表比较，如果有一条规则不允许发送某个包，路由器就将它丢弃。

每个数据包都包含有特定信息的一组报头，其主要信息是：

（1）IP 包封装协议类型（TCP，UDP 和 ICMP 等）；

（2）IP 源地址；

（3）IP 目标地址；

（4）IP 选择域的内容；

（5）TCP 或 UDP 源端口号；

（6）TCP 或 UDP 目标端口号；

（7）ICMP 消息类型。

另外，路由器也会得到一些在数据包头部信息中没有的、关于数据包的其他信息。例如：

（1）数据包到达的网络接口；

（2）数据包出去的网络接口。

过滤路由器与普通路由器的主要区别在于，普通路由器只是简单地查看每一个数据包的目标地址，并且选取数据包发往目标地址的最佳路径。如何处理数据包上的目标地址，一般有以下两种情况：

（1）路由器知道如何发送数据包到其目标地址，则发送数据包；

（2）路由器不知道如何发送数据包到目标地址，则返还数据包，并向源地址发送“不能到达目标地址”的消息。

作为过滤路由器，它将更严格地检查数据包，除了决定它是否能发送数据包到其目标地址之外，过滤路由器还决定它是否应该发送。“应该”或者“不应该”由站点的安全策略决定，并由过滤路由器强制设置。

过滤路由器放置在内部网络与互联网之间，作用如下：

（1）过滤路由器将担负更大的责任，不但需要确定和执行转发任务，而且它是唯一的保护系统；

（2）如果安全保护措施失败，内部网络将被暴露；

（3）简单的过滤路由器不能修改任务；

（4）过滤路由器能允许或拒绝服务，但它不能保护在一个服务之内的单独操作。如果一个服务没有提供安全的操作要求，或者这个服务由不安全的服务器提供，数据包过滤路由器则不能保护它。

包过滤路由器针对每一个接收到的包做出路由决定，由它确定如何将包送达目的地。一般地，包本身不包含任何有助确定路由的信息。包只告诉路由器要将它发往何地，至于如何将它送达，包本身则不提供任何帮助。路由器之间通过诸如 RIP 和 OSPF 的路由协议相互通信并在内存中建立路由表。当路由器对包进行路由选择时，它将包的目的地址与路由表中的入口地址相比较，并依据该表来发送这个包。一般情况下，一个目的地的路由不可能是固定的。同时，路由器还经常使用“默认路由”，即把包发往一个更加智能的或更上一级的路由器。

包过滤路由器是具有包过滤特性的一种路由器。在对包做出路由决定时，普通路由器只依据包的目的地址引导包，而包过滤路由器必须依据路由器中的包过滤规则做出是否引导包的决定。

包过滤方式有很多优点，其主要优点是仅用放置在重要位置上的包过滤路由器就可保护整个网络。如果站点与互联网间只有一台路由器，那么不管站点规模有多大，只要在这台路由器上设置合适的包过滤，站点就可得到很好的网络安全防护。

包过滤不需要用户软件的支持，不要求对客户机做特别的设置，也没有必要对用户做任何培训。当包过滤路由器允许数据包通过时，它和普通路由器没有任何区别。这时，用户甚至感觉不到包过滤功能的存在，只有在某些包被禁入或禁出时，用户才感觉到它与普通路由器的不同。包过滤工作对用户来讲是透明的，这种透明就是在不要求用户进行任何操作的前提下完成包过滤工作。

虽然包过滤防火墙有许多优点，但它也有一些缺点及局限性：

（1）在机器中配置包过滤规则比较困难；

（2）对系统中的包过滤规则的配置进行测试较麻烦；

（3）许多产品的包过滤功能有这样或那样的局限性，要寻找一个比较完整的包过滤产品比较困难。

包过滤系统本身可能存在缺陷，这对系统安全性的影响要大大超过代理服务系统对系统安全性的影响。因为代理服务的缺陷仅会使数据无法传送，而包过滤的缺陷则会使一些该拒绝的包能进出网络。即使在系统中安装了比较完善的包过滤系统，我们也会发现，有些协议使用包过滤方式并不太合适，而且有些安全规则难以用包过滤系统来实施。例如，在包中只有来自某台主机的信息而无来自某个用户的信息，因此，若要过滤用户就不能用包过滤。

以路由器为基础的防火墙要对每个连接请求的源地址（即发出数据包的主机的 IP 地址）进行检查。确认每个 IP 源地址后，防火墙所制定的规则将得到实施。基于路由器的防火墙有很快的处理速度，因为它仅对源地址进行检查，并没有发挥路由器的真正作用，而且路由器根本不去判断地址是否是假的或伪装的。然而加快速度是有代价的，基于路由器的防火墙将源地址作为索引，这就意味着，带有伪造源地址的数据包能在一定程度上对防火墙的服务器进行非授权访问。

包过滤规则以 IP 包信息为基础，对 IP 包的源地址、目的地址、封装协议、端口号等进行筛选。包过滤操作可以在路由器或网桥上进行，甚至可以在一个单独的主机上进行。

传统的包过滤只是与规则表进行匹配。防火墙的 IP 包过滤，主要根据一个有固定排序的规则链进行过滤，其中的每个规则都包含着 IP 地址、端口、传输方向、分包、协议等多项内容。同时，一般的防火墙包过滤规则是在启动时就已经配置好的，只有系统管理员才可以修改，它是静态存在的，称为静态规则。

目前，有些防火墙采用了基于连接状态的检查，将属于同一连接的所有包作为一个整体的数据流看待，通过规则表与连接状态表共同配合检查。动态过滤规则技术的引入弥补了防火墙的许多缺陷，从而最大程度地降低了黑客攻击的成功率，提高了系统的性能和安全性。需要说明的是，许多数据包过滤技术能弥补基于路由器的防火墙的缺陷。数据包的 IP 地址域并不是路由器唯一能捕捉的域。随着数据包过滤技术的日趋复杂化，系统管理员可使用的规则和方案也越来越复杂。现在系统管理员甚至能将数据包中的承载信息作为过滤条件，当然还能以时间、协议、端口等作为过滤条件。

2. 包过滤的基本原理

过滤路由器可以利用包过滤手段来提高网络的安全性。过滤功能既可以由许多商用防火墙产品来完成，也可以由基于软件的防火墙产品来完成。

（1）包过滤和网络安全策略

包过滤可以实现大范围的网络安全策略。网络安全策略必须清楚地说明被保护的网络和服务的类型、它们的重要程度和这些服务要保护的对象等。

一般来说，网络安全策略主要集中在阻截入侵者，而不是试图警戒内部用户。它的工作重点是阻止外来用户的突然侵入和故意暴露敏感数据，而不是阻止内部用户使用外部网络服务。这种网络安全策略决定了过滤路由器应该放在哪里和怎样通过编程来执行包过滤。一个好的网络安全策略还应该做到使内部用户也难以危害网络的安全。

网络安全策略的一个目标是提供一个透明机制，以便这些策略不会对用户产生障碍。因为包过滤工作在 OSI 模型的网络层和传输层，而不是在应用层，这种方法一般来说比软件防火墙方法更具透明性。而软件防火墙工作在 OSI 模型的应用层，这一层的安全措施不应成为透明的。

（2）包过滤模型

包过滤器通常设置于一个或多个网段之间。网段区分为外部网段或内部网段。外部网段通过网络将用户的计算机连接到外部网络上，内部网段连接局域网内部的主机和其他网络资源。

包过滤设备的每一端口都可完成网络安全策略，该策略描述了通过此端口可访问的网络服务类型。如果连在包过滤设备上的网段数目过大，则包过滤所要完成的服务就会很复杂。一般来说，应当避免对网络安全问题采取过于复杂的解决方案，其理由如下：

① 它们难以维护；

② 配置包过滤时容易出错；

③ 它们对所实施的设备的功能有副作用。

在大多数情况下，包过滤设备只连接两个网段，即外部网段和内部网段，用来限制那些它拒绝的服务的网络流量。因为网络安全策略是应用于那些与外部主机有联系的内部用户的，所以过滤路由器端口两边的过滤器必须以不同的规则工作。

（3）包过滤操作

几乎所有的包过滤设备（过滤路由器或包过滤网关）都按照如下规则工作：

① 包过滤规则必须由包过滤设备端口存储起来；

② 当包到达端口时，对包头进行语法分析，大多数包过滤设备只检查 IP，TCP 或 UDP 包头中的字段，不检查包体的内容；

③ 包过滤规则以特殊方式进行存储；

④ 如果一条规则允许包传输或接收，则该包可以继续处理；

⑤ 如果一条规则阻止包传输或接收，此包不被允许通过；

⑥ 如果一个包不满足任何一条规则，则该包被阻塞。

包过滤操作流程如图 8.2 所示。

从规则④和⑤可知，规则以正确的顺序存放很重要。配置包过滤规则时常犯的错误就是把规则的顺序放错了，如果包过滤器规则以错误的顺序放置，那么有效的服务也可能被拒绝，而该拒绝的服务却被允许了。

在用规则⑥设计网络安全方案时，应该遵循自动防止故障原理。它与另一个允许原理正好相反：未明确表示禁止的便被允许，此原理是为包过滤设计的。我们要想到，任何包过滤规则都不能完全保证网络的安全。并且随着新服务的增加，很有可能遇到与任何现有的规则都不匹配的情况。

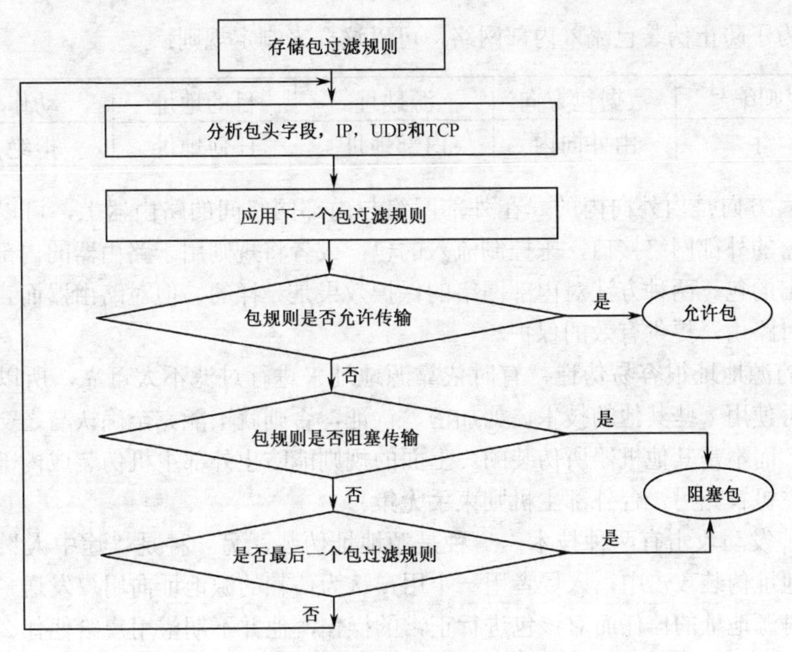

图 8.2　包过滤操作流程图

3. 包过滤规则

为了表达简单，举例时通常用抽象的描述（如内部网络、外部网络），而极少使用具体的 IP 地址（如 192.168.1.1）。而在实际的包过滤应用系统中，必须明确地说明地址范围。包过滤系统对收到的每个包均将它与每条包过滤规则对照，然后根据结果来确定包过滤系统对它的动作。注意，若包过滤系统中没有任何一条规则与该包对应，那就将它拒绝，这就是“默认拒绝”原则。

制定包过滤规则时应注意以下事项：

（1）联机编辑过滤规则。一般的文件编辑器都比较小，我们编辑包过滤规则时有时还不太清楚新规则与原有的老规则是否会有冲突，并且发觉将过滤规则以文本文件方式保存在其他的 PC 上会很方便。这样可以找到比较熟悉的工具对它进行加工，然后再将它装入到包过滤系统。将过滤规则另存一个地方的第二个好处是，可将每条过滤规则的注释部分也保存下来。大多数包过滤系统会自动将过滤程序中的注释部分清除，因此，当过滤规则装入过滤系统后，注释部分已不复存在。

（2）用 IP 地址值，而不用主机名。在包过滤规则中，用具体的 IP 地址值来指定某台主机或某个网络而不用主机名字。可以防止人为的有意或无意地破坏名字，这是使用地址翻译器后带来的麻烦。

（3）规则文件生成后，先要将老的规则文件清除，然后再将新规则文件装入，这样可以避免出现新规则集与老规则集产生冲突。

4. 依据地址进行过滤

在包过滤系统中，最简单的方法是依据地址进行过滤。它不管使用什么协议，仅根据源地址/目的地址对流动的包进行过滤。该方法只让某些被指定的外部主机与某些被指定的内部主机进行交互，此外还可以防止黑客采用伪装包对网络进行攻击。

例如，为了防止伪装包流入内部网络，可以这样来制定规则：

规则编号	数据包方向	源地址	目的地址	动作
1	由外向内	内部地址	任何地址	拒绝

应注意，方向是由外向内的。在外部网络与内部网络间的路由器上，可以将往内的规则用于路由器的外部网络接口，来控制流入的包；或者将规则用于路由器的内部网络接口，用来控制流出的包。两种方法对内部网络的保护效果是一样的，但对路由器而言，第二种方法显然没有对路由器提供有效的保护。

因为包的源地址很容易伪造，有时依靠源地址来进行过滤不太可靠，所以有有一定的风险，除非再使用一些其他的技术，如加密、认证，否则就不能完全确认与之交互的机器就是目的机器，而不是其他机器所伪装的。上面的规则能防止外部主机伪装成内部主机，而该规则对外部主机冒充另一台外部主机则束手无策。

依靠伪装发动攻击有两种技术：一种是源地址伪装，另一种是“途中人”攻击。在一个基本的源地址伪装攻击中，入侵者用一个用户认为信赖的源地址向用户发送一个包，他希望用户基于对源地址的信任而对该包进行正常的操作，他并不期望用户给他什么响应，即回送他的包。因此，他没有必要等待返回信息，他可以呆在任何地方。而用户对该包的响应则会送到被伪装的那台机器。其实，大多数协议对一个有经验的入侵者来讲，其响应都是可预测的。有些入侵是不用获得响应就可实施的。例如，假定一个入侵者在用户的系统注册了一个命令，该命令让系统将口令文件以 E-mail 方式发送给他。对于这种入侵，他只要等待系统发出的口令文件即可，而不用再观察系统对该命令的执行过程。

在很多情况下，特别是在涉及 TCP 的连接中，真正的主机对收到莫名其妙的包后的反应一般是将这种有问题的连接清除。当然，入侵者不希望看到这种情况发生，他们要保证在真正的主机接到包之前就完成攻击，或者在我们接收到真正的主机要求清除连接前完成入侵。入侵者有一系列的手段可以做到这一点，例如：

（1）在真正主机关闭的情形下，入侵者冒充它来攻击内部网络；

（2）先破坏真正主机以保证伪装入侵成功；

（3）在实施入侵时用大流量数据塞死真正的主机；

（4）将真正的主机与攻击目标间的路由搞乱；

（5）使用不要求两次响应的攻击技术。

采用以上技术实施攻击，在以前被认为仅存在理论上的可能，但现在这些技术已被入侵者付诸实施。

“途中人”伪装攻击是依靠伪装成某台主机与内部网络完成交互的能力，要做到这一点，入侵者既要伪装为某台主机向被攻击者发送包，还要在中途拦截返回的包，为此，入侵者可进行以下两种操作：

（1）入侵者必须使自己处于被攻击对象与被伪装机器的路径当中。最简单的方法是入侵者将自己安排在路径的两端，而最难的方法是将自己设置在路径中间，因为现代 IP 网络，两点之间的路径是可变的。

（2）将被伪装主机和被攻击主机的路径更改成必须通过攻击者的机器。这主要取决于网络拓扑结构和网络的路由系统。

虽然这种技术被称为“途中人”技术，但这种攻击却很少由处于路径中间的机器发起，因为处在网络路径中间的大都是网络服务供应商。

5. 依据服务进行过滤

被拒绝进入内部网络的伪装包主要存在于依靠地址进行过滤的包过滤系统中。大多数包过滤系统还涉及依据服务进行过滤。从包过滤系统的观点看，我们从与某种服务有关的包到底有哪些特征入手，主要详细讨论 Telnet 服务。因为 Telnet 允许登录到另一个系统，通过 Telnet，用户就好像是与另一系统直接相连的终端一样，同时 Telnet 服务相对来说也比较有代表性。另外，从包过滤的观点来看，它也是诸如 SMTP，NNTP 等协议的代表，下面同时观察往外的 Telnet 数据包和往内的 Telnet 数据包。

（1）往外的 Telnet 服务

在往外的 Telnet 服务（如图 8.3 所示）中，一个本地用户与一个远程服务器交互。我们必须对往外与往内的包都加以处理。

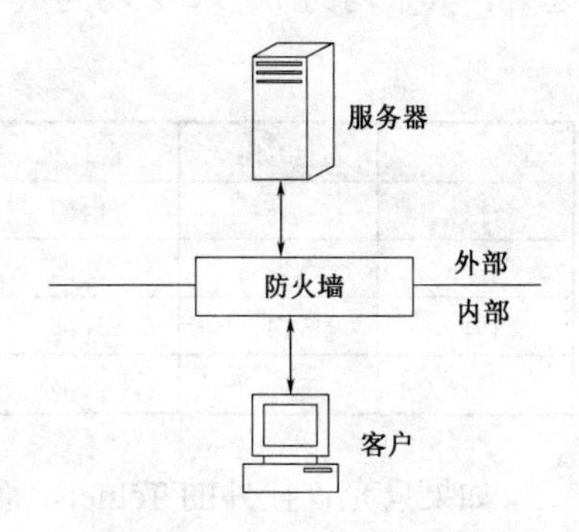

图 8.3 往外的 Telnet 服务

在这种 Telnet 服务中，往外的包中包含了用户键盘输入的信息，并具有如下特征：

① 该包的 IP 源地址是本地主机的 IP 地址；

② 该包的 IP 目的地址是远程主机的 IP 地址；

③ Telnet 是基于 TCP 的服务，所以该 IP 包是满足 TCP 协议的；

④ TCP 的目标端口号是 23；

⑤ TCP 的源端口号应是一个大于 1023 的随机数 *Y*；

⑥ 为建立连接的第一个外向包的 ACK 位的信息是 ACK＝0，其余外向包均为 ACK＝1。

往内的包中含有用户的屏幕显示信息（如 Login 提示符等），并具有以下特征：

① 该包的 IP 源地址是远程主机的 IP 地址；

② 该包的 IP 目的地址是本地主机的 IP 地址；

③ 该包是 TCP 类型的；

④ 该包的源端口号是 23；

⑤ 该包的目的端口号是一个大于 1023 的随机数 *Y*；

⑥ 所有往内的包的 ACK＝1。

我们注意到，在往内与往外的报头信息中，使用了相同的端口号，只是将目标与源互换而已。

（2）往内的 Telnet 服务

在这种服务中，一个远程用户与一个本地主机通信，同样要同时观察往内与往外的包，往内的包中包含有用户的键盘输入信息，并具有如下特征：

① 该包的 IP 源地址是远程主机的地址；

② 该包的 IP 目的地址是本地主机的地址；

③ 该包是 TCP 类型的；

④ 该包的源端口是一个大于 1023 的随机数；

⑤ 为建立连接的第一个 TCP 的 ACK＝0，其余的 ACK＝1。

而往外的包中包含了服务器的响应，并具有如下特征：

① IP 源地址为本地主机地址；

② IP 目标地址为远程主机地址；

③ IP 包为 TCP 类型；

④ TCP 的源端口号为 23；

⑤ TCP 的目标端口为与往内包的目标端口相同的数 *Z*；

⑥ TCP 的 ACK＝1。

（3）总结

表 8.1 指出了在 Telnet 服务中各种包的特性。*指除了为建立连接的第一个包的 ACK＝0 之外，其余均为 1。*Y*，*Z* 均为大于 1023 的随机数。

表 8.1　Telnet 服务中各种包的特性

服务方向	包方向	源地址	目标地址	包类型	源端口	目标端口	ACK 设置
往外	外	内部	外部	TCP	*Y*	23	*
往外	内	外部	内部	TCP	23	*Y*	1
往内	内	外部	内部	TCP	*Z*	23	*
往内	外	内部	外部	TCP	23	*Z*	1

如果只允许往外的 Telnet，而其余一概拒绝，则响应的包过滤规则见表 8.2。

表 8.2　往外的 Telnet 包过滤规则

规则	方向	源地址	目标地址	协议	源端口	目标端口	ACK 位	操作
A	外	内部	任意	TCP	＞1023	23	0 或 1	允许
B	内	任意	内部	TCP	23	＞1023	1	允许
C	双向	任意	任意	任意	任意	任意	0 或 1	拒绝

说明：①规则 A 允许包外出到远程服务器。②规则 B 允许相应返回的包，但要核对相应的 ACK 位和端口号，这样就可防止入侵者通过 B 规则来攻击。③规则 C 是默认的规则，如果包不符合 A 或 B，则被拒绝。应注意，任何被拒绝的包都应记入日志。

（4）源端口过滤问题

在理论上，依据源端口来过滤并不会带来安全问题。但是，这样做必须有一个前提，提供端口号的机器必须是真实的。假定我们错误地认为源端口是与某个服务有关。如果入侵者已经通过管理员权限完全控制了这台机器，那他就可任意在这台机器上操作，也就等于在我们包过滤规则的端口上运行任意的客户程序或服务器程序。有时我们根本不能相信由对方机器提供的机器源地址，因为有可能那台机器就是由入侵者伪装的。

对这种情况应该如何处置呢？我们应尽量在本地机器的端口上加以限制。如果只允许有往内的通过端口 23 的连接，且端口 23 上有可信的 Telnet 服务器，那么，Telnet 客户的真假就无所谓了。因此需要对往内的通往某个服务器端口的连接详细加以限制，同时要保证运行在服务器端口上的服务器可靠。在 TCP 下可以允许往内的包进入，又可通过查验 ACK 位来禁止建立连接。而在 UDP 下因为没有类似的 ACK 位机制，所以不能采用与 TCP 下相仿的办法。

8.2.2 应用代理防火墙

1. 应用代理的概念

应用代理，也叫应用网关（Application Gateway），它作用在应用层，其特点是完全“阻隔”了网络通信流，通过对每种应用服务编制专门的代理程序，实现监视和控制应用层通信流的作用。实际的应用网关通常由专用工作站实现。应用代理或代理服务器（Application Level Proxyor，Proxy Server）是代理内部网络用户与外部网络服务器进行信息交换的程序。它将内部用户的请求确认后送达外部服务器，同时将外部服务器的响应再回送给用户。这种技术用于在 Web 服务器上高速缓存信息，并且扮演 Web 客户和 Web 服务器之间的中介角色。它主要保存互联网上那些最常用和最近访问过的内容，为用户提供更快的访问速度，同时提高网络安全性。这项技术对 ISP 很常见，特别是它到互联网的连接速度很慢时能够感觉到它的存在。在 Web 上，代理首先试图在本地寻找数据，如果没有，再到远程服务器上去查找。或通过建立代理服务器允许在防火墙后面直接访问互联网。代理在服务器上打开一个套接字，并允许通过这个套接字与互联网通信。

综上所述，代理服务是运行在防火墙主机上的一些特定的应用程序或服务程序。防火墙主机可以是有一个内部网络接口和一个外部网络接口的双重宿主主机，或一些可以访问互联网并可被内部主机访问的堡垒主机。这些程序接受用户对互联网服务的请求（如文件传输 FTP 和 Web 请求等），并按照安全策略将它们转发到实际的服务器。所谓代理就是一个提供替代连接并且充当服务的网关，所以代理也称应用级网关。

代理服务位于内部用户（内部网络上）和外部服务（互联网上）之间。代理在幕后处理所有用户和互联网服务之间的通信以代替相互间的直接交谈。透明是代理服务的一大优点，对用户来说，代理服务器给出用户直接使用真正的服务器的假象；对于真正的服务器来说，代理服务器给出真正的服务器在代理主机上直接处理用户请求的假象（与用户真正的主机不同）。

代理服务如何工作？让我们看看最简单的情况，即增加代理服务到双重宿主主机。

代理的实现过程如图 8.4 所示。代理服务有两个主要部件：代理服务器和代理客户。在图 8.4 中，代理服务器运行在双重宿主主机上。代理客户是正常客户程序的特殊版本，用户与代理服务器交谈而不是面对远在互联网上的“真正的”服务器。此外，如果用户遵循特定的

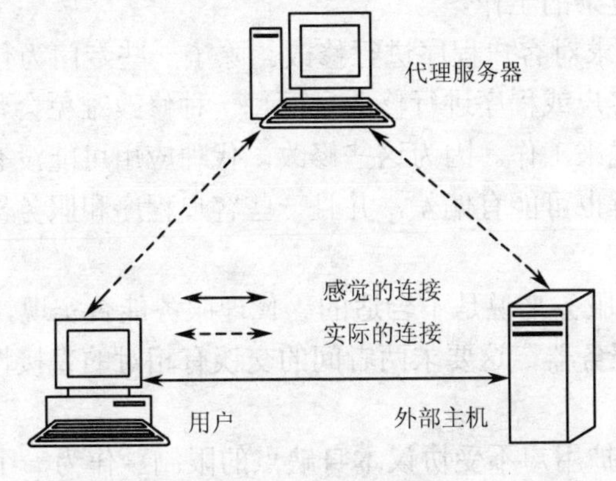

图 8.4　代理的实现过程

步骤，正常的客户程序也能被用于代理客户端。代理服务器评价来自客户的请求，并且决定认可哪一个或否定哪一个。如果一个请求被认可，代理服务器代表客户接触真正的服务器，并且转发从代理客户到真正的服务器的请求，并将服务器的响应传送回代理客户。

在一些代理系统中，可使用现有的商用软件，但要通过设置客户端用户才能使用它，而不是安装客户端客户代理软件。

代理服务器并非将用户的全部网络服务请求提交给互联网上真正的服务器，因为代理服务器能依据安全规则和用户请求做出判断是否代理执行该请求，所以它能控制用户的请求。有些请求可能会被否决，比如，FTP 代理就可能拒绝用户把文件往远程主机上传送，或者它只允许用户下载某些特定的外部站点的文件，代理服务可能对于不同的主机执行不同的安全规则，而不对所有主机执行同一个规则。

代理服务器有两个优点：

① 代理服务允许用户"直接"访问互联网。采用双重宿主主机方案时，用户需要登录到主机上才能访问互联网，这会使用户感到很不方便，有些用户可能寻找其他方法来通过防火墙。而采用代理服务，用户会认为他们是直接访问互联网。当然这需要在后台运行一些程序，但这对用户来讲是透明的。代理服务系统允许用户从自己的系统访问互联网，但不允许数据包在用户系统和互联网之间直接传送。传送只能是间接的，或通过一个堡垒主机和过滤路由器系统。

② 代理服务适合于进行日志记录。因为代理服务遵循优先协议，它们允许日志服务以一种特殊且有效的方式进行。例如，一个 FTP 代理服务器只记录发出的命令和服务器接收的回答，以此来代替记录所有的数据传输，这样产生的日志虽小却很有用。

代理服务也有一些缺点，主要表现在以下 5 个方面：

① 代理服务落后于非代理服务。尽管代理软件已广泛应用于某些服务，如 Telnet 和 FTP 等，但仍然有一些新出现的服务没有获得代理服务的支持。在一个服务发出请求和它的代理服务发出请求及向客户回送应答，一般会有一个较明显的延迟，其长短主要取决于代理服务器的设计。这样，一个站点在提供一个新的服务时而无法立刻提供代理服务，为了使用该服务，该服务只能放在防火墙外，这便会产生安全漏洞。

② 每个代理服务要求不同的服务器。用户可能需要为每个协议配置不同的代理服务器，因为代理服务器需要按照协议来决定允许什么和阻止什么通过，并且要扮演这样一个角色：它对真实服务器来说是客户；对客户来说是真实服务器。因此选择、安装和配置这些不同的代理服务器是一项复杂的工作。

③ 代理服务一般要求对客户程序进行修改。除了一些专门为代理而设计的服务外，代理服务器一般都要求对客户或程序进行修改，而每一种修改难免会带来某些缺憾，即这种修改使人们无法用正常方式来工作。因为这些修改，代理应用可能没有非代理应用运行得那样好，同时对于协议的理解也可能有偏差，并且一些客户程序和服务器相对非代理服务而言，缺乏灵活性。

④ 代理服务对某些服务来说是不合适的。代理服务能否实现，取决于能否在客户和真实服务器之间插入代理服务器，这要求两者间的交谈有相对的直接性。一个过于复杂的交谈可能永远无法进行代理。

⑤ 代理服务不能保护用户不受协议本身缺点的限制。作为一个确保安全的方案，代理首先要判断协议中哪些操作是安全的，但并不是所有的协议都能做到这一点。

2. 代理服务

代理服务是具有访问互联网能力的主机作为那些无权访问互联网主机的代理，使一些不能访问互联网的主机通过代理服务完成访问互联网的工作。

代理服务是在双重宿主主机或堡垒主机上运行一个特殊协议或一组协议。它使一些仅能与内部用户交谈的主机同样也可以与外界交谈，这些用户的客户程序通过与该代理服务器交谈来代替直接与外部互联网中服务器的“真正的”交谈。代理服务器判断从客户端来的请求并决定哪些请求允许传送而哪些应被拒绝。当某个请求得到允许时，代理服务器代表客户与真正的服务器交谈，并将来自客户端的请求传送给真实的服务器，将真实服务器的回答传送给客户。对客户来讲，与代理服务器交谈就好像与真实的服务器交谈一样，而对真实的服务器来说，它是与代理服务器的主机上的用户在交谈，而并不知道用户的真实所在。

代理服务器不需要任何特殊硬件的支持，但对于大多数服务来说，要求有专门的软件完成代理功能。代理服务只是在客户和服务器之间限制 IP 通信的时候才起作用，如一个过滤路由器或双重宿主主机。如果在客户与真实服务器之间存在 IP 级连通，那么客户就可以绕过代理系统。

如果用户不能访问互联网，那么与其连接就没有意义了。另一方面，若系统中的所有主机都能自由地访问互联网，则在与互联网连接时将没有安全感。为此，现在已有多种解决这个问题的方法。

最有效的方法是，为所有用户提供一台主机与互联网连接，但这并不是最佳方案，因为这些主机对用户来说是不透明的，那些想访问互联网的用户将无法直接访问，他们必须在双重宿主主机上登录，并从那里访问互联网，然后将结果送回到它们自己的主机。

代理系统的安全机制不会受到双重宿主主机的影响，它们通过与双重宿主主机的相互作用来解决安全问题。代理系统要求用户在后台与双重宿主主机进行交谈而不能直接在双重宿主主机上进行。由于用户很少与双重宿主主机进行交谈，所以他根本感觉不到代理的存在，自以为是在直接访问互联网服务器。

3. 代理服务的工作方法

代理服务的工作细节对每一种服务器都是不同的，一些服务已自动地提供了代理，对这些服务可以通过设置正常服务器的配置来实现代理。但对于大多数服务来说，代理服务要求在服务器上运行特殊的代理服务器软件。在客户端可以有以下两种方法。

（1）使用定制客户软件进行代理

采用这种方法，软件必须知道当用户提出请求时怎样与代替真实服务器的代理服务器进行连接，并且告诉代理服务器如何与真实服务器连接。

使用定制客户软件进行代理，本身也存在一些问题，如定制的客户软件一般只适用于特定的平台。修改用于代理系统的客户程序时，代理对用户是非透明的。许多站点在内部使用原先未修改的客户程序，而在外部连接上使用修改的客户程序，用户必须记住要使用修改的客户程序来进行外部连接。这往往使用户按照他们已经熟悉的步骤进行连接时，可能会在内部成功而在外部失败。

此外还要选择正确的程序，用户可能会发现，自己要进行额外的配置，因为客户程序需要了解怎样与代理服务器相连。这虽然不是一项复杂的工作，但却容易出错。

（2）使用定制的客户过程进行代理

采用这种方法，用户使用标准的客户软件与代理服务器连接，并通知代理服务器与真实服务器连接，以此来代替与真实服务器的连接。

使用定制用户过程的方法时，要求软件用户遵守定制的过程。用户通知客户与代理服务器连接并告知代理服务器与哪个主机连接。因为没有任何协议能够传递这种信息，因此，用户需要记住代理服务器的名字。

实际操作中需要告诉自己的用户每个协议的具体步骤，如 FTP。假定用户想从匿名 FTP 服务器上下载一个文件，则应该执行以下两个操作：① 使用 FTP 服务器，客户与代理服务器进行连接而不是与匿名 FTP 服务器进行直接 连接；② 在输入用户名时，除了指定用户名，还要指定他想要连接的真实的服务器名。

4. 代理服务器的使用

代理服务器有一些特殊类型，主要有应用级与回路级代理、公共与专用代理服务器和智能代理服务器。

（1）应用级与回路级代理

应用级代理是已知代理服务为哪个应用提供代理，它能了解并解释应用协议中的命令，而回路级代理在客户端与服务器之间不解释应用协议中的命令就建立起连接回路。大多数应用级代理的最新版本是一个像 Sendmail 的应用，由它来完成存储转发协议。而大部分新的回路级代理是一个新式的代理网关，它对外像一个代理，对内则像一个过滤路由器。

应用级代理与回路级代理的主要区别是：为了实现一个代理连接，必须知道连接的方向。一个混合网关可以很容易地阻止连接，但一个代理主机只能接收连接，并从得到的信息中判断它要与哪里继续进行连接。一个回路级代理不能解释应用协议，需要通过其他方式给它提供信息。

因为客户程序的功能是有效的，应用级代理通常为了利用它们而了解应用协议的优点，因此应用级代理能使用修改的过程；而回路级代理，通常无法使用修改的过程，只能使用修改的客户程序。

回路级代理的优点是，它能为各种不同的协议提供服务。大多数回路级代理服务器也是公共代理服务器，几乎支持任何协议，但不是每个协议都能由回路级代理轻易实现的，如 FTP 就是这样。FTP 要求从客户端的数据端口连接到服务器上，并要求进行协议级的调整和应用级的支持。

回路级代理的缺点是，它对因代理而产生的时间几乎无法控制。像包过滤一样，它为源地址和目的地址提供连接，但是不能判断经过它的命令是否安全或超出了协议的范围。回路级代理会很容易地被服务器设置的、分给其他服务器的端口号所蒙骗。

（2）公共与专用代理服务器

虽然“应用级代理”和“回路级代理”是常用的代理，但是我们更加注重“公共”和“专用”代理服务器的区别。一个专用服务器只适用于单个协议，而一个公共代理服务器则适用于多个协议。实际上专用代理服务器是应用级的，而公共代理服务器是属于回路级的。

（3）智能代理服务器

如果一个代理服务器不仅能处理转发请求，同时还能够做其他许多事情，这样的代理服务器就称为智能代理服务器。如 HTTP 代理服务器能够将数据保存在缓存中，以便同样的数据可以不必再从互联网上下载。代理服务器（特别是应用级代理服务器）可以提供比其他方式更好的日志和访问控制功能。现在已有许多代理服务器除了提供基本功能外，还在不断增加新的功能。对于一个专用的应用级代理来说，它很容易升级到智能代理服务器，但对于一个回路级的代理来说，则比较困难。

5. 使用代理的若干问题

因为代理是客户机与服务器之间的通信接口，所以它必须适合各种服务。在正常情况下，一些很容易实现的事情在使用代理以后会变得非常困难。

（1）TCP 与其他协议

理想的代理服务器应在一个方向进行 TCP 连接，仅包含安全的命令、一些可变长度的送给服务器的用户数据，并且只用于内部客户到外部服务器上。

因为 TCP 是一个面向连接的协议，只需进行一次建立代理的连接，然后就可以一直使用该连接了。UDP 没有连接的概念，每个数据包都需要代理服务器进行独立的传输，因此 TCP 代理更为简便。

（2）不使用代理服务器的代理

一些服务特别是所谓的“存储转发”服务（如 SMTP，NNTP）一般都支持代理。这些服务是为了让服务器接收信息，然后进行存储直到它们被转发到其他服务器上。对于 SMTP 来说，信息直接被转发到信息的目的地址；而对于 NNTP 来说，是将信息转发到相邻的服务器上。在这种方案中，每个中间服务器就会成为初始发送者的代理。

检查从互联网上收到的电子邮件的报头，那里记录着通过网络从发送者到接收者之间的传输路径。一般很少有信息直接从发送者的机器传送到接收者的机器，信息至少要通过 4 台机器：

① 发送者的机器；

② 发送者站点的输出邮件网关（或发送者的互联网服务提供者）；

③ 接收者站点的输入邮件网关；

④ 接收者的机器。

（3）无法代理的原因及解决方法

无法代理的原因很多，解决方法也不同。

① 没有代理服务器。如果服务是可代理的，但是却无法为平台找到一个修改过程的服务器或修改客户程序的服务器，那么它必须自己完成这些工作。

② 代理无法保证服务的安全。如果需要使用一个原来不安全的服务，那么代理服务不会消除其不安全因素。用户应该建立一个“牺牲服务器”，让人们在上面运行服务。如果使用无路由的双重宿主主机来建立一个所有连接必须代理的防火墙是很困难的，“牺牲服务器”需要在双重宿主主机上位于互联网一边。

使用一个能够过滤出不安全命令的智能应用级代理服务器是很有用的，但要求运行服务器时要非常谨慎，否则可能会使服务的重要部分失效。

③ 无法修改客户程序或过程。经常有一些服务不具备修改用户过程的条件，一般情况下，可以在堡垒主机上安全地提供数据的传输，允许用户连入堡垒主机，但是要加以限制，只允许运行无法进行代理的服务。

6. Internet 代理服务特性

互联网上的主要服务功能有电子邮件（E-mail）、简单邮件传输协议（SMTP）、邮局协议（POP）、文件传输协议（FTP）、远程登录（Telnet）、存储转发协议（NNTP）、万维网（HTTP）和域名服务（DNS）等。

（1）电子邮件（E-mail）

从用户观点来看，电子邮件是最基本的互联网服务。然而，它同时也是一种最脆弱的服务。邮件服务器成为被攻击的目标，是因为它们可以从任意外部主机上接收任何数据。电子邮件系统由以下三部分组成：

① 一个服务器，用来向外部主机发送邮件或从外部主机接收邮件；

② 发信代理，用于将邮件正确地放入本地主机邮箱中；

③ 用户代理，用于让收信人阅读邮件并编辑出站邮件。

这三部分可以由不同程序、同一程序或其组合来实现。

电子邮件由于各种不同的原因，每一部分都是脆弱且易于被侵入的。

① 服务器由于直接接受外部主机的命令（与发信有关），如果服务器存在安全漏洞，它将为侵袭者提供访问权。

② 发信代理，因为有对邮箱的写权力，尽管它不必与外界对话，但如果被攻破，入侵者仍可得到非常广泛的存取权。

③ 用户代理以用户方式运行，它不与外界通话，这限制了它的能力和访问权。但是，它能经常运行与接收到的数据相对应的其他任意程序。

因为要与外部通话，所以服务器抵抗外界命令侵袭的能力很弱，这样的侵袭称为命令通道侵袭。发信代理和用户代理不直接接受命令，但无力抵制邮件信息内容的危害，这样的侵袭称为数据驱动侵袭。另外，某些人通过命令行缺陷知道如何控制程序运行（使用什么变量，哪个用户正在运行某个程序，它的数据文件是什么），使程序对于误用显得非常脆弱。

（2）简单邮件传输协议（SMTP）的代理特点

因为 SMTP 是一个存储转发协议，所以它特别适合于进行代理。任何一个 SMTP 服务器都有可能为其他站点进行邮件转发，因而很少将它设置成一个单独的代理。大多数站点将输入的 SMTP 连接到一台安全运行 SMTP 服务的堡垒主机上，该堡垒主机就是一个代理。

现有提供代理服务的防火墙产品都能够进行 SMTP 服务的代理，因为 SMTP 采用单个连接，所以其配置相当简单。在防火墙中，不要让一个外部主机直接连接到一个标准的非安全的 SMTP 服务器上，即使它通过一个代理系统，也不要这样做。

（3）邮局协议（POP）的代理特点

邮局协议（POP）对于代理系统来说非常简单，因为它采用单个连接。内置的支持代理的 POP 客户程序还很少，主要原因是 POP 多用于局域网，而很少用于互联网。没有一个简单的方法为内部客户程序和外部服务器的连接进行配置，除非所有的客户程序连接到同一台服务器。如果是这样，可以在自己的堡垒主机的 POP3 端口上运行一个公用的 TCP 代理程序，将所有的 POP 请求连接到一个单独的 POP 服务器，然后再配置自己的客户程序，以访问在堡垒主机上的“POP 服务器”（实际上是一个代理程序）。

如果不提供访问多个 POP 服务器，而且能够确定所有的客户程序是从一个给定的 IP 地址或域名来的，并连接到一个特定的服务器，那么可以用程序来设置较复杂的规则，根据连接请求的来源，将它连接到合适的服务器上。如果在同一个客户机或多个客户机上有多个用户需要通过防火墙访问不同的 POP 服务器，目前还没有简单的方法能做到这一点。但可以通过编写一个特殊的 POP 代理服务程序运行在堡垒主机上来认证用户，决定用户所要连接的服务器，并提供连接。可由 POP 服务器认证用户，然后扮演传统代理服务器的角色进行数据传输，但必须使用密钥来完成此项服务。

（4）文件传输协议（FTP）

FTP 将文件从一台机器传送到另一台机器上。使用 FTP 可以传送任何类型的文件，包括可执行的二进制文件、图形文件、ASCII 文本文件和音频及视频文件等。有两种类型的 FTP 访问：有名 FTP 和匿名 FTP。有名 FTP 要求用户在服务器上有账号，当登录 FTP 服务器后，用户访问能访问的全部文件。匿名 FTP 是为那些在 FTP 服务器上没有账号的人提供的，主要使用户能访问一些公用文件。

目前，匿名 FTP 主要应用在互联网上。匿名 FTP 服务器是散发程序、信息和其他文件的标准机构。如果一个站点提供匿名 FTP 服务器，那么在互联网上的任何人都可以使用 FTP 连接到该站点，然后在一个被控制区域内访问服务器管理者提供的文件。

FTP 使用两个独立的 FTP 连接，一个在服务器和客户程序之间传递命令和结果（通常称为命令通道）；另一个用来传递真实的文件和目录列表（通常称为数据通道）。在服务器上，命令通道使用众所周知的端口号 21，而数据通道使用端口号 20。客户程序则在命令和数据通道上分别使用大于 1023 的端口号。

在开始使用一个 FTP 连接时，客户程序首先为自己分配两个大于 1023 的 TCP 端口，它使用第一个端口作为命令通道端口与服务器连接，然后发出端口命令，告诉服务器它的第二个作为数据通道的端口号，这样服务器就能打开数据通道了。大多数 FTP 服务器（特别是那些用在互联网上的匿名 FTP 站点）和许多 FTP 客户程序都支持一种允许客户程序打开命令通道和数据通道来连接到 FTP 服务器的方式，这种方式称为“反向方式”。

在使用反向方式时，一个 FTP 客户程序需要分配两个 TCP 端口供其使用。它使用第一个 TCP 端口与 FTP 服务器连接，但客户程序通过反向方式命令代替原来的端口命令来告诉服务器客户程序的第二个 TCP 端口。这样就能使服务器为本身的数据通道分配第二个 TCP 端口，并通知客户程序所分配的那个端口号（由于系统设计的原因，服务器将使用任意一个大于 1023 的端口来代替原来正常方式时的端口 20），这时，客户程序就从它的数据通道的端口连接到服务器刚才通知它的那个端口上。

不是所有的 FTP 客户程序都支持反向方式。如果一个客户程序支持反向方式，它通常会在文件或描述中提到这点。有一些客户程序同时支持正常方式和反向方式，并给用户提供一些方法来决定采用哪种方式。现在，许多浏览器内置的 FTP 客户程序就采用反向方式。

如果 FTP 客户程序（或连接的 FTP 服务器）不支持反向方式，同时又要求允许通过包过滤来使用 FTP（而不是通过代理），那么就不得不对包过滤规则作一个特殊的扩充，即允许将 FTP 服务器所打开的数据通道返回给客户程序。如果这样做，系统就很容易被入侵了。因此要尽可能地限制这种情况的发生。

由于存在 FTP 的反向方式问题，对外部 FTP 进行代理是一个较好的解决方案。采用正常方式的代理，客户程序允许与外部服务器相连接，但只允许数据通道的 TCP 连接到进行代理的堡垒主机而不允许连接到其他主机。

（5）远程登录（Telnet）

代理系统能够很好地支持 Telnet。几乎所有的商用代理软件包都包含对 Telnet 服务代理的支持，因为 Telnet 是互联网上一个使用非常广泛的协议。

（6）存储转发协议（NNTP）

NNTP 是一个存储转发协议，它作为一个简单的单个连接协议很容易实现代理，并有能力进行自己的代理。另外，NNTP 也可以通过 Socks 实现代理。

（7）万维网（HTTP）

各种 HTTP 客户程序都支持代理方案。也有一些支持 Socks 代理，另一些通过特殊的 HTTP 服务器支持对用户透明的代理，还有一些则对两者都支持。

使用 HTTP 代理服务器的另一个好处是：服务器能够把从互联网上得到的信息存储在缓存中，它将改善客户程序的执行效率并降低网络带宽。这样做将保证一些流行的 WWW 页面在自己的站点中只需连接一次，今后各次请求将从本地缓存中得到该页面，而不用再到互联网服务器中获取了。

（8）域名服务（DNS）

DNS 具有这样的结构：服务器充当客户程序的代理。利用 DNS 能够转发自身的特点，可以使一个 DNS 服务器成为另一个 DNS 服务器的代理。在真正实现时，绝大多数情况下，可以修改 DNS 库来使用修改的客户程序代理。在不支持动态链接的机器上，使用 DNS 修改客户程序的代理需要重新编译网络中使用的每个程序。因为用户不直接为 DNS 指定服务器信息，修改过程的代理几乎是不可能的。

8.2.3 复合型防火墙

1. 传统防火墙分析

包过滤防火墙位于协议网络层，按照网络安全策略对 IP 包进行选择，允许或拒绝特定的报文通过。过滤一般是基于一个 IP 分组的有关域（IP 源地址、IP 目的地址、TCP/UDP 源端口或服务类型和 TCP/UDP 目的端口或服务类型）进行的。基于 IP 源/目的地址的过滤，即根据特定组织机构的网络安全策略，过滤掉具有特定 IP 地址的分组，从而保护内部网络；基于 TCP/UDP 源/目的端口的过滤，因为端口号区分了不同的服务类型或连接类型（如 SMTP 使用端口 25，Telnet 使用端口 23 等），所以为包过滤提供了更大的灵活性。同时由于它是位于协议网络层，效率较高。但是该防火墙所依靠的安全参数仅为 IP 报头的地址和端口信息，若要增加安全参数，增加对数据报文的处理，势必加大处理难度，降低系统效率，故安全性较低。同时一般的包过滤还具有泄露内部网的安全数据信息（如拓扑结构信息）和暴露内部主机的所有安全漏洞的缺点，难以抵制 IP 层的攻击行为。

应用层防火墙是由一个高层的应用网关作为代理服务器，接收外来的应用连接请求，进行安全检查后，再与被保护的网络应用服务器进行连接，使外部服务用户可以在受控制的前提下使用内部网络服务。另外，内部网络到外部的服务连接也可以受到监控。应用网关的代理服务实体将对所有通过它的连接进行日志记录，以便对安全漏洞进行检查和收集相关的信息。同时该实体可采取强认证技术，对数据内容进行过滤，保证信息数据内容的安全，防止病毒及恶意的Java Applet 或 ActiveX 代码，具有较高的安全性。但是由于每次数据传输都要经过应用层转发，造成应用层处理繁忙，性能下降。

在对上述两种防火墙技术分析的基础上，出现了基于网络地址转换（Network Address Translator, NAT）的复合型防火墙系统，它融合了代理技术的高性能和包过滤技术的高效性优点。

2．设计思想

代理技术造成性能下降的主要原因在于，在指定的应用服务中，其传输的每一个报文都需代理主机转发，应用层的处理量过于繁重，改变这一状况的最理想方案是，让应用层仅处理用户身份鉴别工作，而网络报文的转发由 TCP 层或 IP 层来完成。另一方面，包过滤技术仅仅根据 IP 包中源/目的地址来判定一个包是否可以通过，而这两个地址是很容易被篡改和伪造的，一旦网络结构暴露给外界，就很难抵御 IP 层的攻击行为。

集中访问控制技术是在服务请求时由网关负责鉴别，一旦鉴别成功，其后的报文交互都可直接通过 TCP/IP 层的过滤规则，无须像应用层代理那样逐个报文转发，这就实现了与代理方式同样的安全水平而使处理量大幅下降，性能随即得到大大提高。另一方面，NAT 技术通过在网关上对进出 IP 源/目的地址的转换，实现过滤规则的动态化。这样，由于 IP 层将内部网与外部网隔离开，使内部网的拓扑结构、域名及地址信息对外成为不可见或不确定信息，从而保证了内部网中主机的隐蔽性，使绝大多数攻击性的试探失去所需的网络条件。

3．系统设计

如图 8.5 所示，给出了基于 NAT 的复合型防火墙系统的总体结构模型，它由五大模块组成。

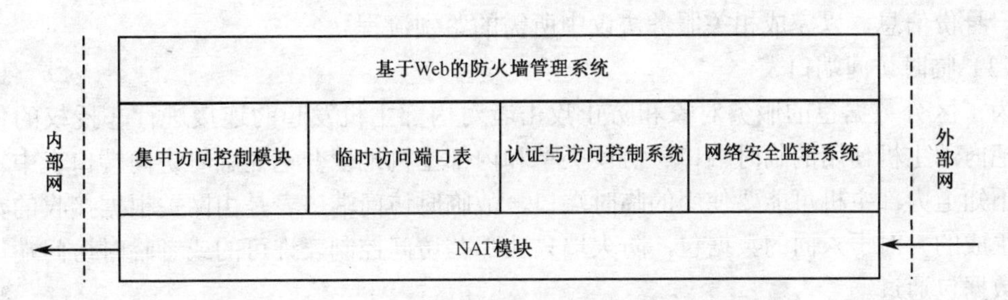

图 8.5　基于 NAT 的复合型防火墙系统的总体结构模型

NAT 模块依据一定的规则，对所有出入的数据包进行源/目的地址识别，并将由内向外的数据包中源地址替换成一个真实地址，而将由外向内的数据包中的目的地址替换成相应的虚拟地址。

集中访问控制（CAC）模块负责响应所有指定的由外向内的服务访问，通知认证访问控制系统实施安全鉴别，为合法用户建立相应的连接，并将这一连接的相关信息传递给 NAT 模块，保证后续报文传输时直接转发而无须控制模块干预。

临时访问端口表及连接控制（TLTC）模块通过监视外向型连接的端口数据，动态维护一张临时访问端口表，记录所有由内向外连接的源/目的端口信息，根据此表及预先配置好的协议集由连接控制模块决定哪些连接是允许的，而哪些是不允许的，即根据所制定的规则（安全策略）禁止相应的由外向内发起的连接，以防止攻击者利用网关允许的由内向外的访问协议类型做反向的连接访问。

认证与访问控制系统是防火墙系统的关键环节，它按照网络安全策略负责对通过防火墙的用户实施用户身份鉴别和对网络信息资源的访问控制，保证合法用户正常访问和禁止非法用户访问。

上述几种技术都属于网络安全的被动防范技术，为了更有效地遏止黑客的恶意攻击行为，该防火墙系统采用主动防范技术——网络监控系统。网络监控系统负责截取到达防火墙网关的所有数据包，对信息包报头和内容进行分析，检测是否有攻击行为，并实时通知系统管理员。

基于 Web 的防火墙管理系统负责对防火墙系统进行远程管理和配置，管理员可在任何一台主机上控制防火墙系统，增加系统使用的灵活性。

4．系统的实现

（1）网络地址转换（NAT）模块

NAT 模块是本系统核心部分，而且只有本模块与网络层有关，因此这部分应和操作系统本身的网络层处理部分紧密结合在一起，或对其直接进行修改。本模块可进一步细分为包交换子模块、数据包头替换子模块、规则处理子模块、连接记录子模块、真实地址分配子模块及传输层过滤子模块。

（2）集中访问控制模块

集中访问控制模块可进一步细分为请求认证子模块和连接中继子模块。请求认证子模块主要负责和认证与访问控制系统通过一种可信的安全机制交换各种身份鉴别信息，识别出合法用户，并根据用户预先被赋予的权限决定后续的连接形式。连接中继子模块的主要功能是为用户建立起一条最终的无中继的连接通道，并在需要的情况下向内部服务器传送鉴别过的用户身份信息，以完成相关服务协议中所需的鉴别流程。

（3）临时访问端口表

为了区分数据包的服务对象和防止攻击者对内部主机发起的连接进行非授权的使用，网关把内部主机使用的临时端口、协议类型和内部主机地址登记在临时访问端口表中。由于网关不知道内部主机可能要使用的临时端口，故临时访问端口表是由网关根据接收的数据包动态生成的。对于入向的数据包，防火墙只让那些访问控制表许可的或者临时访问端口表登记的数据包通过。

（4）认证与访问控制系统

认证与访问控制系统包括用户鉴别模块和访问控制模块，以此实现用户身份鉴别和安全策略的控制。其中用户鉴别模块采用一次性口令（One-time Password）认证技术中的 Challenge/Response 机制实现远程和当地用户的身份鉴别，保护合法用户的有效访问和限制非法用户的访问。它采用 Telnet 和 Web 两种实现方式，满足不同系统环境下用户的应用需求。访问控制模块是基于自主型访问控制策略（DAC），采用访问控制列表的方式，按照用户（组）、地址（组）、服务类型、服务时间等访问控制因素决定对用户是否授权访问。

（5）网络安全监控系统

监控与入侵检测系统作为系统端的监控进程，负责接收进入系统的所有信息，并对信息包进行分析和归类，对可能出现的入侵及时发出报警信息；同时如发现有合法用户的非法访问和非法用户的访问，监控系统将及时断开访问连接，并进行追踪检查。

（6）基于 Web 的防火墙管理系统

管理系统主要负责网络地址转换模块、集中访问控制模块、认证与访问控制系统、监控系统等模块的系统配置和监控。它采用基于 Web 的管理模式，由于管理系统所涉及的信息大部分是关于用户账号等敏感数据信息，故应充分保证信息的安全性，通常采用 Java Applet 技术代替 CGI 技术，在信息传递过程中采用加密等安全技术保证用户信息的安全性。

8.3 防火墙体系结构

8.3.1 几种常见的防火墙体系结构

1. 双重宿主主机体系结构

双重宿主主机体系结构是围绕具有双重宿主的主体计算机而构筑的。该计算机至少有两个网络接口，这样的主机可以充当与这些接口相连的网络之间的路由器，并能够从一个网络向另一个网络发送 IP 数据包。然而，实现双重宿主主机的防火墙体系结构禁止这种发送功能。IP 数据包从一个网络（如互联网）并不是直接发送到其他网络（如内部的、被保护的网络）。防火墙内部的网络系统能与双重宿主主机通信，同时防火墙外部的网络系统（在互联网上）也能与双重宿主主机通信。通过双重宿主主机，防火墙内外的计算机便可进行间接通信了，但是这些系统不能直接互相通信，它们之间的 IP 通信被完全阻止。

双重宿主主机的防火墙体系结构相当简单，双重宿主主机位于两者之间，并且被连接到互联网和内部网络，这种体系结构如图 8.6 所示。

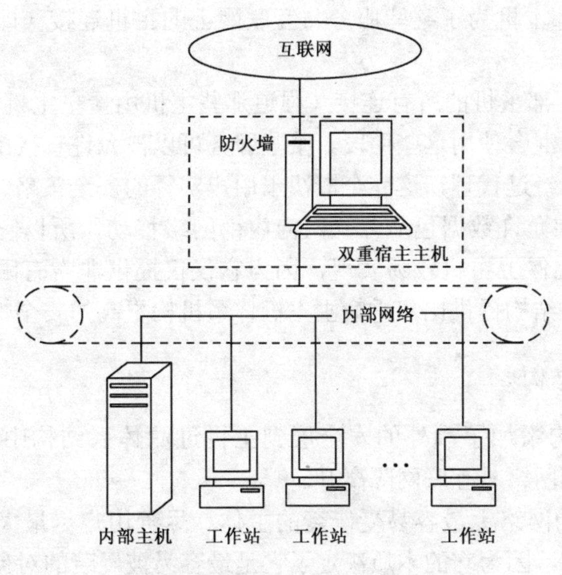

图 8.6　双重宿主主机体系结构

2. 主机过滤体系结构

双重宿主主机结构是由一台同时连接在内、外部网络上的双重宿主主机提供安全保障的，而主机过滤体系结构则不同，在主机过滤体系结构中提供安全保护的主机仅仅与内部网络相连。另外，主机过滤结构还有一台单独的路由器（过滤路由器）。值得注意的是，包过滤应避免用户直接与代理服务器相连。在这种体系结构中，由数据包过滤提供主要的安全保障，其结构如图 8.7 所示。

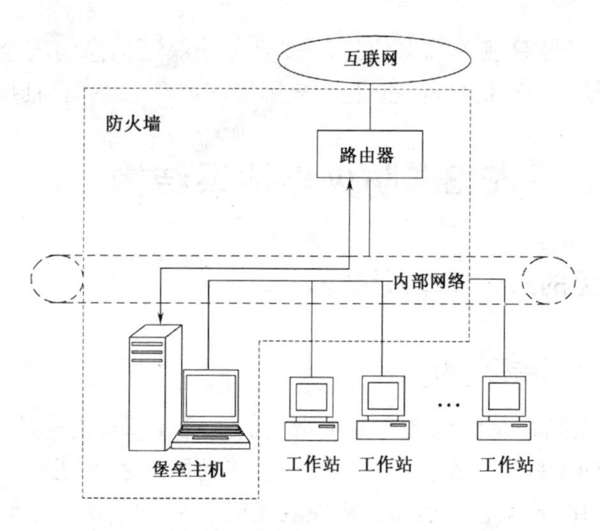

图 8.7　主机过滤体系结构

如图 8.7 所示的堡垒主机位于内部网络上。可以看出，在屏蔽的路由器上数据包过滤是按这样的方法设置的：堡垒主机是互联网上主机连接到内部网络的系统桥梁（如传进来的电子邮件）。即使这样，也仅有某些确定类型的连接得到允许。任何外部系统试图访问内部系统或服务，都必须连接到这台堡垒主机上。因此，堡垒主机需要拥有高等级的安全要求。

在屏蔽的路由器中，数据包的过滤配置可以按下列方法进行：

（1）允许其他内部主机为了某些服务与互联网上的主机连接（即允许那些已经由数据包过滤的服务）。

（2）不允许来自内部主机的所有连接（强迫那些主机由堡垒主机使用代理服务）。用户可以针对不同的服务，混合使用这些手段。某些服务可以被允许直接由数据包过滤，而其他服务可以被允许间接地经过代理，这完全取决于用户实行的安全策略。

因为这种体系结构允许数据包从互联网向内部网络移动，所以它的设计风险较大。进而言之，保卫路由器比保卫主机较易实现，因为它仅仅提供非常有限的服务组。多数情况下，被屏蔽的主机体系结构提供比双重宿主主机体系机构更高的安全性和可用性。

3. 子网过滤体系结构

子网过滤体系结构添加了额外的安全层到主机过滤体系结构中，即通过添加参数网络，更进一步地把内部网络与互联网隔离开。

堡垒主机是用户的网络上最容易受侵袭的主体。尽管用户尽最大的努力去保护它，它仍是最有可能被侵袭的，因为它的本质决定了它是最容易被侵袭的对象。如果在屏蔽主机体系结构中，用户的内部网络在没有其他的防御手段时（除了它们可能有的主机安全之外，而这通常是非常少的），一旦有人成功地侵入了屏蔽主机体系结构中的堡垒主机，那就可以毫无阻挡地进入了内部网络系统，因此用户的堡垒主机是非常诱人的攻击目标。

通过在参数网络上隔离堡垒主机，能减少堡垒主机被侵入的风险。可以说，它只给入侵者一些访问的机会，但不是全部。

子网过滤体系结构的最简单形式是应用了两个过滤路由器，每一个都连接到参数网络，一个位于参数网络与内部网之间，另一个位于参数网络与外部网络之间（通常为互联网），其结构如图 8.8 所示。

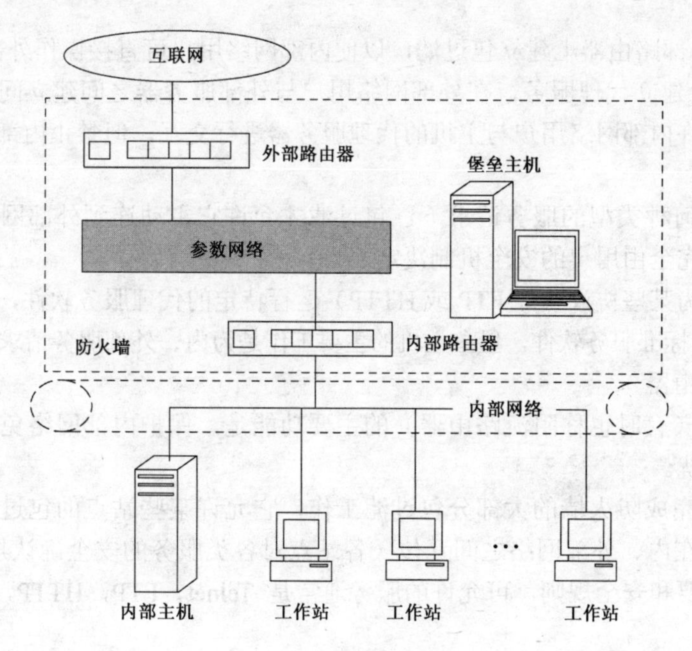

图 8.8　子网过滤体系结构

如果想侵入采用这种类型的体系结构构筑的内部网络，侵袭者必须要通过这两个路由器，即使侵袭者设法侵入堡垒主机，他仍然需要通过内部路由器。在此情况下，网络内部单一的易受侵袭点便不存在了。

（1）参数网络

参数网络是在内、外部网络之间另加的一层安全保护网络层。如果入侵者成功地闯过外层保护网络到达防火墙，参数网络就能在入侵者与内部网络之间再提供一层保护。

在许多以太网、令牌网和 FDDI 等网络结构中，网络上任意一台计算机都可以观察到网络上其他机器的信息出入情况。入侵者通过观测用户使用 Telnet，FTP 等操作可以成功地窃取口令。即使口令不被泄露，入侵者仍能看到用户操作的敏感文件的内容（如用户正在阅读的电子邮件等）。

如果入侵者仅仅侵入到参数网络的堡垒主机，那么他只能偷看到这层网络（参数网络）的信息流（而看不到内部网络的信息），而这层网络的信息流仅从参数网络往来于外部网络或者从参数网络来往于堡垒主机。因为没有纯粹的内部信息流（内部主机间互传的重要和敏感信息）在参数网络中流动，即使堡垒主机受到损害也不会让入侵者破坏内部网络的信息流。

显而易见，往来于堡垒主机和外部网络的信息流还是可见的。因此，设计防火墙就是确保上述信息流的暴露不会牵连到整个内部网络的安全。

（2）堡垒主机

在子网过滤结构中，堡垒主机与参数网络连接，而这台主机是外部网络服务于内部网络的主节点。它为内部网络服务的主要功能如下：

① 它接收外来的电子邮件（SMTP），再分发给相应的站点；

② 它接收外来的 FTP，并将它连接到内部网络的匿名 FTP 服务器；

③ 它接收外来的有关内部网络站点的域名服务。

这台主机向外（由内部网络的客户往外部服务器）的服务功能用以下方法实施：

① 在内、外部路由器上建立包过滤，以便内部网络用户可直接操作外部服务器。

② 在主机上建立代理服务，在外部网络用户与外部服务器之间建立间接连接。或在设置包过滤后，允许内部网络用户与主机的代理服务器进行交互，但禁止内部网络用户与外部网络直接通信。

堡垒主机在何种类型的服务请求下，包过滤才允许它主动连到外部网络或允许外部网络连到它上面，完全由用户的安全机制决定。

不管它是在为某些协议（如 FTP 或 HTTP）运行特定的代理服务软件，还是为自代理协议（SMTP）运行标准服务软件，堡垒主机的主要工作是为内、外部服务请求进行代理。

（3）内部路由器

内部路由器（有时也称阻流路由器）的主要功能是，保护内部网络免受来自外部网络与参数网络的侵扰。

内部路由器完成防火墙的大部分包过滤工作，它允许某些站点的包过滤系统认为符合安全规则的服务在内、外部网络之间互传（各站点对各类服务的安全确认规则是不同的）。根据各站点的需要和安全规则，可允许的服务通常是 Telnet，FTP，HTTP，RTSP 等服务中的若干种。

内部路由器可以进行配置，使参数网络上的堡垒主机与内部网络之间传递的各种服务和内部网络与外部网络之间传递的各种服务不完全相同。限制一些服务在内部网络与堡垒主机之间互传的目的，是减少在堡垒主机被侵入后而受到入侵的内部网络主机的数目。

应该根据实际需要，限制允许在堡垒主机与内部网络站点之间可互传的服务数量，如 SMTP，DNS 等。还可对这些服务做进一步的限定，限定它们只能在提供某些特定服务的主机与内部网络的站点之间互传。例如，对于 SMTP 就可以限定站点只能与堡垒主机或内部网络的邮件服务器通信。对其余可以从堡垒主机上申请到的主机就更要仔细保护。因为这些主机将是入侵者打开堡垒主机保护后，首先企图攻击的计算机。

（4）外部路由器

理论上，外部路由器（有时也称接触路由器）既保护参数网络又保护内部网络。实际上，在外部路由器上仅做了一小部分包过滤，它几乎让所有参数网络的外向请求通过，而外部路由器与内部路由器的包过滤规则基本上是相同的。也就是说，如果在安全规则上存在疏忽，那么入侵者可用同样的方法通过内、外部路由器。

由于外部路由器一般是由外界（如互联网服务提供商）提供，所以对外部路由器可做的操作是受限制的。网络服务供应商一般仅会在该路由器上设置一些普通的包过滤，而不会专门设置特别的包过滤，或更换包过滤系统。因此，对于安全保障而言，不能像依赖内部路由器一样依赖外部路由器。

外部路由器的包过滤主要是对参数网络上的主机提供保护。然而，一般情况下，因为参数网络上主机的安全主要由主机安全机制提供保障，所以由外部路由器提供的很多保护并非必要。

外部路由器真正有效的任务就是阻断来自外部网络上伪造源地址进来的任何数据包。这些数据包自称来自内部网络，而其实来自外部网络。

内部路由器也具有上述功能，但它无法辨认自称来自参数网络的数据包是伪造的。因此，内部路由器不能保护参数网络上的系统免受伪数据包的侵扰。

8.3.2 防火墙的变化和组合

在建造防火墙时，一般很少采用单一的技术，通常采用多种解决不同问题的技术组合，这种组合主要取决于网管中心向用户提供什么样的服务，以及网管中心能接受什么等级的风险。网管中心采用哪种技术主要取决于投资的大小、设计人员的技术和时间等因素。一般有以下 8 种形式：

① 使用多堡垒主机；

② 合并内部路由器和外部路由器；

③ 合并堡垒主机与外部路由器；

④ 合并堡垒主机与内部路由器；

⑤ 合并多台内部路由器；

⑥ 合并多台外部路由器；

⑦ 使用多个参数网络；

⑧ 使用双重宿主主机与子网过滤。

1. 使用多堡垒主机

我们把堡垒主机比喻成一座办公大楼的会客室，外来的客人是不能直接进入楼内办公室的，但会客室可以自由进入。外来的客人可能是朋友，也可能是敌人，但会客室都要正常地接待来客。基于这一原因，防火墙的设计者和管理人员要致力于保护堡垒主机的安全。

实现堡垒主机时通常有以下两条原则：

（1）使它尽量简单。堡垒主机越简单，本身的安全越有保证。因为堡垒主机提供的任何服务都可能出现软件缺陷或配置错误，而缺陷或错误都可能导致安全问题。因此，堡垒主机尽可能少些服务，它应当在完成其作用的前提下，提供它能提供的最小特权的最少服务。

（2）做好堡垒主机被侵袭的准备。尽管用户尽了最大努力确保堡垒主机的安全，侵入仍可能发生。只有预先考虑最坏的情况，并提出对策，才有可能避免它。当用户全面执行检查机器与网络其余部分安全的步骤时，要时刻铭记“如果堡垒主机被损害怎么办？”。

万一堡垒主机受到侵袭，用户又不愿看到该侵袭导致整个防火墙受到损害，可以通过不再让内部机器信任堡垒主机来防止侵袭蔓延，这对堡垒主机的运行是绝对必要的。用户需要仔细检查堡垒主机提供给内部机器的每一项服务，并且在逐项服务的基础上，确定每一项服务实际上各需要多少信任与特权。

一旦用户做出这些决策，可使用一些方法来实施。例如，用户可以在内部主机上安装标准访问控制手段，如口令、认证设备等；或者用户在堡垒主机与内部主机之间设置数据包过滤器等。

此外，在防火墙配置中使用多堡垒主机是可行的，这样做的理由是：如果一台主机失效了，服务可由另一台主机提供。

2. 合并内部路由器与外部路由器

将内部路由器与外部路由器合并为一个路由器，合并后的路由器应该具有更加强大的功能性和灵活性，即合并的路由器，在每一个接口上指定入站和出站的过滤器。

如果合并内部和外部路由器，用户将仍然拥有参数网络连接（在路由器的一个接口上）和到用户的内部网络连接（在另一个路由器的接口上）。某些通信将在内部网络和互联网之间直接传输（为路由器设置的数据包过滤规则允许的通信），同时，其他通信将在参数网络与互联网或者周边网络与内部网络之间进行（被代理处理的通信）。

这种体系结构，与屏蔽主机体系结构类似，具有站点易受单一路由器损害的缺点。虽然路由器比主机更容易保护，但它们也是不难渗透的。

3. 合并堡垒主机与外部路由器

可能有这种情况，用户使用单一的双重宿主主机作为用户的堡垒主机和外部路由器。例如，用户仅有对互联网的拨号 SLIP 或 PPP 连接。此时，用户也许在他的堡垒主机上运行一些 PPPoE 之类的 PPP 软件包，并且让它充当堡垒主机和外部路由器。这样，它在功能上同前面描述的子网过滤体系结构中的三种设备（堡垒主机、内部路由器和外部路由器）的配置是等价的。

使用双重宿主主机进行路由通信缺少专用路由器的性能或灵活性，但是对任何单一的低带宽连接，这两者都不是用户特别需要的。双重宿主主机依赖于用户使用的操作系统与软件，用户可以有也可以没有能力执行数据包过滤。

不同于合并内部与外部路由器，合并堡垒主机与外部路由器虽然没有明显的弱点，但它确实更进一步地暴露了堡垒主机。在这种体系结构中，堡垒主机被更多地暴露在互联网上，它仅由自身的接口软件包执行的过滤进行保护，因此，用户要特别小心地去保护它。

4. 合并堡垒主机与内部路由器

合并堡垒主机与外部路由器是可以接受的，而将堡垒主机与内部路由器合并则会损害网络的安全性。堡垒主机与外部路由器执行不同的保护任务，它们相互补充但并不相互依靠。而内部路由器则在某种程度上是前两者的后备。

如果将堡垒主机与内部路由器合并，其实已从根本上改变了防火墙的结构，其结果是只有一个屏蔽主机，如果堡垒主机被击破，在内部网络与堡垒主机之间就再也没有对内部网络的保护机制了。

若采用分离的保垒主机与内部路由器，拥有一个子网过滤，参数网络上将不会传输任何纯粹的内部信息流。即使入侵者成功地穿过堡垒主机，他还必须穿过内部路由器方可抵达内部网络。

参数网络的一个主要功能是防止从堡垒主机上偷看内部信息流，而将堡垒主机与内部路由器合二为一会使所有的内部信息流对堡垒主机公开。

5. 合并多台内部路由器

用多台内部路由器把参数网络与内部网络的各个部分相连会引起许多麻烦。例如，内部网络上某站点的路由软件要选定由参数网络到达另一个内部站点的最快路由的能力就是一个常见的问题。有时，由于某台路由器的包过滤的阻断而使站点间不能建立连接。内部信息流因为经过参数网络，而会让突破堡垒主机的入侵者偷看到。再者，由于内部路由器存在最重要和最复杂的包过滤系统而使设置比较复杂，并且保持各内部路由器的正确配置也是非常困难的。

在一个大型的内部网络上仅用一个内部路由器可能会使系统效能较差，还会有可靠性问题。当然，可让多台内部路由器工作在冗余方式。用这种方式下，最安全的（冗余度最大）做法是，让每台内部路由器与各自独立的参数网络和外部路由器相连。这种配置比较复杂，开支较大，但增加了系统的冗余度和效能。这种结构几乎不能让信息仅在两台路由器间传递，并且系统成功运行的可能性也较小。

如果使用多内部路由器结构，应按统一的标准来设置所有的路由器，这样可以使各路由器间的安全设置不会冲突，同时还必须对流经参数网络的信息流多加注意。

6. 合并多台外部路由器

在有些情况下，连接多台外部路由器到同一个参数网络是一个好方案。例如，系统与外部网络间有多个连接（与不同的外部路由器各有连接，或有冗余）；或系统与互联网有一个连接，同时与其他网络还有连接。在上述情况下，可以考虑使用多路由器结构。

用多台外部路由器连接到同一个外部网络（如互联网）不会引起大的安全问题。在每台路由器上的包过滤还可以不一样。虽然这种结构使入侵者侵入到参数网络的机会更多（只要通过任一台外部路由器即可），但某一台外部路由器被攻破并不十分可怕。

如果与外部有多点连接（如一台路由器连互联网，另一台连其他外部网络），情况可能要复杂些。此时，是否采用多外部路由器方案可由以下原则决定：如果入侵者冲过堡垒主机，他是否能在参数网络上看到信息流？入侵者能否看到内部网络站点间的敏感信息流？如果他可以看到这些信息流，就应考虑用多参数网络结构来替代多外部路由器结构。

7. 使用多个参数网络

用户可以设置多个参数网络来提供冗余。使用两个到外部的连接，却仍然通过同样的路由意义并不大，但设置两台外部路由器、两个参数网络和两个内部路由器则可以保证在用户与外部网络之间不存在单一的失效点。

用户也可以为保密而设置多个参数网络，这样用户就能让秘密的数据通过一个参数网络，与外部网络连接通过其他参数网络。在这种情况下，用户可以将两个参数网络连接到相同的内部路由器。

有多个参数网络比有多台内部路由器共享同样的内部网络风险要小得多，但是维护它却是件头疼的事情。用户的多台内部路由器，给出多个可能受损害的点。这些路由器必须非常小心地提防，以保证它们强制执行适当的安全措施，如果它们都连接到互联网，就需要强制其执行相同的策略。

8. 使用双重宿主主机与子网过滤

通过组合双重宿主主机体系结构与子网过滤体系结构，用户的安全防范便可得到明显的增强，这可以通过拆分参数网络并且插入双重宿主主机实现。路由器可以提供保护以免受到伪装干扰，并且保护双重宿主主机启动路由通信免遭失败。双重宿主主机提供比数据包过滤更细微的连接控制。这种称为皮带和挂钩式的防火墙，提供了极好的多层保护作用。

8.3.3 堡垒主机

堡垒主机是内部网络在互联网（外部网络）上的代表。按照设计要求，由于堡垒主机在互联网上是可见的，故它是对外高度暴露的。正是由于这个原因，防火墙的建造者和管理者应尽力给予它保护，特别是在防火墙的安装和初始化过程中更应予以仔细保护。

1. 建立堡垒主机的一般原则

设计和建立堡垒主机的基本原则有两条：最简化原则和预防原则。

（1）最简化原则

堡垒主机越简单，对它进行保护就越方便。堡垒主机提供的任何网络服务都有可能在软件上存在缺陷或在配置上存在错误，而这些差错很可能使堡垒主机的安全保障出问题。因此，在堡垒主机上设置的服务必须最少，同时对必须设置的服务软件只能给予尽可能低的权限。

（2）预防原则

尽管已对堡垒主机严加保护，但仍有可能被入侵者破坏。对此应有所准备，只有对最坏的情况有充分准备，并设计好对策，才能有备无患。对网络的其他部分施加保护时，也应考虑到“堡垒主机被攻破怎么办？”。我们强调这一点的原因非常简单，就是因为堡垒主机是外部网络最易接触到的机器，所以它也是最可能被首先攻击到的机器。由于外部网络与内部网络无直接连接，所以堡垒主机是试图破坏内部系统的入侵者首先到达的机器，要尽量使堡垒主机不被破坏，但同时又必须时刻提防“堡垒主机一旦被攻破怎么办？”。

一旦堡垒主机被破坏，要尽力让内部网络仍处于安全保障之中。要做到这一点，必须让内部网络只有在堡垒主机正常时才信任堡垒主机。我们要仔细观察堡垒主机提供给内部网络机器的服务，并依据这些服务的主要内容，确定这些服务的可信度及权限。

另外，还有很多方法可加强内部网络的安全性。例如，在内部网络主机上安装操作控制机制（设置口令、鉴别设备等），或者在内部网络与堡垒主机间设置包过滤。

2. 堡垒主机的种类

堡垒主机目前一般有三种类型：无路由双宿主主机、牺牲主机和内部堡垒主机。

（1）无路由双宿主主机。它有多个网络接口，但这些接口间没有信息流。这种主机本身就可作为一个防火墙，或作为一个更复杂防火墙结构的一部分。它的大部分配置雷同于其他堡垒主机，但就像我们后面将讨论的那样，必须多加小心，确保它没有路由。如果某台无路由双宿主主机就是一个防火墙，那么必须在配置上考虑得更为周到，同时也必须小心谨慎地运行堡垒主机的例行程序。

（2）牺牲主机。有些用户可能想用一些无论使用代理服务还是包过滤都难以保障安全的网络服务或一些对其安全性没有把握的服务。针对这种情况，使用牺牲主机就非常有效。牺牲主机是一种没有任何上述需要保护信息的主机，同时它又不与任何入侵者想利用的主机相连。用户只有在使用某种特殊服务时才用到它。

牺牲主机除了可让用户随意登录外，其配置基本上与一般的堡垒主机一样。用户总是希望在堡垒主机上存有尽可能多的服务与程序。但出于安全性考虑，我们不可随意满足用户的要求，也不能让用户在牺牲主机上太舒畅。否则会使用户越来越信任牺牲主机而违反设置牺牲主机的初衷。牺牲主机的主要特点是易于管理，即使被侵袭也无碍内部网络的安全。

（3）内部堡垒主机。在大多数配置中，堡垒主机可与某些内部主机进行交互。例如，堡垒主机可传送电子邮件给内部主机的邮件服务器，传送 USE-NET 新闻给新闻服务器，与内部域名服务器协同工作等。这些内部主机其实是有效的次级堡垒主机，对它们就应像堡垒主机一样加以保护。我们可以在它们上面多放一些服务，但对它们的配置必须遵循与堡垒主机一样的过程。

3. 堡垒主机的选择

（1）堡垒主机操作系统的选择

应该选择较为熟悉的系统作为堡垒主机的操作系统。一个配置好的堡垒主机是一个具有高度限制性的操作环境的软件平台，对它的进一步开发与完善最好应在其他机器上完成后再移植，这样做也为开发时与内部网络的其他外设与机器交换信息提供了方便。

在选择主机时，应该选择一个可支持有若干接口同时处于活跃状态并且能可靠地提供一系列内部网络用户所需要的互联网服务的机器。所以应该用 UNIX，Windows 2000 Server 或其他网络操作系统作为堡垒主机的操作系统。

（2）堡垒主机速度的选择

作为堡垒主机的计算机并不要求有很高的速度。实际上，选用功能并不十分强大的机器作为堡垒主机反而更好。除了经费问题外，选择机器只要物尽其用即可，因为堡垒主机提供的服务的运算量并非很大。如果系统站点在互联网上的点击率比较高，并且提供的服务比较多，就需要较快的机器来做堡垒主机。针对这种情况，也可使用多堡垒主机结构。在互联网上提供多种连接服务的大公司一般均采用若干大型高速的堡垒主机。

不使用功能过高的机器充当堡垒主机的理由如下：

① 低档机器对入侵者的吸引力要小一些。

② 如果堡垒主机被破坏，低档的堡垒主机对于入侵者进一步侵入网络内部提供的帮助要小一些。因为它的编译速度较慢，运行一些有助于入侵的破译密码的程序也较慢。所有这些因素会使入侵者对入侵内部网络的兴趣降低。

③ 对于内部网络用户来讲，使用低档的机器作为堡垒主机，也可降低攻击者破坏堡垒主机的兴趣。如果使用一台高速度的堡垒主机，会将大量时间花费在等待内部网络用户和外部慢速连接中，这是一种浪费。而且，如果堡垒主机很快，内部网络用户会利用这台机器的高性能做一些其他工作，而我们在有用户运行程序的堡垒主机上再进行安全控制就较为困难了。在堡垒主机上闲置的功能本身就是安全隐患。

（3）堡垒主机的硬件选择

我们总是希望堡垒主机具有高可靠性，所以在选择堡垒主机及其外围设备时，应慎选产品。另外，我们还希望堡垒主机具有高兼容性，所以也不可选太旧的产品。在不追求纯粹的高 CPU 性能的同时，我们要求它至少能支持同时处理几个网际连接的能力。这就要求堡垒主机的内存要大，并配置有足够的交换空间。另外，如果在堡垒主机上要运行代理服务还需要有较大的磁盘空间作为存储缓冲。

（4）确定堡垒主机的物理位置

① 位置要安全。以下两条理由要求堡垒主机必须安置在较为安全的物理位置。

- 如果入侵者与堡垒主机有物理接触，他就有很多我们无法控制的方法来攻破堡垒主机。
- 对堡垒主机提供了许多内部网络与互联网的功能性连接，如果它被损或被盗，那整个站点与外部网络就会脱离或完全中断。

对堡垒主机要细心保护，以免发生不测。应把它放在通风良好、温湿度较为恒定的房间，并最好配备空调和不间断电源。

② 堡垒主机在网络上的位置。堡垒主机应放置在没有机密信息流的网络上，最好放置在一个单独的网络上。大多数以太网和令牌网的接口都可工作在混合模式，在这种模式下，该接口可捕捉到与该接口连接的网络上的所有数据包，而不仅仅是那些发给该接口所在机器的地址的数据包。其他类型的网络接口，如 FDDI，就不能捕捉到接口所连接的网络上的所有数据包，但根据不同的网络结构，它们能经常捕捉到一些并非发往该接口所在主机的数据包。

解决这一问题的方法是，将堡垒主机放置在参数网络上而不放在内部网络上。正如我们前面讨论的一样，参数网络是内部网络与互联网间的一层安全控制机制，参数网络与内部网络是由网桥或路由器隔离的。内部网络上的信息流对参数网络来讲是不可见的。处在参数网络上的堡垒主机只可看到在互联网与参数网络间来往的信息流。虽然这些信息流有可能比较敏感，但其敏感性要比典型的内部网络信息流低得多。用一个由包过滤路由器与内部网络分离的参数网络还可为我们带来其他益处。因为在这种结构中，如果堡垒主机被破坏可使与堡垒主机交互的内部主机数目减少，从而降低内部网络的暴露程度。

即使我们无法将堡垒主机放置在参数网络上，也应该将它放置在信息流不太敏感的网络上。在这种情况下，由于堡垒主机与内部网络间已无其他保护措施，我们应对堡垒主机的运行加以特别关注。

（5）堡垒主机提供的服务

堡垒主机应当提供站点所需求的所有与互联网有关的服务，同时还要经过包过滤提供内部网络向外界的服务。任何与外部网络无关的服务都不应放置在堡垒主机上。

可将由堡垒主机提供的服务分成以下 4 个级别：

① 无风险服务，仅仅通过包过滤便可实施的服务。

② 低风险服务，在有些情况下，这些服务运行时有安全隐患，但加强一些安全控制措施便可消除安全问题，这类服务只能由堡垒主机提供。

③ 高风险服务，在使用这些服务时无法彻底消除安全隐患，这类服务一般应禁用，特别需要时也只能放置在主机上使用。

④ 禁用服务，应彻底禁止使用的服务。

电子邮件（SMTP）是堡垒主机应提供的最基本的服务，其他还应提供的服务包括：

- FTP，文件传输服务；
- WHIS，基于关键字的信息浏览服务；
- HTTP，超文本方式的信息浏览服务；
- NNTP，USE-NET 新闻组服务；
- RTSP，实时视频、音频服务。

为了支持以上这些服务，堡垒主机还应有域名服务（DNS）。DNS 服务很少单独使用，但必须由它将主机的名字翻译成 IP 地址。另外，还要由它提供其他有关站点和主机的零散信息，所以它是实施其他服务的基础服务。

来自互联网的入侵者可以利用许多内部网络服务来破坏堡垒主机。因此应该将内部网络上的那些不用的服务全部关闭。

值得注意的是，在堡垒主机上禁止使用用户账户。如果有可能，在堡垒主机上应禁止使用一切用户账户，即不准用户使用堡垒主机。这样就会给堡垒主机带来最大的安全保障，原因如下：

① 账户系统本身较易被攻破。

② 账户系统的支撑软件一般也较易被攻破。

③ 用户在堡垒主机上操作，可能无意间会破坏堡垒主机的安全机制。

④ 如果堡垒主机上有较多的用户账户，会为在堡垒主机上检测入侵者带来了麻烦，这是因为：

- 用户账户为故意破坏堡垒主机的入侵者打开了方便之门。每一个用户账户的口令都可能被入侵者用字典搜索法或网络侦听法破译或捕获。如果有若干用户的口令被入侵者用上述手段获得，那对内部网络来讲是毁灭性的。
- 为了在堡垒主机上支持账户系统的运行，必须在堡垒主机上运行一些基础服务软件。这些基础软件的缺陷及对这些软件配置上的错误又会给入侵者提供另一个方便之门。
- 无用户账户的堡垒主机一般总在运行一些预料之中的软件，它的运行比较稳定，同时也不可能在堡垒主机上发生用户碰撞。这样，堡垒主机的可靠性与稳定性较好。
- 用户在堡垒主机上运行软件时，经常无意间会破坏堡垒主机的安全机制。如他们会选择一些较易被破译的口令或在堡垒主机上运行一些没有安全保障的服务。而他们只是想让他们的程序运行得更快一点。
- 如果堡垒主机上没有用户，那就较易辨别堡垒主机是否在正常状态下运行。为了便于观测堡垒主机的运行状况，我们希望堡垒主机运行在没有用户程序干扰的可预测的模式下。

4. 建立堡垒主机

建立堡垒主机应遵循以下步骤：

（1）给堡垒主机一个安全的运行环境。

（2）关闭堡垒主机上所有不必要的服务软件。

（3）安装或修改必需的服务软件。

（4）根据最终需要重新配置机器。

（5）核查机器上的安全保障机制。

（6）将堡垒主机接入网络。

在进行最后一步工作之前，必须保证机器与互联网是相互隔离的。如果内部网络尚未与互联网相连，应将堡垒主机完全配置好后方可让内部网络与互联网相连；如果在一个已与互联网相连的内部网络上建立防火墙，就应该将堡垒主机配置成与内部网络互联的单独机器。如果在配置堡垒主机时被入侵，那么这个堡垒主机极可能由内部网络的防卫机制变成内部网络的入侵机制。

建立堡垒主机时应该注意以下 4 个方面：

（1）要在机器上使用最小的、干净的和标准的操作系统。操作系统必须从正规的软件销售商处获取，因为大多数正规软件供应商提供的操作系统都会有相应附带的安全保护程序及系统配置指南。在安装操作系统时，首相要根据实际需要选用尽量少的选项，这样会避免因有一些软件的组件不用而再次删除它；其次要修改一些已知的操作系统缺陷。我们可以从软件供应商、用户协会或互联网新闻组中获取与操作系统缺陷相关的信息。

（2）应该认真对待每一条从计算机紧急救援协作中心获得的针对用户目前工作平台的安全建议。

（3）要经常使用检查列表（Checklist）。

（4）要保护好系统日志。作为极为重要的主机，堡垒主机上记录有很多信息，建立堡垒主机的一个重要步骤就是要确保系统日志的安全。系统日志非常重要，因为通过它可以判断堡垒主机的运行是否正常。同时，当有黑客入侵堡垒主机时，系统日志是记录当时现场的主要机制。所以妥善存放日志很重要。

存放系统日志主要从两方面考虑：方便性和灵活性。

一是将它存放在易于操作的地方，这样就可以方便地用它来检查堡垒主机是否处于正常状态；二是要安全，要使非相关用户无法操作到日志文件。因为在防火墙发生故障时，系统日志是重建防火墙的基础。对于上述两个貌似对立的要求，一个简单的解决方法是同时存放日志文件的两个副本，一个作为方便性使用，而另一个准备在发生故障时使用。方便性副本是监视系统日常运行的基础，可以将这类副本放置在堡垒主机或其他内部网络主机上。

而建立安全的系统日志的方法之一是将一台打印机连到堡垒主机的串口，然后在堡垒主机上将发生的每一个事件的副本送到串口，这样只要在打印机上有足够的纸并经常更换色带，就可完整地记录日志。但这种日志不是电子式的，以后使用起来比较麻烦。另一个更为有效的方法是将一台计算机连接到堡垒主机的串口，并使这台计算机专门工作在“记录模式”。让此计算机每记录一定的数据量后自动返回记录的开头，以确保计算机的硬盘不溢出。使用这种方法，可以使计算机上的系统日志是安全的。因为在网上是无法连接到这台计算机的。这种方法的另一个优点是，记录的信息是电子数据，便于在发生故障后使用工具进行搜索与分析。

5. 堡垒主机的监测

（1）监测堡垒主机的运行

一旦完成了对堡垒主机的所有配置，就可把它连接到网上，但这并不意味着有关堡垒主机的工作已结束。我们必须时刻关注它的运行情况，及时发现异常现象，及早发现入侵者或系统本身的安全漏洞。首先必须详细了解系统正常运行时预处理文件的内容，这些内容包括以下三项：

① 一般在同一时刻大概会有几个作业在运行？

② 每个作业一般花费多少 CPU 时间？

③ 一天内哪些时间是系统重载的时间？

只有对系统正常的运行规律非常了解后，才能及时地发现系统的异常情况。

（2）自动监测堡垒主机

长时间的人工监测会使人感到非常疲劳，从而降低监测的质量。虽然系统自动产生的日志文件能提供许多有用的信息，但日志文件太大，仔细查看这个文件会使人感到厌倦。甚至有些重要信息还会被人为疏忽。另外，还可能发生这种情况，当查看日志文件而停止系统生成日志时，入侵者恰恰在这时登录。因此必须想办法让计算机来完成监测工作。

由于各站点的情况不一样，所使用的操作系统也千差万别，各堡垒主机的配置也不尽相同，所以各站点对自动监测系统的要求也就不一样。例如，有些站点要求对电子邮件进行监测，而有些站点要求对系统管理员的操作进行跟踪等。

6. 堡垒主机的保护与备份

在完成堡垒主机的配置并投入正常运行之后，要给它提供较好的物理运行环境，并将有关软件做备份，将文档资料妥善保存。

在系统被黑客侵入时，有时系统会有很明显的反应，有时系统的反应并不明显，需要我们从系统的运行情况加以推测，如果系统出现不可理解的重新启动或自动关闭，就是迹象之一。因为黑客如果改动内核并要使新内核生效，就必须重启系统。

在一台正常运行的堡垒主机上，重新启动的现象是极为少见的，系统的运行应该非常平稳。如果发生了上述现象，就应该立即进行仔细检查，确定这种现象到底是由系统的合法问题引起的还是由入侵造成的。

我们甚至可以这样来配置堡垒主机，使它在被其他用户执行重启命令时不能正常启动。这样设置后，如果有人要强迫系统重启，机器就会自动停顿，等待我们的处理。即使有些机器的重启功能不能被关闭，也可以在系统配置时，将系统的启动定义成一个并不存在的磁盘以达到同样的目的。

在防火墙系统中，内部网络与堡垒主机间应是互不信任的。因为内部网络主机可以认为堡垒主机已被入侵者破坏，而堡垒主机同样可以认为来自内部网络的一个用户有可能是伪装的入侵者。因此要制作安全的备份就要费一番功夫。一般在堡垒主机与内部网络间的转储机制肯定已被包过滤系统阻断。因此磁带机必须直接与堡垒主机相连，绝对禁止将备份信息转储到与堡垒主机相连的磁盘上。备份文件应与堡垒主机分离，这样可保证备份不会被侵入到堡垒主机的黑客破坏。由于堡垒主机应是一个稳定的系统，因而备份的制作频度可以稍低一些。每周一次或每月一次便足够了。

堡垒主机的系统备份不仅仅是为了系统瘫痪后重建系统时使用，它也是检查系统是否被侵入的工具之一。像其他重要的备份一样，妥善保管好堡垒主机的备份与保护机器本身同样重要。堡垒主机的备份包含堡垒主机上所有的配置信息。如果备份被黑客非法获取，他可以很快找到最便捷的入侵方式，并将系统的报警软件全部关闭。

8.4 防火墙的选购

防火墙是目前使用最广泛的网络安全产品之一，用户在选购时应该注意以下 10 点。

（1）防火墙自身的安全性

防火墙自身的安全性主要体现在自身设计和管理两个方面。设计的安全性关键在于操作系统，只有自身具有完整信任关系的操作系统才可以谈论系统的安全性。而应用系统的安全是以操作系统的安全为基础的，同时防火墙自身的安全实现也直接影响整体系统的安全性。

（2）系统的稳定性

目前，由于种种原因，有些防火墙产品尚未最后定型或尚未经过严格的大量测试就被推向了市场，其稳定性可想而知。防火墙的稳定性可以通过以下 5 种方法来判断：

① 从权威的测评认证机构获得。例如，通过与其他产品相比，考察某种产品是否获得更多的国家权威机构的认证、推荐和入网证明（书），来间接了解其稳定性。

② 实际调查，这是最有效的办法。考察这种防火墙是否已经有使用单位，其用户量如何，特别是用户对于该防火墙的评价。

③ 自己试用。在自己的网络上进行一段时间的试用（一个月左右）。

④ 厂商开发研制的历史。一般来说，如果没有两年以上的开发经历，很难保证产品的稳定性。

⑤ 厂商实力，如资金、技术开发人员、市场销售人员和技术支持人员的数量等。

（3）是否高效

高性能是防火墙的一个重要指标，它直接体现了防火墙的可用性。如果由于使用防火墙而带来了网络性能较大幅度的下降，就意味着安全代价过高。一般来说，防火墙加载上百条规则，其性能下降不应超过 5%（指包过滤防火墙）。

（4）是否可靠

可靠性对防火墙类访问控制设备来说尤为重要，直接影响受控网络的可用性。从系统设计上，提高可靠性的措施一般是提高部件本身的强健性，增大设计阈值和增加冗余部件，这要求有较高的生产标准和设计冗余度。

（5）是否功能灵活

对通信行为的有效控制，要求防火墙设备有一系列不同级别，满足不同用户的各类安全控制需求的控制原则。例如，对普通用户，只要对 IP 地址进行过滤即可；如果是内部有不同安全级别的子网，有时则必须允许高级别子网对低级别子网进行单向访问。

（6）是否配置方便

在网络入口和出口处安装新的网络设备是每个网管员的恶梦，因为这意味着必须修改几乎全部现有设备的配置。支持透明通信的防火墙，在安装时不需要对原网络配置做任何改动，所做的工作只相当于接一个网桥或 Hub。

（7）是否管理简便

网络技术发展很快，各种安全事件不断出现，这就要求安全管理员经常调整网络安全策略。对于防火墙类访问控制设备，除安全控制策略的不断调整外，业务系统访问控制的调整也很频繁，这些都要求防火墙的管理在充分考虑安全需要的前提下，必须提供方便灵活的管理方式和方法，这通常体现为管理途径、管理工具和管理权限。

（8）是否可以抵抗拒绝服务攻击

在当前的网络攻击中，拒绝服务攻击是使用频率最高的方法。抵抗拒绝服务攻击应该是防火墙的基本功能之一。目前有很多防火墙号称可以抵御拒绝服务攻击，但严格地说，它应该是可以降低拒绝服务攻击的危害而不是抵御这种攻击。在采购防火墙时，网管人员应该详细考察这一功能的真实性和有效性。

（9）是否可以针对用户身份过滤

防火墙过滤报文，需要一个针对用户身份而不是 IP 地址进行过滤的办法。目前常用的是一次性口令验证机制，保证用户在登录防火墙时，口令不会在网络上泄露，这样防火墙就可以确认登录的用户确实和他所声称的一致。

（10）是否可扩展、可升级

用户的网络不是一成不变的，和防病毒产品类似，防火墙也必须不断地升级，此时支持软件升级就很重要了。如果不支持软件升级，为了抵御新的攻击手段，用户就必须进行硬件上的更换，而在更换期间网络是不设防的，同时用户也要为此花费更大的费用。

8.5 防火墙的发展趋势

防火墙可说是信息安全领域最成熟的产品之一，但是成熟并不意味着发展的停滞，恰恰相反，日益提高的安全需求对信息安全产品提出了越来越高的要求，防火墙也不例外。随着新的网络攻击的出现，防火墙技术也有一些新的发展趋势。这主要可以从包过滤技术、防火墙体系结构和防火墙系统管理三方面来体现。

1. 防火墙包过滤技术的发展趋势

（1）一些防火墙厂商把在 AAA 系统上运用的用户认证及其服务扩展到防火墙中，使其拥有可以支持基于用户角色的安全策略功能。该功能在无线网络应用中非常必要。具有用户身份验证的防火墙通常采用应用级网关技术，而包过滤技术防火墙不具有此项功能。用户身份验证功能越强，它的安全级别越高，但它给网络通信带来的负载也会越大，因为用户身份验证需要时间，特别是加密型的用户身份验证。

（2）多级过滤技术。所谓多级过滤技术，是指防火墙采用多级过滤措施，并辅以鉴别手段。在分组过滤（网络层）一级，过滤掉所有的源路由分组和假冒的 IP 源地址；在传输层一级，遵循过滤规则，过滤掉所有禁止出/入的协议和有害数据包，如 nuke 包、圣诞树包等；在应用网关（应用层）一级，能利用 FTP，SMTP 等各种网关，控制和监测 Internet 提供的所用通用服务。多级过滤技术是针对以上各种已有防火墙技术的不足而产生的一种综合型过滤技术，它可以弥补以上各种单独过滤技术的不足。这种过滤技术在分层上非常清楚，每种过滤技术对应于不同的网络层，从这个概念出发，又有很多内容可以扩展，为将来的防火墙技术发展打下了基础。

（3）使防火墙具有病毒防护功能。现在通常被称为“病毒防火墙”，当然目前主要还是在个人防火墙中体现，因为它是纯软件形式，更容易实现。这种防火墙技术可以有效地防止病毒在网络中的传播，比等待攻击的发生更加积极。拥有病毒防护功能的防火墙可以大大减少用户的损失。

2. 防火墙体系结构的发展趋势

随着网络应用的增加，对网络带宽提出了更高的要求。这意味着，防火墙要能够以非常高的速率处理数据。另外，随着多媒体应用越来越普遍，也要求数据穿过防火墙所带来的延迟要足够小。为此，一些防火墙制造商开发了基于 ASIC 的防火墙和基于网络处理器的防火墙。从执行速度来看，基于网络处理器的防火墙也是基于软件的解决方案，它在很大程度上依赖于软件的性能，但是由于这类防火墙中有一些专门用于处理数据层任务的引擎，从而减轻了 CPU 的负担，该类防火墙的性能要比传统防火墙好得多。

与基于 ASIC 的纯硬件防火墙相比，基于网络处理器的防火墙更加具有灵活性。基于 ASIC 的防火墙使用专门的硬件处理网络数据流，相比传统防火墙和基于网络处理器的防火墙具有更好的性能。但是纯硬件的 ASIC 防火墙缺乏可编程性，这使它缺乏灵活性，从而跟不上防火墙功能的快速发展。理想的解决方案是增加 ASIC 芯片的可编程性，使其与软件更好地配合。这样的防火墙可以同时满足来自灵活性和运行性能的要求。

首信 CF-2000 系列 EP-600 和 CG-600 高端千兆位防火墙，即采用了功能强大的可编程专用 ASIC 芯片作为安全引擎，很好地兼顾了灵活性和性能需要。它们可以高速处理网络流量，而且其性能不受连接数目、包大小及采用何种策略的影响。该款防火墙支持 QoS，所造成的延迟达到微秒量级，可以满足各种交互式多媒体应用的要求。浙大网新也在杭州正式发布三款基于 ASIC 芯片的网新易尚千兆位系列网关防火墙。据称，其 ES4000 防火墙速度达到 4Gbps，3DES 速度可达 600Mbps。易尚系列千兆位防火墙还采用了最新的安全网关概念，集成了防火墙、VPN、IDS、防病毒、内容过滤和流量控制等多项功能。

3. 防火墙系统管理的发展趋势

防火墙的系统管理也有一些发展趋势，主要体现在以下三个方面：

（1）首先是集中式管理，分布式和分层安全结构是将来的趋势。集中式管理可以降低管理成本，并保证在大型网络中安全策略的一致性。快速响应和快速防御也要求采用集中式管理系统。目前这种分布式防火墙早已在 Cisco（思科）、3Com 等网络设备开发商中开发成功，也就是目前所说的“分布式防火墙”和“嵌入式防火墙”。

（2）强大的审计功能和自动日志分析功能。这两点应用可以更早发现潜在的威胁并预防攻击的发生。日志功能可以帮助管理员有效地发现系统中存在的安全漏洞，对及时调整安全策略等各方面的管理很有帮助。不过具有这种功能的通常是比较高级的防火墙，而早期的静态包过滤防火墙不具备这种功能。

（3）网络安全产品的系统化。随着网络安全技术的发展，现在有一种提法，叫做“建立以防火墙为核心的网络安全体系”。因为在现实中发现，现有的防火墙技术难以满足当前网络安全需求。通过建立一个以防火墙为核心的安全体系，可以为内部网络系统部署多道安全防线，各种安全技术各司其职，从各方面防御外来入侵。

现在的 IDS 设备能很好地与防火墙一起进行综合部署。一般情况下，为了确保系统的通信性能不受安全设备的影响太大，IDS 设备不能像防火墙一样置于网络入口处，只能置于旁路位置。而在实际应用中，IDS 的任务往往不仅用于检测，很多时候在 IDS 发现入侵行为以后，也需要 IDS 本身对入侵进行及时阻止。显然，要让处于旁路侦听的 IDS 完成这个任务有些勉为其难，同时主链路又不能串接太多类似的设备。在这种情况下，如果防火墙能和 IDS、病毒检测等相关安全产品联合起来，充分发挥各自的长处，协同配合，共同建立一个有效的安全防范体系，那么网络的安全性就能得到明显提升。

目前，主要有两种解决办法：一种是把 IDS、病毒检测部分直接“做”到防火墙中，使防火墙具有 IDS 和病毒检测设备的功能；另一种是各个产品分立，通过相互通信形成一个整体，一旦发现安全事件，则立即通知防火墙，由防火墙完成过滤和报告。通常采用后一种方案，因为它的实现方式较前一种要容易得多。

本章小结

本章主要介绍了防火墙的基本原理和分类，并详细介绍了防火墙的体系结构，指出了防火墙选购需要注意的事项，对防火墙的发展趋势进行了展望。主要包括以下内容。

1. 防火墙基本原理

介绍了防火墙的概念、模型和安全策略。

2. 防火墙的分类

防火墙可分为包过滤防火墙和应用代理防火墙，以及基于地址转换的复合型防火墙；
包过滤的概念、基本原理、规则等包过滤防火墙的关键技术；
代理服务的概念、代理服务的基本原理和 Internet 代理的服务特性；
复合型防火墙的设计思想和复合型防火墙的系统设计。

3. 防火墙的体系结构

防火墙的体系结构主要有双重宿主主机体系结构、主机过滤体系结构和子网过滤体系结构三种。

防火墙的组合形式有以下 8 种：使用多堡垒主机、合并内部路由器和外部路由器、合并保垒主机与外部路由器、合并保垒主机与内部路由器、合并多台内部路由器、合并多台外部路由器、使用多个参数网络、使用双重宿主主机与子网过滤。

堡垒主机的基本原理。

4. 防火墙的选购

防火墙的选购需要注意 10 个事项。

5. 防火墙的发展趋势

防火墙产品的发展趋势主要可以从包过滤技术、防火墙体系结构和防火墙系统管理三方面来体现。

实验 8　天网防火墙的配置

1. 实验目的

通过天网防火墙的安装和配置，加深读者对网络防火墙原理的理解，同时通过对防火墙规则的制定，增加读者对防火墙的了解，并能根据网络安全策略的实际情况来制定防火墙规则。

2. 实验原理

防火墙包过滤规则的制定是防火墙应用的关键。网络数据包能否通过防火墙是由防火墙的包过滤规则所决定的，当数据包到达防火墙时，防火墙会根据每一条过滤规则对数据包进行检查，只有满足所有过滤条件的数据包才能自由进出网络。

3. 实验环境

局域网环境，三台以上预装 Windows XP/2003 的计算机，计算机间通过网络连接，安装天网防火墙软件。

4. 实验内容

自定义以下 6 条 IP 规则：

（1）禁止所有人用 Ping 命令探测我的主机；

（2）只允许某特定的主机（如 192.168.1.x）用 Ping 命令探测我的主机；

（3）禁止所有人访问我的默认共享；

（4）只允许某特定的主机访问我的默认共享；

（5）禁止所有人连接我的终端服务；

（6）只允许某特定的主机连接我的终端服务。

5. 实验提示

天网防火墙的主菜单如图 8.9 所示。

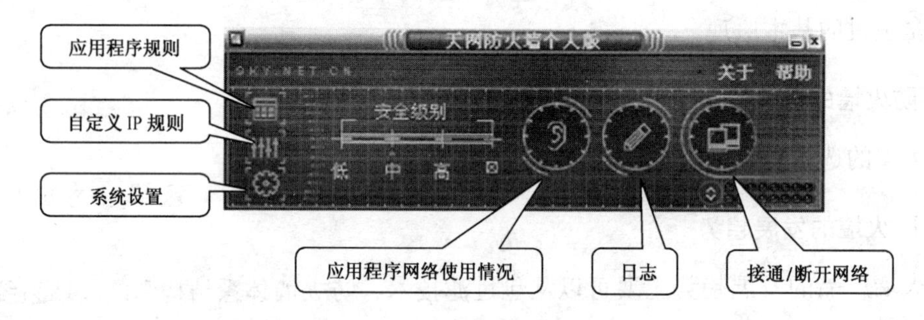

图 8.9 天网防火墙的主菜单

习 题 8

8.1 简述防火墙的定义。

8.2 设计防火墙的安全策略有哪几种，普遍采用哪一种？整体安全策略主要包括哪些主要内容？

8.3 按照防火墙对内、外来往数据的处理方法可分为哪两大类？分别介绍其技术特点。

8.4 包过滤的基本概念是什么？包过滤有哪些优缺点？

8.5 制定包过滤规则应注意哪些事项？什么是依据地址进行过滤？什么是依据服务进行过滤？

8.6 什么是应用代理？代理服务有哪些优缺点？

8.7 什么是双重宿主主机体系结构？什么是主机过滤体系结构？什么是子网过滤体系结构？各有什么优缺点？

8.8 防火墙的组合形式主要有哪几种？

8.9 堡垒主机建立的一般原则有哪几条？其主要内容是什么？

第9章 其他网络安全技术

9.1 安全扫描技术

9.1.1 安全扫描技术简介

1. 安全扫描技术概述

安全扫描技术是网络安全领域的重要技术之一，是一种基于 Internet 远程检测目标网络或本地主机安全性脆弱点的技术，是为使系统管理员能够及时了解系统中存在的安全漏洞，并采取相应防范措施，从而降低系统的安全风险而发展起来的一种安全技术。利用安全扫描技术，可以对局域网络、Web 站点、主机操作系统、系统服务及防火墙系统的安全漏洞进行扫描，系统管理员可以了解在运行的网络系统中存在的不安全的网络服务，在操作系统上存在的可能导致遭受缓冲区溢出攻击或拒绝服务攻击的安全漏洞，还可以检测主机系统中是否被安装了窃听程序，防火墙系统是否存在安全漏洞和配置错误。安全扫描技术与防火墙、入侵检测系统互相配合，能够有效提高网络的安全性。如果说防火墙和网络监控系统是被动的防御手段，那么安全扫描就是一种主动的防范措施，可以有效避免黑客的攻击行为，做到防患于未然。

安全扫描技术主要分为两类：主机安全扫描技术和网络安全扫描技术。网络安全扫描技术主要针对系统中设置不合适的脆弱口令，以及针对其他与安全规则相抵触的对象进行检查等；而主机安全扫描技术则通过执行一些脚本文件模拟对系统进行攻击的行为并记录系统的反应，从而发现其中的漏洞。

2. 网络安全扫描步骤和分类

一次完整的网络安全扫描分为如下三个阶段。

（1）发现目标主机或网络。

（2）发现目标后进一步搜集目标信息，包括操作系统类型、运行的服务及服务软件的版本等。如果目标是一个网络，还可以进一步发现该网络的拓扑结构、路由设备及各主机的信息。

（3）根据搜集到的信息判断或进一步测试系统是否存在安全漏洞。

网络安全扫描技术包括 Ping 扫射（Ping Sweep）、操作系统探测（Operating System Identification）、访问控制规则探测（Firewalking）、端口扫描（Port Scan）及漏洞扫描（Vulnerability Scan）等。这些技术在网络安全扫描的三个阶段中各有体现。

Ping 扫射用于网络安全扫描的第 1 阶段，它帮助我们识别系统是否处于活动状态。操作系统探测、访问控制规则探测和端口扫描用于网络安全扫描的第 2 阶段。其中，操作系统探测是对目标主机运行的操作系统进行识别；访问控制规则探测用于获取被防火墙保护的远端网络的资料；而端口扫描通过与目标系统的 TCP/IP 端口连接，查看该系统处于监听或运行状态的服务。网络安全扫描第 3 阶段采用的漏洞扫描通常是在端口扫描的基础上，对得到的信息进行相关处理，进而检测出目标系统存在的安全漏洞。

端口扫描技术和漏洞扫描技术是网络安全扫描技术的两种核心技术，并且广泛运用于当前较成熟的网络扫描器中，如著名的 Nmap 和 Nessus。

9.1.2 端口扫描技术

一个端口就是一个潜在的通信通道，也是一个入侵通道。通过端口扫描，可以得到许多有用的信息，发现系统的安全漏洞。它使系统用户了解系统目前向外界提供了哪些服务，从而为系统用户管理网络提供一种手段。

1. 端口扫描技术的原理

端口扫描向目标主机的 TCP/IP 服务端口发送探测数据包，并记录目标主机的响应。通过分析响应来判断服务端口是打开还是关闭，就可以得知端口提供的服务或信息。端口扫描也可以通过捕获本地主机或服务器的流入/流出 IP 数据包来监视本地主机的运行情况，它只能对接收到的数据进行分析，帮助我们发现目标主机的某些内在的弱点，而不会提供进入一个系统的详细步骤。

2. 各类端口扫描技术

端口扫描主要有经典扫描器（全连接）及 SYN 扫描器（半连接）。

（1）全连接扫描

全连接扫描是 TCP 端口扫描的基础，现有的全连接扫描有 TCP Connect() 扫描和 TCP 反向 Ident 扫描等。其中 TCP Connect() 扫描的实现原理如下：扫描主机通过 TCP/IP 协议的三次握手与目标主机的指定端口建立一次完整的连接。连接由系统调用 Connect() 开始。如果端口开放，则连接建立成功；否则，返回–1，表示端口关闭，建立连接不成功。

（2）半连接扫描

若端口扫描没有完成一个完整的 TCP 连接，在扫描主机和目标主机的某指定端口建立连接时只完成了前两次握手，在第 3 步时，扫描主机中断了本次连接，使连接没有完全建立起来，这样的端口扫描称为半连接扫描（SYN），也称间接扫描。现有的半连接扫描有 TCP SYN 扫描和 IP ID 头 Dumb 扫描等。

SYN 扫描的优点是，即使日志中对扫描有所记录，但是尝试进行连接的记录也要比全扫描少得多。其缺点是，在大部分操作系统下，需要构造适用于这种扫描的 IP 包并发送到主机，通常情况下，构造 SYN 数据包需要超级用户或授权用户访问专门的系统调用。

9.1.3 漏洞扫描技术

1. 漏洞扫描技术的原理

漏洞扫描主要通过以下两种方法来检查目标主机是否存在漏洞：①在端口扫描后得知目标主机开启的端口及端口上的网络服务，将这些相关信息与网络漏洞扫描系统提供的漏洞库进行匹配，查看是否有满足匹配条件的漏洞存在；②通过模拟黑客的攻击手法，对目标主机系统进行攻击性的安全漏洞扫描，如测试弱势口令等。若模拟攻击成功，则表明目标主机系统存在安全漏洞。

2. 漏洞扫描技术的分类和实现方法

基于网络系统漏洞库，漏洞扫描大体包括 CGI 漏洞扫描、POP3 漏洞扫描、FTP 漏洞扫描、SSH 漏洞扫描、HTTP 漏洞扫描等。这些漏洞扫描是基于漏洞库的，它将扫描结果与漏洞库相关数据匹配比较得到漏洞信息。漏洞扫描还包括没有相应漏洞库的各种扫描，如 Unicode 遍历目录漏洞探测、FTP 弱势密码探测、Openrelay 邮件转发漏洞探测等。这些扫描通过使用插件（功能模块）技术进行模拟攻击，测试出目标主机的漏洞信息。下面讨论漏洞库匹配和插件技术这两种扫描方法。

（1）漏洞库的匹配方法

基于网络系统漏洞库的漏洞扫描的关键部分是它所使用的漏洞库。通过采用基于规则的匹配技术，即根据安全专家对网络系统安全漏洞、黑客攻击案例的分析和系统管理员对网络系统安全配置的实际经验，形成一套标准的网络系统漏洞库，在此基础之上构成相应的匹配规则，由扫描程序自动进行漏洞扫描工作。

漏洞库信息的完整性和有效性决定了漏洞扫描系统的性能，漏洞库的修订和更新性能也会影响漏洞扫描系统运行的时间。因此，漏洞库的编制不仅要对每个存在安全隐患的网络服务建立对应的漏洞库文件，而且应当能满足前面所提出的性能要求。

（2）插件（功能模块）技术

插件是由脚本语言编写的子程序，扫描程序通过调用它来执行漏洞扫描，检测系统中存在的一个或多个漏洞。添加新插件就可以使漏洞扫描软件增加新的功能，以扫描出更多的漏洞。在插件编写规范化后，甚至用户自己都可以用 Perl，C 或自行设计的脚本语言编写插件来扩充漏洞扫描软件的功能。这种技术使漏洞扫描软件的升级维护相对简单，而专用脚本语言的使用也简化了新插件的编程工作，使漏洞扫描软件具有更强的扩展性。

3. 漏洞扫描中的问题及完善建议

现有的安全隐患扫描系统基本上采用上述两种方法实现漏洞扫描，但是这两种方法各有不足之处。下面说明其存在的问题，并针对这些问题给出完善建议。

（1）系统配置规则库问题

网络系统漏洞库是基于漏洞库的漏洞扫描技术的灵魂所在，而系统漏洞的确认是以系统配置规则库为基础的。但是，这样的系统配置规则库存在如下局限性：

① 如果规则库设计不准确，预报的准确度就无从谈起。

② 它是根据已知的安全漏洞安排策划的，而网络系统的很多威胁却是来自未知的漏洞，如果规则库不能及时更新，预报准确度也会相应降低。

③ 受漏洞库覆盖范围的限制，部分系统漏洞也可能不会触发任何一个规则，从而不能被检测到。

完善建议：系统配置规则库应不断得到扩充和修正，这也是对系统漏洞库的扩充和修正，目前来讲，仍需要专家的指导和参与才能够实现。

（2）漏洞库信息要求

漏洞库信息是基于网络系统漏洞库的漏洞扫描技术的主要判断依据。如果漏洞库信息不全面或得不到及时更新，不但不能发挥漏洞扫描的作用，还会给系统管理员以错误的引导，从而不能采取有效措施及时消除系统的安全隐患。

完善建议：漏洞库信息不但应具有备完整性和有效性，也应具备简易性特点，这样使用户自己易于添加配置漏洞库，从而实现漏洞库的及时更新。例如，漏洞库在设计时可以基于某种标准（如 CVE 标准）来建立，这样便于扫描者的理解和信息交互，使漏洞库具有较强的扩充性，更有利于以后对漏洞库的更新升级。

9.2 入侵检测技术

入侵检测技术也叫网络实时监控技术，是指通过硬件或软件对网络上的数据流进行实时检查，并与系统中的入侵特征数据库进行比较，一旦发现有被攻击的迹象，立刻根据用户所定义的动作做出反应，如切断网络连接，或通知防火墙系统对访问控制策略进行调整，将入侵数据包过滤掉等。

9.2.1 入侵检测的概念

入侵检测（Intrusion Detection）是对入侵行为的发觉。它通过对计算机网络或计算机系统中的若干关键点收集信息并对其进行分析，从中发现网络或系统中是否有违反安全策略的行为和被攻击的迹象。入侵检测软件与硬件的组合便是入侵检测系统（IDS，Intrusion Detection System）。与其他安全产品不同的是，入侵检测系统需要更多的智能，它必须能分析得到的数据，并得出有用的结果。入侵检测一般分为三个步骤：信息收集、数据分析、响应（被动响应和主动响应）。

入侵检测的第 1 步是信息收集，内容包括系统、网络、数据及用户活动的状态和行为。入侵检测利用的信息一般来自以下 4 个方面。

（1）系统和网络日志文件

黑客经常在系统日志文件中留下他们的踪迹，因此充分利用系统和网络日志文件信息是检测入侵的必要条件。通过查看日志文件，能够发现成功的入侵或入侵企图，并很快启动相应的应急响应程序。

（2）目录和文件中不期望的改变

网络环境中的文件系统包含很多软件和数据文件，包含重要信息的文件和私有数据文件经常是黑客修改或破坏的目标。为了隐藏系统中黑客的表现及活动痕迹，黑客都会尽力去替换系统程序或修改系统日志文件。

（3）程序执行中的不期望行为

一个进程出现了不期望的行为可能表明黑客正在入侵用户的系统。黑客可能会分解运行的程序或服务，从而导致它失效，或者以非用户或管理员意图的方式操作。

（4）物理形式的入侵信息

这包括两方面的内容，一是未授权的对网络硬件的连接；二是对物理资源的未授权访问。

数据分析是入侵检测的核心，它对收集到的 4 类有关系统、网络、数据及用户活动的状态和行为的信息，一般通过三种技术手段进行分析：模式匹配、统计分析和完整性分析。其中前两种方法用于实时入侵检测，而完整性分析则用于事后分析。

入侵检测系统发现入侵后会及时做出响应，包括切断网络连接、记录事件和报警等。响应一般分为主动响应（阻止攻击或影响进而改变攻击的进程）和被动响应（报告和记录所检测出的问题）两种类型。主动响应由用户驱动或系统本身自动执行，可对入侵者采取行动（如断开连接）、修正系统环境或收集有用信息；被动响应则包括告警和通知、简单网络管理协议（SNMP）陷阱和插件等。另外，还可以按策略配置响应，可分别采取立即响应、紧急响应、适时响应、本地的和全局的长期响应等行动。

9.2.2 入侵检测系统技术及分类

1. 入侵检测系统技术

入侵检测系统所采用的技术分为特征检测与异常检测两种。

特征检测（Signature-Based Detection）又称 Misuse Detection，它假设入侵者活动可以用一种模式来表示，系统的目标是检测主体活动是否符合这些模式。它可将已有的入侵方法检查出来，但对新的入侵方法无能为力。其难点在于如何设计模式，既能够表达“入侵”现象，又不会将正常活动包含进来。

异常检测（Anomaly Detection），假设入侵者活动异常于正常主体的活动。根据这一理念建立主体正常活动的“活动简档”，将当前主体的活动状况与“活动简档”进行比较，当违反其统计规律时，认为该活动可能是“入侵”行为。异常检测的难点在于，如何建立“活动简档”，以及如何设计统计算法，从而不把正常的操作当成“入侵”或忽略真正的“入侵”行为。

2. 入侵检测系统的分类

通常根据数据源将入侵检测系统分为两种。

（1）基于网络的入侵检测

基于网络的入侵检测系统（NIDS）放置在比较重要的网段内，不停地监视网段中的各种数据包，对每一个数据包或可疑的数据包进行特征分析。如果数据包与系统内置的某些规则吻合，入侵检测系统就会发出警报甚至直接切断网络连接。

（2）基于主机的入侵检测

基于主机的入侵检测系统（HIDS）通常安装在被重点检测的主机上，主要对该主机的网络实时连接，以及系统审计日志进行智能分析和判断。如果其主体活动十分可疑（有特征或违反统计规律），入侵检测系统就会采取相应措施。

9.2.3 入侵检测的主要方法

入侵检测系统常用的检测方法有特征检测、统计检测与专家系统。据公安部计算机信息系统安全产品质量监督检验中心的报告，国内送检的入侵检测产品中95%属于使用入侵模板进行模式匹配的特征检测产品，其他5%是采用概率统计的统计检测系统与基于日志的专家知识库系统。

1. 特征检测

特征检测对已知的攻击或入侵方式做出确定性的描述，形成相应的事件模式。当被审计的事件与已知的入侵事件模式相匹配时，即报警。原理上与专家系统相仿。其检测方法与计算机病毒的检测方式类似。目前基于对包特征描述的模式匹配应用较广泛。

2. 统计检测

统计模型常用于异常检测，在统计模型中常用的测量参数包括审计事件的数量、间隔时间、资源消耗情况等。常用的 5 种入侵检测统计模型为操作模型、方差、多元模型、马尔可夫过程模型、时间序列分析。

3. 专家系统

用专家系统对入侵进行检测，经常针对有特征的入侵行为。所谓规则，即知识，不同的系统与设置具有不同的规则，且规则之间往往无通用性。专家系统的建立依赖于知识库的完备性，知识库的完备性又取决于审计记录的完备性与实时性。入侵特征的抽取与表达，是入侵检测专家系统的关键。在系统实现中，将有关入侵的知识转化为 If-Then 结构（也可以是复合结构），If 部分为入侵特征，Then 部分是系统防范措施。运用专家系统防范有特征入侵行为的有效性完全取决于专家系统知识库的完备性。

9.2.4 入侵检测技术的发展方向

今后的入侵检测技术大致朝下述三个方向发展。

1. 分布式入侵检测

第一层含义，即针对分布式网络攻击的检测方法；第二层含义为使用分布式的法来检测分布式的攻击，其中的关键技术为检测信息的协同处理与入侵攻击的全局信息提取。

2. 智能化入侵检测

指使用智能化方法与手段来进行入侵检测。所谓智能化方法，现阶段常用的有神经网络、遗传算法、模糊技术、免疫原理等方法，这些方法常用于入侵特征的辨识与泛化。利用专家系统的思想来构建入侵检测系统也是常用的方法之一。特别是具有自学习能力的专家系统，可实现知识库的不断更新与扩展，使设计的入侵检测系统的防范能力不断增强，具有广泛的应用前景。应用智能体的概念进行入侵检测的尝试也已有报道。较为一致的解决方案应为高效常规意义下的入侵检测系统与具有智能检测功能的检测软件或模块的结合使用。

3. 全面的安全防御方案

指使用安全工程风险管理的思想和方法来处理网络安全问题，将网络安全作为一个整体工程来处理。从管理、网络结构、加密通道、防火墙、病毒防护、入侵检测等多个方位，对所关注的网络进行全面的评估，然后提出可行的全面解决方案。

利用网络入侵检测技术可以实现网络安全检测和实时攻击识别，但它只能作为网络安全的一个重要安全组件，网络系统的实际安全实现应该结合使用防火墙等技术来组成一个完整的网络安全解决方案，其原因在于，网络入侵检测技术虽然也能识别网络攻击并做出反应，但其侧重点还是在于发现，而不能代替防火墙系统执行整个网络的访问控制策略。防火墙系统能够将一些预期的网络攻击阻挡于网络外面，而网络入侵检测技术除了减小网络系统的安全风险之外，还能识别一些非预期的攻击并做出反应，切断攻击连接或通知防火墙系统修改控制准则，将下一次的类似攻击阻挡于网络外部。因此通过网络安全检测技术和防火墙系统结合，可以实现一个完整的网络安全解决方案。

9.3 安全隔离技术

网络的安全威胁和风险主要存在于三个方面：物理层、协议层和应用层。网络线路被恶意切断或过高电压导致通信中断，属于物理层的威胁；网络地址伪装、Teardrop 碎片攻击、SYNFlood 等则属于协议层威胁；非法 URL 提交、网页恶意代码、邮件病毒等均属于应用层攻击。从安全风险来看，基于物理层的攻击较少，基于网络层的攻击较多，而基于应用层的攻击最多，并且复杂多变，难以防范。

面对新型网络攻击手段的不断出现和高安全网络的特殊需求，全新的安全防护理念——“安全隔离技术”应运而生。它的目标是，在确保把有害攻击隔离在可信网络之外，并在保证可信网络内部信息不外泄的前提下，完成网络间信息的安全交换。

隔离概念的出现，是为了保护高安全度网络环境，隔离技术发展至今共经历了 5 代。

第 1 代隔离技术是完全的隔离。采用完全独立的设备、存储和线路来访问不同的网络，做到了完全的物理隔离，但需要多套网络和系统，建设和维护成本较高。

第 2 代隔离技术是硬件卡隔离。通过硬件卡控制独立存储和分时共享设备与线路来实现对不同网络的访问，它仍然存在使用不便、可用性差等问题，设计上也存在较大的安全隐患。

第 3 代隔离技术是数据转播隔离。利用转播系统分时复制文件的途径来实现隔离，切换时间较长，甚至需要手工完成，大大降低了访问速度，且不支持常见的网络应用，只能完成特定的基于文件的数据交换。

第 4 代隔离技术是空气开关隔离。该技术使用单刀双掷开关，通过内外部网络分时访问临时缓存器来完成数据交换，但存在支持网络应用少、传输速度慢和硬件故障率高等问题，往往成为网络的瓶颈。

第 5 代隔离技术是安全通道隔离。此项技术通过专用通信硬件和专有交换协议等安全机制，实现网络间的隔离和数据交换，不仅解决了以往隔离技术存在的问题，并且在网络隔离的同时实现高效的内外网数据的安全交换，它透明地支持多种网络应用，成为当前隔离技术的发展方向。

9.4 电磁防泄漏技术

当今时代，信息技术迅猛发展及在网络中的广泛应用，使网络设备得到了较快发展的同时，它所产生的电磁泄漏也给网络安全带来了巨大的威胁。

9.4.1 电磁泄漏

电磁泄漏是指电子设备的杂散（寄生）电磁能量通过导线或空间向外扩散。任何处于工作状态的电磁信息设备，如计算机、打印机、传真机、电话机等，都存在不同程度的电磁泄漏。如果这些泄漏夹带着设备所处理的信息，就构成了所谓的电磁信息泄漏。事实上，几乎所有电磁泄漏都夹带着设备所处理的信息，只是程度不同而已。在满足一定条件的前提下，运用特定的仪器可以接收并还原这些信息。有资料表明，普通计算机显示终端辐射的带信息电磁波可以在几百米甚至 1km 之外被接收和重现。普通打印机、传真机、电话机等信息处理和传输设备的泄漏信息，也可以在一定距离内通过特定手段截获和还原。这种电磁泄漏信息的接收和还原技术，目前已经成为许多国家情报机构用来窃取别国重要情报的手段。

9.4.2 电磁泄漏的基本途径

任何携带交变电流的导（线）体均可成为发射天线，导致装备通过辐射泄漏和传导泄漏两种途径向外传播电磁波。辐射泄漏是杂散电磁能量以电磁波形式透过设备外壳、外壳上的各种孔缝、连接电缆等辐射出去，并以电磁波的形式在空中传播。传导泄漏是杂散电磁能量通过各种线路（包括电源线、地线、信号传输线等）以电流的形式传导出去。二者存在“能量交换”现象，一方面，沿线传导的杂散电磁能量可以因导线的天线效应部分地转化为电磁波辐射出去；另一方面，辐射到空间的杂散电磁能量又可因导线的天线效应耦合到外连导线上。

计算机及其外部设备也存在电磁泄漏。和其他电子设备一样，计算机及其外部设备（如主机、磁盘、终端、打印机、磁带机等所有设备），在工作时都会产生不同程度的电磁泄漏，如主机中各种数字电路电流的电磁泄漏、显示器视频信号的电磁泄漏、键盘按键开关引起的电磁泄漏、打印机的低频电磁泄漏等。这些电磁泄漏可被高灵敏度的接收设备接收并分析、还原，造成计算机的信息泄漏，对信息安全与保密构成威胁。1985 年，荷兰电信总局的一名工程师，在英国 BBC 电台的配合下，进行了一次窃取计算机终端辐射信息的实验，接收装置在马路上清晰地显示了数十米外一栋楼内正在工作的计算机屏幕上的内容。目前，宽带接收机和功能强大的分析处理软平台构成的截获还原系统，可在距未做防护措施的计算机或网络终端设备数百米至 1km 范围内，接收还原其显示器的信息内容。而且还可以从集中在一起的多台计算机中分辨出所感兴趣的单台机泄漏的信息内容，并进行还原。

9.4.3 电磁防泄漏的主要技术

电磁防泄漏除选用低辐射设备外，其主要技术有电磁屏蔽技术、电磁相关干扰技术、滤波技术、隔离技术、软件 TEMPEST 技术、搭接技术等。

1. 电磁屏蔽技术

电磁屏蔽是抑制辐射源的电磁辐射、衰减外界电磁干扰的有效措施。屏蔽既可防止屏蔽体内的泄漏源产生的电磁波泄漏到外部空间去，又可使外来电磁波终止于屏蔽体。屏蔽是抑制辐射泄漏最有效的手段，屏蔽既达到了防止信息外泄的目的，同时又兼具了防止外来强电磁辐射，如“电磁炸弹”等对设备硬杀伤的作用。涉密技术设备或系统被放置在全封闭的电磁屏蔽室内（与外界联系的线路接口或门窗处均采用特殊处理的屏蔽隔离技术），其主要材料分别是不同导电特性的金属板和由稀有金属材料合成的网、布及不锈钢网等，从而使泄漏电磁波的传播路径被切断。其特点是不需对被保护设备进行任何修改，性价比较高。可根据不同防护需求采用不同属性的材料、形状和尺寸各异的电磁屏蔽室、屏蔽帐篷、屏蔽机桌、屏蔽机柜、屏蔽方舱等。近年来，国内外研究机构又新研发了电磁屏蔽水泥和水泥基复合板材等电磁泄漏防护建筑材料系列产品。由于在保持原有水泥特性的基础上增加了电磁屏蔽功能，且具有造价低、易于施工等特点，特别适用于日益增长的楼房和建筑物整体电磁泄漏防护的要求。

2. 电磁相关干扰技术

电磁相关干扰技术是针对计算机等终端设备视频信息泄漏采取的一种防护措施，现已形成系列产品。主要利用相关原理，通过不同技术途径实现与计算机等视频终端设备的信息相关、谱相关、行场频相关（同步）产生宽带的相关干扰信号，有效地抑制信息泄漏。它具有造价低、移动方便灵活、体积小、重量轻等特点，是目前国际上应用最广泛的一种防泄漏措施。

干扰器是一种能辐射出电磁噪声的电子仪器。它通过增加电磁噪声降低辐射泄漏信息的总体信噪比，增大辐射信息被截获后破解还原的难度，从而达到“掩盖”真实信息的目的。这是一种成本相对低廉的防护手段。

3. 滤波技术

采用屏蔽方法，被屏蔽的设备和元器件并不能完全密封在屏蔽体内，仍有电源线、信号线和公共地线需要与外界连接。因此，电磁波还是可以通过传导或辐射从外部传到屏蔽体内，或者从屏蔽体内传到外部。通过滤波技术，则可以有效地抑制传导干扰和传导泄漏，使屏蔽室更好地发挥作用。滤波器是由电阻、电容、电感等器件构成的一种无源网络。用它构成电路时，只允许某些频率的信号通过，而阻止其他频率范围的信号，从而起到滤波作用。从所限制的带宽种类看，滤波器可分为低通滤波器和高通滤波器，其中使用较多的是低通滤波器。

4. 隔离技术

隔离是另一种防止电磁干扰和信息泄漏的措施，是将信息系统中需要重点防护的设备从系统中分离出来，加以特别防护，并切断其与系统中其他设备间的电磁泄漏通路。通信装备中并不是所有电路都包含重要的电磁信息，如电源电路部分一般就不包含有用信息。在一个大的信息处理中心，也并不是所有设备都是重要的信息处理设备。所谓隔离，是将系统中的设备或设备中的不同器件实行电磁隔离。隔离体现了保护重点的思想。例如，将涉密局域网中处理重要秘密信息的服务器或终端放置在屏蔽室内，并通过光纤与局域网连接来实现重点目标的电磁防护。

5. 软件 TEMPEST 技术

该技术是由英国剑桥大学的两位学者，于 1998 年在研究如何实现防软件盗版技术时发现并推广应用的一项防信息泄漏新技术，已分别在美国和英国申请了专利。它具有操作简便、价格低廉等优势，自公布后，引起了西方国家的高度重视，并开展了更深入的研究。目前，国外已有商业版防护软件面世。该项技术的基本原理是，通过给视频字符添加高频“噪声”并伴随发射伪字符，使敌方无法正确还原真实信息，而我方可正常显示，质量无变化。它替代了过去由硬件完成的抑制干扰功能，成本大大降低。

6. 搭接技术

接地和搭接是抑制传导泄漏的有效方法，合理布局也是降低电磁泄漏的有效手段。将涉密信息系统中的涉密信息设备与普通设备分开放置，涉密信号的连线与电源线等非涉密连线分开走线并拉开一定距离，可达到减少相互耦合引起的传导泄漏的目的。良好的接地和搭接，可以给杂散电磁能量一个通向大地的低阻回路，在一定程度上分流掉可能经电源线和信号线传输出去的杂散电磁能量。将这一方法和屏蔽、滤波等技术配合使用，对抑制电子设备的电磁泄漏可起到事半功倍的效果。

9.5 蜜罐技术

蜜罐（Honeypot）技术是近期发展起来的一种网络安全技术，通过一个由网络安全专家精心设置的特殊系统来引诱黑客，并对黑客进行跟踪和记录。其最重要的功能是特殊设置的对于系统中所有操作的监视和记录，网络安全专家通过精心的伪装使黑客在进入目标系统后，仍不知晓自己所有的行为已处于系统的监视之中。

9.5.1 蜜罐的概念

1. 蜜罐的定义

首先要弄清楚一台蜜罐和一台没有任何防范措施的计算机的区别，虽然这两者都有可能被入侵破坏，但是本质却完全不同。蜜罐是网络管理员经过周密布置而设下的“黑匣子”，看似漏洞百出却尽在掌握之中，它收集的入侵数据十分有价值；而后者，根本就是送给入侵者的礼物，即使被入侵也不一定查到痕迹。因此，蜜罐是一个安全资源，它的价值在于被探测、攻击和损害。

设计蜜罐的初衷是让黑客入侵，借此收集证据，同时隐藏真实的服务器地址，因此要求一台合格的蜜罐拥有如下功能：发现攻击、产生警告、强大的记录能力、欺骗、协助调查。另外一个功能由管理员去完成，那就是在必要时根据蜜罐收集的证据来起诉入侵者。如图 9.1 所示为蜜罐的防护原理，如图 9.2 所示为蜜罐的体系框架。

2. 蜜罐的特点

（1）它不是一个单一的系统，而是一个网络，是一种高度相互作用的蜜罐，装有多个系统和应用软件。

（2）所有放置在蜜罐网内的系统都是标准的产品系统，即真实的系统和应用软件，都不是仿效的。

3. 蜜罐的类型

世界上不会有非常全面的事物，蜜罐也一样。根据管理员的需要，蜜罐的系统和漏洞设置要求也不尽相同，蜜罐是有针对性的，而不是盲目设置的，因此，就产生了多种多样的蜜罐。

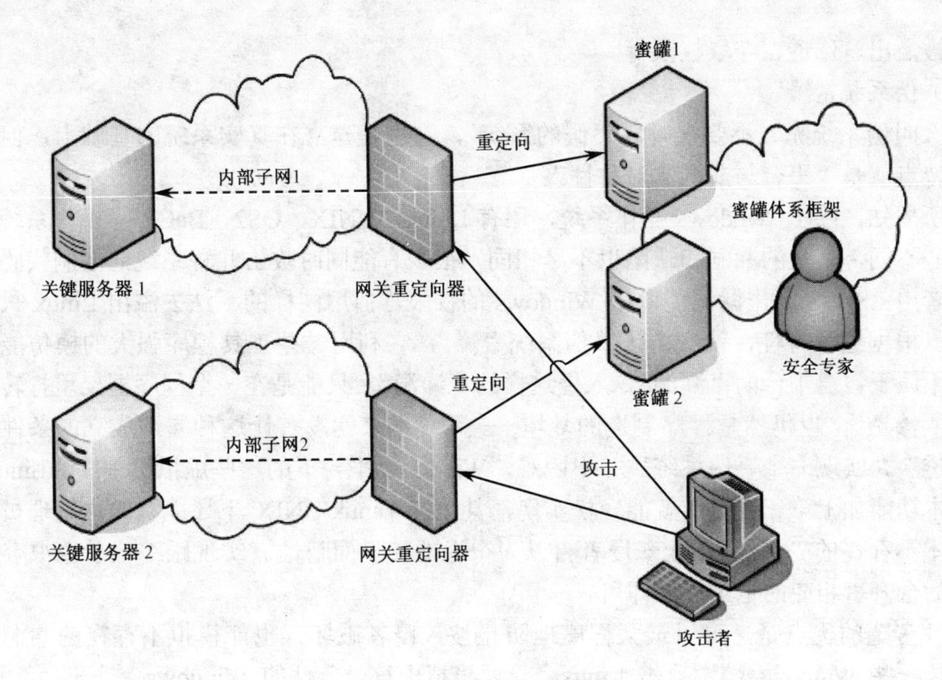

图 9.1　蜜罐的防护原理

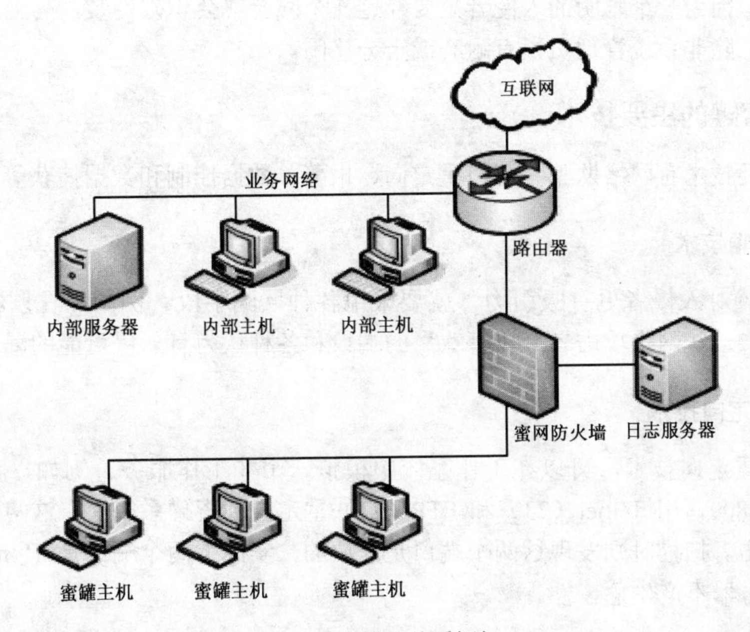

图 9.2　蜜罐的体系框架

（1）实系统蜜罐

实系统蜜罐是最真实的蜜罐，它运行着真实的系统，并且带着真实可入侵的漏洞，属于最危险的漏洞，但是它记录下的入侵信息往往也是最真实的。这种蜜罐安装的系统一般都是最初的，没有任何 SP 补丁，或者打了低版本 SP 补丁，根据管理员的需要，也可能补上了一些漏洞，只要值得研究的漏洞还存在即可。然后把蜜罐连接到网络，根据目前的网络扫描频度来看，这样的蜜罐很快就能吸引到目标并遭受攻击，系统运行着的记录程序会记下入侵者的一举一动，但同时它也是最危险的，因为入侵者的每一次入侵都会引起系统真实的反应，如被溢出、渗透、夺取权限等。

（2）伪系统蜜罐

什么叫伪系统呢？不要误解成“假的系统”，它也是建立在真实系统的基础上，但是它的最大特点就是“平台与漏洞非对称性”。

众所周知，除了 Windows 操作系统，还有 Linux，UNIX，OS2，BeOS 等操作系统，它们的核心不同，产生的漏洞和缺陷也不尽相同，很少有能同时攻击几种系统的漏洞代码，也许攻击者用 LSASS 溢出漏洞能取得 Windows 的权限，但用同样的手法去溢出 Linux 只能是徒劳的。根据这种特性，就产生了“伪系统蜜罐”，它利用一些工具程序强大的模仿能力，伪造出不属于自己平台的“漏洞”，入侵这样的“漏洞”，只能是在一个程序框架里打转，即使成功“渗透”，也仍然是程序制造的梦境——系统本来就没有让这种漏洞成立的条件，何谈“渗透”？实现一个“伪系统”并不困难，Windows 平台下的一些虚拟机程序、Linux 自身的脚本功能加上第三方工具就能轻松实现，甚至在 Linux/UNIX 下还能实时由管理员产生一些根本不存在的“漏洞”，让入侵者自以为得逞的在里面瞎忙。实现跟踪记录也很容易，只要在后台开着相应的记录程序即可。

这种蜜罐的优点是，可以最大程度地防止被入侵者破坏，也能模拟不存在的漏洞，甚至可以让一些 Windows 蠕虫攻击 Linux，只要模拟出符合条件的 Windows 特征即可。但是它也存在不足，因为一个聪明的入侵者只要经过几个回合就会识破伪装，另外，编写脚本不是简单的事情，除非系统管理员很有耐心或十分悠闲。

9.5.2 蜜罐的主要技术

蜜罐的主要技术有网络欺骗、端口重定向、报警、数据控制和数据捕获等。

1. 网络欺骗技术

为了使蜜罐对入侵者更有吸引力，就要采用各种欺骗手段。例如，在欺骗主机上模拟一些操作系统、一些网络攻击者最“喜欢”的端口和各种认为有入侵可能的漏洞。

2. 端口重定向技术

利用端口重定向技术，可以在工作系统中模拟一个非工作服务。例如，我们正常使用的 Web 服务（80），用 Telnet（23）和 FTP（21）重定向到蜜罐系统中，这两个服务是没有开启的，而攻击者扫描时则发现这两个端口是开放的，实际上两个端口是 Honeypot 虚拟出来的，对其服务器不产生危害性。

3. 攻击（入侵）报警和数据控制

蜜罐系统本身就可以模拟成一个操作系统，我们可以把其本身设定成易攻破的一台主机，也就是开放一些端口和弱口令，并设定相应的回应程序，如 Linux 中的 Shell 和 FTP 程序，当攻击者“入侵”进入系统（这里所指是蜜罐虚拟出来的系统）后，就相当于攻击者进入一个设定“陷阱”，那么攻击者所做的一切都在监视之中。例如，Telnet 密码暴力破解、添加新用户、权限提升、删除/添加文件，还可以给入侵者一个网络连接让其可以进行网络传输，并可以作为跳板。

4. 数据捕获技术

在攻击者入侵的同时，蜜罐系统将记录攻击者的输入/输出信息、键盘记录信息、屏幕信息，以及攻击者曾使用过的工具，并分析攻击者所要进行的下一步动作。捕获的数据不能放在加有蜜罐的主机上，因为有可能被攻击者发现，从而使其觉察到这是一个“陷阱”而提早退出。数据捕获技术的原理如图 9.3 所示。

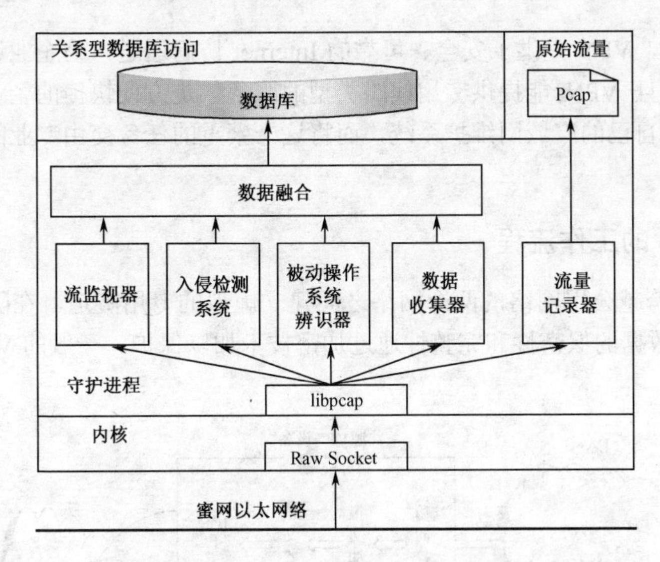

图 9.3　数据捕获技术的原理

9.6　虚拟专用网技术

9.6.1　虚拟专用网概述

一般说来，虚拟专用网（VPN，Virtual Private Network）是指利用公共网络，如公共分组交换网、帧中继网、ISDN 或互联网的一部分来发送专用信息，形成逻辑上的专用网络。目前，互联网已成为全球最大的网络基础设施，几乎延伸到世界的各个角落，于是基于互联网的 VPN 技术越来越受到关注。

VPN 实际上是一种服务，其基本概念如下所述：

① 采用加密和认证技术，利用公共通信网络设施的一部分来发送专用信息，为相互通信的节点建立一个相对封闭的、逻辑的专用网络；

② 通常用于大型组织跨地域的各个机构之间的连网信息交换，或者流动工作人员与总部之间的通信；

③ 只允许特定利益集团内建立对等连接，保证网络中传输的数据的保密性和安全性。

虚拟（Virtual）的概念是相对传统专用网络的构建方式而言的，对于广域网连接，传统的组网方式是通过远程拨号和专线连接来实现的，而 VPN 是利用服务提供商（ISP 或 NSP）所提供的公共网络来实现远程的广域连接，即网络不是物理上独立存在的网络，而是利用共享的通信基础设施仿真专用网络的设备。任意两个节点之间的连接并不是传统专网中的端到端的物理链路，而是利用某种公众网的资源动态组成的。IETF 草案中将基于 IP 的

VPN 理解为“使用 IP 机制仿真出一个专用的广域网”，它是通过专用的隧道技术在公共数据网络上仿真一条点到点的专用线路的技术。用户不再需要拥有实际的长途数据线路，而是使用 Internet 公众数据网络的长途数据线路。

专用（Private）的含义是用户可以为自己制定一个最符合自己需求的网络，使网内业务独立于网外的业务流，且具有独立的寻址空间和路由空间，而且使用户获得等同于专用网络的通信体验。

对于企业来说，VPN 提供了安全、可靠的 Internet 访问通道，为企业进一步发展提供可靠的技术保障。而且 VPN 能提供专用线路类型的服务，是方便快捷的企业私有网络。企业甚至可以不必建立自己的广域网维护系统，而将这一繁重的任务交由专业的 ISP 或 NSP 来完成。

9.6.2 VPN 的工作流程

VPN 需要在跨越公用网络的两个网络之间建立虚拟的专用隧道。在隧道被初始化后，传送过程中 VPN 数据的保密性和完整性通过加密技术加以保护。一般的 VPN 网络工作流程如图 9.4 所示。

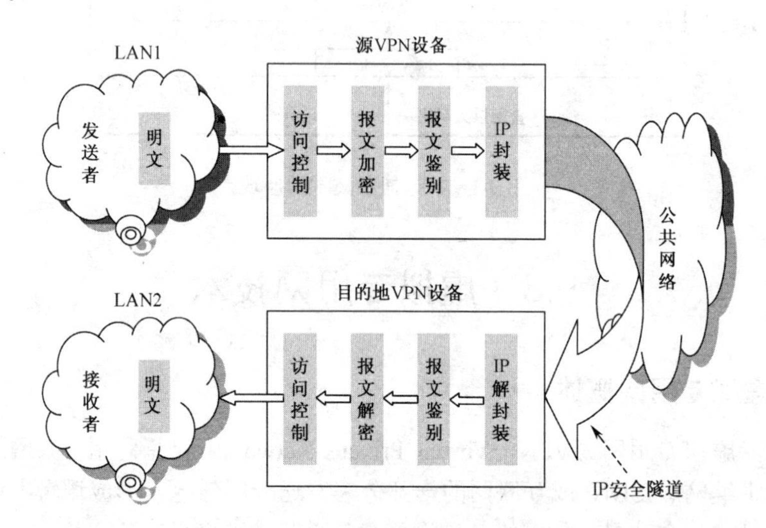

图 9.4 VPN 网络的工作流程

（1）内部网 LAN1 的发送者发送明文信息到连接公共网络的 VPN 设备。

（2）VPN 设备根据网络管理员设置的规则进行访问控制，确定是否需要对数据进行加密，或让数据直接通过，或拒绝通过。

（3）对需要加密的数据，VPN 设备在网络 IP 层对整个 IP 数据包进行加密，附上数字签名以提供数据包鉴别。

（4）VPN 设备依据所使用的隧道协议，重新封装加密后的数据（加上新的数据报头，包括新的目的地址、目的 VPN 设备 IP 地址，以及所需的安全信息和一些初始化参数等），通过隧道协议可建立起虚拟隧道，然后将数据通过该隧道在公众网络上传输。

（5）当数据包到达目的 VPN 设备时，首先根据隧道协议数据包被解除封装，数字签名核对无误后数据包被解密还原成原明文。

（6）目的 VPN 设备根据明文中的目的地址对内部网 LAN2 中的主机进行访问控制，在核对无误后将明文传送给 LAN2 的接收者。

9.6.3 VPN 的主要技术

目前 VPN 主要采用 4 项技术，分别是隧道技术（Tunneling）、加/解密技术（Encryption & Decryption）、密钥管理技术（Key Management）、身份鉴别技术（Authentication）。

1. 隧道技术

虚拟专用网从表面上看是一种专用连接，但实际上是在公共网络上实现的。它通过采用一种称为“隧道”的技术，建立点对点连接，使数据包在公共网络的专用隧道内传输。来自不同数据源的网络业务经由相同的隧道在不同的体系结构上传输，并允许网络协议穿越不兼容的体系结构，它还可区分来自不同数据源的业务，因而可将该业务发往指定的目的地，并接受指定等级的服务。

对于构建 VPN 来说，网络隧道技术是关键技术。网络隧道技术指利用一种网络协议来传输另一种网络协议，它主要利用网络隧道协议实现这种功能。网络隧道技术涉及三种网络协议，即网络隧道协议、隧道协议下面的承载协议和隧道协议所承载的被承载协议。现有两种类型的隧道协议，一种是二层隧道协议，用于传输二层网络协议，它主要应用于构建拨号 VPN（Access VPN）；另一种是三层隧道协议，用于传输三层网络协议，它主要应用于构建内部网 VPN（Intranet VPN）和外联网 VPN（Extranet VPN）。

一个隧道的基本组成如图 9.5 所示，包括一个隧道启动器、一个公共网络（Internet）和一个隧道终结器。

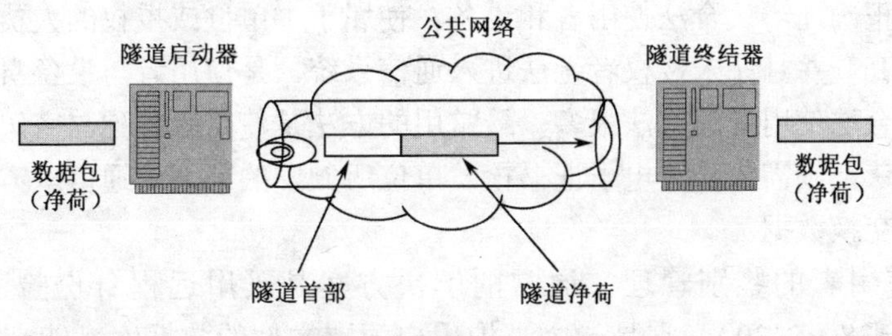

图 9.5　隧道的基本组成

隧道启动器在隧道内封装的是在 TCP/IP 包中封装原生包，如 IPX 包。包括控制信息的 IPX 包都成为 TCP/IP 包的负载，然后它通过互联网传送。另一端的隧道终结器打开包，并将其发给原来的协议进行处理。

隧道的启动和终结可由许多网络设备和软件来实现。例如，一个隧道可以由一台位于 ISP 服务点的适用于虚拟专用网的接入复用器建立，或由一台企业分支机构或办公室局域网的防火墙建立，该防火墙也要适用于虚拟专用网。还可以由一台带有模拟 PC 调制解调器和装有适用于虚拟专用网拨号软件的便携机建立。一个通道可由 IPS 的网络接入路由器的虚拟专用网网关终结，或由隧道终结器或企业网的交换机终结。

此外，需要有一台或多台安全服务器。虚拟专用网除了具有常规防火墙和地址转换功能外，还应具有数据加密、身份鉴别和授权功能。安全服务器通常也提供带宽和隧道终端节点信息，某些情况下，还提供网络规则和服务等级信息。

当前 VPN 解决方案中，很多都采用二层隧道技术。二层隧道协议是先把各种网络协议封装到 PPP 中，再把整个数据包装入隧道协议中。这种双层封装方法形成的数据包靠第二层协议传输。常用的第二层隧道协议有 L2F，PPTP，L2TP 等。

2. 加/解密技术

数据通信中的加/解密技术是一项较成熟的技术，VPN 可直接利用现有技术，如 DES、3DES、MD5、数字签名技术等，这些技术在第 4 章已经介绍过。

在实际应用中，关键是如何合理地利用这些技术，以提供足够的安全保障，同时又不带来太大的系统开销。

3. 密钥管理技术

密钥管理的主要任务是如何在公用数据网中安全地传递密钥，而不被窃取。加/解密算法都离不开密钥，因此密钥管理技术很重要。

现行常用的密钥管理技术分为 SKIP（Simple Key Management for IP）和 IPsec 中的 ISAKMP/Oakley 两种。SKIP 是由 Sun 公司开发的一种技术，主要利用 Diffie-Hellmail 算法；而 ISAKMP/Oakley 技术的优点是，其密钥管理系统同鉴别和安全功能是松散耦合的，当任一方发生变化时，不会对另一方进行修改。

4. 身份鉴别技术

在使用公共网络进行专用通信时，使用者和管理者最关心的主要问题是通信的安全性，它不仅包括传输的保密性，而且还需要对用户身份进行鉴别。公共网络中有众多的使用者和设备，如何正确地辨认合法使用者和设备，使属于本单位或授权的人员与设备能互相通信，构成一个 VPN 并且让未授权者无法进入通信系统，是使用者与设备身份鉴别技术要解决的问题。辨认合法使用者的方法很多，最常用的方法是使用者名称与密码或卡片式两端认证等方法。设备认证则需依赖于电子证书核发单位所颁发的证书，通信双方在核对证书后，如果正确，即可交换数据。

为加强对使用者的鉴别管理，通常的解决方案是采用远程身份验证拨入用户服务 RADIUS（RFC2138，2139），它是一个维护用户配置文件的数据库，能支持用户鉴别、鉴权和计费（AAA，Authentication，Authorization，Accounting），代理 RADIUS 功能允许在 ISP 的接入点设备上接入客户的 RADIUS 服务器，以获得必要的用户配置文件信息。RADIUS 的一个缺点是，其登录的数据无层次结构。另一种方案是采用轻量级目录接入协议 LDAP（RFCl777），其特点是登录的用户信息有层次结构，适合于组织机构的用户数据的登录。

9.6.4 VPN 服务分类

根据服务类型，VPN 业务大致分为拨号 VPN（Access VPN）和专线 VPN，后者又可分为内部网 VPN（Intranet VPN）和外联网 VPN（Extranet VPN）。

1. 拨号 VPN

拨号 VPN 是指企业员工或企业的小分支机构通过公网远程拨号方式构筑的虚拟网。拨号 VPN 根据隧道发起的方式又分为由用户发起、由 ISP 拨号服务器发起和由企业网远程路由器发起三种。通常用的最多的是通过 ISP 拨号服务器发起的 VPN，这种方式是通过 PPTP/L2TP 协议来实现第二层的隧道封装。

拨号 VPN 通过一个拥有与专用网络相同策略的共享基础设施，提供对企业内部网或外部网的远程访问。拨号 VPN 能使用户随时、随地以其所需的方式访问企业资源。拨号 VPN 包括模拟、拨号、ISDN、数字用户线路（XDSL）、移动 IP 和电缆技术，能够安全地连接移动用户、远程工作者或分支机构。

拨号 VPN 最适用于公司内部经常有流动人员远程办公的情况。出差员工利用当地 ISP 提供的 VPN 服务，就可以和公司的 VPN 网关建立私有的隧道连接。RADIUS 服务器可对员工进行验证和授权，保证连接的安全，同时负担的电话费用大大降低。

2. 内部网 VPN

内部网 VPN 即进行企业内部各分支机构的互联。越来越多的企业需要在全国乃至世界范围内建立各种办事机构、分公司、研究所等，各个分公司之间传统的网络连接方式一般是租用专线。显然，在分公司增多、业务开展越来越广泛时，网络结构趋于复杂，费用昂贵。利用 VPN 技术可以在 Internet 上组建世界范围内的内部网 VPN，通过一个使用基于共享基础设施的虚拟专网，连接企业总部、远程办事处和分支机构，即利用 Internet 的线路保证网络的互联性，而利用隧道、加密等 VPN 特性保证信息在整个内部网 VPN 上安全传输，从而使企业拥有与专用网络的相同策略，包括安全、服务质量（QoS）、可管理性和可靠性。

内部网 VPN 通常使用 IPSec 协议来实现。

3. 外联网 VPN

外联网 VPN 是指企业同客户、合作伙伴的互联。随着信息时代的到来，各个企业越来越重视各种信息的处理。他们希望提供给客户最快捷方便的信息服务，通过各种方式了解客户的需要，同时各个企业之间的合作关系也越来越多，信息交换日益频繁。Internet 为这样的一种发展趋势提供了良好的基础，而如何利用 Internet 进行有效的信息管理，是企业发展中的一个关键问题。利用 VPN 技术可以组建安全的外联网（Extranet），既可以向客户、合作伙伴提供有效的信息服务，又可以保证自身内部网络的安全。

外联网 VPN 通过一个使用专用连接的共享基础设施，将客户、供应商、合作伙伴或兴趣群体连接到企业内部网。企业拥有与专用网络的相同策略，包括安全、服务质量（QoS）、可管理性和可靠性。

9.7 无线局域网安全技术

无线局域网（WLAN，Wireless LAN），是利用无线电波作为传输介质而构成的信息网络。由于 WLAN 产品不需要铺设通信电缆，可以灵活机动地应付各种网络环境的变化。WLAN 技术能为用户提供更好的移动性、灵活性和扩展性，在难以重新布线的区域提供快速而经济有效的局域网接入，无线网桥用于为远程站点和用户提供局域网接入。但是，当用户对 WLAN 的期望日益升高时，其安全问题随着应用的深入表露无遗，并成为制约 WLAN 发展的主要瓶颈。

9.7.1 无线局域网的安全缺陷

1．共享密钥认证的安全缺陷

通过窃听——一种被动攻击手法，能够很容易蒙骗和利用目前的共享密钥认证协议。协议固定的结构（不同认证消息间的唯一差别就是随机询问）和有线对等保密协议 WEP 的缺陷，是导致攻击实现的关键，因此即使在激活了 WEP 后，攻击者仍然可以利用网络实现 WEP 攻击。

2．访问控制机制的安全缺陷

（1）封闭网络访问控制机制

实际上，如果密钥在分配和使用时得到了很好的保护，那么基于共享密钥的安全机制就是强健的。但是，这并不是这个机制的问题所在。几个管理消息中都包括网络名称或 SSID，并且这些消息被接入点和用户在网络中广播，并不受到任何阻碍。真正包含 SSID 的消息由接入点的开发商来确定。然而，最终结果是攻击者可以很容易地嗅探到网络名称，获得共享密钥，从而连接到“受保护”的网络上。即使激活了 WEP，这个缺陷也存在，因为管理消息在网络里的广播是不受任何阻碍的。

（2）以太网 MAC 地址访问控制表

在理论上，使用了强健的身份形式，访问控制表就能提供一个合理的安全等级。然而，它并不能达到这个目的，其中有两个原因：其一是 MAC 地址很容易被攻击者嗅探到，因为即使激活了 WEP，MAC 地址也必须暴露在外；其二是大多数的无线网卡可以用软件来改变 MAC 地址，因此攻击者可以窃听到有效的 MAC 地址，然后编程将有效地址写到无线网卡中，从而伪装一个有效地址，越过访问控制，连接到“受保护”的网络上。

9.7.2 针对无线局域网的攻击

1．被动攻击——解密业务流

在初始化变量发生碰撞时，一个被动的窃听者可以拦截窃听所有的无线业务流。只要将两个具有相同初始化变量的包进行“异或相加”，攻击者就能得到两条消息明文的异或值，而由这个结果可以推断出这两条消息的具体内容。IP 业务流通常是可以预测的，并且其中包含了许多冗余码，而这些冗余码用来缩小可能的消息内容的范围，对内容的推测可以进一步缩小内容范围，在某些情况下，甚至可能确定正确的消息内容。

2．主动攻击——注入业务流

假如一个攻击者知道一条加密消息确切的明文，那么他可以利用这些来构建正确的加密包。其过程包括：构建一条新的消息，计算 CRC-32，更改初始加密消息的位数据从而变成新消息的明文，然后将这个包发送到接入点或移动终端，这个包会被当作一个正确的数据包而被接收。这样就将非法的业务流注入到了网络中，从而增加了网络的负荷。如果非法业务流的数量很大，会使网络负荷过重，出现严重的拥塞问题，甚至导致整个网络完全瘫痪。

3．面向收发两端的主动攻击

在这种情况下，攻击者并不猜测消息的具体内容而只猜测包头，尤其是目的 IP 地址，它是最有必要的，这个信息通常很容易获得。有了这些信息，攻击者就能改变目的 IP 地址，用未经授权的移动终端将包发到他所控制的机器上，由于大多数无线设备都与 Internet 相连，这个包就会被接入点成功解密，然后通过网关和路由器向攻击者的机器转发未经加密的数据包，泄露了明文。如果包的 TCP 头被猜出来，甚至有可能将包的目的端口号改为 80，如果是这样，它就可以畅通无阻的越过大多数的防火墙。

4．基于表的攻击

由于初始化向量的数值空间比较小，这样攻击者就可以建一个解密表。一旦知道了某个包的明文，它能够计算出由所使用的初始化变量产生的 RC4 密钥流。该密钥流能将所有使用同一个初始化变量的包解密。很可能经过一段时间以后，通过使用上述技术，攻击者能够建立一个初始化变量与密钥流的对照表。这个表只需很小的存储空间（大约 15GB）；表一旦建立，攻击者可以通过无线链路把所有的数据包解密。

5．广播监听

如果接入点与 Hub 相连，而不是与交换机相连，那么通过 Hub 的任意网络业务流将会在整个无线网络里广播。由于以太网 Hub 向所有与之连接的装置（包括无线接入点）广播所有数据包，这样，攻击者就可以监听到网络中的敏感数据。

6．拒绝服务攻击

在无线网络里也很容易发生拒绝服务（DoS）攻击，如果非法业务流覆盖了所有的频段，合法业务流就不能到达用户或接入点。这样，如果有适当的设备和工具，攻击者很容易对 2.4GHz 的频段实施泛洪（Flooding），破坏信号特性，直至无线网络完全停止工作。另外，无绳电话、婴儿监视器和其他工作在 2.4GHz 频段上的设备都会扰乱使用这个频率的无线网络。这些拒绝服务可能来自工作区域之外，也可能来自安装在其他工作区域的会使所有信号发生衰落的 802.11 设备。总之，不管是故意的还是偶然的，DoS 攻击都会使网络彻底崩溃。

9.7.3 常用无线局域网安全技术

1. 服务集标识符 SSID

通过对多个无线接入点 AP（Access Point）设置不同的服务集标识符（SSID，Service Set Identifier），并要求无线工作站出示正确的 SSID 才能访问 AP，这样就允许不同群组的用户接入，并对资源访问的权限进行区别限制。因此可以认为，SSID 是一个简单的口令，可提供一定的安全性，但如果配置 AP 向外广播其 SSID，那么安全程度将下降。一般情况下，用户自己配置客户端系统，所以很多人都知道该 SSID，很容易共享给非法用户。

2. 物理地址过滤

由于每个无线工作站的网卡都有唯一的物理地址，因此可以在 AP 中手工维护一组允许访问的 MAC 地址列表，实现物理地址过滤（MAC）。这一方式要求 AP 中的 MAC 地址列表必须随时更新，目前都是手工操作；如果用户增加，则扩展能力很差，因此只适合于小型规模网络；而且 MAC 地址在理论上可以伪造，这也是较低级别的授权认证。物理地址过滤属于硬件认证，而不是用户认证。

3. 有线对等保密协议 WEP

有线对等保密协议（WEP，Wired Equivalent Privacy）设计的初衷是使用无线协议为网络业务流提供安全保证，使无线网络的安全达到与有线网络同样的安全等级。它要达到以下两个目的：访问控制和保密。

WEP 在链路层采用 RC4 对称加密技术，用户的加密密钥必须与 AP 的密钥相同才能获准存取网络资源，从而防止非授权用户的监听以及非法用户的访问。WEP 提供 40 位(有时也称 64 位)和 128 位长度的密钥机制，但是它仍然存在许多缺陷。例如，一个服务区内的所有用户都共享同一个密钥，一个用户丢失钥匙将使整个网络不安全。而且 40 位的钥匙在今天很容易被破解；钥匙是静态的，要手工维护，扩展能力差。为了提高安全性，目前建议采用 128 位加密钥匙。

4. 端口访问控制技术 802.1x

端口访问控制技术（802.1x）也是无线局域网的一种增强性网络安全解决方案。当无线工作站 STA 与无线访问点 AP 关联后，是否可以使用 AP 的服务取决于 802.1x 的认证结果。如果认证通过，则 AP 为 STA 打开这个逻辑端口，否则不允许用户上网。802.1x 要求无线工作站安装 802.1x 客户端软件，无线访问点要内嵌 802.1x 认证代理，同时它还作为 Radius 客户端，将用户的认证信息转发给 Radius 服务器。802.1x 除提供端口访问控制能力之外，还提供基于用户的认证系统及计费，特别适合于公共无线接入解决方案。

5. Wi-Fi 保护接入 WPA

制定 Wi-Fi 保护接入（WPA，Wi-Fi Protected Access）协议是为了改善或替换有漏洞的 WEP 加密方式。WPA 采用基于动态密钥的生成方法及多级密钥管理机制，方便 WLAN 的管理和维护。

WPA 是继承了 WEP 的基本原理而又克服了 WEP 的缺点的一种新技术。它加强了生成加密密钥的算法，即使攻击者收集到分组信息并对其进行解析，也几乎无法计算出通用密钥。其原理是，根据通用密钥，配合表示计算机 MAC 地址和分组信息顺序号的编号，分别为每个分组信息生成不同的密钥。然后与 WEP 一样，将此密钥用于 RC4 加密处理。通过这种处理，所有客户端的所有分组信息所交换的数据将由各不相同的密钥加密而成。无论收集到多少这样的数据，要想破解出原始的通用密钥几乎是不可能的。WPA 还追加了防止数据中途被篡改的功能和认证功能。因此，WEP 中此前倍受指责的缺点得以全部解决。WPA 不仅是一种比 WEP 更强大的加密方法，而且有更丰富的内涵。作为 802.11i 标准的子集，WPA 包含了认证、加密和数据完整性校验三个组成部分，是一个完整的安全性方案。

6. 临时密钥完整性协议 TKIP

为进一步加强无线网络的安全性，保证不同厂商之间无线安全技术的兼容性，IEEE802.11工作组开发了新的安全标准的IEEE802.11i ，它致力于从长远角度解决IEEE 802.11无线局域网的安全问题。IEEE 802.11i 标准主要包含加密技术TKIP（Temporal Key Integrity Protocol）和AES（Advanced Encryption Standard），以及认证协议IEEE802.1x 。IEEE 802.11i 标准于2004年6月24日在美国新泽西IEEE标准会议上正式获得批准。

802.11i 与 WPA 相比增加了一些新特性：

① AES，更好的加密算法，但无法与原有的802.11架构兼容，需要硬件升级。

② CCMP and WARP，以AES为基础。

③ IBSS，802.11i 解决 IBSS（Independent Basic Service Set），而WPA 主要处理ESS（Extended Service Set）。

④ Pre authentication，用于用户在不同的 BSS（Basic Service Set）间漫游时，减少重新连接的时间延迟。

7. 国家标准 WAPI

无线局域网鉴别与保密基础结构（WAPI，WLAN Authenticationand Privacy Infrastructure），是针对 IEEE802.11 中 WEP 协议安全问题，在中国无线局域网国家标准 GB15629.11 中提出的 WLAN 安全解决方案。同时本方案已由 ISO/IEC 授权的机构 IEEE Registration Authority 审查并获得认可。其主要特点是，采用基于公钥密码体系的证书机制，真正实现了移动终端(MT)与无线接入点(AP)间双向鉴别。用户只要安装一张证书就可在覆盖 WLAN 的不同地区漫游，方便用户使用。它是与现有计费技术兼容的服务，可实现按时、按流量、包月等多种计费方式。AP 设置好证书后，无须再对后台的 AAA 服务器进行设置，安装、组网便捷，易于扩展，可满足家庭、企业、运营商等多种应用模式。

9.7.4 无线局域网的常用安全措施

1. 采用无线加密协议防止未授权用户

保护无线网络安全的最基本手段是加密，通过简单设置 AP 和无线网卡等设备，就可以启用 WEP 加密。无线加密协议（WEP）是对无线网络上的流量进行加密的一种标准方法。许多无线设备商为了方便安装产品，交付设备时关闭了 WEP 功能。一旦采用这种做法，黑客就能利用无线嗅探器直接读取数据。建议经常对 WEP 密钥进行更换，有条件的情况下，启用独立的认证服务为 WEP 自动分配密钥。另一个必须注意问题是，在部署无线网络的时候，一定要将出厂时的默认 SSID 更换为自定义的 SSID。现在大部分 AP 都支持屏蔽 SSID 广播，除非有特殊理由，否则应该禁用 SSID 广播，这样可以减少无线网络被发现的可能。

但是目前 IEEE 802.11 标准中的 WEP 安全解决方案，在 15 分钟内就可被攻破，已被广泛证实不安全。如果采用支持 128 位的 WEP，破解 128 位的 WEP 是相当困难的，同时也要定期更改 WEP，保证无线局域网的安全。如果设备提供了动态 WEP 功能，最好应用动态 WEP，值得庆幸的是，Windows XP 本身就提供这种支持，用户可以选中 WEP 选项“自动为我提供这个密钥”。同时，应该使用 IPSec，VPN，SSH 或其他 WEP 替代方法。不要仅使用 WEP 来保护数据。

2. 改变服务集标识符并且禁止 SSID 广播

SSID 是无线接入的身份标识符，用户用它建立与接入点之间的连接。这个身份标识符是由通信设备制造商设置的，并且每个厂商都用自己的默认值。例如，3COM 设备都用101。因此，知道这些标识符的黑客很容易不经过授权就享受用户的无线服务。用户需要给自己的每个无线接入点设置一个唯一且难以推测的 SSID。如果可能。还应该禁止自己的 SSID 向外广播。这样，用户的无线网络就不能通过广播方式来吸纳更多用户了。当然这并不是说用户的网络不可用，只是它不会出现在可使用网络的名单中。

3. 静态 IP 与 MAC 地址绑定

无线路由器或 AP 在分配 IP 地址时，通常默认使用 DHCP（动态 IP 地址分配），这对无线网络来说是有安全隐患的，“不法分子”只要找到无线网络，很容易就通过 DHCP 得到一个合法的 IP 地址，由此进入局域网络。因此，建议用户关闭 DHCP 服务，为局域网的每台计算机分配固定的静态 IP 地址，然后再把这个 IP 地址与该计算机网卡的 MAC 地址绑定，这样就能大大提升网络的安全性。“不法分子”不易得到合法的 IP 地址，即使得到了，因为还要验证绑定的 MAC 地址，相当于两重关卡。

其设置方法如下：首先，在无线路由器或 AP 设置中关闭“DHCP 服务器”；然后激活“固定 DHCP”功能，把各计算机的“名称”（即 Windows 系统属性里的“计算机描述”）、需要固定使用的 IP 地址和其网卡的 MAC 地址都如实填写好，最后单击“执行”按钮就可以了。

4. VPN 技术在无线网络中的应用

对于高安全性或大型无线网络，VPN 方案是一个更好的选择。因为在大型无线网络中，维护工作站和 AP 的 WEP 加密密钥、AP 的 MAC 地址列表都是非常艰巨的管理任务。

对于无线商用网络，基于 VPN 的解决方案是当今 WEP 机制和 MAC 地址过滤机制的最佳替代者。它已经广泛应用于 Internet 远程用户的安全接入，VPN 在不可信的网络（Internet）上提供一条安全、专用的通道或隧道。各种隧道协议，包括点对点隧道协议和第二层隧道协议都可以与标准的、集中的认证协议一起使用。同样，VPN 技术可以应用在无线网络的安全接入上，其中的不可信的网络就是无线网络。它将 AP 定义成无 WEP 机制的开放式接入（各 AP 仍应定义成采用 SSID 机制把无线网络分割成多个无线服务子网），但是无线接入网络 VLAN （AP 和 VPN 服务器之间的线路）在局域网已经被 VPN 服务器和内部网络隔离出来，VPN 服务器提供网络认征和加密。与 WEP 机制和 MAC 地址过滤接入不同，VPN 方案具有较强的扩充、升级性能，可应用于大规模无线网络。

5. 无线入侵检测系统

无线入侵检测系统同传统的入侵检测系统类似，但它增加了无线局域网检测和对破坏系统反应的特性。侵入窃密检测软件对阻拦双面恶魔攻击，是必须采取的一种措施。当前，入侵检测系统已用于无线局域网，来监视、分析用户的活动，判断入侵事件的类型，检测非法的网络行为，对异常网络流量进行报警。无线入侵检测系统不但能找出入侵者，还能加强安全策略。通过使用强有力的策略，使无线局域网更安全。它还能检测到 MAC 地址欺骗。它通过一种顺序分析，找出那些伪装的 WAP 无线上网用户。可以通过提供商来购买无线入侵检测系统，为发挥无线入侵检测系统的优良性能，提供商还同时提供无线入侵检测系统的解决方案。

6. 采用身份验证和授权

当攻击者了解网络的 SSID、网络的 MAC 地址或 WEP 密钥等信息时，他们可以尝试建立与 AP 的关联。目前，有三种方法，在用户建立与无线网络的关联前对他们进行身份验证。开放身份验证通常意味着用户只需要向 AP 提供 SSID 或使用正确的 WEP 密钥。开放身份验证的问题在于，如果用户没有其他的保护或身份验证机制，那么用户的无线网络将是完全开放的，就像其名称所表示的。共享机密身份验证机制类似于“口令一响应”身份验证系统。在 STA 与 AP 共享同一个 WEP 密钥时使用这一机制。STA 向 AP 发送申请，然后 AP 发回口令。接着，STA 利用口令和加密的响应进行回复。这种方法的漏洞在于，口令是通过明文传输给 STA 的，因此如果有人能够同时截取口令和响应，那么他们就可能找到用于加密的密钥。可采用其他的身份验证/授权机制，如使用 802.1x，VPN 或证书对无线网络用户进行身份验证和授权。使用客户端证书可以使攻击者几乎无法获得访问权限。

7. 其他安全措施

除了以上所述安全措施手段以外，还可以采取其他一些技术措施，如设置附加的第三方数据加密方案，即使信号被盗听也难以理解其中的内容；加强企业内部管理以便加强 WLAN 的安全性。

9.8 信息隐藏技术

随着互联网的迅速发展，网上提供的服务越来越丰富，人们可以通过互联网发布自己的作品、重要信息和进行贸易等，但是随之而出现的问题也日益严重：如作品侵权更加容易，篡改也更加方便。如何既充分利用互联网的便利，又能有效地保护知识产权，已受到人们的高度重视。信息隐藏技术作为网络安全技术的一个重要新课题，内容涉及数据隐藏、保密通信、密码学等相关学科领域，作为隐蔽通信和知识产权保护的主要手段，正得到广泛的研究与应用。

9.8.1 信息隐藏技术的概念、分类和特点

1. 信息隐藏技术的概念

所谓信息隐藏是将秘密信息隐藏到一般的非秘密的数字媒体文件（如图像、声音、文档文件）中，不让对手发觉的一种方法。信息隐藏技术是利用载体信息的冗余性，将秘密信息隐藏于普通信息之中，通过普通信息的发布而将秘密信息发布出去，从而避免引起其他人注意，具有更大的隐蔽性和安全性，容易逃过拦截者的破解。

信息隐藏技术与传统的密码技术不同，密码技术主要是将机密信息进行特殊的编码，以形成难以识别的密文进行传递；而信息隐藏技术则是将机密信息秘密隐藏于某一公开信息之

中，然后通过公开信息的传输来传递机密信息。对加密通信来说，密文被非授权截取后，可对其进行破译，从而得知机密信息；对信息隐藏而言，即使信息被截取，由于对方无法从公开信息中判断机密信息的存在，所以可更有效保护机密信息的安全性。

2. 信息隐藏技术的分类

按保护对象进行分类，信息隐藏技术可分为隐写术和数字水印技术。

（1）隐写术（Steganography），是将秘密信息隐藏到看上去普通的信息（如数字图像）中进行传送。现有的隐写术主要有：利用高空间频率的图像数据隐藏信息、采用最低有效位方法将信息隐藏到宿主信号中、使用信号的色度隐藏信息、在数字图像的像素亮度的统计模型上隐藏信息、Patchwork 方法等。当前也有很多隐写方法是基于文本及其语言的隐写术，如基于同义词替换的文本隐写术。

（2）数字水印技术（Digital Watermark），是将一些标识信息（即数字水印）直接嵌入数字载体（包括多媒体、文档、软件等）当中，但不影响原载体的使用价值，也不容易被人的知觉系统（如视觉或听觉系统）觉察或注意到。目前主要有两类数字水印，一类是空间数字水印，另一类是频率数字水印。空间数字水印的典型代表是最低有效位（LSB）算法，其原理是，通过修改表示数字图像的颜色或颜色分量的位平面，调整数字图像中感知不重要的像素来表达水印的信息，以达到嵌入水印的目的。频率数字水印的典型代表是扩展频谱算法，其原理是，通过时频分析，根据扩展频谱特性，在数字图像的频率域上选择那些对视觉最敏感的部分，使修改后的频率域系数隐含数字水印的信息。

3. 信息隐藏技术的特点

（1）透明性（Invisibility）。也叫隐蔽性，它是信息伪装的基本要求。利用人类视觉系统或人类听觉系统属性，经过一系列隐藏处理，使目标数据没有明显的降质现象，而隐藏的数据却无法人为地看见或听见。

（2）鲁棒性（Robustness）。指不因图像文件的某种改动而导致隐藏信息丢失的能力。这里所谓“改动”包括传输过程中的信道噪声、滤波操作、重采样、有损编码压缩、D/A 或 A/D 转换等。

（3）不可检测性（Undetectability）。指隐蔽载体与原始载体具有一致的特性。如具有一致的统计噪声分布等，以便使非法拦截者无法判断是否有隐蔽信息。

（4）安全性（Security）。指隐藏算法有较强的抗攻击能力，它必须能够承受一定程度的人为攻击，而使隐藏信息不会遭受破坏。隐藏的信息内容应当是安全的，应当经过某种加密后再隐藏，同时隐藏的具体位置也应是安全的，至少不会因格式变换而遭到破坏。

（5）自恢复性。由于经过一些操作或变换后，可能会使原图像产生较大的破坏，如果只从留下的片段数据仍能恢复隐藏信号，而且恢复过程不需要宿主信号，则就是所谓的自恢复性。

（6）对称性。信息的隐藏和提取过程具有对称性，包括编码、加密方式，以减少存取难度。

（7）可纠错性。保证隐藏信息的完整性，使其在经过各种操作和变换后仍能很好地恢复，通常采取纠错编码方法。

9.8.2 信息隐藏技术在网络安全中的应用

1. 数据保密

在 Internet 上传输一些数据时，要防止非授权用户截获并使用，这是网络安全的一个重要内容。可以使用信息隐藏技术来保护网上交流的信息，如电子商务中的敏感信息、谈判双方的秘密协议和合同、网上银行交易中的敏感数据信息、重要文件的数字签名和个人隐私等。另外，还可以用信息隐藏方式隐藏存储一些不愿为别人所知的内容。

然而，信息隐藏技术也被恐怖分子、毒品交易者及其他犯罪分子等用来传输秘密信息。据美国新闻媒体报道，“9·11”恐怖事件的恐怖分子就利用了信息隐藏技术将含有密谋信息和情报的图片，利用互联网实现了恐怖活动信息的隐蔽传输。

2. 数据的不可抵赖性

在网上交易中，交易双方的任何一方不能抵赖自己曾经做出的行为，也不能否认曾经接收到对方的信息，这是交易系统的一个重要环节。使用信息隐藏技术中的水印技术，在交易体系的任何一方发送或接收信息时，可以将各自的特征标记以水印形式加入到传递的信息中，这种水印应是不能被去除的，以达到确认其行为的目的。

3. 数字作品的版权保护

数字服务如数字图书馆、数字图书出版、数字电视、数字新闻等提供的都是数字作品，数字作品具有易修改、易复制的特点，版权保护是信息隐藏技术中的水印技术所试图解决的一个重要问题。数字水印的根本目标是通过一种不引起被保护作品感知上退化、又难以被未授权用户删除的方法向数字作品中嵌入一个标记，被嵌入的水印可以是一段文字、标识、序列号等。这种水印通常是不可见或不可察觉的，它与原始数据紧密结合并隐藏其中，并可以经历一些不破坏源数据使用价值或商用价值的操作而保存下来。显然，为了避免标志版权信息的数字水印被去除，这种水印应具有较强的鲁棒性和不可感知性。

当发现数字作品非法传播时，可以通过提取水印代码追查非法散播者。这种应用通常称为数字指纹或违反者追踪。数字指纹技术主要为那些需要向多个用户提供数字产品，同时希望确保该产品不会被不诚实用户非法再分发的发行者所采用。由数字产品的版权所有者通过将不同用户的 ID 或序列号作为不同的水印嵌入作品的合法副本中，并保存售出副本中对应指纹与用户身份的数据库，一旦发现未经授权的副本，发行者可以通过检测其中的指纹来跟踪该数字产品的原始购买者，从而追踪泄密的根源。

目前，在我国电信部门开展的许多业务中，如中国移动的彩信、联通的彩 e 等，对怎样进行数字内容的版权保护，还没有相关的技术支持。在彩信中嵌入水印来保护信息不失为良策，这种方法被称为基于数字水印技术的 WDRM 解决方案。

4. 防伪

商务活动中各种票据的防伪也是信息隐藏技术的用武之地。在数字票据中隐藏的水印经过打印后仍然存在，可以通过再扫描数字形式，提取防伪水印，以证实票据的真实性。

目前，许多国家都已经开始研究用于印刷品防伪的数字水印技术，其中美国麻省理工学院媒体实验室已经开始研究在彩色打印机、复印机输出的每幅图像中加入唯一的、不可见的数字水印，在需要时可以实时地从扫描票据中判断水印的有无，进而快速辨识票据的真伪。德国也有研究机构正在研究用于护照真伪鉴别的数字水印技术。

5. 数据的完整性

对于数据完整性的验证是要确认数据在网上传输或存储过程中并没有被篡改。重要信息的网上传输难免会受到攻击、伪造、篡改等，当数字作品被用于法庭、医学、新闻、商业、军事等场合时，常需要确定它们的内容是否被修改、伪造或特殊处理过，在军事上也可能出现敌方伪造、篡改作战命令等严重问题。这些都需要认证，确定数据的完整性。

认证的目的是检测对数据的修改，为实现该目的，通常将原始图像分成多个独立块，每个块加入不同的水印，可通过检测每个数据块中的水印信号，确定作品的完整性。这样，当接收者接收到信息时，首先利用检测器进行水印的检测处理，当检测到发送者所嵌入的水印时，可以证明这就是发送者所发送的真实信息；当检测不到发送者嵌入的水印时，即可证明这一信息是伪信息。与其他的水印不同，这类水印必须是脆弱的，因此微弱的修改都有可能破坏水印。

信息隐藏技术仍存在理论研究未成体系、技术不够成熟、实用化程度不够等问题，但它潜在的价值是无法估量的，特别是在迫切需要解决的版权保护等方面，可以说它是根本无法被代替的，相信其必将在未来的信息安全体系中发挥重要的作用。

本 章 小 结

本章在前 8 章介绍密码技术、信息认证技术、访问控制技术、防病毒技术及防火墙技术的基础上，主要介绍了网络安全扫描技术、网络入侵检测技术、隔离技术、电磁防泄漏技术、蜜罐技术、虚拟专用网技术、无线局域网安全技术、信息隐藏技术的基本原理和发展。主要包括以下内容。

1. 安全扫描技术

在简要讨论安全扫描技术基本概念的基础上，主要分析了端口扫描技术和漏洞扫描技术的工作原理。

2. 入侵检测技术

首先介绍了入侵检测的概念、入侵检测系统的技术和分类，然后重点讨论了入侵检测的主要方法及入侵检测技术的发展方向。

3. 安全隔离技术

阐述了安全隔离技术及产品的发展情况。

4. 电磁防泄漏技术

在介绍电磁泄漏概念和基本途径的基础上，分析了电磁防泄漏的几种主要技术。

5. 蜜罐技术

介绍了蜜罐的概念和主要技术。

6. 虚拟专用网技术

介绍了虚拟专用网的基本概念、工作流程、主要技术和服务分类。

7. 无线局域网安全技术

在分析无线局域网的安全缺陷和面临的主要攻击的基础上，提出了几种有效的应对措施。

8. 信息隐藏技术

介绍了信息隐藏技术的概念、种类、特点及其在网络安全中的应用。

实 验 9

实验 9.1 入侵检测系统

1. 实验目的

通过实验深入理解入侵检测系统的原理和工作方式，熟悉入侵检测工具 Snort 在 Windows 操作系统中的安装和配置方法。

2. 实验原理

入侵检测系统工作在计算机网络系统的关键节点上，通过实时地收集和分析计算机网络或系统中的信息，来检查是否出现违反安全策略的行为和是否存在入侵的迹象，进而达到提示入侵、预防攻击的目的。

Snort 是 Martin Roesch 等人开发的一种开放源代码的入侵检测系统。它具有实时数据流量分析和 IP 数据包日志分析的能力，能够进行协议分析和对内容搜索/匹配。它能够检测不同的攻击行为，如缓冲区溢出、端口扫描、DoS 攻击等，并能进行实时报警。Snort 有三种工作模式：嗅探器、数据包记录器、入侵检测系统。按嗅探器模式工作时，它只读取网络中传输的数据包，然后显示在控制台上。按数据包记录器模式工作时，它将数据包记录在硬盘上，以备分析之用。入侵检测模式功能强大，可通过配置实现，但稍显复杂，Snort 能根据用户事先定义的一些规则分析网络数据流，并根据检测结果采取一定的措施。

3. 实验环境

一台安装 Windows XP 操作系统的计算机，连接到本地局域网中。

4. 实验内容

（1）Windows XP 操作系统下 Snort 的安装。

（2）Windows XP 操作系统下 Snort 的使用。

5. 实验提示

在 Windows 环境下，需要安装多种软件来构建支持环境才能使用 Snort，表 9.1 列出了相关的软件，以及它们在 Snort 使用中的作用。

表 9.1 安装 Snort 所需软件

软件名称	下载网址	作用
Acid-0.9b23.tar.gz	http://www.cert.org/kb/acid	基于 PHP 的入侵检测数据库分析控制台
Adodb360.zip	http://php.weblogs.com/adodb	Adodb（Active data objects data base）为 PHP 提供统一的数据库连接函数
Apache_2.0.46-win32-x86-no_src.msi	http:// www.apache.org	Windows 版本的 Apache Web 服务器
Jpgraph-1.12.2.tar.gz	http:// www.aditus.nu/jpgraph	PHP 所用图形库
Mysql-4.0.13-win.zip	http:// www.mysql.com	Windows 版本的 MySQL 数据库，用于存储 Snort 的日志、报警、权限等信息
Php-4.3.2-win32.zip	http:// www.php.net	Windows 中 PHP 脚本的支持环境
Snort-2_0_0.exe	http:// www.snort.org	Windows 中 Snort 安装包，入侵检测的核心部分
WinPcap_3_0.exe	http://winpcap.polito.it	网络数据包截取驱动程序，用于从网卡中抓取数据包

实验 9.2 虚拟专用网

1. 实验目的

通过实验掌握虚拟专用网的实现原理，理解并掌握在 Windows 操作系统中利用 PPTP（点对点隧道协议）和 IPSec（IP 协议安全协议）配置 VPN 网络的方法，并进一步熟悉 VPN 硬件的配置。

2. 实验原理

虚拟专用网是在公共网络中建立的安全网络连接，它采用专用隧道协议，实现数据的加密和完整性检验、用户的身份认证，从而保证信息在传输中不被偷看、篡改、复制，从网络连接的安全性来看，就类似于在公共网络中建立了一个专线网络一样，只不过这个专线网络是逻辑上的，而不是物理上的，所以称为虚拟专用网。

3. 实验环境

多台安装 Windows XP 操作系统的计算机，一台 Windows 2003 Server 操作系统的计算机，所有计算机均连网。

4. 实验内容

（1）在 Windows XP 操作系统中利用 PPTP 配置 VPN 网络。

（2）在 Windows XP 操作系统中配置 IPSec。

5. 实验提示

（1）在 Windows XP 操作系统中利用 PPTP 配置 VPN 网络。

① 配置 VPN 服务器。在 Windows 2003 Server 中选择“开始|程序|管理工具|路由和远程访问”项，弹出如图 9.6 所示的界面。右键单击右侧对话框中的服务器名，在弹出的菜单中选择“配置并启用路由和远程访问”项，出现“路由和远程访问服务向导”，分步进行配置。

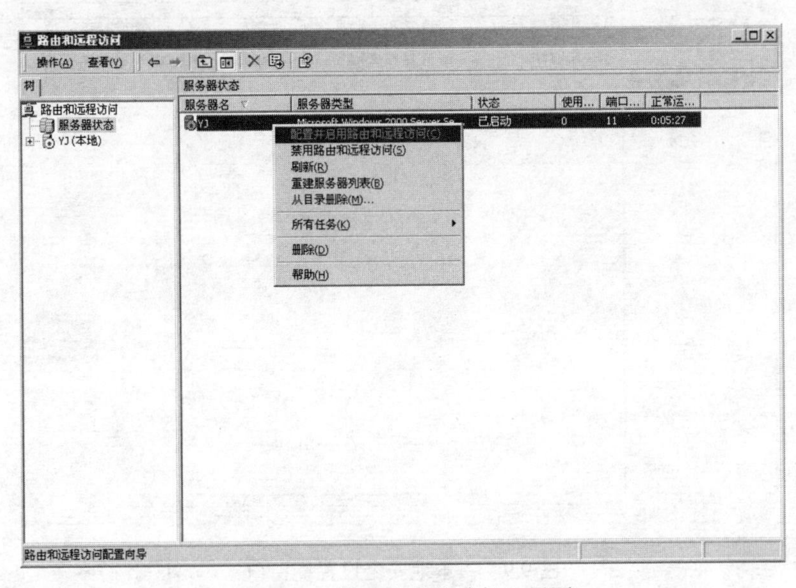

图 9.6 “路由和远程访问”界面

② 配置 VPN 客户端。在 Windows XP 中选择“控制面板|网络连接”，进入“网络连接向导”对话框，单击“下一步”按钮，如图 9.7 所示，根据提示进行配置。

③ 建立 VPN 连接。单击“开始|设置|网络连接”项，可以看到步骤②新建立的“连接 vpnclient”，打开这个 vpnclient 连接，弹出如图 9.8 所示的对话框，输入用户名和密码即可发起 VPN 连接。

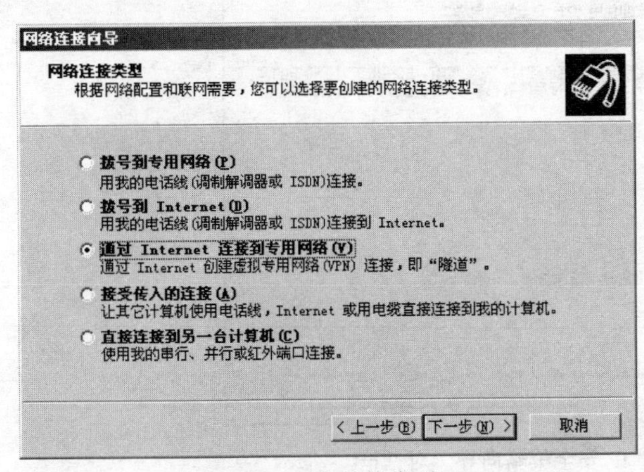

图 9.7 网络连接类型

图 9.8 VPN 客户端连接界面

（2）在 Windows XP 操作系统中配置 IPSec。

① 配置 Windows 内置的 IPSec 策略。在 Windows XP 中选择“开始|程序|管理工具|本地安全设置”项，看到如图 9.9 所示的窗口。在右侧窗口中，在 Windows 默认情况下，内置了“安全服务器”、“客户端”、“服务器”三个安全选项，分别根据提示进行配置。

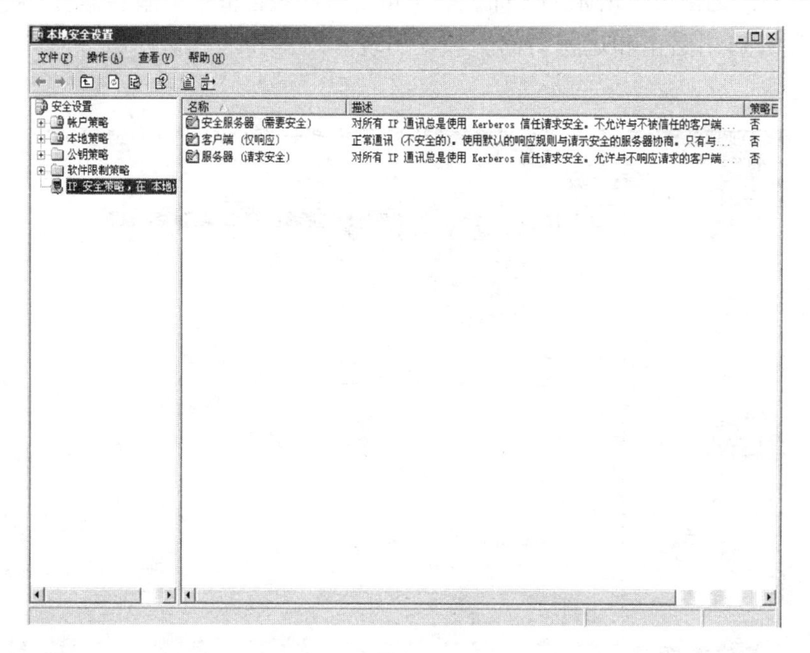

图 9.9 “本地安全设置”窗口

② 配置专用的 IPSec 安全策略。除了利用 Windows 内置的 IPSec 安全策略外用户还可以自己定制专用的 IPSec 安全策略。右键单击图 9.9 中“IP 安全策略，在本地机器”项，选择“创建 IP 安全策略”命令，弹出如图 9.10 所示的“IP 安全策略向导”对话框。单击“下一步”按钮，根据提示依次进行配置。

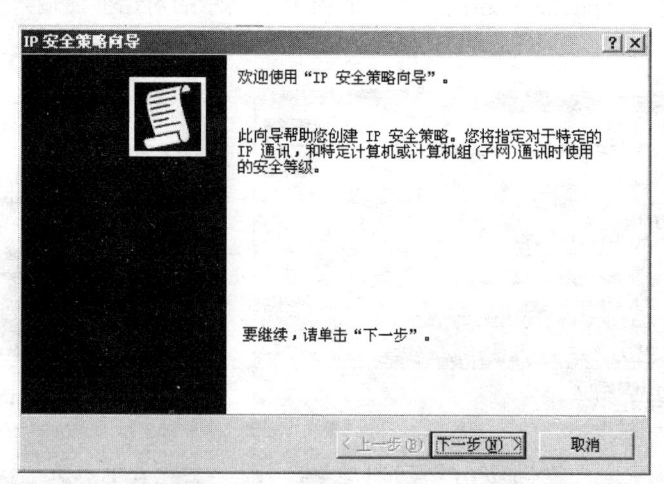

图 9.10 “IP 安全策略向导”对话框

习 题 9

9.1 简述网络安全扫描的步骤。

9.2 简述端口扫描技术的原理。

9.3 基于网络系统漏洞库，漏洞扫描大体包括哪几种？

9.4 漏洞扫描存在哪些问题？如何解决？

9.5 什么是入侵检测？入侵检测的基本步骤是什么？

9.6 入侵检测系统通常采用什么技术？

9.7 入侵检测系统常用的检测方法有哪些？

9.8 简述5代隔离技术。

9.9 电磁泄漏的途径主要有哪些？

9.10 电磁防泄漏的主要技术有哪些？

9.11 什么是蜜罐？蜜罐的特点是什么？

9.12 蜜罐有哪几种类型？

9.13 蜜罐的主要技术有哪些？

9.14 构建一个VPN系统需要解决哪些关键技术？这些关键技术各起什么作用？

9.15 无线局域网存在哪些安全缺陷？

9.16 针对无线局域网的主要攻击方式有哪些？

9.17 无线局域网的安全措施有哪些？

9.18 信息隐藏技术与密码技术有何区别？

9.19 信息隐藏技术在网络安全中有哪些主要应用？

第10章 网络安全管理

网络安全管理，是为保证计算机网络安全而进行的一切管理活动和过程，其目的是在使网络一切用户能按规定获得所需信息与服务的同时，保证网络本身的可靠性、完整性、可用性，以及使其中信息资源的保密性、完整性、可用性、可控性和抗抵赖性达到给定的要求水平。安全管理是确保网络安全必不可少的要素之一，是一切用于保证网络安全的设备、技术和人员能否有效发挥作用的一项决定性因素。

10.1 网络安全管理概述

网络安全管理的范畴包括网络安全管理原则、方法和手段，以及组织管理、运行安全管理、信息安全管理、值勤维护安全管理、人员安全管理等内容，具有综合性、系统性、高科技性、发展性和实践性等特点。

10.1.1 网络安全管理的内容

网络安全管理是指对网络所有的安全问题和环节进行的管理。对它的内容构成，可以从不同的角度来描述。

① 一种直观、简明、常用的方法，是从管理对象的属性来描述网络安全管理。现代管理理论认为，管理的对象应包括人员、资金、物资、信息、时间五个方面。相应地，可以认为，网络安全管理的内容包括：以保证网络安全为目的的组织与人事管理、资金与财务管理、设施与物资管理、信息管理等。在以上五大管理对象中，人员、物资、信息三者的管理，对于网络安全管理意义尤其重大，并且问题复杂，内容丰富。

在五大管理对象中，时间作为一种重要资源，把它列为管理对象是理所当然的。具体来说，一定的管理活动如果安排在不同的时间区域，所产生的管理效果也不同。在很多情况下，时间上的及时、准确与否成为度量管理效果的重要标准。但由于人员、物资、信息管理等一切管理活动的计划和实施都离不开对时间的安排和支配，可以认为，对时间的管理是与对人员、物资、信息等其他资源的管理结合进行的。所以通常并不将时间管理与物资、信息等管理内容并列地加以讨论。

在五大管理对象中，资金自然也是重要资源，资金与财务管理应该是网络安全管理的重要内容之一。大量的调查研究表明，我国计算机网络安全面临的形势严峻，一个重要原因是有关的资金投入不足。确立并实施恰当的策略和制度，采取各种有效的措施，以建立国家信息安全经费保障体系，加大信息安全投入，同时使有限的宝贵资金得到合理、有效的使用，是保证我国计算机网络安全的紧迫课题，也是网络安全管理的基本任务。

② 从管理对象的范围来描述网络安全管理的内容。管理是社会组织的活动，而现实生活中，社会组织的规模和所处的层次是有很大差别的，管理活动也有微观管理和宏观管理之分。不同层次的管理所处理的问题和活动的方式，虽然相互紧密联系并且有不少共同点，但彼此不同的特点有时也很显著。网络安全管理也同样如此，因此可以认为，它的内容由两部

分组成：一是宏观层次的网络安全管理，即国家从总体上对网络进行的安全管理；二是微观层次的网络安全管理，即某个单位对网络进行的安全管理。二者相互紧密联系，构成统一的整体。

③ 从管理职能来描述网络安全管理的内容。一切层次的管理活动，都是为了完成通常所概括的四大基本管理职能：决策与计划、组织与人事、领导与指挥、控制与监督。因此从原则上讲，网络安全管理的内容，可以表述为 4 部分：即完成决策与计划职能的安全管理、完成组织与人事职能的安全管理、完成领导与指挥职能的安全管理、完成控制与监督职能的安全管理。

为了从不同角度细致地论述网络安全管理的内容，本章后续各节将对网络安全的组织与人事管理、设施与物资管理及信息管理分别进行专门讨论，这里先分宏观与微观两个层次，按基本管理职能来对网络安全管理内容加以表述。考虑到相对于一般社会组织的各种管理活动和过程而言，网络安全管理在控制与监督职能方面问题特别复杂，实时性要求极高，必须采用最先进的技术手段，因此这方面安全管理的特点十分突出，内容十分丰富。

在宏观层次上，①在实现决策与计划职能方面，主要是确立网络安全保障的目标和基本要求；制定相应的法律、法规、标准、政策与策略；构建网络安全体系结构的总体框架及相应的发展战略与规划；发展规划不仅要有明确而具体的目标，以及达到目标的措施和步骤，还须包括资金、科技等保障条件的实现途径。②在实现组织与人事职能方面，主要是确立网络安全保障的组织机构体系、各级相应组织机构的编制体制、职权划分、协调配合关系和人员编配原则；建立并不断完善网络安全保障组织机构，完成相应的人员编配、调整、培训及日常人事管理等其他组织工作。③在实现指挥与控制职能方面，主要是在确定网络各组成部分中的安全保护的具体对象，分析其安全风险，在确定其应有的安全保护程度的基础上，确定并监督执行相应的各种安全保护措施；对网络的运行状况及各种安全保护措施执行情况，包括各种安全防护技术设施的运行状况进行及时必要的监控，发现问题及时解决；对网络中关系全局的重大安全事故进行应急处理等。

在微观层次上，①在实现决策与计划职能方面，主要是根据网络安全保障总目标和基本要求，以及上级有关政策、策略等指导原则，确定本单位所管网络的安全目标与安全策略：根据既有的法律、法规结合本单位网络情况，制定安全管理制度、细则和有关工作计划。②在实现组织与人事职能方面，主要是按照上级规定的编制和对安全管理有关人员条件的要求，完成人员编配、调整、培训及日常的人事管理等工作。③在实现指挥与控制职能方面，主要是按上级的有关指示和规定的职权范围，在明确本单位所管网络中安全保护对象及其应有的安全保护程度基础上，明确并执行各种安全保护措施；对网络的运行状况及各种安全保护措施执行情况，包括各种安全防护技术设施的运行状况进行监控，发现安全隐患和各种问题及时解决；对网络中的一切安全事故进行应急处理等。

如同一般社会组织的各种管理活动一样，网络在微观层次的安全管理，虽然具有与宏观层次相同的几个方面的基本职能，但在同一基本职能方面的管理工作的具体内容，仍然与宏观层次有明显的区别。以决策与计划职能为例，在宏观层次，目标性、战略性决策多，大多数为非程序性的，比较复杂。而在微观层次，执行性决策多，大多数是程序性的，难度相对较小。再如指挥与控制职能方面，在微观层次，对实时性的要求一般比宏观层次更高，因此更加大量地依靠计算机技术手段；微观层次处于管理体系的基层，要保证一切决策的最终实现，因此比宏观层次更加大量地直接执行对各种物质设备、设施的控制和监督，安全管理工作也大量地包括了各种安全设备管理、场地设施管理等内容。

10.1.2 网络安全管理的原则

1. 系统化原则

系统化原则是坚持运用系统论观念和系统工程方法来研究和处理网络安全管理问题的原则。所谓系统，是指由若干相互联系、相互作用的部分组成，在一定环境中具有特定功能的有机整体。系统具有整体性、动态性、相对的开放性、对环境的适应性及目标与方案的综合性等一系列特性。对于网络安全管理而言，系统化原则具有两个层次的含义。

其一，要把作为管理对象的网络如实地作为系统看待，在网络建设、研制和运行全过程中，充分运用系统工程的原理和方法。包括将安全保障有关的目标和设计要求融于系统的整体目标、整体功能与性能要求之中，在以上所述的全过程中相互紧密联系地同步实现。

其二，要把实现网络安全功能的一切资源和手段构建为一个具备系统一切特性的有机整体，一个系统，一个完整而统一的网络安全保障体系。这个体系作为一个大系统，它的各个组成部分仍然是一些系统，即子系统，主要包括安全法制体系、安全组织体系、安全技术保障体系、安全经费保障体系、安全人才保障体系、安全基础设施等。这些子系统同样具有作为系统的上述一系列特性。

在以上两个层次上，坚持系统化原则，就是对网络、对网络安全保障体系及其各个分体系，在建设和运行的全过程中，都要坚持系统的一系列特性要求：①坚持系统的整体性，就是要从整体着眼确定安全目标和任务，从整体上设计体系结构、方案和规划，在分解目标、落实任务分工的基础上，再进行整体的协调与综合，最终达到整体效益的优化。②坚持系统的动态性，就是要始终把网络安全管理看成一个动态过程，从法规制度到技术手段，都必须满足在动态中实现管理职能的要求。③坚持系统的相对开放性，就是要合理地确定并坚持网络自身与外部环境之间严格隔离的边界，以及在一定条件下、一定意义上又必不可少的某些接口。开放是相对于封闭而言的，相对的开放性实际上同义于相对的封闭性。单纯从安全的要求考虑，似乎网络绝对地封闭最安全，但要使网络在绝对封闭条件下又能够充分发挥其应有的功能，实际上是不可能的。而对于网络安全保障体系而言，也同样存在坚持系统相对开放性的问题。为了坚持系统的相对开放性及系统的整体性和动态性，在网络及其安全保障体系的规划、设计、建设、运行和维护全过程中，一切阶段、一切方面的各项工作，都必须严格地规范化、标准化。④坚持系统对环境的适应性，就是要使网络和网络安全保障体系在安全方面具有自适应能力和自组织能力。所谓系统的自适应能力是指系统在外界环境或内部结构有所变化的情况下，保持正常稳定的运转，使原定的目标仍能按预定要求达成的能力。

系统化原则所体现的观念与方法广泛地渗透于以上讨论的各项安全管理原则之中，可以认为，它是安全管理各原则中具有统率作用的原则。

2. 以人为本原则

以人为本原则或称以人为中心原则，就是坚持把人作为管理的核心和动力的原则。管理主要是由人实行的管理，并且主要是对人实行的管理。对物资、资金、信息等各种资源的管理，归根到底都要通过对人的管理来实现。安全管理的法规、制度靠人来制定，还需要所有与之有关的人自觉地遵守和贯彻。安全管理的技术、设施靠人来开发和建设，还需要人来正确地运用和维护。在执行安全管理法规、制度，以及运用安全管理技术、设施的过程中，难免出现一些意外情况，这更有赖于人来进行恰当的机动处置。这一切，离开人的积极性和能动作用是难以奏效的。网络安全管理坚持以人为本的原则，就是注重从根本上做好人的工作，通过有效的组织工作和宣传教育工作，提高全体有关人员的政治觉悟、敌情观念、安全意识和安全知识素养。由此使管理者充分发挥工作的积极性、创造性和高度负责精神，不断提高业务、技术水平，使被管理者高度自觉地遵守安全管理法规制度，积极支持和协助安全管理工作。

3. 效益优化原则

效益优化原则就是把效益观念贯彻于管理过程始终的原则。效益是管理的根本目的，管理就是对效益的不断追求。网络安全管理所追求的效益，首先不是经济效益，而是安全效益。在整个网络安全保障体系规划、建设和运行的全过程中，这是一个必须始终认真对待，必须通过不断努力求得尽可能良好解决的根本性任务。对于网络安全管理而言，经济效益虽然不是追求的主要目标，但我国作为发展中国家，为保障网络生存，经济上的承受能力是一个十分重要的制约因素。因此在寻求最优化整体目标和方案的过程中，经济上的可承受性与合理性要求仍然是一个不容忽视的重要方面。，前面在讨论网络安全管理的系统化原则时，已经论及系统整体效益优化的问题，这里专门列为一条原则再加以强调。基于效益优化原则的要求，产生了如下更为细致的原则：

（1）均衡防护原则。就是注重各种防护措施的均衡运用，避免个别薄弱环节导致整体防护能力低下的原则。以水桶装水为喻，箍桶的木板中只要有一块短板，水就会从那里泄漏出来。网络生存防护措施中如果存在薄弱环节，则整体防护能力就将由该薄弱环节所限定，其他环节即使性能优越也无济于事，相关的投资也将成为无益的耗费。

（2）多种安全机制原则。就是不把所有信息资源置于单一的安全机制之下，而是采取分散方式并对最敏感的数据采取多种安全机制的原则。由此使各种安全机制相互补充、相互配合，提高整体的安全防护能力。

（3）独立自主原则。就是采用的技术和设备尽量立足国内的原则。由此可以避免因直接采用境外技术和设备而在以后受制于人，甚至存在敌方对我方进行攻击的隐患。此外，从经济角度考虑也更为有利。

（4）选用成熟技术原则。由此提供可靠的安全保证，在经济上也较为可取。

4. 重在预防与快速反应原则

以上三条安全管理原则，就其本质而言，也是一切管理工作的一般性基本原则。在前面的讨论中，结合网络安全管理的特点，还讨论了贯彻这些基本原则的进一步具体要求。重在预防与快速反应原则，是主要着眼于网络安全管理特殊性的原则。这一原则包含两个相互联系的方面。

一是重在预防，就是在有关网络安全管理的一切工作中，都把着重点放在防患于未然上。二是快速反应，就是对于一切威胁网络安全的事件和情况，能够做出快速反应，使之不能产生危害或将危害减至最小。大量事实表明，基于互联网技术的大规模计算机网络，一方面，在现代社会生活的各个领域其作用日益扩大；另一方面，其受到计算机病毒、网络“黑客”、有组织的蓄意入侵、内部攻击及其他犯罪行为的威胁也日益严重。一旦网络中某一环节遭到上述威胁的危害，往往能极其迅速地大范围扩散，甚至波及全网，造成极其严重的后果。因此对这类网络的安全管理，应该强调重在预防，强调防患于未然，强调快速反应。

为贯彻这一原则，在网络规划、设计、设备采购、集成和安装过程中，应充分体现预防为主的指导思想，同步考虑安全策略和安全功能。要预先制订安全管理的应急响应预案，并进行必要的预先演练，以备一旦出现紧急情况能够立即做出恰当的反应。要预先制定并落实灾难恢复措施，在可能的灾难不至于同时波及的地区设立备份中心。对于要求实时运行的系统，保证备份中心和主系统的数据一致性。一旦遇到灾难，立即启动备份系统，以保证系统平稳地连续工作。

10.1.3 网络安全管理的方法和手段

管理方法是管理活动中为实现管理目标，保证管理活动顺利进行所采取的工作方式；是实现管理目标的途径和手段；是管理理论、原理和原则的自然延伸和具体化。管理方法可从不同的角度分为多种不同类型。其中较常用的网络安全管理方法的分类依据，是按照管理方法的机制特征进行分类。因此，网络安全管理的一般方法由 4 种方法组成，即法律方法、行政方法、经济方法和宣传教育方法。四者相互结合，构成管理方法体系。

随着现代科技，特别是计算机与通信工程技术的发展，许多管理职能可以借助技术手段来实现。例如，对网络安全服务和安全机制的管理，其大部分管理过程是通过一个高度自动化、具有多种功能的综合管理系统——网络管理系统来完成的，由此大大提高了安全管理工作的及时性和效率，也极大地增强了网络安全管理的能力和水平。再如，网络中广泛使用的各类保密设备，也是一种保证网络安全的技术手段。显然，对此类现代化技术手段的有效利用，也属于安全管理方法的重要组成部分。从另一角度看，此类技术手段作为网络安全设施，其本身也是安全管理的对象。

1. 安全管理的一般方法

（1）安全管理的法律方法

法律方法是指通过国家制定和实施各种法规来进行管理的方法。这里的法规，不仅包括国家颁布的法律，也包括由国家、军队的各级领导机构，以及各个管理系统所制定的法令、条例、制度等各种具有法律效力的规范。安全管理法律方法的内容，不仅包括建立和健全各种法规，而且包括相应的司法工作和仲裁工作，以保证法规切实有效地施行。这两个环节是相辅相成、缺一不可的。

网络的安全保障涉及国家的政治、经济、文化、科技等社会生活的诸多方面，涉及全社会十分广泛的行业、部门、系统和人群。因此，极需从国家整体利益的高度制定对全社会具有约束力的相关法律，进而形成相应的法规体系，并贯彻实施，才能使一切有关部门、系统和人群依法履行各自的职责，循章处理各自的事务，才能使网络的安全管理在统一的目标之下规范、有效地进行。实际情况也表明，当前我国网络安全管理中存在不少问题，其原因正在于无法可依、无章可循，或有法不依、有章不循，导致某些单位和个人有害于网络安全的行为得不到及时有效的制止。由于法律方法具有高度的权威性、强制性、严肃性和规范性等特点，并考虑到我国当前的实际情况，应该将其视为网络安全管理具有首要意义的一种方法。

（2）安全管理的行政方法

行政方法是指行政组织机构和领导者运用权力，通过强制性的行政命令、规定、指示等行政手段，按照行政系统和层次，直接指挥下属工作以实施管理的方法。虽然行政命令原则上应该以法规作为依据和限度，但管理的行政方法也仍然具有相当程度的权威性和强制性，同时又具有很大的直接性、具体性，能够及时地针对任何个别的具体问题发出命令和指示，从而更为恰当地处理特殊问题和新出现的情况。在管理活动中，法律方法、经济方法、宣传教育方法等管理方法作用的发挥，通常都需要经由行政系统，才能具体地组织与贯彻实施。

行政方法是一种最基本、最常用的网络安全管理方法。在网络安全管理中能完成大量安全管理控制职能、发挥重大作用的军事通信系统管理网络，以及若干其他的技术手段，大部分都可看成是安全管理行政方法在某些范围、某些环节、某种程度上达到自动化的技术，是运用行政方法进行安全管理的有力辅助手段。

（3）安全管理的经济方法

经济方法是根据客观经济规律，运用各种经济手段，调节各种不同方面经济利益之间的关系，以获取较高的社会效益与经济效益的管理方法。这里的各种经济手段，主要包括价格、税收、信贷、工资、利润、奖金、罚款及经济合同等。经济方法具有经济利益的直接关联性、具体方式的灵活性及执行上的平等性等特点。其实质是围绕物质利益，运用各种经济手段，正确处理好国家、集体、个人三者之间的经济关系，最大限度地调动各方面的积极性、主动性、创造性和责任感，促进社会的进步与经济的发展。

网络的安全管理活动，特别是微观层次的安全管理活动，其范围基本上限于单位内部，经济方法采用甚少。虽然如此，网络安全管理作为一个整体，其所处的外部社会环境仍然是社会主义市场经济，因而特别在其宏观层次，在诸如安全技术发展、安全标准制定、安全产品采办、安全设施建设、安全经费保障、安全人才延揽与保留及军内外信息资源共享等问题上，都难免涉及社会上诸多行业、部门、系统和人群的经济利益。在这些问题上，经济方法就是一种不可避免且十分重要的方法，应该给予充分的注意。

（4）安全管理的宣传教育方法

宣传教育方法是指通过教育全面提高被管理者的素质，使其在行动的自觉性、积极性、创造性及知识素养和业务能力等方面都能满足要求的管理方法。宣传教育方法的采用，是贯彻以人为本原则的必然要求和基本方式。它具有根本性、过程与效果的长期性、对象的广泛性及方式的多样性等特点。

对于网络安全管理而言，宣传教育方法的必要性与重要性尤为突出。事实证明，网络安全事故的出现，往往都和人的思想因素有关。有的是由于网络使用者或安全管理人员思想麻痹、行为违章；有的是内部个别人员政治上变质、故意犯罪；还有的是外部少数人员出于对法律的无知而危害网络安全；个别坏人则故意对网络实施犯罪。从技术角度看，计算机网络本身的技术极其复杂，而许多硬件、软件又不可避免地存在各种安全漏洞。这种情况不仅意味着安全风险存在的必然性与严重性，同时还意味着防止安全事故，以及一旦发生事故迅速处置使危害最小的重要性与艰巨性，意味着必须对网络使用者和安全管理人员的安全技术业务知识与能力提出很高的要求。

网络安全管理宣传教育的主要内容应该包括正确的人生观及公民道德教育，爱国主义思想、国家安全意识教育，纪守法教育，计算机网络安全知识及一般科学文化教育等诸多方面。首先为安全管理行为提供坚实的统一的思想基础，同时为安全管理人员提供必要的、不断更新的知识与能力。宣传教育的对象，不仅包括各级安全管理人员，还应包括网络的所有管理人员与使用人员，以及整个社会可能与网络建设及运行发生关系的人员。

2. 安全管理的技术手段

对于网络安全管理而言，一种规模大、功能全的技术手段是网络管理系统。所谓网络管理系统是一个以确保网络安全、可靠、高效地运行，从而不间断地向用户提供优质服务为目的，用于收集、处理、传送和存储有关网络的维护、操作和管理信息，可以实现网络配置管理、故障管理、性能管理、安全管理和计费管理五大基本管理功能的，由若干在网络环境中实现网络管理功能的计算机应用系统所组成的标准化网络。从管理功能和管理业务的角度，它可以看成是一个可以实现网络各种基本管理功能，并在此基础上提供各种以网络管理为特点的管理型业务的专业网，可供用户按其业务方式来管理现有的和将来的各种其他专业网，也包括其自身。

网络管理系统是一个对网络进行全面管理、包括安全管理功能的、高度自动化的系统网络，它对最大限度地利用网络资源、确保其安全具有重要意义。显然，正确掌握并充分运用这一现代化技术手段，是安全管理方法的重要组成部分。

一般来说，为了对广域、复杂的网络进行管理，使其可靠、高效、安全地运行，在长期实践经验和科技发展的基础上，网络管理的技术手段经历了由简单到复杂、由单一到综合、由小规模到大规模、由单网到多网、由非标准化到标准化的发展过程，目前已经达到了相当成熟的水平。这集中体现在以“网”管“网”的概念上，就是说，对网络的管理功能是由多个系统联合构成的网络来完成的。正是在这一概念的基础上，发展形成了网络管理系统，并成为网络管理（包括安全管理）的最主要、最基本、最有效的技术手段。

性能管理，是对管理对象（即网络及其各组成部分）的性能和有效性进行规划，并通过对管理对象行为和效果进行监测、分析、评估和控制，一旦出现性能的有效性下降现象及时加以纠正，保证网络质量和服务质量满足要求的一系列有关的管理活动。其具体工作内容主要有：对管理对象性能的有关统计数据进行搜集；对上述统计数据进行全面分析；对管理对象的性能作出科学评价并提出评估报告；采取改善管理对象性能的措施等。

所谓配置是指网络中各种工作设备、备份设备及设备之间关系的状态。配置管理就是根据网络管理的目的、要求，对网络的配置包括技术状态、业务状况等给予恰当的、确定的和适时的调整与控制，并提出相应的报告。

故障管理指当网络的运行或网络设备所处的环境发生异常情况（即故障）时，对故障进行检测、定位、隔离、诊断和纠正（或称为恢复）等一系列有关的管理活动。其具体工作内容主要有：建立差错记录，并以日志形式保存；对故障情况进行监视、跟踪和告警；执行一系列诊断测试并完成对故障的定位；通过隔离故障部位并启动备用设备或系统及人工维修等方法排除故障，使网络恢复正常运行，并提出相应的报告。

计费管理主要提供网络中各种业务的使用情况，必要时提供有关费用的资料，并提出相应的报告。

安全管理是一项综合管理。它依据一定的安全保密政策在各级网络中心建立不同等级的安全管理信息库。该信息库包含了系统所需的全部安全信息。这些安全信息可以是数据表格形式、文档形式、嵌在系统软件或硬件中的数据或规则等。服务管理功能为特定的安全服务确定和分配安全保护目标，又为所需的安全服务选择特定的安全机制。安全服务和安全机制必须符合一定的安全管理协议，并为安全主管部门提供有效的调用。机制管理功能实现对各项安全机制的功能、参数和协议的安全管理。事件处理管理功能的目标是使安全事件造成的损失减小到最低限度，需要对军事通信系统进行大量的风险分析和安全分析，如明确资源状况、资源弱点，预测安全事件发生的可能性，事件损失的评估、故障控制，以及安全计划等一系列工作。安全事件处理管理还需对安全事件报告的界限和远距离报告的途径及处理内容等给予确定，并保证其按规定完成。

网络安全管理的另一种重要的技术手段是保密设备。所谓保密设备，包括生成密钥素材的设备密钥生成器、密钥枪等密钥注入设备，以及通信保密机在通信中对语音、文字、图像、数据等信号加密和对加密信号解密的设备等。对这些技术手段的运用，当然也属于安全管理的方法。

10.2 网络设施安全管理

网络设施包括安全设施，是网络完成自身任务，同时保证安全的物质手段和重要资源，是网络安全管理的重要对象。网络设施的安全管理主要包括网络管理系统的安全管理、保密设备的管理及硬件设施与场地的安全管理等，本章重点讨论硬件设施与场地的安全管理。

10.2.1 硬件设施的安全管理

1. 主要硬件设施及其安全需求

组成网络的硬件设施主要有计算机、网络节点设备、传输介质及转换器、输入/输出设备等。

（1）计算机

计算机是网络的基本硬件平台。常见的计算机有大型机、中型机、小型机和个人计算机。其中大/中/小型计算机主要在网络中作为服务器来使用，因此要求此类计算机存在的风险尽可能少，特别是电磁辐射、老化等方面更是主要的考虑因素。一般要求关键部件，如CPU、硬盘等有一定的冗余，并需对关键信息定期进行备份。个人计算机是网络中多数终端采用的机型，也有一些网络选择性能较好的个人计算机作为服务器。个人计算机在一定程度上存在设计缺陷和兼容性问题，主机的电磁辐射和电磁泄漏问题主要存在于磁盘驱动器部分。这是安全管理上需要注意之处。

（2）网络节点设备

网络节点设备是网络中具有关键作用的组成部分。常见的网络设备有交换机、集线器（Hub）、网关设备或路由器、中继器、桥接设备、调制解调器（Modem）等。从安全管理角度考虑，一般来说，以上所有的网络节点设备都存在自然老化、人为破坏和电磁辐射等安全威胁。其中，对调制解调器、集线器、网关设备或路由器而言，后门、设计缺陷等也是常见的威胁。对交换机的常见威胁更多，包括物理威胁、欺诈、拒绝服务、访问滥用、不安全的状态转换、后门和设计缺陷等。对上述安全威胁的防范，应是网络节点设备安全管理的着重之处。

（3）传输介质及转换器

常见的传输介质有双绞线、同轴心缆、光缆、卫星信道、微波接力信道等，相应的转换器有光端机、通信卫星的收/发转换装置或微波接力机等。从安全管理角度考虑，双绞线和同轴电缆常见的威胁有电磁辐射、电磁干扰、搭线窃听和人为破坏等。对光缆及光端机的威胁主要是人为破坏，随着技术的发展，搭线窃听和辐射泄漏也可能构成威胁。对卫星信道、微波信道及其相应的收/发转换装置而言，常见的威胁是对信道的窃听和干扰，以及对收/发转换装置的人为破坏。

（4）输入/输出设备

常见的输入/输出设备主要有键盘、磁盘驱动器、磁带机、打孔机、传真机、传声器（麦克风）、用户识别器、扫描仪、手写输入的电子笔、打印机、显示器等。从安全管理角度进行风险分析，这些设备的主要安全威胁有很多共同之处，即电磁辐射泄露信息和人为滥用或破坏。此外，相当一部分设备存在自然老化威胁。有的较复杂的设备，如打印机及用于识别系统用户的生物特征识别器、光学符号识别器等，还可能存在设计缺陷和后门等安全威胁。

（5）保密设备

保密设备通常也称保密机，主要指在网络中对语音、文字、图像、数据等信号进行加密和对已加密信号进行解密的设备。保密机包括发送与接收两部分。发送部分由发信息处理、加密和信道接口三部分组成；接收部分则由收信息处理、解密和信道接口三部分组成。其中，加/解密部分是保密机的核心部分，有时又称密码机。密码机由密码产生胎、加密器、解密器、密钥和收发密码同步器组成。在保密机中，密钥是最关键的部件。

保密设备的管理主要包括保密性能指标的管理，工作状态的管理，保密设备的类型、数量、分配及使用者状况的管理等。此外，密钥管理有时也被看成保密设备管理的组成部分。由于保密设备与密钥本身全都属于军事通信网生存设施最重要的组成部分，因此，一切保密设备与密钥的管理也都是安全管理。对保密设备与密钥而言，“管理”和“安全管理”可以认为是同义语。又由于密钥本质上是一种安全管理信息，密钥管理本质上是对安全信息的管理，所以安排在本章下一节讨论，而保密机属于硬件设备，与网络其他硬件设施在安全管理方面具有更多共性。

2. 硬件设施安全管理的主要环节

（1）购置管理

购置管理是指网络硬件设施购置过程中的安全管理。包括如下一些主要环节。

一是选型。购置网络任何硬件设施，都应遵循下列原则：①尽量采用我国自主开发研制的信息安全技术和设备；②绝不采购未经国家信息安全测评机构认可的信息安全产品；③绝不直接采用境外密码设备，如果确实有必要，必须通过国家信息安全测评机构的认可；④绝不使用未经国家密码管理部门批准和未通过国家信息安全质量认证的国内密码设备。对传输线路而言，局域网内部传输线路应优选屏蔽双绞线、同轴电缆或光缆，广域网传输线路必须采用专用同轴电缆或光缆。所有的传输线路都必须符合规定的可用性指标。

二是检测。网络中的所有设备必须是经过测评认证的合格产品，新选购的设备应该符合中华人民共和国国家标准《数据处理设备的安全》、《电动办公机器的安全》中规定的要求，其电磁辐射强度、可靠性及兼容性也应符合安全管理等级要求。

三是购置安装。网络任何硬件设施，都必须符合系统选型要求并获得批准后，方可购置。凡购回的设备，均应在测试环境下经过连续 72 小时以上的单机运行测试，以及联机 48 小时的应用系统兼容性运行测试。在测试通过后，设备才能进入试运行阶段。试运行时间的长短根据需要确定。试运行结果获得通过的设备，才能正式投入运行。

四是登记。对网络所有硬件设施均应建立项目齐全、管理严格的购置、移交、使用、维护、维修、报废等登记制度，并认真做好登记及检查工作。

（2）使用管理

对于网络硬件设施的使用情况，应按台（套）建立详细的运行日志，并指定专人负责。设备责任人应保证设备在其出厂标称的使用环境（如温度、湿度、电压、电磁干扰、粉尘度等）下工作，并负责设备的使用登记。登记内容包括运行起止时间、累计运行时数及运行状况等。责任人还须负责进行设备的日常清洗及定期保养维护，并做好维护记录，保证设备处于最佳状态。一旦设备出现故障，责任人应立即如实填写故障报告，通知有关人员处理。在传输线路上传送敏感信息时必须按敏感信息的密级进行加密处理。

（3）维修管理

网络一切硬件设施均应有专人负责维修，并建立满足正常运行最低要求的易损件的备件库。应根据每台（套）设备的资质情况及系统的可靠性等级，制定预防性维修计划。对网络进行维修时，应采取数据保护措施，安全设备维修时应有安全管理员在场。对设备进行维修时必须记录维修对象、故障原因、排除方法、主要维修过程及维修有关情况等。对设备还应规定折旧期。设备已到规定使用期限或因严重故障不能恢复，应由专业技术人员对其进行鉴定并详细登记，提出报告和处理意见，由主管领导和上级主管部门批准后进行报废处理。

（4）仓储管理

网络一切硬件设施在储存时，必须由责任人保证各台（套）设备的储存环境（如温度、湿度、电压、电磁干扰、粉尘度等）符合其出厂标称的环境条件要求。设备进出库、领用和报废应有登记。对储存的设备必须定期进行清洁、核查及通电检测。安全产品及保密设备应单独储存并有相应的保护措施。

10.2.2 机房和场地设施的安全管理

1. 机房和场地设施安全管理要求和安全等级分类

机房和场地设施是网络得以正常运行的基本环境条件。对它们进行安全管理的基本要求包括：在地点选择、内部装修、设施配置等环节，都满足防火、防水、防静电、防雷击、防鼠害、防辐射、防盗窃等方面的要求；有火灾报警及消防措施；供配电系统等保障条件满足有关技术要求。这些要求的最主要部分，以法规形式集中体现于中华人民共和国国家标准 GB9361—88《计算站场地安全要求》、GB2887《计算站场地技术要求》等有关的国家标准中。

国家标准 GB9361—88《计算站场地安全要求》将计算机机房的安全按等级分为 A、B 和 C 三个基本类别，并针对这三类机房，在场地选择、防火、内部装修、供配电系统、空调系统、火灾报警及消防设施、防水、防静电、防雷击、防鼠害等各个方面分别做了具体规定。其中，对计算机机房的安全程度，A 类有严格要求，B 类有较严格要求，C 类只有基本的要求。相应地，计算机机房的安全措施，A 类完善，B 类较完善，C 类则只有基本的安全措施。基于这一标准，凡处理绝密级信息的场所，以及对国家与军队网络整体上正常运行至关重要的场所，对应该标准所规定的 A 类要求。处理秘密级以上信息的场所，以及对国家与军队网络重要节点正常运行至关重要的场所，对应 B 类要求。其他则对应标准中的 C 类要求。

按机房和场地设施的主要组成，其安全管理要求如下。

场地，包括机房场地和信息存储场地。网络的机房场地在以下各个方面均应符合国家标准 GB2887—2000 有关规定的条件。这些方面是：温度、湿度条件；照明、电磁场干扰的技术条件；接地、供电、建筑结构条件；媒体的使用和存放条件；腐蚀气体的条件等。至于信息存储场地，包括信息存储介质的异地存储场所，则应符合国家标准 GB9361—89 的有关规定，应具有完善的防水、防火、防雷、防磁、防尘等措施。

机房应满足国家标准 GB9361—88 的有关规定。

保障条件主要指电力供应和灾难应急两方面的条件。在电力供应方面，供电电源技术指标应符合国家标准 GB2887《计算站场地技术要求》中的有关规定，在电力供应系统负荷量、稳定性和净化等方面均应满足要求且有应急供电措施。在灾难应急方面，由于计算机设备、设施（含网络）及其他媒体容易遭受地震、水灾、火灾、有害气体，以及诸如电磁污染等其他环境事故的破坏，通信系统的灾难应急方面应符合国家标准 GB9361—89 的有关规定，应有防火、防水、防静电、防雷击、防鼠害、防辐射、防盗窃、火灾报警及消防等设施和措施。此外还必须专门制定相应的应急计划，其中包括紧急措施、备用资源、恢复过程、演习方案，以及与应急计划有关的各种关键信息。应急计划应有明确的负责人，并应明确规定各级责任人的职责，还必须便于培训和实施演习。

为了保证网络场地和环境的安全，依据国家有关标准的规定，凡重要的网络系统，对其所在场地和环境都需执行一定的监控规程并使用相应的监控设备。常见的监控设备主要有摄像机、红外线、微波等不同类型的监视器，以及电视机和报警装置等。借助这些设备，对环境场地进行监测，记录对系统设备的滥用、偷窃、恶意损坏等人为的破坏行为，并按规定及时发出报警信号。在网络交换机和入侵检测设备上装配监视器，监视网络出入情况，协助网络管理。这些监控设备本身，也存在安全威胁，主要有断电、物理损坏或电磁干扰等。对这些威胁，也需从安全管理角度，从技术、制度等方面采取相应的措施。

2. 机房和场地设施安全管理的若干重要措施

（1）人员出入控制

对机房和工作场所，应根据其安全等级和涉密范围，控制人员的出入。对每个工作人员，按其所任工作的实际需要，规定其所能进入的区域。若有人员需要进入不符合上述规定的区域，必须经过有关安全管理员的批准。

对各机房和工作场所的进出口应进行严格控制，根据涉密程度和安全等级，采取必要的技术与行政措施。例如，设置门卫，设置电子技术报警与控制装置，对人员进出时间及理由进行登记等。

（2）电磁辐射防护

电磁辐射是信息泄露、危害通信系统安全的重要因素。应根据信息的重要性来考虑技术上的可行性与经济上的合理性，分别或同时采取如下几方面的防护措施：

① 设备防护。就是对通信网设备，根据其涉密程度和安全等级，按照国家标准

GB9254—88《信息技术设备的无线电干扰极限值和测量方法》的规定，采取相应的电磁泄漏防护措施，使之满足国家标准的要求。

② 建筑物防护。就是对涉及机密以上的信息和安全等级 A，B 类的机房建筑物，装设电磁屏蔽装置（屏蔽网或屏蔽板），以防止电磁波的干扰和泄漏。

③ 区域性防护。就是对涉及机密以上信息的通信网，根据辐射强度划定防护区域，将应予保护的设备置于该区域建筑物的最内层，并禁止无关人员进入该区域。

④ 磁场防护。就是对通信系统中易受磁场影响的各种设施、器材加以相应的防护，主要是为了防止由于磁场影响造成介质上的信息变化。这方面可以采取如下措施：一是对机房和介质库内所有设备及物体表面的磁场强度加以限定，允许值限定在 800A/m 以下的范围之内。对机房和介质库内的所有设备均进行定期检查，防止磁场强度超标。二是对进入 A，B 类机房的人员、仪器、设备、工具，都用磁场检测器检查。三是对磁带、磁盘使用存放柜存放，并对其进行物理保护。对载有机密以上内容的磁带、磁盘，保存在防磁屏蔽容器内。

10.3 网络信息的安全管理

这里所说的网络信息有三种不同层次的内容：①作为网络采集、传递、处理、存储对象的信息，它们不言而喻应是网络安全管理的保护对象；②作为网络组成部分的信息，主要是网络的各种软件，它们和硬件设施一起，同属网络完成自身功能所必需的资源，因此也应当是安全管理的对象；③作为网络安全管理手段的信息，主要是密钥和口令等信息，它们是网络实现安全管理功能极为重要的资源，显然它们更是网络安全管理的重要内容。

10.3.1 密钥管理与口令管理

1. 密钥管理的原则

密钥是加密算法的一组可变参数，改变密钥，即可改变加密算法。密钥是用密钥产生器产生，并利用密钥枪注入的。密钥管理就是对密钥的生成、检验、分配、保存、使用、更换、注入和销毁等过程进行管理。除了上述网络中所用的保密机及其密钥之外，网络中用于存储信息的数据库通常也采用密钥技术保证信息安全，因而也存在密钥管理问题。

密钥管理通常应遵循以下原则：最少特权的原则、特权分割的原则、最少公用设备原则、不影响系统正常工作和用户满意的原则、对违约者拒绝执行的原则、完善协调的原则、经济合理原则。

为了加强密钥的安全管理，可以建立密钥的层次结构，用密钥来保护密钥。重点保证最高层次密钥的安全，并经常更换各层次的密钥。为了提高工作效率和安全性，除最高层密钥外，其他各层密钥都可由密钥管理系统实行动态的自动维护。

2. 密钥管理的主要环节和要求

（1）密钥的生成

密钥必须由随机序列源产生，并应经过随机性检验，对其不可预测性进行严格的测量。生成密钥时不能降低密码算法设计中所规定的密钥空间。当用统计方法检验密钥的随机性时，应检验其不随机密钥序列出现的概率是否最小。

（2）密钥的分配和传送

密钥的分配方式随网络规模、拓扑结构、通信方式和密码体制的不同而不同。密钥分发必须通过机要传递渠道邮寄或信使投送，或者经过采用加密算法，在通信网上传送。用于密钥传送的信道，其安全性要求应高于使用该密钥的通信系统的安全。密钥传送要有专门的密钥传送机制，大型通信网中的密钥分发，应专门设计密钥分发设备。

（3）密钥的存储

密钥应以密文形式存储在密码装置中，至少主密钥应这样存储。对密钥存储的保护措施有：由密码操作员掌握加/解密的操作口令；密码装置应有掉电保护功能；拆开装置时密钥会自动消失；非法使用装置时会自动审计等。存储密钥的介质必须严加保护。有关密钥存储方式的信息都应被严格地限定由授权的专门人员掌握。系统密钥的保存应由专门设计的密钥管理协议完成，若采用密钥卡保存用户密钥，应加强密钥卡的保护措施并防止丢失。对密钥备份副本的保存，也必须保证其物理上的安全。

（4）密钥的注入和使用

用于现场加密信息的密钥，最好注入加密算法或加密设备中，长期驻留的密钥及其变形必须加物理保护。密钥注入过程要有正确性检查机制。密钥注入设备有键盘，软盘、磁卡、智能卡、磁条等磁介质，专用密钥枪、密钥注入器，以及有更换密钥功能的系统安全模块等。在采用各种注入设备注入密钥时，操作应正确、可靠，防止泄露。注入密钥时应有多重保护措施，例如，在与外界隔离的环境内进行注入操作；保证工作人员可靠；注入前验证操作口令；不使注入的内容显示在除操作者之外任何人员可以看见的任何装置上；对重要的密钥要分批注入；已经注入的密钥若遇非法窃取的情况，密钥应自动销毁。

（5）密钥的更换和销毁

为了防止长时间使用时密钥可能被窃取或泄露，应经常更换密钥，且尽量减少参与人员。密钥的寿命因不同的使用条件和不同的加密算法而定。会话密钥应在每次会话后更换，重要的网络通信密钥也只应在一次通信内有效。主密钥更换周期应视具体情况，根据密钥的种类及有关部门的要求确定，密钥的加密密钥可按年或月更换。一切密钥均应严格按照规定的有效期及时更换。更换密钥时，必须清除原有密钥的存储区或重写。更换密钥应按“新密钥生效后，旧密钥才废除”的原则进行。对于更换后的新密钥，应检查其是否有错，存储位置是否正确，及时发现人为的错误并防止故意的破坏。更新后的旧密钥仍需保密归档，并在规定的时间内，在安全管理负责人的严密监督下，由管理责任人销毁。必须具有在紧急情况下销毁密钥的手段和措施，以防密钥丢失。要注意及时发现已经泄露或怀疑其已经泄露的密钥，并及时做出废止使用和更换的处理。

（6）密钥的连通和分割

在网络环境下密钥的连通和分割能力是实现信息保密和资源共享的重要途径。连通能力可以达到网络拓扑结构的地址极限，但是为了安全，应通过分割来限制连通范围，使信息保密和资源共享两方面的要求达到最佳的平衡。

（7）数据库密钥管理

数据库的密钥管理要满足两个要求：一是时间不变性，即数据库中数据不变，其密钥也应不变；二是用户不变性，即当不同用户访问同一数据时，所使用的密钥应该相同，当用户或口令改变后，密钥也不应改变。

3. 口令管理

口令是用户和网络之间相互认可的一组秘密字符，是鉴别用户是否有权访问和使用网络的一种手段。口令管理包括以下环节：

①口令的产生。一般应集中进行，并应力求达到口令不可猜测。口令的长度根据网络处理信息的密级决定。通常，绝密级信息的口令不应少于 12 个字符（或 6 个汉字）；机密级信息的口令不应少于 10 个字符（或 5 个汉字）；秘密级信息的口令不应少于 8 个字符（或 4 个汉字）。

②口令的传送。必须预先加密，并与用户身份识别标志一一对应。

③口令的使用。若采用人工输入口令字方式，用户应牢记自己的口令字，并且不得记载在不保密的介质上。在输入口令字时，在显示器上不应有相应的显示。

④口令的存储。口令表必须加密存储，对口令表的访问、修改、删除必须由专门授权者执行，口令表必须有备份。

⑤口令的更换。一般由系统管理员掌握实施，口令变更的频率通常根据访问等级确定。强度特别高的访问控制应使用一次性口令机制，还可考虑使用生物特征识别认证。

10.3.2 软件设施的安全管理

1. 网络的主要软件设施及其安全需求

组成网络的软件设施主要有操作系统（包括计算机操作系统和网络操作系统）、通用应用软件、网络管理软件及网络通信协议等。

（1）计算机操作系统

操作系统安全是网络安全的最基本、最基础的安全要素，操作系统的任何安全脆弱性和安全漏洞都必然导致网络整体的安全脆弱性，操作系统的任何功能性变化都可能导致网络安全脆弱性分布情况的变化。因此从软件角度来看，确保网络安全的首要任务便是保证操作系统安全。目前常见的操作系统有 UNIX，DOS，Windows/NT，Linux，以及其他一些通用的计算机操作系统。

操作系统的管理对象，即保护目标，是计算机系统的处理器、存储器、I/O 设备及文件（程序或信息）四大类资源。威胁这些资源安全的因素，除设备部件故障外，还有以下 4 种：①用户的误操作或不合理地使用了系统提供的命令；②恶意用户设法获取了未经授予的资源访问权；③系统资源或系统的正常运行状态遭到恶意破坏；④多个用户程序执行过程中相互间的干扰。操作系统主要通过隔离控制和访问控制等安全措施为上述资源提供不同安全级别的保护。

安全级别可分为 6 个等级，按其实现的难度和对目标保护的强度，由低至高依次为：①无保护方式、②隔离保护方式、③共享或独占保护方式、④受限共享保护方式、⑤按能力共享保护方式、⑥限制对目标的使用。比较理想的操作系统应该能够对不同的目标、不同的用户和不同的情况提供不同安全级别的保护功能。

（2）网络操作系统

网络操作系统和各层通信协议一起，用于支持网络中不同主机内的操作系统进程互相通信，对用户而言，面对计算机网络系统就像面对一个扩大了的单机系统一样。因此，在讨论计算机网络安全时，许多问题与前面讨论的操作系统安全问题是类似的。为了保护数据和网络资源，网络安全有 5 个基本目标，它们是保密性、完整性、可用性、可控性和可认证性。破坏网络安全目标的网络安全威胁有 4 种攻击形式：拒绝服务、信息篡改、信息截获和伪造。为了对抗上述 4 种攻击，可采用 6 种网络安全服务：访问控制、认证、保密性、数据完整性、信息流完整性和可用性。同操作系统一样，网络系统也存在多级安全问题。在网络环境中，各用户的访问要求和所访问目标的敏感程度多有不同，因此，网络应该提供不同安全等级的服务。

目前常见的网络操作系统有 IOS，Novell Netware 等，为提高网络的安全性，一些重要的系统应选用专用的网络操作系统。

（3）网络通信协议

网络通信协议是网络中的设备之间交换信息所必须共同遵守的数据格式和规则的集合。目前应用最广泛的网络通信协议是 TCP/IP 协议，国际互联网 Internet 正是基于该协议进行网络互联通信的。该协议由于多方面的原因，存在许多安全缺陷。但由于该协议已经得到广泛应用，成了事实上的国际标准，在不得不采用该协议的情况下，更应该特别关注、大力研究加强网络安全防护的对策。除 TCP/IP 协议之外，还有如 X.25.DDN、帧中继、ISDN 等常见协议，此外还有 IBM 公司的 SNA 等专用网络体系结构进行网间互联所采用的一些专用通信协议。

（4）通用应用软件和数据库管理系统软件

通用应用软件一般指介于操作系统与应用业务之间的软件，为网络的业务处理提供应用的工作平台。通用应用软件的安全性仅次于操作系统，它所包含的任何安全脆弱性和安全漏洞也都可能导致应用业务乃至信息系统的整体安全受损。例如，微软公司的 Office 办公软件包是目前较常见的信息处理软件，它本身就存在不少的安全漏洞，媒体上有许多报道，在采用此类软件时必须充分注意。

在各种通用应用软件中，有一种十分重要，就是数据库管理系统。随着人类社会生活包括军事活动越来越依赖数据库技术，数据库中信息的价值越来越高，数据库的安全问题也显得越来越重要。而数据库文件的保护主要是由数据库管理系统完成的。对数据库的主要安全要求是数据库的完整性、可靠性、保密性、可用性。在满足这些要求方面，要求数据库管理系统发挥十分重要的作用。例如，为了保证数据库的完整性，要求数据库管理系统除了提供访问控制机制外，还应提供中心共享数据的维护、分立重复数据一致性的维护，以及从错误数据恢复的功能，同时还要求数据库管理系统具有数据库日志功能。

虽然操作系统具有用户认证功能，数据库管理系统还必须建立自己的用户认证机制，在操作系统认证之后由数据库管理系统再一次进行用户认证，从而对一个用户进行两次认证，以增加数据库的安全性。为了满足数据库的保密性要求，数据库管理系统除了通过访问控制机制对数据库中的敏感数据加强防护外，还能够通过加密技术对敏感数据加密。

（5）网络管理软件

网络管理软件是网络的重要组成部分，其安全问题一般不直接扩散和危及网络整体安全，但可通过管理信息对网络产生重大安全影响。常见的网络管理软件有 HP 公司的 OpenView、IBM 公司的 NetView、SUN 公司的 NetManager 等。由于一般的网络管理软件所使用的通信协议并不是安全协议，因此需要额外的安全措施。

2. 软件设施安全管理的主要环节

（1）购置管理

购置管理又包括三个环节：一是选购，网络所使用的操作系统、应用软件、数据库、安全软件、工具软件等都必须是正式版本，严禁使用测试版和盗版软件；二是安装和检测，重要的操作系统和主要应用软件都必须在安全管理员的监督下进行安装，当软件安装后，需使用可靠检测软件或手段进行安全性测试，以了解其脆弱性，并采取相应措施，使风险降至最小；三是登记，软件安装后，原件（磁盘）应进行登记造册，并交由专人保管。

（2）使用和维护管理

操作系统和数据库管理系统及安全软件都应由专人负责。系统管理员及系统安全管理员都应由可靠人员担任，负责对系统的管理和维护，并对系统的运行情况进行严格的工作记录。当系统工作异常或发生安全事件时，在采取相应措施的同时必须报主管部门备案。安全管理员不得兼任应用系统管理员和业务员职务。对操作系统、数据库管理系统及其他相关软件必须定期进行审计，分析安全事件，堵塞安全漏洞。当软件更新时，必须在完成更新后重新审查系统的安全状态，必要时对安全策略进行调整。软件的新旧版本均应在完成更新后登记造册，并由专人保管，旧版本的销毁应严格加以控制。

（3）开发管理

网络应用软件的开发，必须根据密级和安全等级，同步进行相应的安全设计，并制定各阶段的安全目标。在开发过程中应按目标进行管理，保证安全设计的贯彻实现。应用软件开发的全过程中，必须有安全管理专业技术人员参加，对系统方案与开发进程进行安全审查和监督，并负责系统安全设计及其实施。开发场所和环境应该与其他办公环境和工作场所分开。软件设计方案、数据结构、安全管理、操作监控手段、数据加密形式、原代码等，都只能在有关开发人员及有关管理机构中流动，严防散失或外泄。应用软件开发必须符合软件工程规范 GB8566—88，GBl526—89。应用软件开发人员不得参与应用软件的运行管理和操作。

（4）病毒管理

网络的计算机必须安装国家认可的预防病毒与杀灭病毒的软件产品。不得使用未经批准和检测的外来软件或磁盘、光盘。有关维修部门应定期组织实施计算机系统杀灭病毒的工作。一旦发现病毒，即使用相应的软件工具进行检测和灭毒，如不能完全将其消灭，应该暂停工作并立即上报。网络各使用管理单位对于染毒次数、杀毒次数、杀毒后果等情况应进行详细记录，并上报上级有关部门。

10.3.3 存储介质的安全管理

存储介质在网络安全中对系统的恢复、信息的保密，甚至在防治病毒方面都起着十分关键的作用，因此必须十分重视对它们的安全管理。存储介质本是物质，但对存储介质的管理，本质上是对其中存储信息的管理。

1. 网络的主要存储介质及其安全需求

网络的主要存储介质有纸介质、磁盘（包括软盘、硬盘）、光盘、磁带、录音/录像带等。其中纸介质用于存放通过打孔机、打印机输出的，通常比较重要的信息。上述这些介质的安全需求主要是防止保管不当和废弃处理不当而导致信息泄露，以及防止损坏变形。

除以上存储介质外，还有磁鼓、IC 卡、可擦写芯片存储器等介质都可用于存储网络中的数据。这些介质的安全需求除了防止保管不当、损坏变形之外，还要考虑可能存在设计缺陷等威胁。

根据网络中各类存储介质的涉密程度，通常将存储介质分为四类：一类存储介质，指记录的内容涉及不同密级数据的介质；二类存储介质，指记录的内容对系统、设备的功能不可替代，一旦毁坏后该内容不能恢复的介质；三类存储介质，指记录的内容在不影响系统主要功能的前提下，可以复制地进行记录，或者复制比较困难，或者费用较高的介质；四类存储介质，指记录的内容在系统调试过程中容易得到的介质。对以上不同类别的存储介质，安全管理的要求也不尽相同。

2. 存储介质安全管理的主要环节

（1）存储管理

对存储网络的各类存储介质，必须有专门的存储介质库。介质库必须符合防火、防水、防震、防潮、防腐蚀、防鼠害、防虫蛀、防静电、防电磁辐射等安全要求。第一、二、三类介质应有多份备份和异地存储库。介质库应设立库管理员，负责库的管理工作，并核查使用人员的身份与权限。库内的所有介质应统一编目，集中分类管理。

（2）使用管理

凡购置或系统生成的介质，应造册登记、编制目录、制作备份，送介质库集中分类管理。

目录清单应有完整的控制信息，包括介质类别、信息类别、文件所有者、卷宗系列号、文件名称及其主要内容，以及重要性等级、密级、建立日期、保存期限等。

所有介质的出/入库，均由介质库管理员负责。介质发出前，必须先对申请领用清单进行核实，确认其有效。内容重要或涉密介质的外借与传递，必须经专门审批手续并予以记录。借出的介质必须按规定时限归还介质库。若逾期未还，应由介质库管理员负责收回。一切存储介质借出与归还的日期、借出理由和批准手续等，都必须保存完整的记载，通过交通工具传递或人员携带的介质，应放置于金属箱内并采取必要的保安措施。

在工作场所保留的介质数量，应是系统有效运行所需的最小数量。在工作场所备份的介质，由介质库管理员负责定期送到位于现场之外的介质库内。一、二类介质应采取防复制及信息加密的措施。

（3）复制和销毁管理

介质要根据需要与存储环境情况，定期进行循环复制备份。介质在销毁前，需要清除所记录的信息。

（4）涉密介质的管理

内容涉密的存储介质，应根据其中信息的最高密级决定介质的密级。涉密介质应按照同密级纸制文件的管理要求进行登记、审批、收发、传递、存放，有专人负责保管。涉密介质维修由专人负责，外送维修必须在主管领导审批同意后，送往安全主管部门指定的维修点维修。涉密介质销毁需报主管领导审批同意，由两人以上监督销毁，并做好销毁记录。全部机密以上介质信息的转交、转移和销毁，必须有安全管理员和库管理员同时到场。

发现涉密介质遗失，应立即向本单位及上级保密部门报告，并及时组织查处并将结果报告上级保密部门。涉密介质失窃后，自发现之日起，在规定时限之内查无下落者，按泄密事件处理。

10.3.4 技术文挡的安全管理

技术文档指对系统设计、研制、开发、运行、维护中所有技术问题的文字描述。它反映了系统的构造原理，表示了系统的实现方法，为系统维护、修改和进一步开发提供了依据。技术文档记录了系统各阶段的技术信息，为管理人员、开发人员、操作人员及用户之间的技术交流提供了媒介。

技术文档按其内容的涉密程度进行密级管理，分为绝密级、机密级、秘密级和一般级。技术文档安全管理的主要内容如下：①传阅和复制技术文档，必须履行申请、审批、登记、归档等相应手续，并明确各环节当事人的责任和义务；②对秘密级以上的重要技术文档，应考虑双份以上的备份，并存放于异地；③对报废的技术文档，要有严格的销毁、监视销毁的措施；④各级安全管理机构应制定技术文档的管理制度，并明确执行上述制度的责任人。

10.4 网络安全运行管理

对于网络的安全保障体系来说，参与其正常运行的包括众多的安全设备、大量的信息数据和众多的工作人员，要使所有这些要素能够各就其位、相互协调地保证安全系统高效运转，一个必要的手段就是要实现有效的安全运行管理。

10.4.1 安全运行管理系统框架

安全运行管理系统可以解决许多单位人员少且技术水平参差不齐，设备多且分布广，管理效率低及成本高的问题，实现网络安全层面集中监控与管理，如统一安全策略的定义、颁布和更改，以及入侵检测、安全审计、漏洞扫描、安全事件报告、应急处理、灾难恢复等。

1. 设计原则

网络化、信息化及开放共享是今后任何网络组织管理机构的发展方向。如果内部业务系统一直停留在简单物理隔离的原始安全层次上，将是信息化、网络化的一种倒退。

目前，多数情况是，各个部门的业务系统重要等级不一，从需求上决定了不能由任何一个部门或人员来实现对所有业务系统的统管。这使得完全的分散与完全的统一都不可取，必须将看似矛盾的两者有效地融合起来。为此所采用的信息技术与管理机制必须做到在分散中要统一，在统一中有分散。因此，网络安全运行管理系统必须做到统一运行与分散管理。

首先，必须通过安全平台的统一运行来为整个内部业务系统、办公系统提供安全、高效的信息共享与交流环境。为确保安全平台的整合与统一作用，必须在全网内进行安全平台的统一建设、统一运行、统一维护。其次，不同的信息运行管理系统必须进行分散管理。单位内部的应用与管理现状决定了各级机构的系统中心不能统一配置、统一管理，而必须采用“谁拥有、谁授权”的机制，由各机构负责所属系统的具体控制权限。

2. 管理框架

目前，针对许多单位地域分布比较广的情况，安全运行管理系统设计为多层树状结构。各级运行管理中心除了独立监管所辖网络设备外，还必须维持各级之间的交互，一级运行管理中心可以查看二级运行管理中心的运行情况，同时，二级中心要把监管信息上传到一级中心，实现统一管理。对于报警信息，下级中心通过加密通道直接将信息上报给上级中心，而对于其他信息，管理员可以根据实际需要配置需要上传的内容，避免传输不必要的数据，浪费网络带宽。另外，考虑到二级中心管理员的技术水平和管理能力较弱，一级中心管理员可以在一级中心制定策略，统一发放到二级中心执行，实现安全策略的统一和安全水平的整体提高。

3. 运行框架

为了保证各级运行管理中心的性能和扩展性，各级中心均采用三级架构。系统整体架构分为设备层、应用服务层和控制管理层。①设备层是指由系统负责监控的安全产品及网络设备。②应用服务层负责完成控制端与被监控设备之间的通信，通信内容包括监测信息与控制信息的收发、日志信息与报警信息的接收等。③控制管理层是指用户通过控制台与应用服务器通信，得到设备的信息。控制台可以有多个，多个用户可以同时通过控制台操作。应用服务层作为服务的提供层，力求运行的稳定性和高效性。其中的每一个服务都以独立的进程方式运行，由统一的管理模块集中控制。数据库采用企业级数据库，以保证对大量数据的处理能力。在控制端，各种功能的实现都是以 COM 组件的方式集成到系统中，以保证系统的灵活性和扩展性。

10.4.2　安全审计

安全审计是对网络运行中有关安全情况和事件进行记录、分析并采取相应措施的管理活动。其主要功能是记录和跟踪网络状态的变化，对用户的活动、程序和文件的使用等情况进行监控，并对程序和文件的使用及对文件的处理过程等加以记录。通过安全审计，可以监控和捕捉各种安全事件，实现对安全事件的识别、定位并做出响应。

安全审计工作由各级安全管理机构实施并进行管理。安全审计有三种方式：①人工审计，由审计员查看审计记录，再进行分析、处理；②半自动审计，由计算机自动分析、处理审计记录，再由审计员最后决策、处理；③自动化智能审计，借助计算机对审计记录进行分析、处理，再依靠专家系统做出判断。智能审计有规则推理和自学习机制，能使审计员的工作负担人为地减小，并提高信息处理的一致性和准确性，更易于满足不同应用环境的需求。

在网络中，安全审计功能通常由一个相对独立的子系统来实现。为了支持如上的安全审计工作，要求数据库管理系统具有高可靠性和高完整性。数据库管理系统要为审计的需要设置相应的特性。

安全审计的范围包括操作系统和各种应用程序。

1. 对操作系统的安全审计

对操作系统的安全审计的主要目标是，检测和判定对系统的渗透及识别误操作。其基本功能包括审计对象（如用户、文件操作、操作命令等）的选择、审计文件的规定与转换、文件系统完整性的定时检测、审计信息的格式和输出、报警及逐出系统处理阈值的设置与选定、审计日志及其数据的安全保护等。

审计工作流程如下：①审计事件收集。收集来自系统的事件，根据预先设定的审计条件，判断其是否属于审计事件。②将审计事件的内容在审计日志中按规定格式记录、保存。审计日志是记录通信网生存状态和问题的依据，各级网络必须制定保存和调阅审计日志的管理制度。③当审计事件满足预先设定的报警条件时，发出报警信息并形成相应的记录。常用的报警类型有：一是隐蔽通道报警，用于实时报告系统中可审计的隐蔽通道的使用情况；二是登录失败报警，用于实时报告有人试图以非正常方式进入系统的情况；三是病毒报警，用于实时报告系统中病毒的活动情况。④当事件在一定时间内连续发生，满足预先设定的逐出系统条件时，则将引起该事件的用户逐出系统并形成相应的记录。

审计员可以查询、检索审计日志以形成审计报告。检索的内容包括审计事件类型、事件安全级、引起事件的用户、报警、指定时间内的事件及恶意用户等，上述内容可结合使用。实现审计查询，由审计日志管理员来完成。

2. 对应用程序的安全审计

对应用程序的安全审计，重点用于针对应用程序的某些操作，进行监视并实时记录。再根据记录结果，判断该应用程序的可靠性是否遭到破坏。其具体功能包括：对应用程序进行周期性的检测，判明其是否被修改，安全控制机制是否正确发挥作用；判断程序和数据是否完整；依靠使用者身份和口令验证终端保护等办法，以控制应用程序的正常运行。

10.4.3 灾难恢复管理

灾难恢复是指网络受到灾难性打击或破坏时，为迅速使系统恢复正常，并使损失减到最小而进行的一系列活动。灾难恢复管理主要包括如下内容。

1. 确立灾难恢复策略

灾难恢复策略是制定和实施灾难恢复计划的指导性原则，因此正确地确立灾难恢复策略是灾难恢复管理的首要任务。在系统遭受灾难条件下，为使系统能够迅速恢复正常，并使损失减到最小，灾难恢复策略通常体现如下思想：对于信息系统可能遭受破坏的程度和规模做最坏的预计；充分利用一切现有资源在灾难到来时用于恢复重建系统；既要重视灾后恢复，更要注意灾前预防措施。

2. 制定灾难恢复计划

灾难恢复计划是贯彻灾难恢复策略而在灾前、灾后进行一系列相关活动的依据。其主要内容如下：

（1）紧急措施。指对各种紧急事件做出响应的规程，如设施抢救计划、人员救护计划、人员和设施的撤离计划等。

（2）资源备用。指多方面预留资源以备灾难情况下应用。

① 软资源备用。指对每一信息资源需要有足够的备份，并将备份件存放于攻击和灾害不能达到的地方。

② 设备备用。指在工作现场预留主板、硬盘、光驱等备件，以及备用的外部设备。

③ 电源备用。指配置不间断电源，一般要求在断电后维持工作一小时以上。还应配置备用交流稳压电源。重要系统和大型系统应配备多种供电电源，甚至配备发电设备。

④ 重要或大型系统中的关键设备和信息安全产品应采用双热机备份。

⑤ 关键要害部门应采取异地系统备份，并确保自动接管。

（3）恢复过程。指从灾难发生到系统恢复正常整个过程中的具体行动计划。

（4）演习方案。指定期进行应急计划演习的方案。它使全体人员掌握应急知识，了解在灾难恢复计划中应采取的措施，知晓自己应负的责任，以便紧急事故出现时能迅速执行灾难恢复计划。

（5）关键信息。指执行灾难恢复计划所必需的重要信息，包括火警电话、应急负责人电话和住址等。

为了保证灾难恢复计划切实可行，通常需要成立专门的班子以承担计划制定的任务，还需得到领导层和高层管理人员的支持，也可能需要投入一定的资金。

3. 灾难恢复计划的测试和维护

为了检验灾难恢复计划是否完善可行，对已经编写完成的灾难恢复计划应进行必要的测试，并将测试的过程和结果详细记录存档。测试中如发现计划内容有不妥之处，应及时修改。以此保证一旦灾难发生，有关单位和人员能够遵循正确的程序采取行动，保证灾难恢复过程能够按照灾难恢复计划预定的进程顺利有效地实现。

灾难恢复计划的测试一般采用各种非毁灭性测试方法，如采用替换软/硬件对灾难过程进行模拟仿真的方法，在不影响系统正常工作的前提下完成对计划的测试。

灾难恢复计划的维护主要指对已经编写完成的灾难恢复计划定期或不定期地进行回顾与通读，对需要更改的信息进行修改，对网络及其各组成部分抗御灾害的能力进行重新评价，特别是当网络或其备份系统有修改或升级时，应在灾难恢复计划中及时得到反映。

4. 执行灾难恢复计划

灾难恢复计划制定完成后，并非只在灾难发生时才付诸执行。灾难恢复计划的执行实际上应该包括灾难发生之前和之后两部分，而在日常工作中更应该强调关注的正是前者。灾前措施分为两类，一类属于防止灾难发生的措施，如防火措施及在水灾易发地区建设防涝设施等；另一类属于预先为灾难发生准备应急手段的措施，如对各种网络资源保证冗余备份，进行灾难应急处置演习等。

本 章 小 结

网络安全管理是为保证计算机网络安全而进行的一切管理活动和过程，其目的是在使网络一切用户能按规定获得所需信息与服务的同时，保证网络本身的可靠性、完整性、可用性，以及其中信息资源的保密性、完整性、可用性、可控性和真实性达到给定的要求水平。本章在介绍网络安全管理的内容、原则、方法和手段的基础上，重点阐述了网络设施安全管理、网络信息安全管理和网络安全运行管理，主要包括以下内容。

1. 网络安全管理概述

介绍了网络安全管理的内容、原则、方法和手段。

2. 网络设施安全管理

网络设施的安全管理主要包括网络管理系统的安全管理、保密设备的管理及硬件设施与场地的安全管理等，这里重点讨论了硬件设施与场地的安全管理。

3. 网络信息的安全管理

网络信息的安全管理包括密钥管理与口令管理、软件设施的安全管理、存储介质的安全管理及技术文挡的安全管理等内容。

4. 网络安全运行管理

首先分析了安全运行管理系统框架，然后讨论了安全审计和灾难恢复管理。

习　题　10

10.1　什么是网络安全管理？网络安全管理的主要内容包括哪些？

10.2　网络安全管理一般应遵循什么原则？

10.3　网络安全管理的一般方法有哪些？

10.4　硬件设施安全管理包括哪些主要环节？

10.5　国家标准 GB9361—88《计算站场地安全要求》将计算机机房的安全按等级分为哪几类？

10.6　机房和场地设施安全管理通常采取哪些重要措施？

10.7　网络信息通常分哪三个层次？

10.8　密钥管理应遵循哪些基本原则？

10.9　密钥管理包括哪些环节？各有什么要求？

10.10　口令的管理包括哪些环节？并做出说明。

10.11　组成网络的软件设施主要有哪几种？各有何安全需求？

10.12　软件设施安全管理包括哪些主要环节？

10.13　网络的主要存储介质有哪些？各有何安全需求？

10.14　存储介质安全管理包括哪些主要环节？

10.15　技术文档安全管理的主要内容有哪些？

10.16　什么是安全审计？其功能是什么？

10.17　什么是灾难恢复？灾难恢复的主要内容有哪些？

第 11 章　计算机网络战

2008 年 8 月爆发的俄罗斯与格鲁吉亚军事冲突中，俄罗斯在出兵的同时对格鲁吉亚网络体系进行了大规模攻击，交通、通讯、银行纷纷瘫痪，格鲁吉亚几乎无法与外界沟通。无奈之下，格鲁吉亚外交部只好把新闻发布在 Google 下的公共博客上。这是世界上第一次与传统军事行动同步的网络攻击。有专家对此专门做了研究，俄格网络战中，每台计算机仅耗费 4 美分就可以实施进攻，整场战争的花费只是换一条坦克履带的钱，真可谓是“一本万利”。自古至今，最新的科学技术往往首先应用于军事领域，成为对战争胜负最敏感和最有影响的因素之一。作为信息技术核心的计算机网络技术也同样伸向了军事领域，成为影响现代高技术战争的核心因素，从根本上改变了现代战争的模式和方法。目前，计算机网络战正在以信息技术为先导的新一轮世界军事革命中兴起，并且逐步在近几场高技术局部战争对抗中初现端倪，在未来信息化战争中也将逐渐成为主要的作战样式。

11.1　计算机网络战的概念与特点

众所周知，军队指挥信息系统是由计算机、通信网络、信息终端、接口设备和指挥运算程序按照电子系统工程的原理结合而成的人-机系统。信息化战争的核心是指挥信息系统的对抗，而计算机与通信的结合——计算机网络的对抗必将是核心的核心，计算机网络战就是围绕此核心而展开的。

11.1.1　计算机网络战的概念

计算机网络战是随着计算机网络的发展和应用而兴起的崭新的作战样式，利用计算机网络是网络战区别于其他作战样式的根本性标志。它是近年来军事作战领域出现的一个新名词，其内涵和外延还在发展和探索中。

一般认为，所谓网络战，是指敌对双方针对战争可利用的信息和网络环境，围绕“制信息权”的争夺，通过计算机网络在保证己方信息和网络系统安全的同时，扰乱、破坏与威胁对方的信息和网络系统。从本质上讲，网络战是信息战的一种特殊形式，是在网络空间上进行的一种作战行动。它包括对敌方计算机设备、系统、网络进行攻击，或者搜集其相关情报，或者扰乱、破坏和摧毁其战斗效能，并避免或减少己方计算机设备、系统、网络受敌攻击的综合性行动。在网络对抗过程中，作战主体是经信息化武器装备起来的网络战士或“御用黑客”，作战区域为广阔的计算机网络空间，作战工具或武器是根据计算机技术而研制的各种病毒、逻辑炸弹和芯片武器等，因此我们认为，计算机网络战是一种独立的作战样式。

对于计算机网络战可以从广义和狭义两方面来理解。从广义上讲，计算机网络战是敌对双方在政治、经济、军事、科技领域运用网络技术和手段，为争夺信息优势而进行的斗争。从狭义上说，是指敌对双方在作战指挥、武器控制、战斗保障、后勤支援、作战模拟、军事训练、情报侦察、通信、作战管理等方面运用网络技术所进行的一切网络侦察、网络进攻和网络防御活动。

随着计算机技术的迅猛发展及在军事领域的广泛应用，计算机信息系统将渗透于战争机器所赖以运转的各个领域。通过计算机网络战，可使敌国先进的作战思想不能有效贯彻，武器系统难以发挥效能，战争潜力受到极大削弱，从而影响对方战争机器灵活运转，甚至成为决定战争胜负的重要因素。因此，计算机网络战在高技术战争中的作用非常重要，其地位、作用主要表现在以下 5 个方面。

（1）计算机网络战将成为未来信息作战中重要的作战形式。

计算机技术在军事领域的广泛应用，决定了未来战争将是以计算机为主体，以掌握“制信息权”为先导，以夺取战争的主动权、赢得战争的胜利为目的的信息战争。围绕“制信息权”展开的计算机网络战，使战争形态由有形对抗发展到无形对抗，对抗的领域、对抗的途径、对抗的手段都是全方位的，对抗的结果将对战争的进程产生巨大的影响，从而使计算机网络战成为未来信息作战的重要组成部分。这业已越来越引起军事家、科学家的高度重视。他们断言，未来战争破坏力最大的已不再是核武器，用计算机进行战争比用核武器进行战争更有效。由此可见，计算机网络战将成为一种最突然、最难对付、破坏性最大的崭新作战形式。

（2）计算机网络战可破坏敌方 C^4I 系统，造成敌指挥系统失灵。

C^4I 系统以计算机为核心，将指挥、控制、通信和情报系统融为一体，用于控制陆、海、空、天等领域的军事情报，并能进行情报信息分析、处理，优选最佳作战方案和下达作战命令，对部队实施全球、全程指挥。攻击此目标的效益最高，一旦病毒进入 C^4I 系统，该系统若要恢复正常，必须更换系统的所有软件和硬件，或者逐个将计算机进行彻底消毒，别无他法。如果能对战略战术 C^4I 系统的计算机实施攻击，就可对整个 C^4I 系统产生巨大破坏。对军队指挥信息系统攻击，主要影响系统信息的准确性、信息的实时性、系统运用的可靠性、系统运用的安全性。计算机病毒的出现，给计算机传递情报和命令信息的方式构成巨大的威胁。特殊的具有修改信息功能的军用计算机病毒，可改变信息的准确性，造成指挥控制的错误和失灵。

（3）计算机网络战可破坏敌方精确制导武器的控制系统，造成其非战斗损失。

通过计算机攻击，可极大地削弱武器装备系统的作战效能。凡是配有计算机的弹药引信系统、武器自爆系统、各种传感器的武器装备，一旦将病毒打入，那么敌方在使用这些武器装备时就会出现自伤、误伤和严重失控。特别是精确制导武器、航天武器和各种智能武器等“智能部位”遭到病毒袭击后，将在敌陆、海、空、天领域引起异常混乱。如果病毒侵入战略核武器系统，后果更是不堪设想。通过计算机攻击，对精确制导武器及其作战平台系统的嵌入式计算机实施干扰和破坏，可以削弱甚至完全破坏敌方武器系统的使用效果。如现代高速反辐射导弹等一大批精确制导武器系统的核心设备是自动目标识别系统。自动目标识别系统依靠的是高速信号处理技术（一般要求达到 6 亿次/秒）、图像处理技术、对比算法和超高速数据库管理技术等。而在自动目标识别系统的支援下，精确制导武器从准备发射直至击中目标，无不是计算机在发挥关键作用。嵌入式计算机大都担负着完成大范围任务的重任，对其进行计算机攻击，比待其发射后再去干扰它的寻的系统效果更好。以计算机病毒袭击敌方自动化火控系统，必然使遭袭击的计算机不能正常工作或完全失去作用，进而导致整个武器系统效能降低或完全失效。通过计算机攻击，可使综合性武器平台或系统的整体防卫能力下降，甚至导致毁灭。现代武器系统的性能，在很大程度上依赖于它们的计算机资源的质量，

"软件是武器系统的关键因素"。通过对武器系统计算机软件资源的破坏，就可影响武器系统的应用效果。1991 年海湾战争中，美国在伊拉克防空系统使用的打印机芯片中植入间谍软件，并在战略空袭前用遥控手段激活了该间谍软件，致使伊拉克防空指挥中心主计算机系统程序错乱，几乎丧失了防空作战能力。

（4）计算机网络战可削弱战争潜力，对战争的进程产生巨大的影响。

现代社会，计算机在人类军事、经济、社会生活的各个领域得到广泛应用，决定了未来战争将不仅仅在军事领域展开，而且将在整个国民经济的各个部门，特别是有计算机的地方全面展开。计算机网络战将贯穿于未来战争的全过程，兵马未动，计算机网络战先行。计算机网络战的结果将从经济上反映一个国家的战争实力，从心理上影响指挥机构的决策，从而极大地影响战争潜力，对战争的进程产生巨大的影响。通过计算机攻击，可对敌国的金融、邮电、交通、商业、航空航天、国防及大型企业等部门的计算机管理系统、计算机调度系统的运作产生一定的影响和破坏，影响其经济效益和社会效益，甚至动摇国家战争意志，这必将对敌国战争潜力产生巨大影响。正如美军分析的那样，战略级"信息战争所攻击的目标，肯定将包括为重要战略目标服务的发电设施和通信系统；对分布在广大地区的通信节点同时实施信息攻击，可造成严重的战略性后果，可对领导人的认识、信念和意志产生影响"。如果上述重要部门遭到计算机病毒的袭击，就会使国民经济陷于瘫痪乃至崩溃，使人们对国家失去信心，造成政治、经济和社会的混乱，直接影响国家的战争潜力。运用计算机攻击，甚至可能不费一枪一弹，就可产生不战而胜的奇效。

（5）计算机网络战将成为决定未来战争胜负的重要因素。

计算机技术的飞速发展及其在军事领域的广泛应用，决定了未来战争将是以争夺"制信息权"为主的信息战争。战争的胜负已不取决于谁在战场上投入的资源、人力和技术的多少，而取决于谁对战场上的信息掌握得好，对信息掌握的程度将是区分胜利者和失败者的尺度。而信息的收集、传递和加工处理等哪一个环节也离不开计算机。因此，计算机网络战不仅可以削弱，甚至破坏敌方的武器系统、信息系统、决策系统，造成敌方信息控制系统的紊乱，使敌方军队指挥官成为"聋子"、"瞎子"，使敌军成为"瘫子"、"呆子"而丧失战斗力，而且可以为己方信息系统的畅通提供可靠的保证，确保我方对"制信息权"的控制和掌握，从而成为决定战争胜负的重要因素。

11.1.2 计算机网络战的特点

计算机网络战一旦付之于战场，其场面将会十分尖锐，异常激烈，除了具有突然性、隐蔽性、不对称性和代价低、参与性强等特点外，还呈现出以下 6 个特点。

（1）对抗计划的前瞻性

海湾战争的实践表明，争夺"制信息权"将是未来信息作战的序幕和先导。计算机作为军事信息系统的"心脏"，在交战双方争夺"制信息权"的过程中，必将被列为首先打击的重点目标，且在战争初期甚至之前较长时间，计算机网络战已经展开。由此看来，计算机网络战在现代战争中首当其冲，最先进入交战。兵马未动，计算机网络战先行，谁在计算机网络战中占优势，谁就为最后的胜利奠定基础。计算机网络战的作战行动较之其他作战行动具有明显的超前性，从而决定了计算机网络战的组织计划必须要有前瞻性。

（2）对抗时空的广延性

未来计算机网络战，将在多个领域同时展开。既有单机间点对点的对抗，又有网络间面对面的对抗；既有通过无线电方式展开的对抗，又有通过有线电方式展开的对抗；既有针对硬件的对抗，又有针对软件的对抗；既有兵力对抗，又有火力对抗；既有电磁对抗，又有病毒对抗；既有战时对抗，又有平时对抗；既有军用计算机系统的对抗，又有民用计算机系统的对抗等。对抗的时空延伸到军事行动之外的广阔领域，即凡是有计算机的地方，凡是应用了计算机的领域，都存在着发生计算机网络战的可能性。

（3）对抗技术的先进性

围绕争夺"制信息权"的计算机网络战，涉及的技术包括微电子技术、计算机技术、电磁干扰技术、网络安全技术、网络互联技术、数据库管理技术、数据挖掘技术、数据仓库技术、分布式系统技术、系统集成技术、模拟仿真技术、遥感技术、遥测技术、遥控技术、纳米技术、生物技术、加/解密技术、调制解调技术、病毒技术、信息获取技术、信息传递技术、信息处理技术、决策支持技术、人工智能技术等，可以说，未来的计算机网络战融诸多高、精、尖技术于一体，具有广泛的先进性。

（4）对抗手段的多元性

敌我双方的计算机网络战，可以通过多种途径、多种手段实施。既可以利用"黑客"或其他手段通过网络实施，又可以利用电磁干扰手段实施，还可以利用病毒武器实施；既可以利用传统的兵力、火力进行，又可以利用现代高新技术武器，如电子炸弹等高能脉冲武器和"芯片细菌"等电子生物武器进行；既可以通过派遣人员"打进去"实施，又可以通过策反人员"拉出来"实施；既可以通过网络内的计算机设备实施，又可以通过网络内的通信信道实施。如此种种，充分体现了计算机网络战手段的多元性。

（5）对抗行动的统一性

计算机网络战包括进攻和防御两个对立统一的方面。计算机网络战的进攻通常由担任计算机攻击任务的计算机网络进攻分队完成。计算机网络战的防护通常由担任计算机防御任务的计算机防护分队完成。无论作战的类型是进攻还是防御，计算机网络战是两种能同时实施进攻和防御的作战样式，它由两个既相互独立又不可分割的作战主体构成。进攻和防御，既可单独进行，又可同时进行；进攻中有防御，防御中有进攻；互相补充，相辅相成。这种攻、防兼备的作战形式，形成了攻、防两个主体之间在作战目的上的整体一致性，同时在作战行动上又相互制约，既要压制干扰敌人，又要防止己方相互干扰。因此，在作战的组织指挥方面，必须注意处理好攻、防两个主体之间的关系，使之能密切配合，保持作战行动的协调和统一。

（6）对抗效益的倍增性

首先，计算机网络战的作用效果好。其攻击范围广泛、攻击隐蔽、攻击速度快，可在任一层次上实施，危险性大，危及面宽，效果明显。计算机网络战的攻击对象，首先是敌方计算机信息系统的控制中心。一旦控制中心遭受干扰和破坏，就会造成指挥控制的失灵和武器系统的失控，严重时可破坏整个系统，对抗的结果，直接影响战争的进程甚至决定战争的成败。其次，计算机网络战成本低。特别是计算机病毒对抗，研制新病毒的成本低，周期短，实施干扰和破坏的途径多，手段隐蔽，不易发现，传染性强，破坏力大。研制一种新型计算机病毒或利用"黑客"等手段进行计算机网络战的费用远比研制一种新型的高技术对抗武器设备所需要的费用低得多。因此，综合以上因素，进行计算机网络战的费效比特别高，完全可以用"低投入、高产出"来概括。这种对抗效益的倍增性，充分显示出计算机网络战将是未来信息作战的一种最经济、最有效的作战样式。

11.2 计算机网络战的任务

计算机网络战，以武器控制、C^4I 等系统中的核心设备——计算机为攻击点，力图使对方瘫痪，保护己方军队的“心脏”。为达到这一目的，交战双方将采取各种手段和措施对敌方计算机系统进行攻击，或窃取其情报资料，或进行破坏、扰乱、欺骗，并保持己方计算机设备、系统的有效工作。因此，计算机网络战的主要任务是：情报侦察与反侦察，病毒破坏与反破坏，电磁干扰与反干扰，实体摧毁与反摧毁。

11.2.1 情报侦察与反侦察

情报侦察与反侦察，指采用多种计算机信息侦察和反侦察手段，多方侦察对方计算机信息，为破坏敌方计算机网络和信息提供依据，为保护我方计算机信息，对敌实施反侦察提供情报支援的侦察方法。通过多方侦察计算机信息，查明对方所能侦控的计算机信息动态分布情况，分析敌方计算机信息流的特征、内容和类型，为实施计算机网络战奠定信息情报基础。同时，通过网络加密，完善网络结构构成，改善网络环境，加强电磁屏蔽，实施电磁欺骗与干扰，强化人员管理的规范制度、保密制度等多种手段，防止对方或“黑客”入侵我计算机信息网络系统盗取信息，从而达到保护我方计算机信息系统的目的。

情报侦察是利用专门设备窃取敌方计算机系统的内部情报，查明其系统构成特征及性能的军事行动。它主要从三方面入手：①利用计算机硬件，对信息流所产生的电磁能进行探测；②利用对方计算机网络信息资源共享时乘机窃取；③利用 C^4I 系统在有线、无线等信道上传递信息时获取。原苏联《绝密报》报道，美中央情报局的专家能在 1000 m 之外捕捉计算机荧光屏上的信息，能分辨在一个厅里同时工作的 20 台计算机的信息。1988 年德国一个学生将其个人计算机插入到美国军方 30 台计算机网络中，搜集到美国大量国防机密情报，震惊了美国国防部和联邦调查局。

反侦察是为了防止计算机设备系统的信息、电磁信号等情报被窃获，或者削弱敌方计算机网络战的侦察效果而采取的综合性防御行动。通常在敌方可能实施计算机网络战侦察的地域、时间、节点、终端、网络，采取三项针对性防御措施：①降低或避免系统的电磁泄漏与辐射所引起的信息失密；②利用数据加密、传输信息保密、访问控制、审计验证技术等，保证信源、信息、信道、信宿的安全；③弥补系统或网络技术应用上的缺陷，实现全系统的安全运转。

反侦察还可采取进攻性行动，即用计算机病毒攻击敌方情报侦察系统中的计算机，或者以火力摧毁对方的计算机侦察系统。

11.2.2 病毒破坏与反破坏

病毒破坏与反破坏，指在多领域以多种手段广泛利用计算机病毒，对计算机信息系统实施破坏的信息攻击方法，以及防止计算机信息系统免遭病毒破坏的信息防御方法。

威胁计算机系统的病毒主要有三类：“蠕虫病毒”、“木马病毒”和“逻辑炸弹”。①“蠕虫病毒”可通过爆炸性的自我复制方式从计算机网络上的一台计算机扩散到另一台计算机，影响系统的完整性和可用性，它是一段独立的程序，不需要载体，可以利用系统中的漏洞直接发起进攻。②“木马病毒”是隐藏在计算机程序里并具有欺骗伪装功能的一段程序代码。

它隐蔽性极强，会突然替代合法程序，变态成具有破坏力的程序。③“逻辑炸弹”是只有遇到特定条件时才发作，发作时可绕过计算机安全装置实施破坏的一段特定程序或程序代码。它可以释放病毒、蠕虫或吞噬数据等，造成系统爆炸性混乱。它与“木马病毒”只有直接接触计算机才能实现。

对未来计算机病毒的打击将更直接、更有效、更危险，也更现实。计算机病毒不仅是一种价格低廉、使用方便有效的计算机网络战武器，而且也是一种对军事计算机系统产生长时间的毁灭性破坏的软杀伤武器。使用计算机病毒攻击敌方的计算机系统，能很快使敌方整个 C^4I 系统陷于瘫痪。因此，世界各国军队都在大力研究新型病毒和病毒武器，以及如何防范计算机病毒和病毒武器攻击的措施、方法和手段。

11.2.3　电磁干扰与反干扰

电磁干扰与反干扰，指敌对双方在电磁领域展开的，以对方的计算机信息系统为对象，以干扰和破坏对方的计算机信息系统正常运行，使战争准备和战争进行中的信息资源有利于己方为目的的对抗活动。

计算机作为一种电子设备，在运行时必然会向外辐射电磁信号，通过截收这些信号后破译或复制还原，可以获取信息。同时，可以将有害干扰信号包括病毒调制到对方计算机系统的电子设备发射的电磁波中，对敌方计算机信息系统实施干扰破坏，使其产生紊乱，降低其效能甚至使其瘫痪，还可以利用电磁脉冲武器对敌方的计算机信息系统实施电子摧毁。当然，也可以通过灵活运用电磁伪装、电磁欺骗、电磁屏蔽、电磁干扰，降低辐射强度，减小无意泄漏等技术和战术手段来降低甚至避免电磁攻击的干扰破坏。

电磁干扰是利用专用电磁干扰设备对敌方计算机设备、系统实施破坏、扰乱、欺骗的综合性行动。通常采用针对环境和针对硬件的两种干扰方式。环境干扰，包括电磁场干扰、静电干扰、电源干扰等。实验证明，当场强超过 5V/m 时，磁盘、磁带肯定出错；静电干扰能使计算机设备带电而扰乱计算机系统的工作；电源引入冲击电源可使计算机的脉冲信息发生错误。硬件干扰，是利用强大的噪声或脉冲信号侵入敌方计算机系统，使其数字系统中所采用的逻辑元件不能“容忍”而产生混乱。

反干扰是最大限度地杜绝、削弱、消除敌方实施计算机干扰时的影响，保证己方计算机设备、系统正常工作而采取的行动。它包括电磁伪装、电磁欺骗、电磁屏蔽、降低辐射强度、减小无意泄漏等。

11.2.4　实体摧毁与反摧毁

实体摧毁与反摧毁，指敌对双方通过兵力、火力和其他硬、软杀伤武器对敌方的计算机系统的硬件实施实体破坏的一种对抗活动。计算机网络在未来信息作战中的重要作用，不仅使它成为敌对双方兵力和火力打击摧毁的首要目标，也使它成为“芯片捣鬼”、“芯片细菌”、“微米纳米机器人”和“微波炸弹”等高新技术武器攻击的重点。同时，双方必将采取多种防卫手段和管理措施对它实施重点防护。因此，围绕计算机信息系统实体安全的对抗将自始至终在敌对双方之间展开。

11.3 计算机网络战的发展趋势

综上所述可知，计算机网络战的威力是巨大的，但它能否取代常规战争？能否取代枪、炮、导弹、坦克、飞机、军舰等硬武器的作用呢？下面就来研究这个问题。

美国国防部正在研制的计算机网络战的手段有 4 类：① 毁灭性的“计算机病毒武器”，这类计算机病毒平时潜伏在计算机系统（或武器系统）里，待到预定时间便会突然发作，毁掉计算机系统（或武器系统）中的有效数据，使其瘫痪。② 能够产生高能量电磁脉冲的信息战武器，现在已研制出一种只有手提箱大小，能够产生高能量电磁脉冲的装置，需要时置于目标附近，它所产生的高能量电磁脉冲可以把计算机系统和电子设备的元器件全部毁坏。③ 电子生物武器，它能够吞噬计算机系统和其他电子信息系统的所有元器件，并且使电线完全绝缘。④ 培训计算机“黑客”，攻击敌方的计算机网络和电子信息系统。

美军在研制计算机病毒武器方面，采取了许多措施：① 加快步伐，在第一代“微型计算机芯片固化病毒”产品的基础上，进一步开发“复式病毒”，以扩大计算机病毒的攻击破坏性。② 大力开发计算机病毒投放技术，如微波透析技术等，以提高计算机病毒的灵活性和突然性。③ 进一步加强计算机安全保护，美国国防部国防信息系统局已经对外签订了价值几亿美元的计算机合同，同时还签订了迄今为止最大的反计算机病毒的软件合同。其他西方国家在计算机病毒武器研制、计算机系统安全等方面也采取了许多有效措施。例如，德国成立了“国家信息安全局”，英、法等国也建立了“国家信息安全中心”。此外，还采取了“发布通行口令”、“进行身份识别”、“特殊程序控制”、“数据多次加密”、“综合安全防范”、“构造隔绝火墙”等措施，防止入侵者闯入和病毒感染。

20 世纪 80 年代末以来，美军就已经十分重视研究“计算机网络战争”的问题，并且把它作为信息战的主要方面来看待。海湾战争以来，美国国防部更加重视包括计算机网络战争和计算机病毒武器在内的信息战的研究。白宫和五角大楼的官员认识到，信息技术是这场军事革命的核心，信息战是军事革命中最突出的表现形式，信息战不久将可能取代核威慑而成为遏制敌人、保护美国利益的主要手段。但是，美国许多有远见的军事家认为，信息战是未来战争的一种重要形式，但它绝对不是万能的，仅仅依靠“黑客”的破坏行动和计算机病毒武器，不可能完全赢得一场战争的全面而彻底的胜利。美国陆军负责指挥、控制、通信、计算机、情报（C^4I）的准将马尔隆认为，信息战将不会取代常规战争，军事胜利将仍然由哪一方控制地面战斗而决定，人们将仍然用枪炮来解决争端。还有专家认为，网络战有其不可比拟的优越性，但是即使美国国防部也对网络战的作用存在争论，病毒武器并不能代替 4 个步兵师或一个航母战斗群的作用。特别是在网络战首轮攻击之后，一定要有实际部队投入作战，否则网络战就只能是一只“纸老虎”。美国国防大学一些信息战专家也提出质疑，仅仅依靠一次网络战是否能够完全将敌方的信息系统彻底摧毁？在“沙漠风暴”行动中，美国使伊拉克的 C^4I 信息系统瘫痪，但是最终也还是没有能推翻萨达姆政权。计算机网络战争虽然威力巨大，但是它同其他任何新式武器一样，都是有办法对付的。由此可见，“计算机网络战争”既具有“真老虎”的特性，又具有“纸老虎”的特性，军事斗争的任务就是怎样培育“真老虎”，烧掉“纸老虎”。

综上所述，美国是世界上第一个提出网络战概念的国家，随着美军对网络战研究的深入，网络战所发挥的作用已经与核武器等同。美军方重要智库——兰德公司指出，工业时代的战略战是核战争，信息时代的战略战主要是网络战。美军在所谓外部“威胁”的招牌下，积极开展网络战的研究与实践，调整军队编制，组建新型部队，发展新式装备，整合各种网络战资源，其争夺制网权的能力不断提高。

不过，无论人们怎样看待网络战，它在高技术战争中的地位、作用却是不容质疑的，美军甚至计划将网络战手段纳入常规作战序列，以期成为未来作战指挥官手中的“杀手锏”和利剑。网络战在未来战争中的发展趋势主要表现在以下6个方面。

（1）地位凸显化

随着信息时代的特征越来越明显，“制信息权”将成为未来各国之间及各战争主体之间争夺的重点。信息战将成为未来交战双方的一种重要作战样式，而计算机网络战作为信息战的重要作战手段，在未来信息作战中占有非常突出的重要地位，计算机网络战的能力将成为左右战争的一种最重要力量。因此，作为未来信息战重要内容的计算机网络战，已引起各国政府及军事首脑机关的高度重视。他们纷纷成立相应的指导机构，把包含计算机网络战的未来信息战纳入国家军事战略，高度统筹规划、集中领导、协调实施。2009年6月23日，美军宣布成立网络战司令部，意味着拥有最大网络战资源的美国开始把网络战争正式提上它的作战议事日程，而且正式成立了指挥机构。其他一些国家也纷纷效仿，成立网络战指挥机构，组建网军，加强对网络空间的争夺。

（2）对抗无形化

信息技术的发展把军事信息系统和民用信息系统连接成一个不可分割的一体化网络。未来战争的性质也决定了交战双方的对抗将不仅仅在军事领域展开，而且还将在文化、经济等领域展开，从军事领域的有形对抗发展到非军事领域的无形对抗，涉及人类政治、经济、文化、社会生活的各个非军事领域。通过对非军事领域实施的无形的计算机网络战，可以动摇对方的战争意志，破坏对方的战争潜力，从而从根本上赢得战争的主动权。

（3）手段多样化

随着计算机网络战研究的不断深入，对抗技术不断发展，相应的计算机网络战的战法、训法及手段也得到进一步的发展和创新，新的破坏力更大的对抗武器不断出现。例如CIH病毒，可以对计算机的硬件实施破坏。计算机病毒武器的功能由破坏软件发展到破坏硬件，表明计算机病毒武器的研制已经发生了质的变化，是计算机网络战武器发展的一次飞跃。

（4）战法系列化

计算机网络战的研究已经从理论研究过渡到实际应用。目前，许多国家已经把计算机网络战分队的建设，提到了议事日程并逐步形成规模。各国军队相应地先后成立了计算机网络战部（分）队，围绕计算机网络战的战法的研究不断系列化。计算机网络进攻的主要战法有破“墙”击要法、毁“网”断流法、夺“点”控网法、断“源”瘫网法、先“动”后“静”法、局部造优法等，计算机网络防御的主要战法有筑“墙”护网法、查“漏”强网法、监“测”反黑法、以“攻”协防法等，这些战法通过计算机网络战训练不断得到完善。

（5）运用复杂化

高技术条件下的计算机网络战，涉及人类社会的各个方面，受经济实力和技术实力等多方面制约，带来了一系列复杂的问题，引起人们更深层次的思考。计算机网络带来的突出好处是数据共享，但与此同时，也为“黑客”入侵和“病毒”破坏创造了更多的机会，给信息系统的安全造成进一步的威胁。数据共享与“黑客”破坏、“病毒”侵蚀的矛盾，从技术上讲，目前还难以完全避免。越是发达国家，计算机应用越普及，越容易遭受计算机网络战的攻击。这一点已成为共识。但是在经济不发达地区，计算机应用很不普及，计算机武器的可行性及其威力等受到限制。例如，由计算机控制的信息战武器无法制止卢旺达大屠杀，对依赖农业时代战争手段的索马里对抗也难以奏效。计算机作为一种高精确度电子设备，其对环境的要求相当严格，如必须要有合适的湿度、温度做保证。再比如在原始森林这样的天然屏障环境中，计算机控制的精确制导武器的定向效果、测距效果及电磁特性效果等都会受到影响，直接影响信息控制的顺畅和信息武器的效能。因此，如何提高恶劣环境下计算机网络战的作战能力，成为越来越重要的课题。

（6）力量多元化

由于从事计算机攻击的人员成分复杂化，以及攻击目标并非单一的军事目标，可能涉及政府、企业，甚至个人，使网络战力量的构成呈现多元化的特点。而且由于信息技术具有很强的通用性、渗透性。因此，计算机网络战参战力量的军民界线日益模糊。在参战力量上军民一体、军政一体、亦军亦民的特征更为突出。

本 章 小 结

本章主要包括以下内容。

1. 计算机网络战的概念

从广义和狭义两个方面介绍了计算机网络战的概念，阐述了计算机网络战在高技术战争中的地位和作用。并分析了计算机网络战的特点：①对抗计划的前瞻性；②对抗时空的广延性；③对抗技术的先进性；④对抗手段的多元性；⑤对抗行动的统一性；⑥对抗效益的倍增性。

2. 计算机网络战的任务

从情报侦察与反侦察、病毒破坏与反破坏、电磁干扰与反干扰、实体摧毁与反摧毁等 4 个方面阐述了计算机网络战的主要任务。

3. 计算机网络战的发展趋势

计算机网络战的发展趋势主要体现在：①地位凸显化；②对抗无形化；③手段多样化；④是战法系列化；⑤运用复杂化，⑥力量多元化。

习 题 11

11.1 怎样理解计算机网络战？

11.2 如何认识计算机网络战在高技术战争中的地位和作用？

11.3 计算机网络战具有哪些主要特点？

11.4 计算机网络战主要有哪些任务？并具体说明。

11.5 试论述计算机网络战的发展趋势。

参 考 文 献

[1] 黄月江. 信息安全与保密. 北京：国防工业出版社，1999

[2] 刘荫铭等. 计算机安全技术. 北京：清华大学出版社，2000

[3] 国家保密局. 信息战与信息安全战略. 北京：金城出版社，1996

[4] 总参通信部. 网络信息安全与对抗. 北京：解放军出版社，1999

[5] 聂元铭等. 网络信息安全技术. 北京：科学出版社，2001

[6] 谢希仁等. 计算机网络. 北京：电子工业出版社，1994

[7] 余建斌. 黑客的攻击手段及用户对策. 北京：人民邮电出版社，1998

[8] [美]Peter Norton & Mike Stockman 著，潇湘工作室译. 网络安全指南. 北京：人民邮电出版社，2000

[9] 谭伟贤，杨力平等. 计算机网络安全教程. 北京：国防工业出版社，2001

[10] 李海泉，李健. 计算机网络安全与加密技术. 北京：科学出版社，2001

[11] [美]Bruce Schneier 著，吴世忠，祝世雄，张文政等译. 应用密码学——协议、算法与 C 源程序. 北京：机械工业出版社，2000

[12] 王育民，刘建伟. 通信网的安全——理论与技术. 西安：西安电子科技大学出版社，1999

[13] 及燕丽，赵积梁. 信息作战技术教程. 北京：军事科学出版社，2001

[14] 徐超汉. 计算机网络安全与数据完整性技术. 北京：电子工业出版社，1999

[15] 陈立新. 计算机病毒防治百事通. 北京：清华大学出版社，2000

[16] Stephen Northcutt 著，余青霓，王晓程，周钢等译.网络入侵检测分析员手册. 北京：人民邮电出版社，2000

[17] [美]John Vacca 著，史宗海等译. Intranet 的安全性. 北京：电子工业出版社，2000

[18] 陈增运，王树林，唐德卿. 无形利剑——电子战. 石家庄：河北科学技术出版社，2001

[19] 方勇，刘嘉勇. 信息系统安全导论. 北京：电子工业出版社，2003

[20] 王应泉，肖治庭. 计算机网络对抗技术. 北京：军事科学出版社，2001

[21] 崔宝江，周亚建，杨义先，钮心忻. 信息安全实验指导. 北京：国防工业出版社，2005

[22] 周绍荣. 军事通信网生存. 北京：解放军出版社，2005

[23] 张焕国，刘玉珍. 密码学引论. 武汉：武汉大学出版社，2004

[24] 阙喜戎，孙锐，龚向阳，王纯. 信息安全原理及应用. 北京：清华大学出版社，2003

[25] 闫宏生. 计算机网络安全与防护. 北京：军事科学出版社，2002

[26] 王丽娜，张焕国. 信息隐藏技术与应用. 武汉：武汉大学出版社，2003

[27] 谢庭胜. 浅析无线局域网安全技术. 电脑学习.2010（1）

[28] 无线局域网安全技术白皮书 V2.00

反侵权盗版声明